模具专业课程设计指导丛书

# 冲压模具课程设计指导与范例

CHONGYA MUJU KECHENG SHEJI ZHIDAO YU FANLI

林承全 主编

化学工业出版社

·北 京·

**图书在版编目（CIP）数据**

冲压模具课程设计指导与范例/林承全主编．—北京：化学工业出版社，2008.1（2024.7 重印）
（模具专业课程设计指导丛书）
ISBN 978-7-122-01923-3

Ⅰ．冲…　Ⅱ．林…　Ⅲ．冲模-设计　Ⅳ．TG385.2

中国版本图书馆 CIP 数据核字（2008）第 005921 号

责任编辑：李军亮　　文字编辑：张绪瑞
责任校对：陈　静　　装帧设计：尹琳琳

出版发行：化学工业出版社（北京市东城区青年湖南街 13 号　邮政编码 100011）
印　　装：北京盛通数码印刷有限公司
787mm×1092mm　1/16　印张 15½　字数 374 千字　　2024 年 7 月北京第 1 版第 15 次印刷

购书咨询：010-64518888　　售后服务：010-64518899
网　　址：http://www.cip.com.cn
凡购买本书，如有缺损质量问题，本社销售中心负责调换。

**定　　价：32.00 元**

# 序

模具作为重要的生产装备和工艺发展方向，在现代工业的规模生产中日益发挥着重大作用。通过模具进行产品生产具有优质、高效、节能、节材、成本低等显著特点，因而在汽车、机械、电子、轻工、家电、通信、军事和航空航天等领域的产品生产中获得了广泛应用。目前我国模具市场的总态势是产需两旺，年生产总量已居世界第三，但我国模具行业总体是大而不强，主要差距是人才不足，专业化、标准化程度低等，特别是人才不足已成为制约模具行业发展的瓶颈。

目前，我国已有高职高专院校1100多所，在校学生接近800万人，这些高职高专院校中75%以上开设了制造大类的专业，开设模具设计与制造专业的有近400所院校，每年培养几十万的制造业急需人才。为了顺应当前我国高职高专教育的发展形势，配合高职高专院校提高教育质量，进一步落实教育部［2006］14号文和［2006］16号文精神，化学工业出版社特别组织河南高等机电专科学校、荆州职业技术学院、陕西国防工业职业技术学院、成都电子机械高等专科学校、河南工业大学、河南新飞电器有限公司、浙江宏振机械模具集团有限公司、台州市西得机械模具有限公司等单位相关专家，编写了一套能够系统讲解模具专业课程设计方面的图书——《模具专业课程设计指导丛书》，包括《冲压模具课程设计指导与范例》、《塑料模具课程设计指导与范例》、《模具制造工艺课程设计指导与范例》等。本套丛书的编写者和审定者都是从事高职高专教育和模具企业生产第一线有丰富实践经验的骨干教师、学者和工程师。

本套丛书根据高职高专学生的培养目标，十分强调实践能力和创新意识的培养，以模具课程设计这一主线贯穿于整套丛书。该套丛书具有以下主要特色。

① 特别重视对高等职业教育所面向的基本岗位分析。结合职业教育的特点，深度分析模具专业所面对的产业基础、发展导向和岗位特征，充分体现高等职业教育的类型特色。

② 多方参与。充分利用各种资源，尤其是行业企业的资源，在学校参与的基础上，着重行业企业的参与，引进他们的标准。

③ 聘请高职模具专业领域认可度较高的专家指导，同时请外籍专家提供咨询。

④ 丛书的编写以企业对人才需求为导向，以岗位职业技能要求为标准，以与企业无缝接轨为原则，以企业技术发展方向为依托，以知识单元体系为模块，结合职业教育和技能培训实际情况，注重学生职业技能的培养。

本套丛书以职业院校模具专业课程设计要求为依据，以指导读者有效地进行课程设计为目的，强调实用性，包括模具课程设计的目的和任务、工艺分析与设计过程、设计的基本要点以及典型实例分析等内容。同时特别注重实例的讲解，以方便读者的理解和掌握。

本套丛书可供职业技术院校模具专业的师生使用，也可供从事模具设计与制造的技术人员学习使用。

**杨占尧**

# 前言

本书是以教育部高教司“关于加强高职高专人才培养工作的若干意见”等文件对高职高专人才培养的要求为指导思想，根据模具技术发展对工程技术应用型人才的实际要求，在总结近几年部分院校模具设计与制造专业教学改革和冲压模具课程设计多年的指导经验基础上编写的。

本书将模具理论知识与实践相结合，突出专业知识的实用性、综合性、先进性，以培养学生从事冲模设计与制造的工作能力为核心，将冲压成形加工原理、冲压设备、冲压工艺、冲模设计与冲模制造有机融合，实现重组和优化，以通俗易懂的文字和丰富的图表，系统地介绍了模具设计课程设计的方法和步骤，并用几个经典的课程设计范例来指导学生进行各类冲压模具设计。

本书第 2 章～第 5 章分别介绍几类主要的冲压模具工艺及结构设计方法、设计公式及相关数据，第 6 章介绍冲压模具设计 CAD，给学生很大的设计空间，第 7 章介绍了几个典型的冲模设计课程设计范例，第 8 章给出了一系列典型的冲压模具结构参考图，同时书中还收集了大量的模具设计常用的标准和规范方便学生设计使用。

本书由林承全担任主编。其中林承全编写第 1 章、第 4 章、第 5 章和第 7 章，胡绍平编写第 6 章、第 8 章和第 9 章，蹇永良、杨从先编写第 2 章，林承全、程昌宏编写第 3 章，林承全负责全书的统稿。

在本书的编写过程中得到了编者所在单位的领导和化学工业出版社的大力帮助与支持，在此深表谢意。

由于编者水平有限，不足之处在所难免，敬请广大读者批评指正。

**编　者**

# 目 录

## 第1章 冲压模具课程设计概述



## 第2章 冲裁模工艺与模具设计

## 第3章 弯曲模工艺与模具设计



## 第4章 拉深模工艺与模具设计

## 第5章 其他模具工艺与设计



## 第6章 冲压模具设计CAD



## 第7章 冲压模具课程设计范例和编写说明书与答辩

## 第 8 章 典型冲压模具结构图



## 第 9 章 冲压模具设计中常用的标准和规范

# 第 1 章 冲压模具课程设计概述

## 1.1 冲压模具课程设计的目的

冲压模具课程设计是为模具设计与制造专业学生在学完《冲压模具设计与制造》、《冲压与塑压成形设备》和《模具制造技术》等技术基础课和专业课的基础上，所设置的一个重要的实践性教学环节，其目的有如下几点。

① 综合运用和巩固冲压模具设计与制造等课程及有关课程的基础理论和专业知识，培养学生从事冲压模具设计与制造的初步能力，为后续毕业设计和实际工作打下良好的基础。

② 培养学生分析问题和解决问题的能力。经过实训环节，学生能全面理解和掌握冲压工艺、模具设计、模具制造等内容；掌握冲压工艺与模具设计的基本方法和步骤、模具零件的常用加工方法及工艺规程编制、模具装配工艺制定；独立解决在制定冲压工艺规程、设计冲压模具结构、编制模具零件加工工艺规程中出现的问题；学会查阅技术文献和资料，以完成在模具设计与制造方面所必须具备的基本能力训练。

③ 在冲压模具设计与制造课程设计中，培养学生认真负责、踏实细致的工作作风和严谨的科学态度，强化质量意识和时间观念，养成良好的职业习惯。

## 1.2 冲压模具课程设计的内容及步骤

### 1.2.1 设计的内容

冲压模具设计与制造分课程设计和毕业设计两种形式。课程设计通常在学完《冲压模具设计与制造》课程后进行，时间为 1.5～2 周，一般以设计较为简单的、具有典型结构的中小型模具为主，要求学生独立完成模具装配图一张，工作零件图 3～5 张，设计计算说明书一份。毕业设计则是在学生学完全部课程后进行，时间一般为 7～9 周，以设计中等复杂程度以上的大中型模具为主，要求每个学生独立完成冲压件工艺设计，冲压模具结构设计与计算，典型零件制造工艺规程制定，模具装配工艺制定等工作，并完成一至两套不同类型的模具总装配图及部件装配图和全部零件图和设计计算说明书一份。毕业设计完成后要进行毕业答辩。

### 1.2.2 设计的步骤

冲压件的生产过程一般都是从原材料剪切下料开始，经过各种冲压工序和其他必要的辅助工序加工出图纸所要求的零件，对于某些组合冲压或精度要求较高的冲压件，还需要经过切削、焊接或铆接等工序，才能完成。

进行冲压模具课程设计就是根据已有的生产条件，综合考虑各方面因素，合理安排零件的生产工序，优化确定各工艺参数的大小和变化范围，合理设计模具结构，正确选择模具加工方法，选用冲压设备等，使零件的整个生产达到优质、高产、低耗和安全的目的。

**(1) 分析冲压零件的工艺性**

根据设计题目的要求，分析冲压零件成形的结构工艺性，分析冲压件的形状特点、尺寸大小、精度要求及所用材料是否符合冲压工艺要求。如果发现冲压零件工艺性差，则需要对冲压零件产品提出修改意见，但要经产品设计者同意。

**(2) 制定冲压件工艺方案**

在分析了冲压件的工艺性之后，通常可以列出几种不同的冲压工艺方案，从产品质量、生产效率、设备占用情况、模具制造的难易程度和模具寿命高低、工艺成本、操作方便和安全程度等方面，进行综合分析、比较，然后确定适合于具体生产条件的最经济合理的工艺方案。

**(3) 确定毛坯形状、尺寸和下料方式**

在最经济的原则下，确定毛坯的形状、尺寸和下料方式，并确定材料的消耗量。

**(4) 确定冲压模具类型及结构形式**

根据所确定的工艺方案和冲压零件的形状特点、精度要求、生产批量、模具制造条件等选定冲模（冲压模具简称冲模，下同）类型及结构形式，绘制模具结构草图。

**(5) 进行必要的工艺计算**

① 计算毛坯尺寸，以便在最经济的原则下合理使用材料。

② 排样设计计算并画排样图。

③ 计算冲压力（包括冲裁力、弯曲力、拉深力、卸料力、推件力、压边力等），以便选择压力机。

④ 计算模具压力中心，防止模具因受偏心负荷作用影响模具精度和寿命。

⑤ 确定凸、凹模的间隙，计算凸、凹模刃口尺寸和各工作部分尺寸。

⑥ 计算或估算模具各主要零件（凹模、凸模固定板、垫板、模架等）的外形尺寸，以及卸料橡胶或弹簧的自由高度等。

⑦ 对于拉深模，需要计算是否采用压边圈，计算拉深次数、半成品的尺寸和各中间工序模具的尺寸分配等。

⑧ 其他零件的计算。

**(6) 选择压力机**

压力机的选择是冲模设计的一项重要内容，设计冲模时，学生可根据《冲压与塑压成形设备》所学的知识把所选用压力机的类型、型号、规格确定下来。

压力机型号的确定主要取决于冲压工艺的要求和冲模结构情况。选用曲柄压力机时，必须满足以下要求。

① 压力机的公称压力 $F_g$ 必须大于冲压计算的总压力 $F_z$，即 $F_g > F_z$。

② 压力机的装模高度必须符合模具闭合高度的要求，即

$$H_{max} - 5mm \geqslant H_m \geqslant H_{min} + 10mm$$

式中 $H_{max}$，$H_{min}$——分别为压力机的最大、最小装模高度，mm；

$H_m$——模具闭合高度，mm。

当多副模具联合安装到一台压力机上时，多副模具应有同一个闭合高度。

③ 压力机的滑块行程必须满足冲压件的成形要求。对于拉深工艺，为了便于放料和取料，其行程必须大于拉深件高度的 2～2.5 倍。

④ 为了便于安装模具，压力机的工作台面尺寸应大于模具尺寸，一般每边大 50～70mm。台面上的孔应保证冲压零件或废料能漏下。

**(7) 绘制模具总装配图和模具零件图**

根据上述分析、计算及方案确定后，绘制模具总装配图及零件图。

**(8) 编写设计计算说明书**

计算说明书页数约为 25～35 页。参看第 7 章第 7.2 节。

**(9) 设计总结及答辩**

按照院系要求进行。

## 1.3 冲压模具课程设计应注意的问题

冲模课程设计的整个过程是从分析总体方案开始到完成全部技术设计，这期间要经过分析、方案确定、计算、绘图、CAD 应用、修改、编写计算说明书等步骤。

### 1.3.1 合理选择模具结构

根据零件图样及技术要求，结合生产实际情况，选择模具结构方案，进行初步分析、比较，确定最佳模具结构。

### 1.3.2 采用标准零部件和通用零件

应尽量选用国家标准件、行业通用零件或者公司及工厂冲模通用零件。使冲模设计典型化及制造简单化，缩短模具设计与制造周期，降低模具成本。

### 1.3.3 其他注意的问题

**(1) 设计前准备**

课程设计前必须预先准备好设计资料、手册、图册、绘图仪器、计算器、图板、图纸、报告纸等。

**(2) 设计原始资料**

应对模具设计与制造的原始资料进行详细分析，明确课程设计要求与任务后再进行工作。原始资料包括：冲压零件图、生产批量、原材料牌号与规格、现有冲压设备的型号与规格、模具零件加工条件等。

**(3) 定位销的用法**

冲模中的定位销常选用圆柱销，其直径与螺钉直径相近，不能太细，每个模具上须要成对使用销钉，其长度勿太长，其进入模体长度是直径的 2～2.5 倍。

**(4) 螺钉用法**

固定螺钉拧入模体的深度勿太深。如拧入铸铁件，深度是螺钉直径的 2～2.5 倍；如果是钢件，拧入深度一般是螺钉直径的 1.5～2 倍。

**(5) 打标记**

铸件模板要设计有加工、定位及打印编号的凸台。

**(6) 取放制件方便**

设计拉深模时，所选设备的行程应是拉深深度（即拉深件高度）的 2～2.5 倍。

## 1.4 冲压模具装配图设计

### 1.4.1 图纸幅面要求

图纸幅面尺寸按国家标准的有关机械制图规定选用，并按规定画出图框。要用模具设计中的习惯和特殊规定作图。最小图幅为 A4。手工绘图比例最好 1∶1，直观性好，计算机绘图的尺寸必须按机械制图的要求缩放。

### 1.4.2 装配总图

模具装配总图主要用来表达模具的主要结构形状、工作原理及零件的装配关系。视图的数量一般为主视图和俯视图两个，必要时可以加绘辅助视图；视图的表达方法以剖视为主，来表达清楚模具的内部组成和装配关系。主视图应画模具闭合时的工作状态，而不能将上模与下模分开来画。主视图的布置一般情况下应与模具的工作状态一致。

图面右下角是标题栏，标题栏上方绘出明细表。图面右上角画出用该套模具生产出来的制件形状尺寸图和制件排样图。

**(1) 标题栏**

装配图的标题栏和明细表的格式按有关标准绘制。目前无统一规定，可以用各单位的标题栏。也可采用图 1-1 所示的格式。其中图 1-1（a）为装配图的标题栏，图 1-1（b）为零件

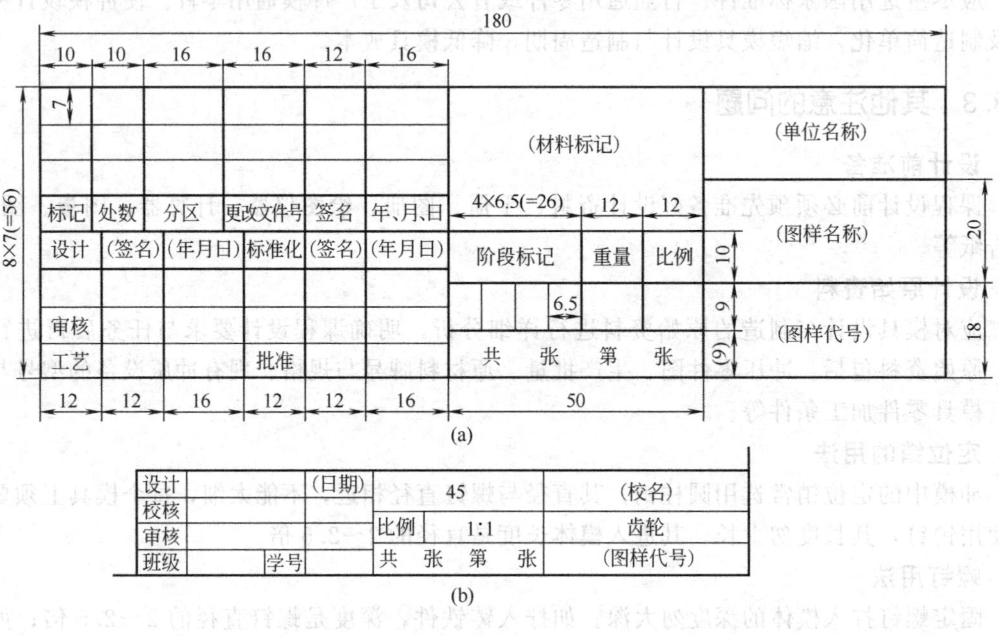


图 1-1 标题栏格式、分栏及尺寸

图的标题栏。

**(2) 明细表**

明细表中的件号自下往上编，从零件1开始为下模板，接着按冲压标准件、非标准件的顺序编写序号。同类零件应排在一起。在备注栏中，标出材料热处理要求及其他要求。

**(3) 制件图及排样图**

① 制件图严格按比例画出，其方向应与冲压方向一致，复杂制件图不能按冲压方向画出时须用箭头注明。

② 在制件图右下方注明制件名称、材料及料厚；若制件图比例与总图比例不一致时，应标出比例。

③ 排样图的布置应与送料方向一致，否则要用箭头注明。排样图中应标明料宽、搭边值和步距，简单工序可以省略排样图。

**(4) 尺寸标注**

① 装配图主视图上标注的尺寸

a. 注明轮廓尺寸、安装尺寸及配合尺寸。

b. 注明封闭高度尺寸。

c. 带导柱的模具最好剖出导柱，固定螺钉、销钉等同类型零件至少剖出一个。

d. 带斜楔的模具应标出滑块行程尺寸。

② 装配图俯视图上应标注的尺寸

a. 在图上用双点画线画出条料宽度及用箭头表示出送料方向。

b. 与本模具相配的附件（如打料杆、推件器等）应标出装配位置尺寸。

c. 俯视图与主视图的中心线重合，标注前后、左右平面轮廓尺寸。

装配图侧视图、局部视图和仰视图等标注必要的尺寸，一般省略。图和尺寸都是宜少勿多。

### 1.4.3 技术条件

技术要求中一般只简要注明对本模具的使用、装配等要求和应注意的事项，例如冲压力大小、所选设备型号、模具标记及相关工具等。当模具有特殊要求时，应详细注明有关内容。

绘制模具总装图时，一般是先按比例勾画出总装草图，经仔细检查认为无误后，再画成正规总装图。应当知道，模具总装图中的内容并非是一成不变的。在实际设计中可根据具体情况，允许做出相应的增减。

## 1.5 冲压模具零件图设计

模具零件图是模具加工的重要依据，应符合如下要求。

① 视图要完整，且宜少勿多，以能将零件结构表达清楚为限。

② 尺寸标注要齐全、合理、符合国家标准。设计基准选择应尽可能考虑制造的要求。

③ 制造公差、形位公差、表面粗糙度选用要适当，既要满足模具加工质量要求，又要考虑尽量降低制模成本。

④ 注明所用材料牌号、热处理要求以及其他技术要求。

模具总装图中的非标准零件，均需分别画出零件图，一般的工作顺序也是先画工作零件图，再依次画其他各部分的零件图。有些标准零件需要补充加工（例如，上、下标准模座上的螺孔、销孔等）时，也需画出零件图，但在此情况下，通常仅画出加工部位，而非加工部位的形状和尺寸则可省去不画，只需在图中注明标准件代号与规格即可。

## 1.6 冲压模具的装配与调试

模具的装配就是根据模具的结构特点和技术条件，以一定的装配顺序和方法，将符合图纸技术要求的零件，经协调加工，组装成满足使用要求的模具。在装配过程中，既要保证配合零件的配合精度，又要保证零件之间的位置精度，对于具有相对运动的零（部）件，还必须保证它们之间的运动精度。因此，模具装配是最后实现冲模设计和冲压工艺的过程，是模具制造过程中的关键工序。模具装配的质量直接影响制件的冲压质量、模具的使用和模具寿命。

### 1.6.1 模具装配特点

模具属单件生产。有些组成模具实体的零件在制造过程中是按照图纸标注的尺寸和公差独立地进行加工的（如落料凹模、冲孔凸模、导柱和导套、模柄等），这类零件一般都是直接进入装配；有些零件在制造过程中只有部分尺寸可以按照图纸标注尺寸进行加工，需协调相关尺寸；有的在进入装配前需采用配制或合体加工，有的需在装配过程中通过配制取得协调，图纸上标注的这部分尺寸只作为参考（如模座的导套或导柱固装孔，多凸模固定板上的凸模固装孔，需连接固定在一起的板件螺栓孔、销钉孔等）。

因此，模具装配适合于采用集中装配，在装配工艺上多采用修配法和调整装配法来保证装配精度。从而实现能用精度不高的组成零件，达到较高的装配精度，降低零件加工要求。

### 1.6.2 装配技术要求

① 模架精度应符合国家标准（JB/T 8050—1999《冲模模架技术条件》、JB/T 8071—1995《冲模模架精度检查》）规定。模具的闭合高度应符合图纸的规定要求。

② 装配好的冲模，上模沿导柱上、下滑动应平稳、可靠。

③ 凸、凹模间的间隙应符合图纸规定的要求，分布均匀。凸模或凹模的工作行程符合技术条件的规定。

④ 定位和挡料装置的相对位置应符合图纸要求。冲模导料板间距离需与图纸规定一致；导料面应与凹模进料方向的中心线平行；带侧压装置的导料板，其侧压板应滑动灵活，工作可靠。

⑤ 卸料和顶件装置的相对位置应符合设计要求，工作面不允许有倾斜或单边偏摆，以保证制件或废料能及时卸下和顺利顶出。

⑥ 紧固件装配应可靠，螺栓螺纹旋入长度在钢件连接时应不小于螺栓的直径，铸件连接时应不小于1.5倍螺栓直径；销钉与每个零件的配合长度应大于1.5倍销钉直径；销钉的端面不应露出上、下模座等零件的表面。

⑦ 落料孔或出料槽应畅通无阻，保证制件或废料能自由排出。

⑧ 标准件应能互换。紧固螺钉和定位销钉与其孔的配合应正常、良好。

⑨ 模具在压力机上的安装尺寸需符合选用设备的要求；起吊零件应安全可靠。

⑩ 模具应在生产的条件下进行试验，冲出的制件应符合设计要求。

### 1.6.3 冲模装配顺序确定

**(1) 无导向装置的冲模**

这类模具上、下模的相对位置是在压力机上安装时调整的，工作过程中由压力机的导轨精度来保证，因此装配时上、下模可以独立进行，彼此基本无关。

**(2) 有导柱的单工序模**

这类模具装配相对简单。如果模具结构是凹模安装在下模座上，则一般先将凹模安装在下模上，再将凸模与凸模固定板装在一起，然后依据下模配装上模。其装配路线采用：导套装配→模柄装配→模架→装配下模部分→装配上模部分→试模。或者采用：导柱装配→模架→装配下模部分→装配上模部分→试模。

**(3) 有导柱的级进模**

通常导柱导向的级进模（也叫连续模）都以凹模作装配基准件（如果凹模是镶拼式结构，应先组装镶拼式凹模），先将凹模装配在下模座上，凸模与凸模固定板装在一起，再以凹模为基准，调整好间隙，将凸模固定板安装在上模座上，经试冲合格后，钻铰定位销的孔。

**(4) 有导柱的复合模**

复合模结构紧凑，模具零件加工精度较高，模具装配的难度较大，特别是装配对内、外有同轴度要求的模具，更是如此。复合模属于单工位模具，其装配程序和装配方法相当于在同一工位上先装配冲孔模，然后以冲孔模为基准，再装配落料模。基于此原理，装配复合模应遵循如下原则。

① 复合模装配应以凸凹模作装配基准件。先将装有凸凹模的固定板用螺栓和销钉安装、固定在指定模座的相应位置上；再调整冲孔凸模固定板的相对位置，使冲孔凸、凹模间的间隙趋于均匀后用螺栓固定；然后再以凸凹模的外形为基准，装配、调整落料凹模相对凸凹模的位置，调整间隙和用螺栓固定好。

② 试冲无误后，将冲孔凸模固定板和落料凹模分别用定位销，在同一模座经钻铰和配钻、配铰销孔后，打入定位。

### 1.6.4 冲模的调试

**(1) 模具调试的目的**

① 鉴定模具的质量。验证该模具生产的产品质量是否符合要求，确定该模具能否交付生产使用。

② 帮助确定产品的成形条件和工艺规程。模具通过试冲与调整，生产出合格产品后，可以在试冲过程中，掌握和了解模具使用性能，产品成形条件、方法和规律，从而对产品批量生产时的工艺规程制定提供帮助。

③ 帮助确定成形零件毛坯形状、尺寸及用料标准。在冲模设计中，有些形状复杂或精度要求较高的冲压成形零件，很难在设计时精确地计算出变形前毛坯的尺寸和形状。为了要得到较准确的毛坯形状、尺寸及用料标准，只有通过反复试冲才能确定。

④ 帮助确定工艺和模具设计中的某些尺寸。对于形状复杂或精度要求较高的冲压成形

零件，在工艺和模具设计中，有个别难以用计算方法确定的尺寸，如拉深模的凸、凹模圆角半径等，必须经过试冲，才能准确确定。

⑤ 通过调试，发现问题，解决问题，积累经验，有助于进一步提高模具设计和制造水平。

**(2) 冲模调试要点**

① 模具闭合高度调试。模具应与冲压设备配合好，保证模具应有的闭合高度和开启高度。

② 导向机构的调试。导柱、导套要有好的配合精度，保证模具运动平稳、可靠。

③ 凸、凹模刃口及间隙调试。刃口锋利，间隙要均匀。

④ 定位装置的调试。定位要准确、可靠。

⑤ 卸料及出件装置的调试。卸料及出件要通畅，不能出现卡住现象。

## 1.7 冲压模具设计与制造成本

冲压模具设计与制造一定要考虑模具成本问题，即经济性。就是以最小的耗费取得最大的经济效果。既要保证产品质量，完成所需的产品数量，还要降低模具的制造费用，这样才能使整个冲压的成本得到降低。

产品的成本不仅与材料费（包括原材料费、外购件费）、加工费（包括工人工资、能源消耗、设备折旧费、车间经费等）有关，而且与模具费有关。一副模具少则成千上万，多则上百万。所以必须采取有效措施降低模具设计与制造成本。

**(1) 小批生产中的成本问题**

试制和小批量冲压生产中，降低模具费是降低成本的有效措施。除制件质量要求严格，必须采用价高的正规模具外，一般采用工序分散的工艺方案。选择结构简单、制造快且价格低廉的单工序模，用焊接、机械加工及钣金等方法制成，这样可降低成本。

**(2) 工艺合理化**

冲压生产中，工艺合理是降低成本的有力手段。节约加工工时，降低材料费，就必然降低模具总成本。

在制定工艺时，工序的分散与集中是比较复杂的问题。它取决于零件的批量、结构（形状）、质量要求、工艺特点等。单工序模的模具结构简单，制造方便，但是生产率低，对于复杂零件不适合。级进模是多工位、高效率的一种加工方法。级进模一般轮廓尺寸较大，制造复杂，成本较高，适合于大批量、小型冲压件。大批量生产时应尽量把工序集中起来，采用复合模，既能提高生产率，又能安全生产。集中到一副模具上的工序数量不宜太多，对于复合模，一般为 2~3 个工序，最多 4 个工序，对于级进模，集中的工序可以多一些。

**(3) 一次冲压多个工件**

产量较大时，采用多件同时冲压，可使模具费、材料费和加工费降低，同时有利于成形表面所受拉力均匀化。

**(4) 冲压过程的自动化及高速化**

从安全和降低成本两方面来看，自动化生产将成为冲压加工的发展方向，将来不仅大批量生产中采用自动化，在小批量生产中也可采用自动化。

**(5) 提高材料利用率，降低材料费**

在冲压生产中，工件的原材料费约占制造成本的一半，所以节约原材料，合理利用废料具有非常重要的意义。提高材料利用率是降低冲压件制造成本的重要措施之一，特别是材料单价高的工件，此点尤为重要。降低材料费的方法如下：

① 在满足零件强度和使用要求的情况下，减少材料厚度；

② 改进毛坯形状以便合理排样；

③ 减少搭边，采用少废料或无废料排样；

④ 由单列排样改为多列排样；

⑤ 多件同时成形，成形后再切开；

⑥ 组合排样；

⑦ 利用废料。

**(6) 节约模具费**

模具费在工件制造成本中占有一定比例。对于小批量生产，采用单工序模可降低工件制造成本。在大批量生产中，应尽量采用高效率、长寿命的级进模及采用硬质合金冲模。硬质合金冲模的刃磨寿命和总寿命比钢模具大得多，其总寿命为钢模具的 20～40 倍，而模具制造费用仅为钢模具的 2～4 倍。对中批量生产，首先应尽量使冲模标准化，尽量使用冲模标准件和冲模典型结构，最大限度地缩短冲模设计与制造周期。

# 第2章 冲裁模工艺与模具设计

## 2.1 冲裁件工艺分析

冲裁件的工艺性是指冲裁件对冲裁工艺的适应性。对冲裁件工艺性影响最大的是制件的结构形状、精度要求、形位公差及技术要求等。冲裁件合理的工艺性应能满足材料较省、工序较少、模具加工较易、寿命较长、操作方便及产品质量稳定等要求。冲裁件的工艺性应考虑以下几点。

① 冲裁件的形状应尽可能简单、对称，避免形状复杂的曲线。

② 冲裁件各直线或曲线的连接处应尽可能避免锐角，严禁尖角，一般应有 $R>0.5t$（$t$ 为料厚）以上的圆角。具体冲裁件的最小圆角半径允许值见表 2-1，如果是少废料、无废料排样冲裁，或者采用镶拼模具时可不要求冲裁件有圆角。

表 2-1　冲裁件最小圆角半径　mm

| 工　序 | 连接角度 | 黄铜、纯铜、铝 | 软　钢 | 合　金　钢 |
|---|---|---|---|---|
| 落料 | ≥90° | 0.18$t$ | 0.25$t$ | 0.35$t$ |
| | <90° | 0.35$t$ | 0.50$t$ | 0.70$t$ |
| 冲孔 | ≥90° | 0.20$t$ | 0.30$t$ | 0.45$t$ |
| | <90° | 0.40$t$ | 0.60$t$ | 0.90$t$ |

注：$t$ 为材料厚度，当 $t<1$mm 时，均以 $t=1$mm 计算。

③ 冲裁件的孔与孔之间、孔与边缘之间的距离 $a$ 不能过小（见图 2-1），一般当孔边缘与制件外形边缘不平行时，$a\geqslant t$；平行时，$a\geqslant 1.5t$。

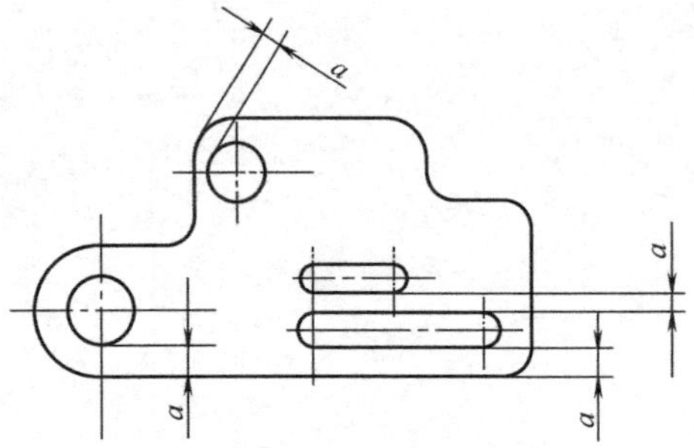

图 2-1　冲裁件的孔距及孔边距

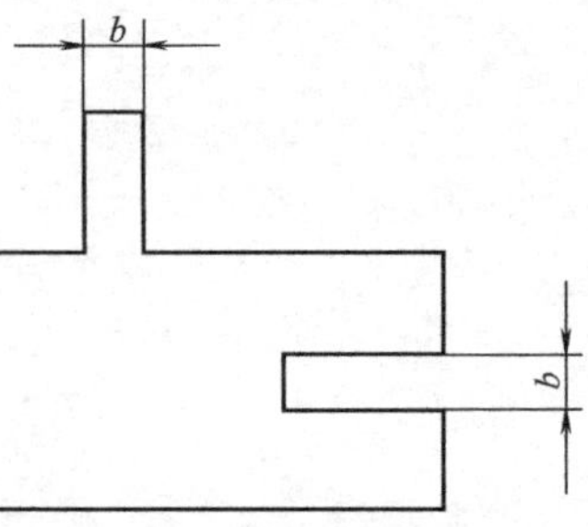

图 2-2　冲裁件的悬臂和凹槽部分尺寸

④ 冲孔尺寸也不宜太小，否则凸模强度不够。常见材料冲孔最小尺寸见表 2-2。

**表 2-2　冲孔的最小尺寸**　mm

| 材　料 | 自由凸模冲孔 | | 精密导向凸模冲孔 | |
|---|---|---|---|---|
| | 圆形 | 矩形 | 圆形 | 矩形 |
| 硬钢 | $1.3t$ | $1.0t$ | $0.5t$ | $0.4t$ |
| 软钢及黄铜 | $1.0t$ | $0.7t$ | $0.35t$ | $0.3t$ |
| 铝 | $0.8t$ | $0.5t$ | $0.3t$ | $0.28t$ |
| 酚醛层压布(纸)板 | $0.4t$ | $0.35t$ | $0.3t$ | $0.25t$ |

注：$t$ 为材料厚度（mm）。

⑤ 冲裁件凸出悬臂和凹槽宽度 $b$ 不宜过小（见图 2-2），一般硬钢为 $(1.5\sim2.0)t$，黄铜、软钢为 $(1.0\sim1.2)t$，纯铜、铝为 $(0.8\sim0.9)t$。

⑥ 在弯曲件或拉深件上冲孔时，孔边与制件直边之间的距离 $L$ 不能小于制件圆角半径 $r$ 与一半料厚 $t$ 之和，即 $L\geqslant r+0.5t$。

⑦ 用条料少废料冲裁两端带圆弧的制件时，其圆弧半径 $R$ 应大于条料宽度 $B$ 的一半，即 $R\geqslant0.5B$。

⑧ 冲裁件的经济精度不高于 IT11，一般要求落料件精度最好低于 IT10，冲孔件精度最好低于 IT9。冲裁件的尺寸公差、孔中心距的公差见表 2-3 和表 2-4。

**表 2-3　冲裁件内形与外形尺寸公差**

| 材料厚度/mm | 普通冲裁模 | | | | 高级冲裁模 | | | |
|---|---|---|---|---|---|---|---|---|
| | 零件尺寸/mm | | | | | | | |
| | <10 | 10～50 | 50～150 | 50～300 | <10 | 10～50 | 50～150 | 50～300 |
| 0.2～0.5 | $\frac{0.08}{0.05}$ | $\frac{0.10}{0.08}$ | $\frac{0.14}{0.12}$ | 0.20 | $\frac{0.025}{0.02}$ | $\frac{0.03}{0.04}$ | $\frac{0.05}{0.08}$ | 0.08 |
| 0.5～1 | $\frac{0.12}{0.05}$ | $\frac{0.16}{0.08}$ | $\frac{0.22}{0.12}$ | 0.30 | $\frac{0.03}{0.02}$ | $\frac{0.04}{0.04}$ | $\frac{0.06}{0.08}$ | 0.10 |
| 1～2 | $\frac{0.18}{0.06}$ | $\frac{0.22}{0.10}$ | $\frac{0.30}{0.16}$ | 0.50 | $\frac{0.04}{0.03}$ | $\frac{0.06}{0.06}$ | $\frac{0.08}{0.10}$ | 0.12 |
| 2～4 | $\frac{0.24}{0.08}$ | $\frac{0.28}{0.12}$ | $\frac{0.40}{0.20}$ | 0.70 | $\frac{0.06}{0.04}$ | $\frac{0.08}{0.08}$ | $\frac{0.10}{0.12}$ | 0.15 |
| 4～6 | $\frac{0.30}{0.10}$ | $\frac{0.35}{0.15}$ | $\frac{0.50}{0.25}$ | 1.00 | $\frac{0.10}{0.06}$ | $\frac{0.12}{0.10}$ | $\frac{0.15}{0.15}$ | 0.20 |

注：1. 表中分子为外形的公差值，分母为内孔的公差值。

2. 普通冲裁模是指模具工作部分、导向部分零件按 IT7、IT8 级制造，高级冲裁模按 IT5、IT6 级精度制造。

**表 2-4　冲裁件孔中心距公差**　mm

| 材料厚度/mm | 普通冲裁模 | | | 高级冲裁模 | | |
|---|---|---|---|---|---|---|
| | 孔中心距基本尺寸/mm | | | | | |
| | <50 | 50～150 | 150～300 | <50 | 50～150 | 150～300 |
| <1 | ±0.10 | ±0.15 | ±0.20 | ±0.03 | ±0.05 | ±0.08 |
| 1～2 | ±0.12 | ±0.20 | ±0.30 | ±0.04 | ±0.06 | ±0.10 |
| 2～4 | ±0.15 | ±0.25 | ±0.35 | ±0.06 | ±0.08 | ±0.12 |
| 4～6 | ±0.20 | ±0.30 | ±0.40 | ±0.08 | ±0.10 | ±0.15 |

## 2.2 确定工艺方案

确定工艺方案首先要确定的是冲裁的工序数，冲裁工序的组合以及冲裁工序顺序的安排。冲裁工序数一般易确定，关键是确定冲裁工序的组合与冲裁工序顺序。

**(1) 冲裁工序的组合**

冲裁工序的组合方式可分为单工序冲裁、复合冲裁和级进冲裁。对应的模具是单工序模、复合模、级进模（连续模或跳步模）。

单工序模、复合模和级进模的比较见表 2-5。

**表 2-5 单工序模、复合模和级进模的比较**

| 比较项目 | 单工序模 | | 级进模 | 复合模 |
|---|---|---|---|---|
| | 无导向 | 有导向 | | |
| 零件公差等级 | 低 | 一般 | 可达 IT13～IT10 级 | 可达 IT10～IT8 级 |
| 零件特点 | 尺寸不受限制厚度不限 | 中小型尺寸厚度较厚 | 小型件，$t=0.2\sim6$mm 可加工复杂零件，如宽度极小的异形件、特殊形状零件 | 形状与尺寸受模具结构与强度的限制，尺寸可以较大，厚度可达 3mm |
| 零件平面度 | 差 | 一般 | 中、小型件不平直，高质量工件需校平 | 由于压料冲裁的同时得到了校平，冲件平直且有较好的剪切断面 |
| 生产效率 | 低 | 较低 | 工序间自动送料，可以自动排除冲件，生产效率高 | 冲件被顶到模具工作面上必须用手工或机械排除，生产效率稍低 |
| 使用高速自动冲床的可能性 | 不能使用 | 可以使用 | 可以在行程次数为每分钟 400 次或更多的高速压力机上工作 | 操作时出件困难，可能损坏弹簧缓冲机构，不作推荐 |
| 安全性 | 不安全，需采取安全措施 | | 比较安全 | 不安全，需采取安全措施 |
| 多排冲压法的应用 | | | 广泛用于尺寸较小的冲件 | 很少采用 |
| 模具制造工作量和成本 | 低 | 比无导向的稍高 | 冲裁较简单的零件时，比复合模低 | 冲裁复杂零件时，比级进模低 |

冲裁工序的组合方式按下列因素确定。

① 按生产批量　一般小批量和试制生产采用单工序模，中、大批量生产采用复合模或级进模。

② 按冲裁件尺寸和精度等级　复合冲裁得到的冲裁件尺寸精度等级高，而且是先压料后冲裁，冲裁件较平整。级进冲裁比复合冲裁精度等级低。

③ 按冲裁件尺寸形状的适应性　冲裁件的尺寸较小，单工序送料不方便、生产效率低，常采用复合冲裁或级进冲裁。尺寸中等的冲裁件，因制造多副单工序模具的费用比复合模要贵，则采用复合冲裁；当冲裁件上的孔与孔或孔与边缘间的距离过小时，不宜采用复合冲裁或单工序冲裁，宜采用级进冲裁，见表 2-5。

④ 按模具制造安装调整的难易和成本的高低　复杂形状的冲裁件采用复合冲裁比采用级进冲裁较为适宜，因模具制造安装调整比较容易，且成本较低。

⑤ 按操作是否方便与安全　复合冲裁出件或清除废料较困难，工作安全性较差，级进冲裁较安全。

**(2) 冲裁顺序的安排**

冲裁顺序的确定一般可按下列原则进行。

① 各工序的先后顺序应保证每道工序的变形区为相对弱区，同时非变形区应为相对强区而不参与变形。当冲压过程中坯料上的强区与弱区对比不明显时，对零件有公差要求的部位应在成形后冲出。

② 采用侧刃定距时，定距侧刃切边工序安排与首次冲孔同时进行以便控制送料进距。采用两个定距侧刃时，可安排成一前一后，也可并列安排。

③ 前工序成形后得到的符合零件图样要求的部分，在以后各道工序中不得再发生变形。

④ 工件上所有的孔，只要其形状和尺寸不受后续工序的影响，都应在平面坯料上先冲出。先冲出的孔可以作为后续工序的定位用，而且可使模具结构简单，生产效率高。

⑤ 对于带孔的或有缺口的冲裁件，如果选用单工序模冲裁，一般先落料、再冲孔或切口；使用级进模冲裁时，则应先冲孔或切口，后落料。

⑥ 对于带孔的弯曲件，孔边与弯曲变形区的间距较大时，可以先冲孔，后弯曲。如果孔在弯曲变形区附近或以内，必须在弯曲后再冲孔。孔间距受弯曲回弹影响时，也应先弯曲后冲孔。

⑦ 对于带孔的拉深件，一般来说，都是先拉深，后冲孔，但当孔的位置在零件的底部，且孔径尺寸相对筒体直径较小并要求不高时，也可先在坯料上冲孔，再拉深。

⑧ 工件需整形或校平等工序时，均应安排在工件基本成形以后进行。

## 2.2.1 单工序模

单工序模是只完成一种工序的冲裁模。如落料、冲孔、切边、剖切等。单工序模可同时有多个凸模，但其完成的工序类型相同。设计单工序冲裁模需考虑下列问题。

① 模具结构与模具材料是否与冲裁件批量相适应。

② 模架或模具零件尽量选用标准件。

③ 模架的平面尺寸应与模块平面尺寸和压力机台面（或垫板开孔大小）相适应。

④ 落料模的送料方向（横送、直送）要与选用的压力机适应。

⑤ 模具上安装闭合高度限位块，便于校模和存放，模具工作时限位块不应受压。

⑥ 对称工件的冲模架应保证上、下模的正确装配，如采用直径不同的导柱。

⑦ 弯曲件的落料模，排样时应考虑材料辗纹方向。

⑧ 刃口尖角处宜用拼块，这样既便于加工，也可防止应力集中导致开裂。

⑨ 单面冲裁的模具，应在结构上采取措施使凸模和凹模的侧向力相互平衡，不宜让模架的导柱导套受侧向力。

⑩ 拼块不能依靠定位销承受侧向力，要用方键或将拼块嵌入模座沉孔内。

⑪ 卸料螺钉装配时，必须确保卸料板与有关模板保持平行。

⑫ 安装于模具内的弹簧，在结构上应能保证弹簧断裂时不致蹦出伤人。

⑬ 两侧无搭边的无废料、少废料冲裁工艺，只能推料进给而不能拉料进给，有较长一段料尾不能利用，如条料长度有限，则须仔细核算。

⑭ 冲孔模应考虑放入和取出冲件方便安全。

⑮ 多凸模冲孔，邻近大凸模的细小凸模，应比大凸模在长度上短一个冲压件料厚。若做成相同长度则容易折断。

### 2.2.2 复合模

**(1) 复合模的特点**

① 冲件精度较高，不受送料误差影响，内外形相对位置一致性好。

② 冲件表面较为平整。

③ 适宜冲薄料，也适宜冲脆性或软质材料。

④ 可充分利用短料和边角余料。

⑤ 冲模面积较小。

**(2) 复合模的设计要点**

① 复合模中必定有一个（或几个）凸凹模，凸凹模是复合模的核心零件。冲件精度比单工序模冲出的精度高，一般冲裁件精度可达到IT10、IT11。

② 复合模冲出的制件均由模具型口中推出，制件比较平整。

③ 复合模的冲件比较复杂，各种机构都围绕模具工作部位设置，所以其闭合高度往往偏高，在设计时尤其要注意。

④ 复合模的成本偏高，制造周期长，一般适合生产较大批量的冲压件。

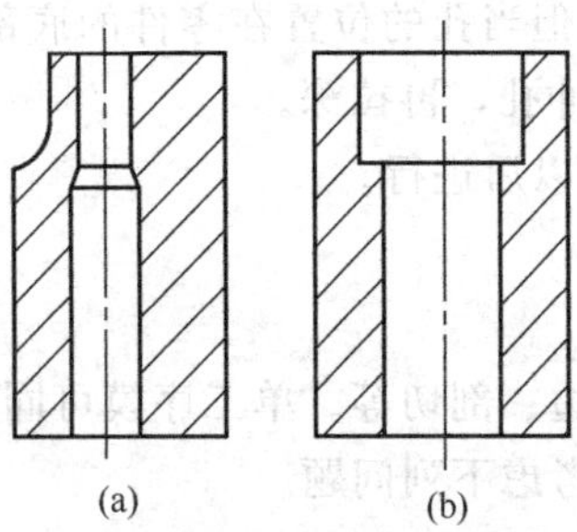


图 2-3 增加凸凹模强度的方法

⑤ 设计复合模时要确保凸凹模的自身强度，尤其要注意凸凹模的最小壁厚。

为了增加凸凹模的强度和减少孔内废料的胀力，可以采用对凸凹模有效刃口以下增加壁厚和将废料反向顶出的办法，如图 2-3 所示。

⑥ 复合模的推件装置形式多样，在设计时应注意打板及推块活动量要足够，而且二者的活动量应当一致，模具在开启状态推块应露出凹模 0.2～0.5mm。

⑦ 复合模中适用的模柄有多种形式，压入式、旋入式、凸缘式、浮动式等均可选用，应保证模柄装入模座后配合良好，有足够稳定性，不能因为设置退料机构而降低模柄强度。或过度增大模具闭合高度。

**(3) 复合模正装和倒装的比较**

常见的复合模结构有正装和倒装两种。图 2-4 所示为正装式复合模结构，图 2-5 所示为倒装式复合模结构。复合模正装和倒装的优缺点比较见表 2-6。

**表 2-6 复合模正装和倒装比较**

| 序号 | 正 装 | 倒 装 |
|---|---|---|
| 1 | 凸凹模安装在上模 | 凸凹模安装在下模 |
| 2 | 除料、除件装置三套，顶件装置顶出冲件，冲孔废料由推件装置的打杆打出，操作不方便，不安全 | 除料、除件装置两套，推件装置推出冲件，冲孔废料直接由凸凹模的孔漏下，操作方便，能装自动拨料装置，既能提高生产率又能保证安全生产 |
| 3 | 凸凹模孔内不积存废料，孔内废料的胀力小，有利于减小凸凹模最小壁厚 | 废料在凸凹模孔内积聚，凸凹模要求有较大的壁厚以增加强度 |
| 4 | 先压紧后冲裁，对于材质软、薄冲件能达到平整要求 | 板料不是处在被压紧的状态下冲裁，不能达到平整要求 |
| 5 | 可冲工件的孔边距离较小 | 不宜冲制孔边距离较小的冲裁件 |
| 6 | 装凹模的面积较大，有利于复杂冲件用拼块结构 | 如凸凹模较大，可直接将凸凹模固定在底座上省去固定板 |
| 7 | 结构复杂 | 结构相对简单 |

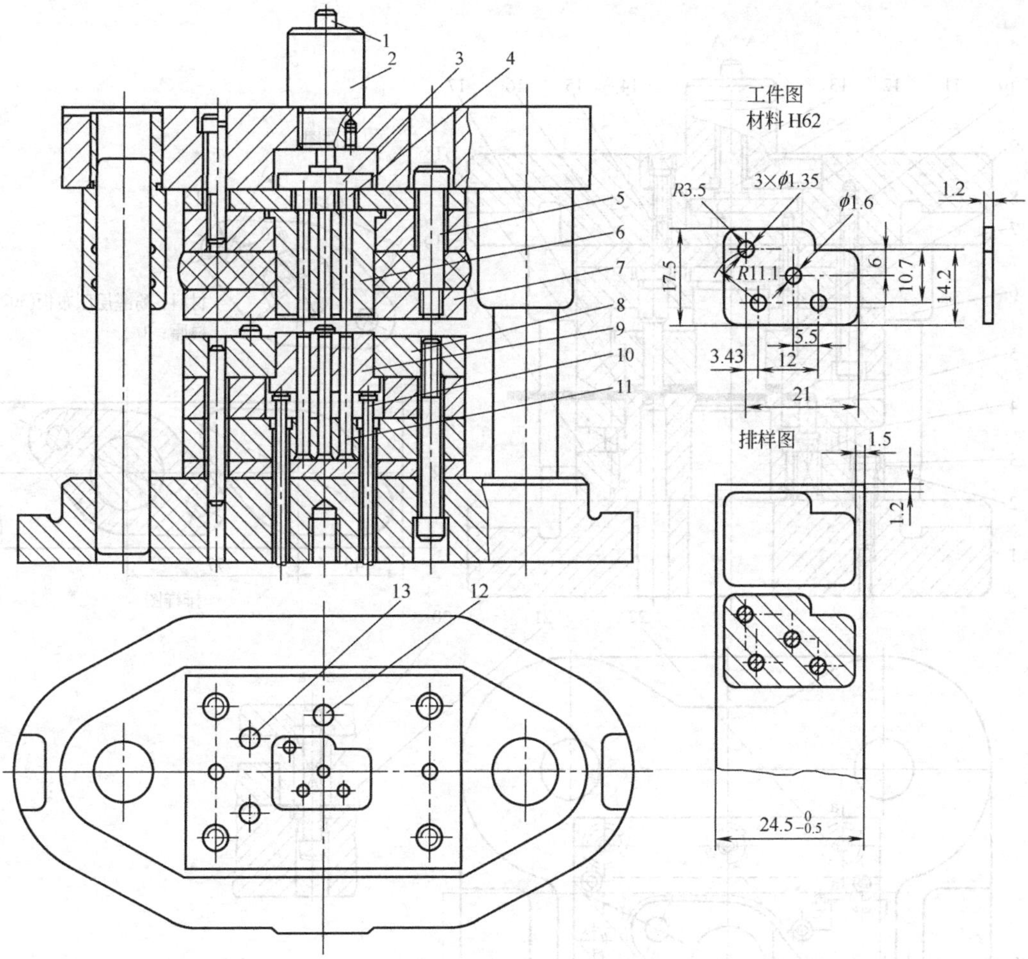


图 2-4 正装式复合模

1—打杆；2—模柄；3—推板；4—推杆；5—卸料螺钉；6—凸凹模；7—卸料板；8—落料凹模；9—顶件块；10—带肩顶杆；11—冲孔凸模；12—挡料销；13—导料销

### 2.2.3 级进模

**(1) 级进模的特点**

级进模是在压力机一次行程中完成多个工序的模具，它具有操作安全的显著特点，模具强度较高，寿命较长。使用级进模便于冲压生产自动化，可以采用高速压力机生产。级进模较难保证内、外形相对位置的一致性。

**(2) 级进模设计要点**

① 排样设计　排样设计是级进模设计的关键之一，排样图的优化与否，不仅关系到材料的利用率、工件的精度、模具制造的难易程度和使用寿命等，而且关系到模具各工位的协调与稳定。具体参照第 5 章。

② 定距结构设计　级进模任何相邻两工位的距离必须相等，步距的精度直接影响冲件的尺寸精度。影响步距精度的因素主要有冲压件的精度等级、形状复杂程度、冲压件材质和厚度、工位数、冲制时条料的送进方式和定距形式等。

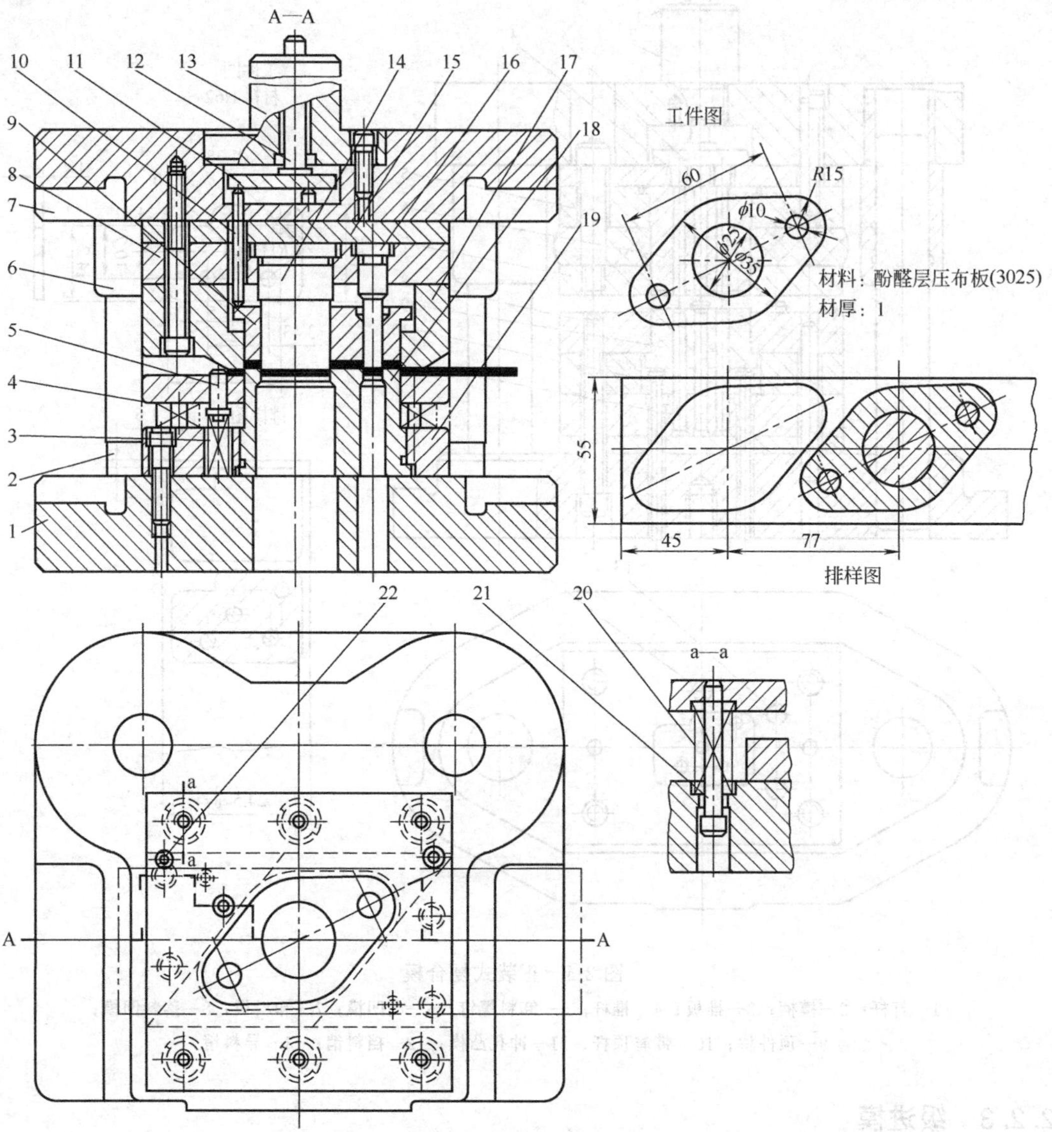


图 2-5　倒装式复合模

1—下模座；2—导柱；3，20—弹簧；4—卸料板；5—活动挡料销；6—导套；7—上模座；8—凸模固定板；9—推件块；10—连接推杆；11—推板；12—打杆；13—模柄；14，16—冲孔凸模；15—垫板；17—落料凹膜；18—凸凹模；19—固定板；21—卸料螺钉；22—导料销

级进模的定距方式有挡料销定距、侧刃定距、导正销定距及自动送料机构定距四种类型。导正销（图 2-6）是级进模中应用最为普遍的定距方式，但此方式需要与其他辅助定距方式配合使用。

挡料销多适用于产品制件精度要求低、尺寸较大、板料厚度较大（大于 1.2mm）、批量少的手工送料的普通级进模。

侧刃定距（图 2-7）是在条料的一侧或两侧冲切定距槽，定距槽的长度等于步距长度。

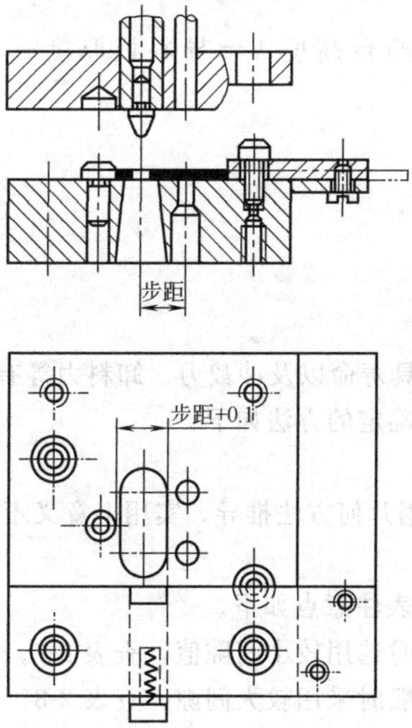


图 2-6 导正销定距

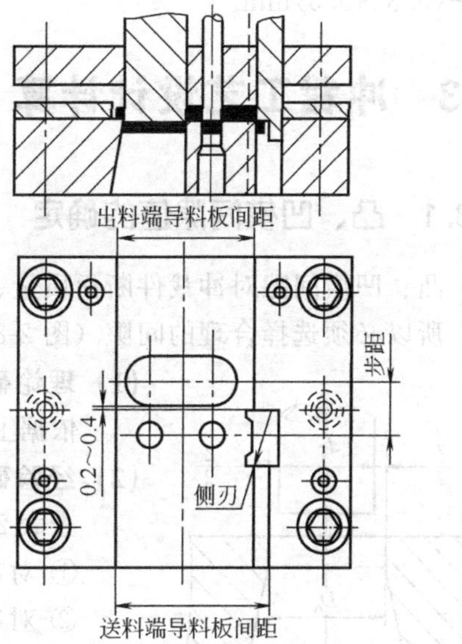


图 2-7 侧刃定距

其定距精度比挡料销定距高。

自动送料机构是专用的送料机构，配合压力机冲程运动，使条料作定时定量的送料。

③ 导料结构设计 为了使条料通畅、准确地送进，在级进模中必须使用导料系统。导料系统一般包括左右导料板、承料板、条料侧压机构等。导料系统直接影响模具冲压的效率与精度。选用导料系统应考虑冲压件的特点、排样图上各工位的安排、压力机的速度、送料形式、模具结构特点等因素，并结合卸料装置进行考虑。

导料板一般沿条料送进方向安装在凹模型孔的两侧，对条料进行导向。

④ 卸料结构设计 卸料装置除起卸料作用外，对于不同冲压工序还有不同的作用，在冲裁工序中，可起到压料作用。在弯曲工序中，可起到局部成形作用。在拉深工序中同时起到压边圈作用。卸料装置对于凸模还可起到导向和保护作用。

卸料装置可分为固定卸料和弹性卸料两种，在级进模中使用弹性卸料装置时，一般要在卸料板与固定板之间安装小导柱、导套进行导向，在设计多工位级进模卸料装置时，应注意以下原则。

a. 在多工位级进模中，卸料板极少采用整体结构，而是采用镶拼结构。这有利于保证型孔精度、孔距精度、配合间隙、热处理等要求，它的镶拼原则基本上与凹模相同。在卸料板基体上加工一个通槽，各拼块对此通槽按基孔制配合加工，所以基准性好。

b. 卸料板各工作型孔同心，卸料板各型孔与对应凸模的配合间隙只有凸凹模冲裁间隙的 1/4～1/3。高速冲压时，卸料板与凸模间隙要求取较小值。

c. 卸料板各工作型孔应较光洁，其表面粗糙度 $R_a$ 一般应取 0.1～0.4μm。冲压速度越高，表面粗糙度值越小。

d. 多工位级进模卸料板应具有良好的耐磨性能。卸料板采用高强度钢或合金工具钢制造，淬火硬度为 56～58HRC。当以一般速度冲压时，卸料板可选用中碳钢或碳素工具钢制造，淬火硬度为40～45HRC。

e. 卸料板应具有必要的强度和刚度。卸料板凸台高度 $h$ = 导料板厚度－板料厚度＋(0.3～0.5)mm。

## 2.3 冲裁工艺设计计算

### 2.3.1 凸、凹模间隙值的确定

凸、凹模间隙对冲裁件断面质量、尺寸精度、模具寿命以及冲裁力、卸料力等有较大影响，所以必须选择合理的间隙（图2-8）。合理间隙值确定的方法如下。

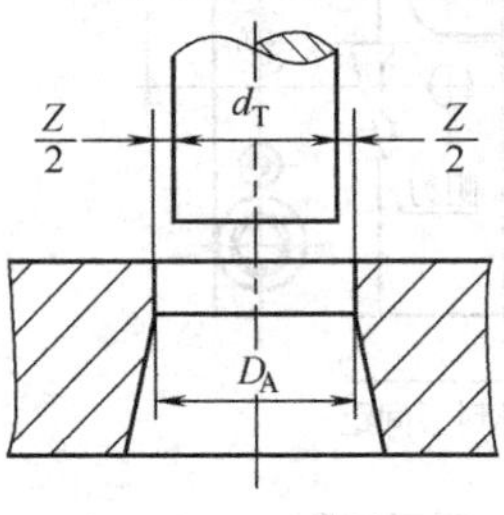


图2-8 冲裁模间隙

**(1) 理论确定法**

依据上下裂纹重合，用几何方法推导，实用上意义不大。

**(2) 经验确定法**

查表2-7和表2-8。查表注意点如下。

① 对冲件质量要求高时选用较小间隙值，查表2-7。

② 对冲件质量要求一般时采用较大间隙，查表2-8。

③ 对于公差等级小于IT14，断面无特殊要求的冲件采用大的间隙值，查表2-9。

**表2-7 冲裁模初始双边间隙Z（小间隙）** mm

| 材料厚度 | 软铝 | | 纯铜、黄铜、软钢 ($w_C$=0.08%～0.2%) | | 杜拉铝、中等硬钢 ($w_C$=0.3%～0.4%) | | 硬钢 ($w_C$=0.5%～0.6%) | |
|---|---|---|---|---|---|---|---|---|
| | $Z_{min}$ | $Z_{max}$ | $Z_{min}$ | $Z_{max}$ | $Z_{min}$ | $Z_{max}$ | $Z_{min}$ | $Z_{max}$ |
| 0.2 | 0.008 | 0.012 | 0.010 | 0.014 | 0.012 | 0.016 | 0.014 | 0.018 |
| 0.3 | 0.012 | 0.018 | 0.015 | 0.021 | 0.018 | 0.024 | 0.021 | 0.027 |
| 0.4 | 0.016 | 0.024 | 0.020 | 0.028 | 0.024 | 0.032 | 0.028 | 0.036 |
| 0.5 | 0.020 | 0.030 | 0.025 | 0.035 | 0.030 | 0.040 | 0.035 | 0.045 |
| 0.6 | 0.024 | 0.036 | 0.030 | 0.042 | 0.036 | 0.048 | 0.042 | 0.054 |
| 0.7 | 0.028 | 0.042 | 0.035 | 0.049 | 0.042 | 0.056 | 0.049 | 0.063 |
| 0.8 | 0.032 | 0.048 | 0.040 | 0.056 | 0.048 | 0.064 | 0.056 | 0.072 |
| 0.9 | 0.036 | 0.054 | 0.045 | 0.063 | 0.054 | 0.072 | 0.063 | 0.081 |
| 1.0 | 0.040 | 0.060 | 0.050 | 0.070 | 0.060 | 0.080 | 0.070 | 0.090 |
| 1.2 | 0.050 | 0.084 | 0.072 | 0.096 | 0.084 | 0.108 | 0.096 | 0.120 |
| 1.5 | 0.075 | 0.105 | 0.090 | 0.120 | 0.105 | 0.135 | 0.120 | 0.150 |
| 1.8 | 0.090 | 0.126 | 0.108 | 0.144 | 0.126 | 0.162 | 0.144 | 0.180 |
| 2.0 | 0.100 | 0.140 | 0.120 | 0.160 | 0.140 | 0.180 | 0.160 | 0.200 |
| 2.2 | 0.132 | 0.176 | 0.154 | 0.198 | 0.176 | 0.220 | 0.198 | 0.242 |
| 2.5 | 0.150 | 0.200 | 0.175 | 0.225 | 0.200 | 0.250 | 0.225 | 0.275 |
| 2.8 | 0.168 | 0.224 | 0.196 | 0.252 | 0.224 | 0.280 | 0.252 | 0.308 |
| 3.0 | 0.180 | 0.240 | 0.210 | 0.270 | 0.240 | 0.300 | 0.270 | 0.330 |
| 3.5 | 0.245 | 0.315 | 0.280 | 0.350 | 0.315 | 0.385 | 0.350 | 0.420 |
| 4.0 | 0.280 | 0.360 | 0.320 | 0.400 | 0.360 | 0.440 | 0.400 | 0.480 |
| 4.5 | 0.315 | 0.405 | 0.360 | 0.450 | 0.405 | 0.490 | 0.450 | 0.540 |
| 5.0 | 0.350 | 0.450 | 0.400 | 0.500 | 0.450 | 0.550 | 0.500 | 0.600 |
| 6.0 | 0.480 | 0.600 | 0.540 | 0.660 | 0.600 | 0.720 | 0.660 | 0.780 |
| 7.0 | 0.560 | 0.700 | 0.630 | 0.770 | 0.700 | 0.840 | 0.770 | 0.910 |
| 8.0 | 0.720 | 0.880 | 0.800 | 0.960 | 0.880 | 1.040 | 0.960 | 1.120 |
| 9.0 | 0.870 | 0.990 | 0.900 | 1.080 | 0.990 | 1.170 | 1.080 | 1.260 |
| 10.0 | 0.900 | 1.100 | 1.000 | 1.200 | 1.100 | 1.300 | 1.200 | 1.400 |

表 2-8 冲裁模初始双边间隙 Z（大间隙） mm

| 材料厚度 | 08、10、35、09Mn、Q235 | | 16Mn | | 40、50 | | 65Mn | |
|---|---|---|---|---|---|---|---|---|
| | $Z_{min}$ | $Z_{max}$ | $Z_{min}$ | $Z_{max}$ | $Z_{min}$ | $Z_{max}$ | $Z_{min}$ | $Z_{max}$ |
| <0.5 | 极小间隙（或无间隙） | | | | | | | |
| 0.5 | 0.040 | 0.060 | 0.040 | 0.060 | 0.040 | 0.060 | 0.040 | 0.060 |
| 0.6 | 0.048 | 0.072 | 0.048 | 0.072 | 0.048 | 0.072 | 0.048 | 0.072 |
| 0.7 | 0.064 | 0.092 | 0.064 | 0.092 | 0.064 | 0.092 | 0.064 | 0.092 |
| 0.8 | 0.072 | 0.104 | 0.072 | 0.104 | 0.072 | 0.104 | 0.064 | 0.092 |
| 0.9 | 0.090 | 0.126 | 0.090 | 0.126 | 0.090 | 0.126 | 0.090 | 0.126 |
| 1.0 | 0.100 | 0.140 | 0.100 | 0.140 | 0.100 | 0.140 | 0.090 | 0.126 |
| 1.2 | 0.126 | 0.180 | 0.132 | 0.180 | 0.132 | 0.180 | | |
| 1.5 | 0.132 | 0.240 | 0.170 | 0.240 | 0.170 | 0.230 | | |
| 1.75 | 0.220 | 0.320 | 0.220 | 0.320 | 0.220 | 0.320 | | |
| 2.0 | 0.246 | 0.360 | 0.260 | 0.380 | 0.260 | 0.380 | | |
| 2.1 | 0.260 | 0.380 | 0.280 | 0.400 | 0.280 | 0.400 | | |
| 2.5 | 0.360 | 0.500 | 0.380 | 0.540 | 0.380 | 0.540 | | |
| 2.75 | 0.400 | 0.560 | 0.420 | 0.600 | 0.420 | 0.600 | | |
| 3.0 | 0.460 | 0.640 | 0.480 | 0.660 | 0.480 | 0.660 | | |
| 3.5 | 0.540 | 0.740 | 0.580 | 0.780 | 0.580 | 0.780 | | |
| 4.0 | 0.640 | 0.880 | 0.680 | 0.920 | 0.680 | 0.920 | | |
| 4.5 | 0.720 | 1.000 | 0.680 | 0.960 | 0.780 | 1.040 | | |
| 5.5 | 0.940 | 1.280 | 0.780 | 1.100 | 0.980 | 1.320 | | |
| 6.0 | 1.080 | 1.440 | 0.840 | 1.200 | 1.140 | 1.150 | | |
| 6.5 | | | 0.940 | 1.300 | | | | |
| 8.0 | | | 1.200 | 1.680 | | | | |

注：冲裁皮革、石棉和纸板时，间隙取 08 钢的 25%。

表 2-9 冲件精度低于 IT14 级时推荐用的冲裁大间隙 Z

| 料厚 $t$/mm | 软料<br>（08、10、20、Q235） | 中硬料<br>（45、LY12<br>1Cr18NiTi、4Cr13） | 硬料<br>（T8A、T10A、65Mn） |
|---|---|---|---|
| 0.2～1 | $(0.12\sim0.18)t$ | $(0.15\sim0.20)t$ | $(0.18\sim0.24)t$ |
| >1～3 | $(0.15\sim0.20)t$ | $(0.18\sim0.24)t$ | $(0.22\sim0.28)t$ |
| >3～6 | $(0.18\sim0.24)t$ | $(0.20\sim0.26)t$ | $(0.24\sim0.30)t$ |
| >6～10 | $(0.20\sim0.26)t$ | $(0.24\sim0.30)t$ | $(0.26\sim0.32)t$ |

### 2.3.2 凸、凹模刃口尺寸的确定

#### (1) 确定凸、凹模刃口尺寸的原则

① 设计落料模先确定凹模刃口尺寸，以凹模为基准，间隙取在凸模上，即冲裁间隙通过减小凸模刃口尺寸来取得。设计冲孔模先确定凸模刃口尺寸，以凸模为基准，间隙取在凹模上，冲裁间隙通过增大凹模刃口尺寸来取得。

② 考虑刃口的磨损对冲件尺寸的影响：刃口磨损后尺寸变大，其刃口的基本尺寸应接近或等于冲件的最小极限尺寸；刃口磨损后尺寸减小，应取接近或等于冲件的最大极限尺寸。

③ 不管落料还是冲孔，冲裁间隙一般选用最小合理间隙值（$Z_{min}$）。

④ 考虑冲件精度与模具精度间的关系，在选择模具制造公差时，既要保证冲件的精度要求，又要保证有合理的间隙值。一般冲模精度较冲件精度高 2～3 级。

⑤ 工件尺寸公差与冲模刃口尺寸的制造偏差原则上都应按“入体”原则标注为单向公

差，所谓“入体”原则，是指标注工件尺寸公差时应向材料实体方向单向标注。但对磨损后无变化的尺寸，一般标注双向偏差。

**(2) 凸、凹模分别加工时的工作部分尺寸**

计算公式如下（落料件的尺寸为$D_{-\Delta}^{\ 0}$，冲孔件尺寸为$d_{\ 0}^{+\Delta}$，冲制工件上孔距为$L\pm\Delta/2$两孔）

落料：
$$D_A=(D_{max}-x\Delta)_{\ 0}^{+\delta_A} \tag{2-1}$$
$$D_T=(D_{max}-x\Delta-Z_{min})_{-\delta_T}^{\ 0} \tag{2-2}$$

冲孔：
$$d_T=(d_{min}+x\Delta)_{-\delta_T}^{\ 0} \tag{2-3}$$
$$d_A=(d_{min}+x\Delta+Z_{min})_{\ 0}^{+\delta_A} \tag{2-4}$$

孔心距：
$$L_d=(L_{min}+0.5\Delta)\pm0.125\Delta=L\pm\frac{1}{8}\Delta \tag{2-5}$$

式中 $D_T$，$D_A$——落料凸、凹模的刃口尺寸，mm；
$d_T$，$d_A$——冲孔凸、凹模的刃口尺寸，mm；
$D_{max}$——落料件的最大极限尺寸；
$d_{min}$——冲孔件孔的最小极限尺寸；
$x$——磨损系数，其值在0.5～1之间；
$\Delta$——制件的制造公差，mm；
$L$，$L_d$——工件孔心距和凹模孔心距的公称尺寸；
$\delta_T$，$\delta_A$——凸、凹模的制造公差。

凸、凹模的制造公差$\delta_T$、$\delta_A$取值方法有下列四种。

① 凸模按IT6，凹模按IT7选取。

② 查表2-10。

③ 对于形状复杂的刃口，制造公差可取工件相应部位公差值$\Delta$的1/4；对于刃口尺寸磨损后无变化的，制造公差值可取工件相应部位公差值$\Delta$的1/8并冠以（±）。

④ 取$\delta_T\leqslant0.4(Z_{max}-Z_{min})$，$\delta_A\leqslant0.6(Z_{max}-Z_{min})$。

式中 $Z_{max}$、$Z_{min}$——最大、最小合理间隙，mm。

为了保证冲模的初始间隙小于最大合理间隙（$Z_{max}$），凸模和凹模制造公差必须保证

$$\delta_T+\delta_A\leqslant Z_{max}-Z_{min}$$

磨损系数$x$的取值方法有以下两种。

① 工件精度为IT10以上 $x=1$

工件精度在IT11～IT13之间 $x=0.75$

工件精度为IT14 $x=0.5$

② 按表2-11选取。

**表2-10 规则形状（圆形、方形件）冲裁时凸、凹模的制造公差** mm

| 公称尺寸 | 凸模$\delta_T$ | 凹模$\delta_A$ | 公称尺寸 | 凸模$\delta_T$ | 凹模$\delta_A$ |
|---|---|---|---|---|---|
| ≤18 | 0.020 | 0.020 | >180～260 | 0.030 | 0.045 |
| >18～30 | 0.020 | 0.025 | >260～360 | 0.035 | 0.050 |
| >30～80 | 0.020 | 0.030 | >360～500 | 0.040 | 0.060 |
| >80～120 | 0.025 | 0.035 | >500 | 0.050 | 0.070 |
| >120～180 | 0.030 | 0.040 | | | |

表 2-11 系数 $x$

| 材料厚度 $t$ /mm | 非圆形 | | | 圆形 | |
|---|---|---|---|---|---|
| | 1 | 0.75 | 0.5 | 0.75 | 0.5 |
| | 工件公差 $\Delta$/mm | | | | |
| ≤1 | <0.16 | 0.17~0.35 | ≥0.36 | <0.16 | ≥0.16 |
| >1~2 | <0.20 | 0.21~0.41 | ≥0.42 | <0.20 | ≥0.20 |
| >3~4 | <0.24 | 0.25~0.49 | ≥0.50 | <0.24 | ≥0.24 |
| >4 | <0.30 | 0.31~0.59 | ≥0.60 | <0.30 | ≥0.30 |

**(3) 凸、凹模配合加工时工作部分尺寸的计算公式**

冲制薄材料（$Z_{max}$与$Z_{min}$的差值很小）或复杂形状工件的冲模，以及单件生产的冲模，常采用凸模与凹模配作的加工方法。

配作法就是先按设计尺寸制出一个基准件（凸模或凹模），然后根据基准件的实际尺寸再按最小合理间隙配制另一件。设计时，基准件的刃口尺寸及制造公差应详细标注，而配作件上只标注公称尺寸，不注公差，但在图纸上注明："凸（凹）模刃口按凹（凸）模实际刃口尺寸配作，保证最小双面合理间隙值$Z_{min}$"。

落料件按凹模，冲孔件按凸模磨损后尺寸增大、减小和不变的规律分三种，具体计算公式如下。

① 凸模或凹模磨损后会增大的尺寸，相当于简单形状的落料凹模尺寸。

第一类尺寸 $A$
$$A_j=(A_{max}-x\Delta)^{+\frac{1}{4}\Delta}_{0} \tag{2-6}$$

② 凸模或凹模磨损后会减小的尺寸，相当于简单形状的冲孔凸模尺寸。

第二类尺寸 $B$
$$B_j=(B_{min}+x\Delta)^{0}_{-\frac{1}{4}\Delta} \tag{2-7}$$

③ 凸模或凹模磨损后会基本不变的尺寸，相当于简单形状的孔心距尺寸

第三类尺寸 $C$
$$C_j=\left(C_{min}+\frac{1}{2}\Delta\right)\pm\frac{1}{8}\Delta \tag{2-8}$$

式中 $A_j$，$B_j$，$C_j$——模具基准件尺寸，mm；
$A_{max}$，$B_{min}$，$C_{min}$——工件极限尺寸，mm；
$\Delta$——工件公差，mm；
$x$——磨损系数。

曲线形状的冲裁凸、凹模制造公差见表 2-12。

制件为非圆形时，冲裁凸、凹模的制造公差见表 2-13。

表 2-12 曲线形状的冲裁凸、凹模的制造公差 mm

| 工作要求 | 工作部分最大尺寸 | | |
|---|---|---|---|
| | ≤150 | >150~500 | >500 |
| 普通精度 | 0.2 | 0.35 | 0.5 |
| 高精度 | 0.1 | 0.2 | 0.3 |

注：1. 本表所列公差，只在凸模或凹模一个零件上标注，而另一件则注明配作间隙。
2. 本表适用于汽车、拖拉机行业。

表 2-13 制件为非圆形时冲裁凸、凹模的制造公差 mm

| 工件基本尺寸及公差等级 | | $\Delta$ | $x\Delta$ | 制造公差 | | 工件基本尺寸及公差等级 | | $\Delta$ | $x\Delta$ | 制造公差 | |
|---|---|---|---|---|---|---|---|---|---|---|---|
| IT10 | IT11 | | | 凸模 | 凹模 | IT13 | IT14 | | | 凸模 | 凹模 |
| 1～3 | | 0.040 | 0.040 | 0.010 | | 1～3 | | 0.140 | 0.105 | 0.030 | |
| 3～6 | | 0.048 | 0.048 | 0.012 | | 3～6 | | 0.180 | 0.135 | 0.040 | |
| 6～10 | | 0.058 | 0.058 | 0.014 | | 6～10 | | 0.220 | 0.160 | 0.050 | |
| | 1～3 | 0.060 | 0.045 | 0.015 | | 10～18 | | 0.270 | 0.200 | 0.060 | |
| 10～18 | | 0.070 | 0.070 | 0.018 | | | 1～3 | 0.250 | 0.130 | 0.060 | |
| | 3～6 | 0.075 | 0.050 | 0.020 | | 18～30 | | 0.330 | 0.250 | 0.070 | |
| 18～30 | | 0.084 | 0.080 | 0.021 | | | 3～6 | 0.300 | 0.150 | 0.075 | |
| 30～50 | | 0.100 | 0.100 | 0.023 | | 30～50 | | 0.390 | 0.290 | 0.085 | |
| | 6～10 | 0.090 | 0.060 | 0.025 | | | 6～10 | 0.360 | 0.180 | 0.090 | |
| 50～80 | | 0.120 | 0.120 | 0.030 | | 50～80 | | 0.460 | 0.340 | 0.100 | |
| | 10～18 | 0.110 | 0.080 | 0.035 | | | 10～18 | 0.430 | 0.220 | 0.110 | |
| 80～120 | | 0.140 | 0.140 | 0.040 | | 80～120 | | 0.540 | 0.400 | 0.115 | |
| | 18～30 | 0.130 | 0.090 | 0.042 | | | 18～30 | 0.520 | 0.260 | 0.130 | |
| 120～180 | | 0.160 | 0.160 | 0.046 | | 120～180 | | 0.630 | 0.470 | 0.130 | |
| | 30～50 | 0.160 | 0.120 | 0.050 | | 180～250 | | 0.720 | 0.540 | 0.150 | |
| 180～250 | | 0.185 | 0.185 | 0.054 | | | 30～50 | 0.620 | 0.310 | 0.150 | |
| | 50～80 | 0.190 | 0.140 | 0.057 | | 250～315 | | 0.810 | 0.600 | 0.170 | |
| 250～315 | | 0.210 | 0.210 | 0.062 | | | 50～80 | 0.740 | 0.370 | 0.185 | |
| | 80～120 | 0.220 | 0.170 | 0.065 | | 315～400 | | 0.890 | 0.660 | 0.190 | |
| 315～400 | | 0.230 | 0.230 | 0.075 | | | 80～120 | 0.870 | 0.440 | 0.210 | |
| | 120～180 | 0.250 | 0.180 | 0.085 | | | 120～180 | 1.000 | 0.500 | 0.250 | |
| | 180～250 | 0.290 | 0.210 | 0.095 | | | 180～250 | 1.150 | 0.570 | 0.290 | |
| | 250～315 | 0.320 | 0.240 | | | | 250～315 | 1.300 | 0.650 | 0.340 | |
| | 315～400 | 0.360 | 0.270 | | | | 315～400 | 1.400 | 0.700 | 0.350 | |

注：本表适用于电器仪表行业。

## 2.3.3 排样设计

### (1) 冲裁件的排样

冲裁件在条料、带料或板料上的布置方法称为排样。合理的排样是提高材料利用率、降低成本，保证冲件质量及模具寿命的有效措施。根据材料的合理利用情况，条料排样方法可分为有废料排样［图 2-9（a)］、少废料排样［图 2-9（b)］、无废料排样［图 2-9（c)］三种。另外，如图 2-9（d）所示，当送进步距为两倍零件宽度时，一次切断便能获得两个冲件，有利于提高劳动生产率。有废料排样和少、无废料排样主要形式的分类见表 2-14。

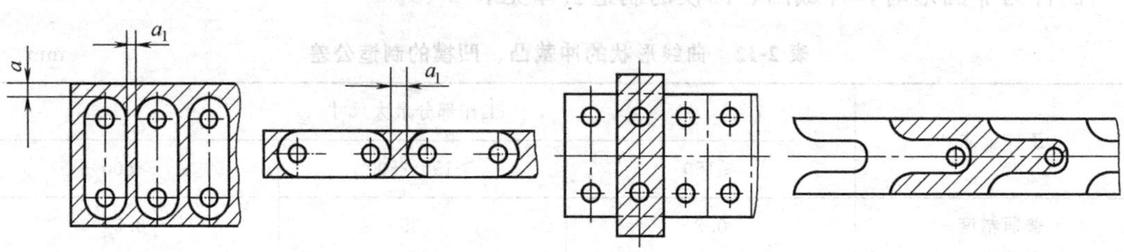


(a) (b) (c) (d)

图 2-9 条料排样

表 2-14 有废料排样和少、无废料排样主要形式的分类

| 排样形式 | 有废料排样 | | 少、无废料排样 | |
|---|---|---|---|---|
| | 简　图 | 应　用 | 简　图 | 应　用 |
| 直排 | 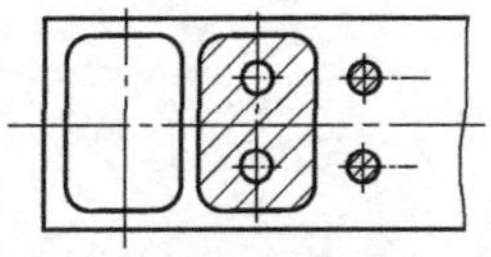 | 用于简单几何形状（方形、圆形、矩形）的冲件 | 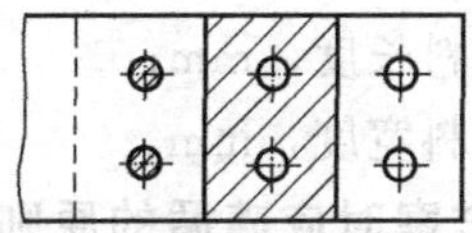 | 用于矩形或方形冲件 |
| 斜排 | 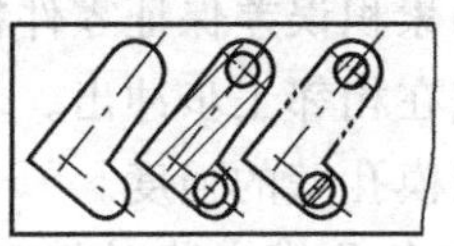 | 用于 T 形、L 形、S 形、十字形、椭圆形冲件 | 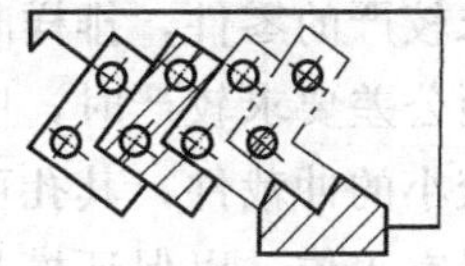 | 用于 L 形或其他形状的冲件，在外形上允许有不大的缺陷 |
| 直对排 | 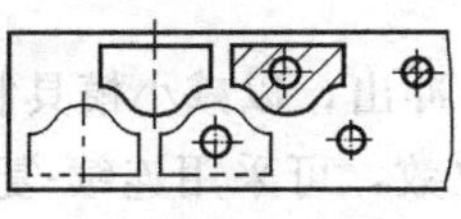 | 用于 T 形、Ⅱ形、山形、梯形、三角形、半圆形的冲件 | 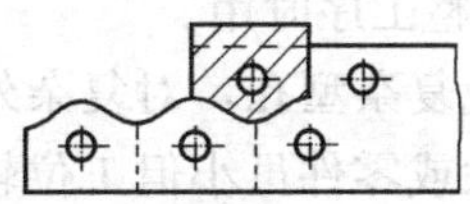 | 用于 T 形、Ⅱ形、山形、梯形、三角形冲件，在外形上允许有少量的缺陷 |
| 斜对排 | 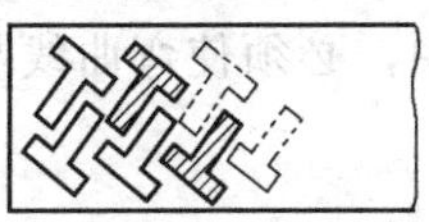 | 用于材料利用率比直对排高时的情况 | 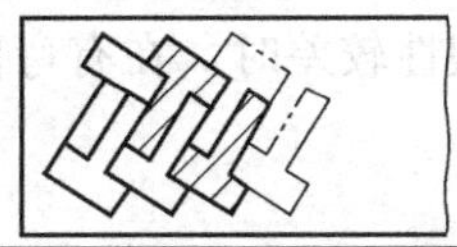 | 多用于 T 形冲件 |
| 混合排 | 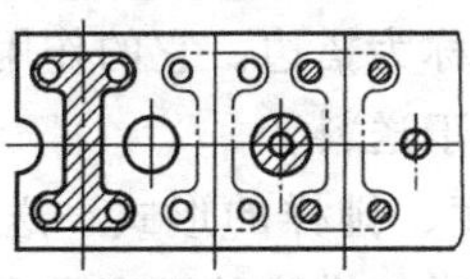 | 用于材料和厚度都相同的两种以上的冲件 | 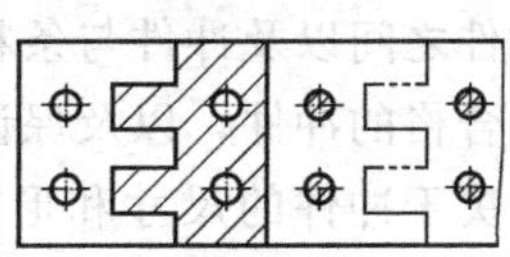 | 用于两个外形互相嵌入的不同冲件（铰链等） |
| 多排 | 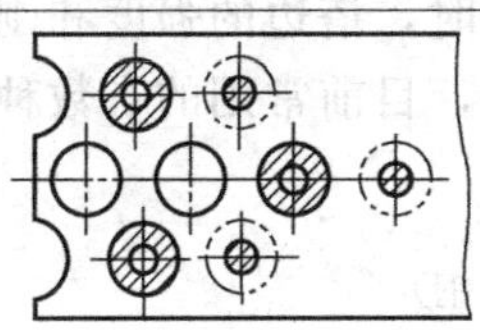 | 用于大批生产中尺寸不大的圆形、六角形、方形、矩形冲件 | 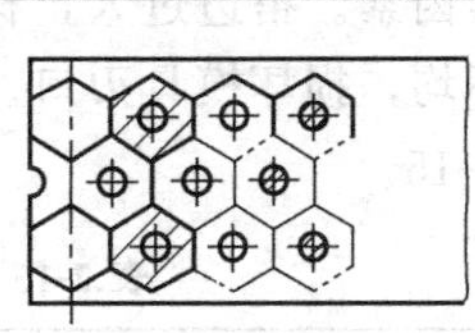 | 用于大批量生产中尺寸不大的方形、矩形及六角形冲件 |
| 冲裁搭边 | 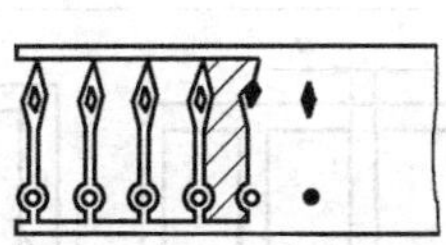 | 大批生产中用于小的窄冲件（表针及类似的冲件）或带料的连续拉深 | 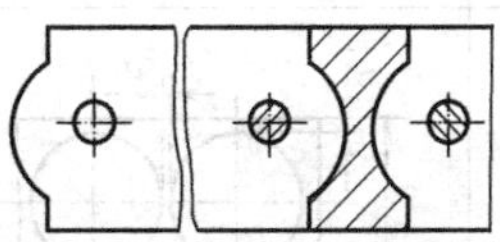 | 用于以宽度均匀的条料或带料冲裁长形件 |

对于形状复杂的冲件，通常用纸片剪成 3～5 个样件，然后摆出各种不同的排样方法，经过分析和计算，选出合理的排样方案。

**(2) 材料利用率**

衡量材料经济利用的指标是材料利用率。一个进距内的材料利用率 $\eta$ 为

$$\eta=\frac{nA}{Bh}\times100\% \tag{2-9}$$

式中 $A$——冲裁件面积（包括冲出小孔在内），$mm^2$；

$n$——一个进距内的冲件数目；

$B$——条料宽度，mm；

$h$——进距，mm。

一张板料上总的材料利用率 $\eta_\Sigma$ 为

$$\eta_\Sigma=\frac{NA}{B_1L}\times100\% \tag{2-10}$$

式中 $N$——一张板料上的冲件总数目；

$L$——板料长度，mm；

$B_1$——板料宽度，mm。

**(3) 决定排样方案时应遵循的原则**

① 公差要求较严的零件，排样时工步不宜太多，以减小累积误差保证零件精度。

② 零件孔距公差要求较严时，应尽量在同一工步冲出或在相邻工步冲出。

③ 对孔壁较小的冲裁件，其孔可以分步冲出，以保证凹模孔壁的强度。

④ 适当设置空工位，以保证模具具有足够的强度，并避免凸模安装时相互干涉，同时也便于试模、调整工序时用。

⑤ 尽量避免复杂型孔，对复杂外形零件的冲裁，可分步冲出，以减小模具制造难度。

⑥ 零件较大或零件虽小但工位较多时，应尽量减少工位数，可采用连续-复合成形的排样法，以减小模具轮廓尺寸。

⑦ 当材料塑性较差时，在有弯曲工步的连续成形排样中，必须使弯曲线与材料纹向成一定夹角。

**(4) 搭边**

排样时，冲件之间以及冲件与条料侧边之间留下的余料称为搭边。它的作用是补偿定位误差，保证冲出合格的冲件，以及保证条料有一定刚度，便于送料。

搭边数值取决于冲件的尺寸和形状、材料的硬度和厚度、排样的形式、送料及挡料方式、卸料方式等因素。搭边过大，材料利用率低；搭边过小时，搭边的强度和刚度不够，甚至造成冲裁力不均，损坏模具刃口。搭边值是由经验确定的，目前常用的有数种，低碳钢搭边值可参见表 2-15。

**表 2-15 搭边 $a$ 和 $a_1$ 的数值（低碳钢）** mm

| | 圆件及圆角 $r>2t$ | | 矩形件：边长 $l\leqslant50$ | | 矩形件：边长 $l>50$ 或圆角 $r\leqslant2t$ | |
|---|---|---|---|---|---|---|
| 材料厚度 $t$ | 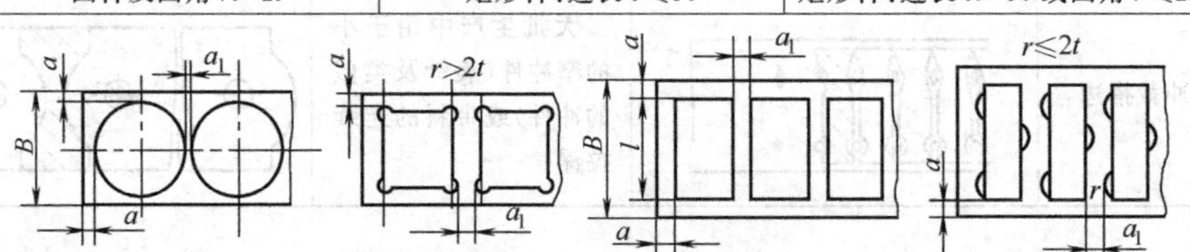  | | | | | |
| | 工件间 $a_1$ | 沿边 $a$ | 工件间 $a_1$ | 沿边 $a$ | 工件间 $a_1$ | 沿边 $a$ |
| ≤0.25 | 1.8 | 2.0 | 2.2 | 2.5 | 2.8 | 3.0 |
| >0.25～0.50 | 1.2 | 1.5 | 1.8 | 2.0 | 2.2 | 2.5 |
| >0.5～0.8 | 1.0 | 1.2 | 1.5 | 1.8 | 1.8 | 2.0 |
| >0.8～1.2 | 0.8 | 1.0 | 1.2 | 1.5 | 1.5 | 1.8 |
| >1.2～1.6 | 1.0 | 1.2 | 1.5 | 1.8 | 1.8 | 2.0 |
| >1.6～2.0 | 1.2 | 1.5 | 1.8 | 2.5 | 2.0 | 2.2 |
| >2.0～2.5 | 1.5 | 1.8 | 2.0 | 2.2 | 2.2 | 2.5 |
| >2.5～3.0 | 1.8 | 2.2 | 2.2 | 2.5 | 2.5 | 2.8 |
| >3.0～3.5 | 2.2 | 2.5 | 2.5 | 2.8 | 2.8 | 3.2 |
| >3.5～4.0 | 2.5 | 2.8 | 2.5 | 3.2 | 3.2 | 3.5 |
| >4.0～5.0 | 3.0 | 3.5 | 3.5 | 4.0 | 4.0 | 4.5 |
| >5.0～12 | $0.6t$ | $0.7t$ | $0.7t$ | $0.8t$ | $0.8t$ | $0.9t$ |

注：对于其他材料，应将表中数值乘以下列系数：中等硬度钢 0.9，硬钢 0.8，硬黄铜 1～1.1，硬铝 1～1.2，软黄铜、纯铜 1.2，铝 1.3～1.4，非金属 1.5～2。

### 2.3.4 冲裁工艺力的计算

**(1) 冲裁力**

冲裁模设计时，为了合理地设计模具及选用设备，必须计算冲裁力。压力机的吨位必须大于所计算的冲裁力。通常说的冲裁力是指冲裁力的最大值，它是选用压力机和设计模具的重要依据之一。

用普通平刃口模具冲裁时，其冲裁力 $F$ 一般按下式计算

$$F=KLt\tau_b \tag{2-11}$$

式中 $F$——冲裁力；

$L$——冲裁周边长度；

$t$——材料厚度；

$\tau_b$——材料抗剪强度；

$K$——系数。

系数 $K$ 是考虑到实际生产中，模具间隙值的波动和不均匀、刃口的磨损、材料力学性能和厚度波动等因素的影响而给出的修正系数。一般取 $K=1.3$。

为计算简便，也可按下式估算冲裁力

$$F\approx Lt\sigma_b \tag{2-12}$$

式中 $\sigma_b$——材料的抗拉强度。

**(2) 降低冲裁力的方法**

当冲裁力过大时，可用下述方法降低。

① 加热冲裁　加热冲裁易破坏工件表面质量，同时会产生热变形，精度低，因此应用比较少。此法只适于材料厚度大、表面质量及精度要求不高的零件。

② 阶梯凸模冲裁　在多凸模冲裁中，将凸模做成不同高度，使各凸模冲裁力的最大峰值不同时出现，结构如图 2-10 所示。对于薄材料（$t\leqslant 3$mm），$H$ 一般取材料厚度 $t$；对于厚材料（$t>3$mm）则取材料厚度的一半。阶梯凸模冲裁的冲裁力，一般只按产生最大冲裁力的那个阶梯进行计算。

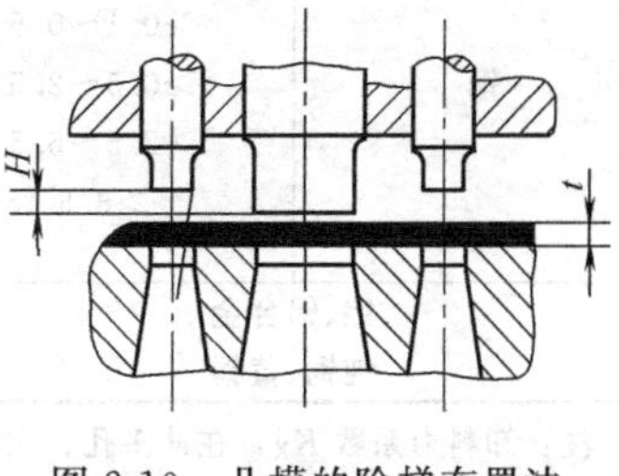


图 2-10　凸模的阶梯布置法

③ 斜刃冲裁　为了得到平整的零件，落料时凹模做成一定斜度，凸模为平刃口，而冲孔时，则凸模做成一定斜度，凹模为平刃口，结构如图 2-11 所示，一般斜刃参数值列于表 2-16。

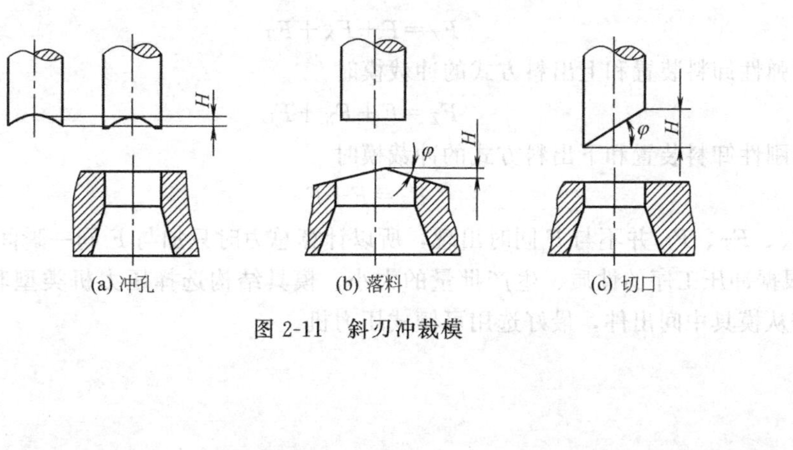


图 2-11　斜刃冲裁模

表 2-16　一般采用的斜刃数值

| 材料厚度 $t$/mm | 斜刃高度 $H$/mm | 斜刃角 $\phi$/(°) |
|---|---|---|
| ≤3 | $2t$ | <5 |
| >3~10 | $(1\sim2)t$ | <8 |

斜刃冲模虽降低了冲裁力，但模具制造复杂、修磨困难，刃口也易磨损，故一般情况下尽量不用，只在大型冲件及厚板冲裁中采用。

### (3) 卸料力、推件力和顶件力

卸料力、推件力和顶件力一般采用经验公式进行计算

$$\text{卸料力}\quad F_X = K_X F \tag{2-13}$$

$$\text{推件力}\quad F_T = nK_T F \tag{2-14}$$

$$\text{顶件力}\quad F_D = K_D F \tag{2-15}$$

$$n = h/t$$

式中 $F$——冲裁力；

$K_X$，$K_T$，$K_D$——卸料力、推件力及顶件力系数，见表 2-17；

$n$——同时卡在凹模内的冲裁件（或废料）的个数；

$h$——凹模刃壁垂直部分高度，mm；

$t$——板料厚度。

表 2-17　卸料力、推件力及顶件力系数

| 料厚 $t$/mm | | $K_X$ | $K_T$ | $K_D$ |
|---|---|---|---|---|
| 钢 | ≤0.1 | 0.065~0.075 | 0.1 | 0.14 |
| | >0.1~0.5 | 0.045~0.055 | 0.063 | 0.08 |
| | >0.5~2.5 | 0.04~0.05 | 0.055 | 0.06 |
| | >2.5~6.5 | 0.03~0.04 | 0.045 | 0.05 |
| | >6.5 | 0.02~0.03 | 0.025 | 0.03 |
| 铝、铝合金 | | 0.025~0.08 | 0.03~0.07 | |
| 纯铜、黄铜 | | 0.02~0.06 | 0.03~0.09 | |

注：卸料力系数 $K_X$，在冲多孔、大搭边和轮廓复杂制件时取上限值。

### (4) 冲压设备的选择

① 压力机的公称压力必须大于或等于各种冲压工艺力的总和 $F_Z$。$F_Z$ 的计算应根据不同的模具结构分别计算取值。

采用弹性卸料装置和下出料方式的冲裁模时

$$F_Z = F + F_X + F_T \tag{2-16}$$

采用弹性卸料装置和上出料方式的冲裁模时

$$F_Z = F + F_X + F_D \tag{2-17}$$

采用刚性卸料装置和下出料方式的冲裁模时

$$F_Z = F + F_T \tag{2-18}$$

因 $F_X$、$F_T$、$F_D$ 并不与 $F$ 同时出现，所以计算总力时只加与 $F$ 同一瞬间出现的力即可。

② 根据冲压工序的性质、生产批量的大小、模具结构选择压力机类型和规格，如复合模工件需从模具中间出件，最好选用可倾式压力机。

③ 根据模具尺寸大小、安装和进出料等情况选择压力机台面尺寸，如当制件或废料需下落时工作台面孔尺寸应大于下落件的尺寸，有弹顶装置的模具，工作台面孔尺寸应大于下弹顶装置的外形尺寸。

④ 选择的压力机闭合高度应与模具的闭合高度相匹配。

⑤ 压力机滑块模柄孔的直径与模柄直径相符、模柄孔深度应大于模柄的长度。

⑥ 压力机滑块行程长度应保证毛坯顺利放入，冲件能顺利取出，成形拉深件和弯曲件时应大于制件高度的 2.5～3 倍。

⑦ 压力机的行程次数应当保证有最高的生产效率。

⑧ 压力机应该使用方便和安全。

### 2.3.5 模具压力中心的确定

模具的压力中心就是冲压力合力的作用点。应尽可能和模柄轴线以及压力机滑块中心线重合，以便平稳地冲裁，减少导向件的磨损，提高模具及压力机寿命。实际生产中，可能会出现因冲件的形状或排样特殊，从模具结构设计与制造考虑不宜使压力中心与模柄中心线重合时，压力中心的偏离不能超出所选压力机允许的范围。

**(1) 一般模具冲模压力中心的确定**

① 对称件的压力中心位于冲件轮廓图形几何中心。

② 直线段的压力中心位于线段的中心。

③ 圆弧线段的压力中心按下式求出

$$y=(180R\sin\alpha)/(\pi\alpha)=Rs/b \quad (2\text{-}19)$$

式中 $b$——弧长。

其他符号意义见图 2-12。

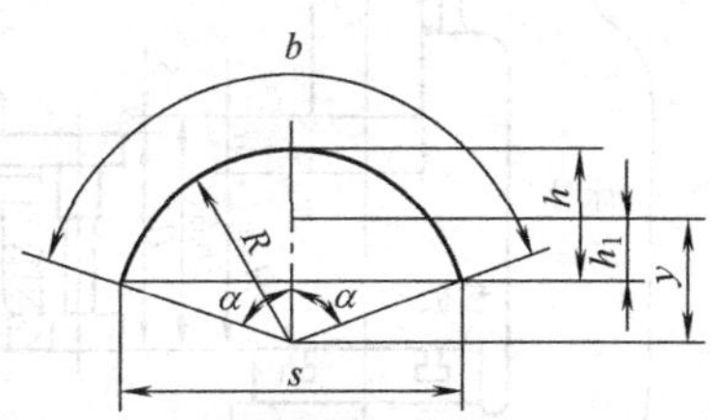

图 2-12 圆弧线段的压力中心

**(2) 复杂零件及多凸模模具压力中心的确定**

① 解析法：《理论力学》中确定物体重心的方法。

原理：各分力对某轴的力矩的代数和＝诸力的合力对该轴的力矩，即合力矩定理。

步骤：a. 按比例画出冲裁轮廓线（或每个凸模刃口轮廓的位置），选定坐标轴 $x$、$y$；

b. 把图形的轮廓线分成几部分，计算各部分长度 $L_1$、$L_2$、…、$L_n$（或分别计算每一个凸模刃口轮廓的周长 $L_1$、$L_2$、…、$L_n$）；

c. 求出各部分重心位置的坐标值（$x_1$，$y_1$）、（$x_2$，$y_2$）、…、（$x_n$，$y_n$）；

d. 按下列公式求冲模压力中心坐标值（$x_0$，$y_0$）（图 2-13）

$$x_0=\frac{L_1x_1+L_2x_2+\cdots+L_nx_n}{L_1+L_2+\cdots+L_n} \quad (2\text{-}20)$$

$$y_0=\frac{L_1y_1+L_2y_2+\cdots+L_ny_n}{L_1+L_2+\cdots+L_n} \quad (2\text{-}21)$$

② 图解法：因作图法精确度不高，方法也不简单，很少使用。

③ 悬挂法：用匀质金属丝代替均布于冲裁件轮廓的冲裁力，该模拟件的重心就是冲裁的压力中心。

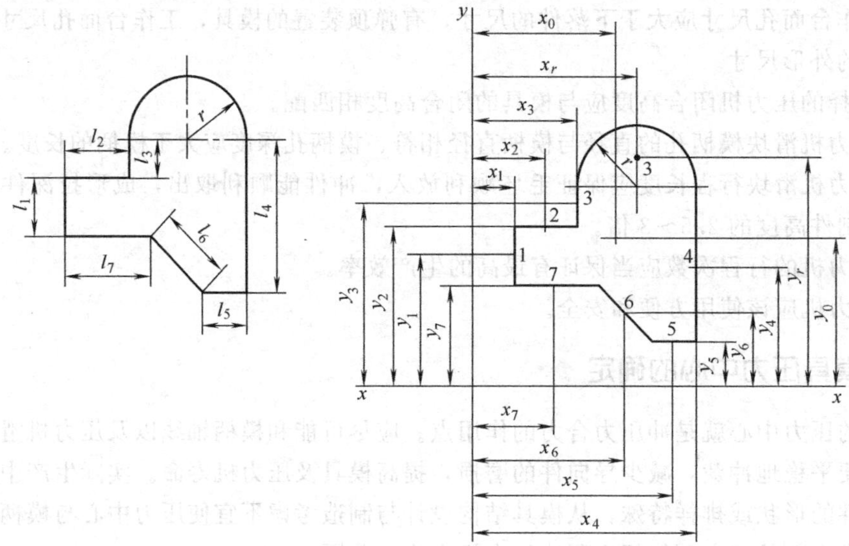


图 2-13　复杂冲裁件的压力中心

### 2.3.6　冲模的闭合高度

冲模的闭合高度是指模具在最低工作位置时，上模座上平面与下模座下平面之间的距离 $H$。冲模的闭合高度必须与压力机的装模高度相适应。压力机的装模高度是指滑块在下死点位置时，滑块底面至垫板上平面间的距离，其值可通过调节连杆长度在一定范围内变化。当连杆调至最短时为压力机的最大装模高度 $H_{max}$；连杆调至最长时为最小装模高度 $H_{min}$。冲模的闭合高度 $H$ 应介于压力机的最大装模高度 $H_{max}$ 和最小装模高度 $H_{min}$ 之间，其关系为（图2-14）

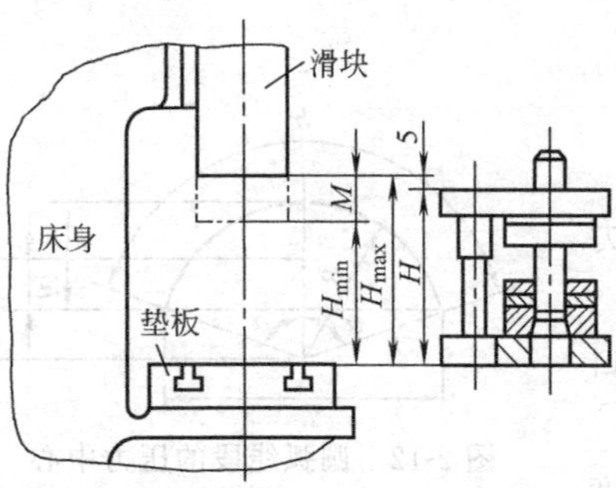


$M$ 为连杆调节量

图 2-14　模具闭合高度与装模高度的关系

$$H_{max}-5\text{mm}\geqslant H\geqslant H_{min}+10\text{mm}$$

如果冲模的闭合高度大于压力机最大装模高度时，则冲模不能在该压力机上使用。反之，小于压力机最小装模高度时，可加经过磨平的垫板。

## 2.4　冲裁模主要零部件的结构设计

冲裁模零件及模架已有国家标准或部颁标准，模架产品标准（GB/T 2851.1～7、GB/T 2852.1～4）共 10 个，与标准模架相对应的标准零件（GB/T 2855.1～14、GB/T 2856.1～8、GB/T 2861.1～16）共 38 个。设计模具时应尽量采用标准零件及其组合，参看第 9 章。

### 2.4.1 凸模的结构设计

凸模结构形式很多，其截面形状有圆形和非圆形。刃口形状有平刃和斜刃，结构有整体式、镶拼式、阶梯式、直通式和带护套式等。国家标准的圆形凸模形式如图 2-15 所示。图 2-15（a）所示的凸模刚性较好，可用于直径 $d \geqslant 1.1$mm 的凸模；图 2-15（b）所示用于凸模外形尺寸较大时，图 2-15（c）所示的凸模利于换模。

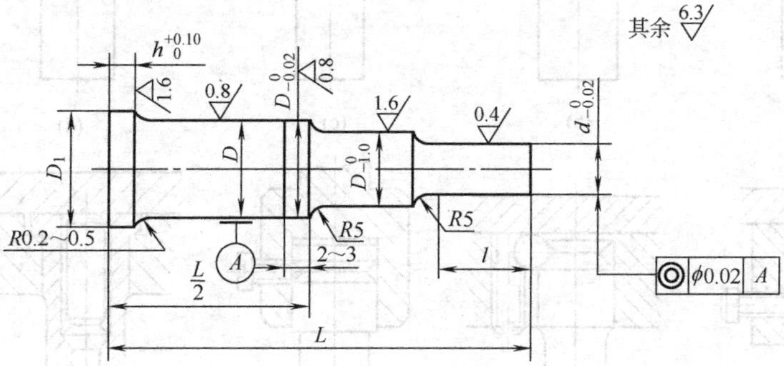


(a) (GB 2863.1—81)

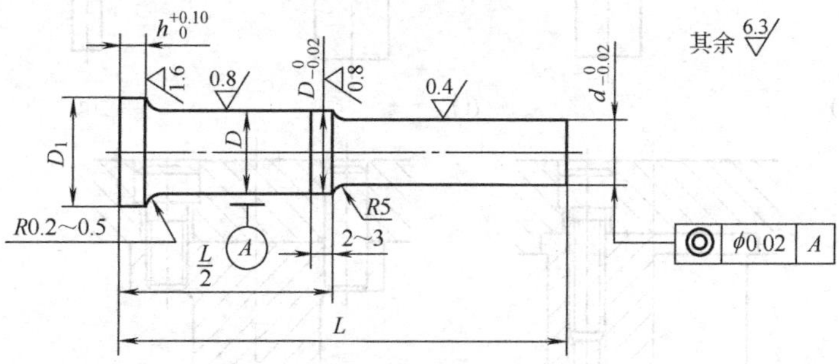


(b) (GB 2863.2—81)

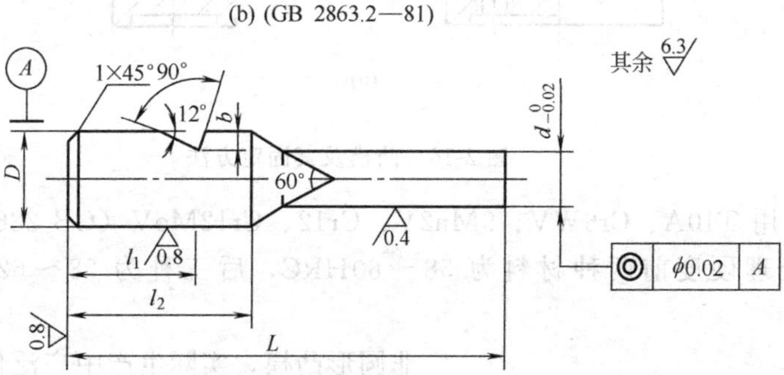


(c) (GB 2863.3—81)

图 2-15 圆形凸模

凸模的固定方法有台肩固定、铆接、螺钉和销钉固定，黏结剂浇注法固定等。图 2-16（a）所示为台阶式凸模，凸模与固定板之间采用 H7/m6 配合，台肩固定；图 2-16（b）所示直通式凸模，用 N7/h6、P7/h6 铆接固定。对于小凸模采用粘接固定，如图 2-16（c）所示用低熔点合金浇注法固定；图 2-16（d）所示用环氧树脂浇注法固定。对于大型冲模中冲小孔的易损凸模采用快换式凸模，以便修理与更换［图 2-16（e）、（f）］。对于大尺寸的凸模，可直接用螺钉、销钉固定到模座上，而不用固定板［图 2-16（h）］。冲小孔的凸模，为防止凸模折断，采用带护套的凸模［图 2-16（g）］。

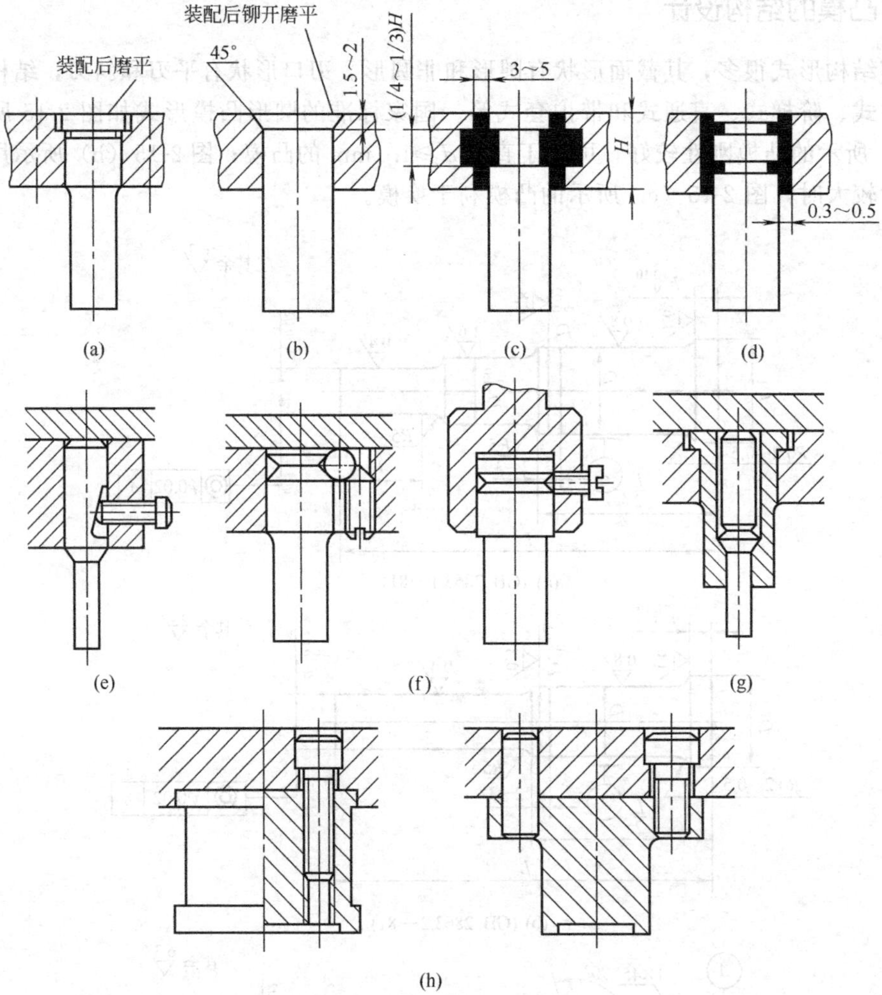


图 2-16　凸模及其固定方法

凸模材料用 T10A、Cr6WV、9Mn2V、Cr12、Cr12MoV（GB 2863.1～2—81 规定），刃口部分热处理硬度前两种材料为 58～60HRC，后三种为 58～62HRC，尾部回火至 40～50HRC。

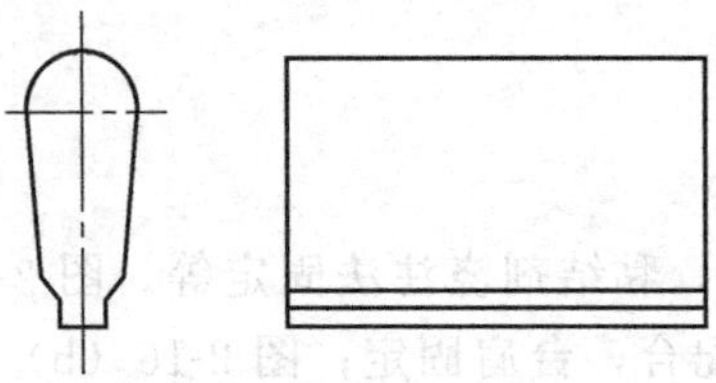

图 2-17　直通式（等断面）凸模

非圆形凸模，实际生产中广泛使用直通式结构，如图 2-17 所示，采用线切割或成形铣、成形磨削加工。常用 Cr6WV、Cr12、Cr12MoV、CrWMn 等材料。

此外，部颁标准的圆凸模（JB/T 5825～5829—1991）已在机械行业执行。

凸模的长度应根据冲模具体结构，并考虑修磨、固定板与卸料板之间的安全距离、装配等的需要来确定。

当采用固定卸料板和导料板时，如图 2-18（a）所示，其凸模长度按下式计算

$$L=h_1+h_2+h_3+h \tag{2-22}$$

当采用弹压卸料板时，如图 2-18（b）所示，其凸模长度按下式计算

$$L=h_1+h_2+t+h \tag{2-23}$$

式中 $L$——凸模长度，mm；

$h_1$——凸模固定板厚度，mm；

$h_2$——卸料板厚度，mm；

$h_3$——导料板厚度，mm；

$t$——材料厚度，mm；

$h$——增加长度，它包括凸模的修磨量、凸模进入凹模的深度（0.5～1mm）、凸模固定板与卸料板之间的安全距离等，一般取 10～20mm。

按照上述方法计算出凸模长度后，对照标准得出凸模实际长度。

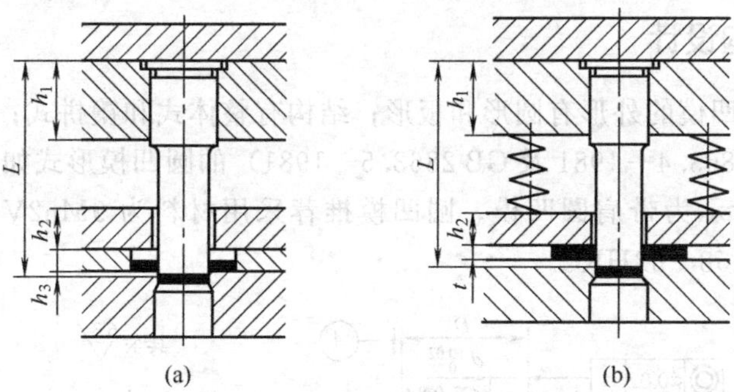


图 2-18　凸模长度尺寸

凸模一般不必进行强度校验，但对于特别细长的凸模或凸模断面尺寸小而板料厚度大时，则必须进行承压能力和抗弯曲能力的校核。其目的是检查凸模的危险断面尺寸和自由长度是否满足要求，以防止凸模纵向失稳和折断。

冲裁凸模的强度校核计算公式见表 2-18。

**表 2-18　冲裁凸模强度校核计算公式**

| 校核内容 | 计算公式 | | | 式中符号意义 |
|---|---|---|---|---|
| 弯曲应力 | 简图 | 无导向 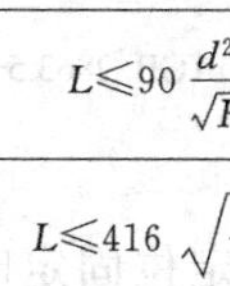  | 有导向 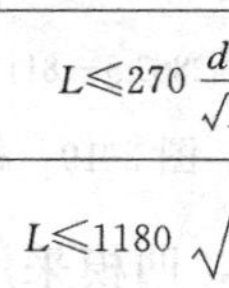  | $L$——凸模允许的最大自由长度，mm<br>$d$——凸模最小直径，mm<br>$A$——凸模最小断面，$mm^2$<br>$J$——凸模最小断面的惯性矩，$mm^4$<br>$F$——冲裁力，N<br>$t$——冲压材料厚度，mm<br>$\tau$——冲压材料抗剪强度，MPa<br>$[\sigma_{压}]$——凸模材料的许用压应力，MPa，碳素工具钢淬火后的许用压应力一般为淬火前的 1.5～3 倍 |
| | 圆形 | $L\leqslant 90\dfrac{d^2}{\sqrt{F}}$ | $L\leqslant 270\dfrac{d^2}{\sqrt{F}}$ | |
| | 非圆形 | $L\leqslant 416\sqrt{\dfrac{J}{F}}$ | $L\leqslant 1180\sqrt{\dfrac{J}{F}}$ | |
| 压应力 | 圆形 | $d\geqslant\dfrac{4t\tau}{[\sigma_{压}]}$ | | |
| | 非圆形 | $A\geqslant\dfrac{F}{[\sigma_{压}]}$ | | |

凸模的许用应力决定于凸模材料的热处理和凸模的导向性。一般工具钢，凸模淬火至58～62HRC，$[\sigma_{压}]=1000\sim1600$MPa 时，可能达到的最小相对直径 $(d/t)_{min}$ 的值列于表 2-19。

**表 2-19　凸模允许的最小相对直径 $(d/t)_{min}$**

| 冲压材料 | 抗剪强度 $\tau$/MPa | $(d/t)_{min}$ | 冲压材料 | 抗剪强度 $\tau$/MPa | $(d/t)_{min}$ |
|---|---|---|---|---|---|
| 低碳钢 | 300 | 0.75～1.20 | 不锈钢 | 500 | 1.25～2.00 |
| 中碳钢 | 450 | 1.13～1.80 | 硅钢片 | 190 | 0.48～0.76 |
| 黄　铜 | 260 | 0.65～1.04 | 中等硬钢 | 450 | 1.13～1.80 |

注：表值为按理论冲裁力的计算结果，若考虑实际冲裁力应增加 30%，则用 1.3 乘表值。

## 2.4.2　凹模的结构设计

凹模类型很多，凹模的外形有圆形和板形；结构有整体式和镶拼式；刃口也有平刃和斜刃。国家标准（GB 2863.4—1981 及 GB 2863.5—1981）的圆凹模形式如图 2-19 所示，其中图 2-19（c）、（d）所示为带肩圆凹模。圆凹模推荐采用材料为 9Mn2V、T10A、Cr6WV、Cr12，热处理硬度为 58～62HRC。

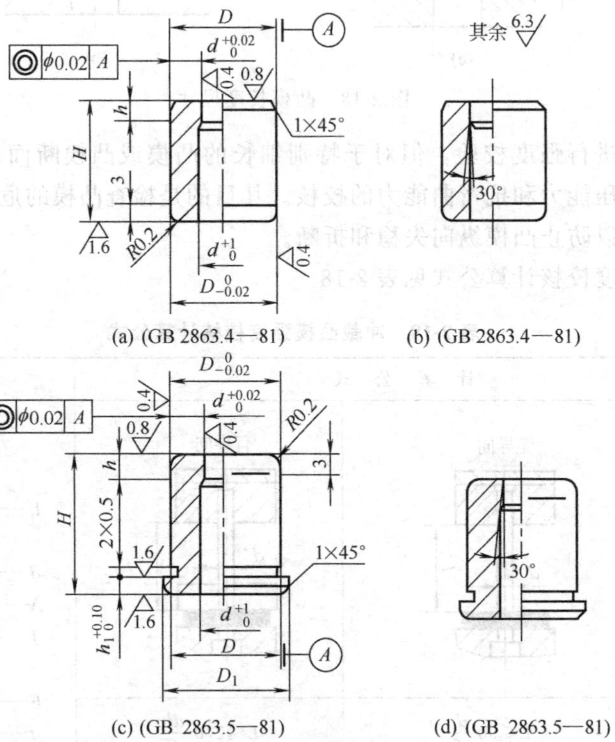


图 2-19　标准圆凹模

凹模的固定方法如图 2-20 所示，凹模采用螺钉和销钉定位固定时，要保证螺钉（或沉孔）间、螺孔与销孔间及螺孔、销孔与凹模刃壁间的距离不能太近，否则会影响模具寿命。孔距的最小值可参考表 2-20。

整体式凹模的刃口形式有直筒形和锥形两种。选用刃口形式时，主要应根据冲裁件的形状、厚度、尺寸精度以及模具的具体结构来决定，其刃口形式见表 2-21。

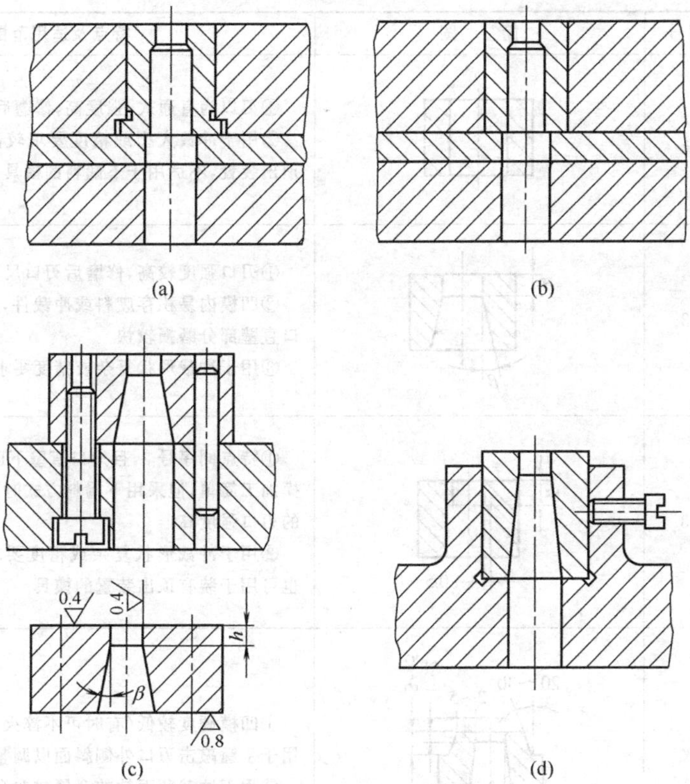


图 2-20 凹模固定形式

**表 2-20 螺孔（或沉孔）、销钉之间及至刃壁的最小距离** mm

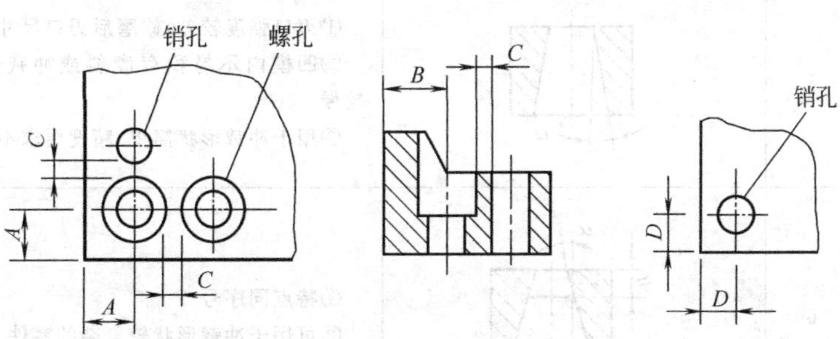


| 螺钉孔 | | M4 | M6 | M8 | M10 | M12 | M16 | M20 | M24 |
|---|---|---|---|---|---|---|---|---|---|
| A | 淬　火 | 8 | 10 | 12 | 14 | 16 | 20 | 25 | 30 |
| | 不淬火 | 6.5 | 8 | 10 | 11 | 13 | 16 | 20 | 25 |
| B | 淬　火 | 7 | 12 | 14 | 17 | 19 | 24 | 28 | 35 |
| C | 淬　火 | 5 | | | | | | | |
| | 不淬火 | 3 | | | | | | | |

| 销钉孔 | | $\phi2$ | $\phi3$ | $\phi4$ | $\phi5$ | $\phi6$ | $\phi8$ | $\phi10$ | $\phi12$ | $\phi16$ | $\phi20$ | $\phi25$ |
|---|---|---|---|---|---|---|---|---|---|---|---|---|
| D | 淬　火 | 5 | 6 | 7 | 8 | 9 | 11 | 12 | 15 | 16 | 20 | 25 |
| | 不淬火 | 3 | 3.5 | 4 | 5 | 6 | 7 | 8 | 10 | 13 | 16 | 20 |

**表 2-21 冲裁凹模刃口形式及主要参数**

| 刃口形式 | 序号 | 简图 | 特点及适用范围 |
|---|---|---|---|
| 直筒形刃口 | 1 | 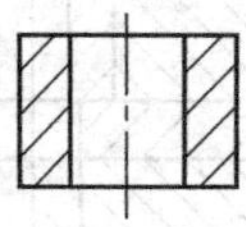 | ①刃口为直通式，强度高，修磨后刃口尺寸不变<br>②用于冲裁大型或精度要求较高的零件，模具装有顶出装置，不适用于下漏料的模具 |
| | 2 | 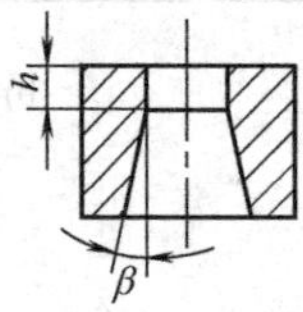 | ①刃口强度较高，修磨后刃口尺寸不变<br>②凹模内易积存废料或冲裁件，尤其间隙较小时，刃口直壁部分磨损较快<br>③用于冲裁形状复杂或精度要求较高的零件 |
| | 3 | 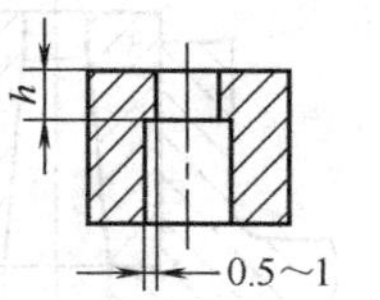 | ①特点同序号 2，且刃口直壁下面的扩大部分可使凹模加工简单，但采用下漏料方式时刃口强度不如序号 2 的刃口强度高<br>②用于冲裁形状复杂或精度要求较高的中小型件，也可用于装有顶出装置的模具 |
| | 4 | 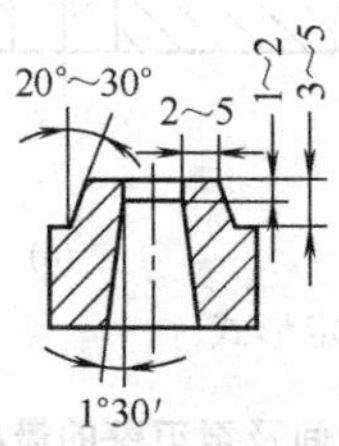 | ①凹模硬度较低（有时可不淬火），一般为 40HRC，可用于手锤敲击刃口外侧斜面以调整冲裁间隙<br>②用于冲裁薄而软的金属或非金属零件 |
| 锥形刃口 | 5 | 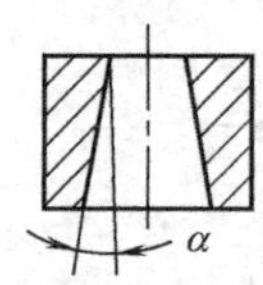 | ①刃口强度较差，修磨后刃口尺寸约有增大<br>②凹模内不易积存废料或冲裁件，刃口内壁磨损较慢<br>③用于冲裁形状简单、精度要求不高的零件 |
| | 6 | 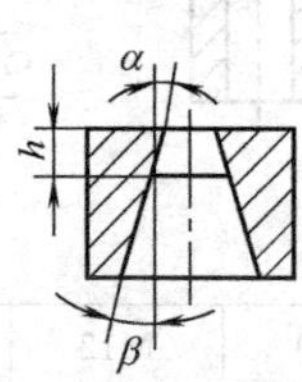 | ①特点同序号 5<br>②可用于冲裁形状较复杂的零件 |

| | 材料厚度 $t$/mm | $\alpha$/(′) | $\beta$/(°) | 刃口高度 $h$/mm | 备注 |
|---|---|---|---|---|---|
| 主要参数 | ≤0.5<br>＞0.5～1<br>＞1～2.5 | 15 | 2 | ≥4<br>≥5<br>≥6 | $\alpha$ 值适用于钳工加工。采用线切割加工，可取 $\alpha$＝5′～20′ |
| | ＞2.5～6<br>＞6 | 30 | 3 | ≥8<br>≥10 | |

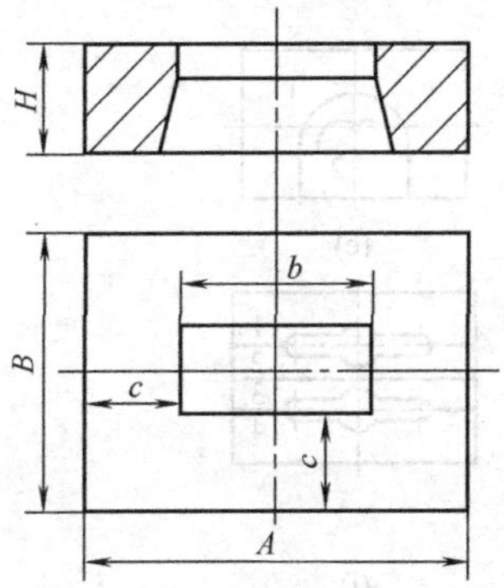


图 2-21 凹模外形尺寸

冲裁时凹模承受冲裁力和侧向挤压力的作用。由于凹模结构形式及固定方法不同，受力情况又比较复杂，目前还不能用理论方法确定整体式凹模轮廓尺寸。生产中通常根据冲裁的板料厚度和冲裁件的轮廓尺寸，或凹模孔口刃壁间距离，按经验公式来确定，如图 2-21 所示。

凹模厚（高）度 $H=kb$ （≥15mm） (2-24)

凹模壁厚 $C=(1.5\sim2)H$ （≥30～40mm） (2-25)

式中 $b$——凹模刃口的最大尺寸，mm；

$k$——系数，考虑板料厚度的影响，见表 2-22。

**表 2-22 系数 $k$ 值**

| $b$/mm | 料厚 $t$/mm | | | | |
|---|---|---|---|---|---|
| | 0.5 | 1 | 2 | 3 | >3 |
| ≤50 | 0.3 | 0.35 | 0.42 | 0.5 | 0.6 |
| >50～100 | 0.2 | 0.22 | 0.28 | 0.35 | 0.42 |
| >100～200 | 0.15 | 0.18 | 0.2 | 0.24 | 0.3 |
| >200 | 0.1 | 0.12 | 0.15 | 0.18 | 0.22 |

对于多孔凹模，刃口与刃口之间的距离，应满足强度要求，可按复合模的凸、凹模最小壁厚进行设计。

不同凹模厚度的紧固螺钉尺寸选用及许用承载能力见表 2-23。

**表 2-23 不同凹模厚度的紧固螺钉尺寸选用及许用承载能力**

| 凹模厚度/mm | ≤13 | >13～19 | >19～25 | >25～32 | >32 |
|---|---|---|---|---|---|
| 螺钉直径/mm | M4、M5 | M5、M6 | M6、M8 | M8、M10 | M10、M12 |

螺钉的许用承载能力

| 螺钉直径 $d$/mm | 许用负载/N | | |
|---|---|---|---|
| | 45 | Q275 | Q235 |
| M6 | 3100 | 2900 | 2300 |
| M8 | 5800 | 5200 | 4300 |
| M10 | 9200 | 8300 | 6900 |
| M12 | 13200 | 11900 | 9900 |
| M16 | 25000 | 22500 | 18700 |

凸模和凹模镶拼结构设计的依据是凸、凹模形状、尺寸及其受力情况、板料厚度等。镶拼结构设计的一般原则如下。

① 力求改善加工工艺性，减少钳工工作量，提高模具加工精度。如内形加工变外形加工［图 2-22 (a)、(b)、(d)、(g)］；保证分割后拼块的形状、尺寸相同［图 2-22 (d)、(g)、(f)］；沿转角、尖角分割使拼块角度大于或等于 90°［图 2-22 (j)］；圆弧单独分块，拼接线在离切点 4～7mm 的直线处（图 2-23）；拼接线与刃口垂直且不宜过长，一般为 12～15mm（图 2-23）。

② 便于装配调整和维修。如较薄弱或易磨损的局部凸出或凹进部分单独分块［图 2-24、

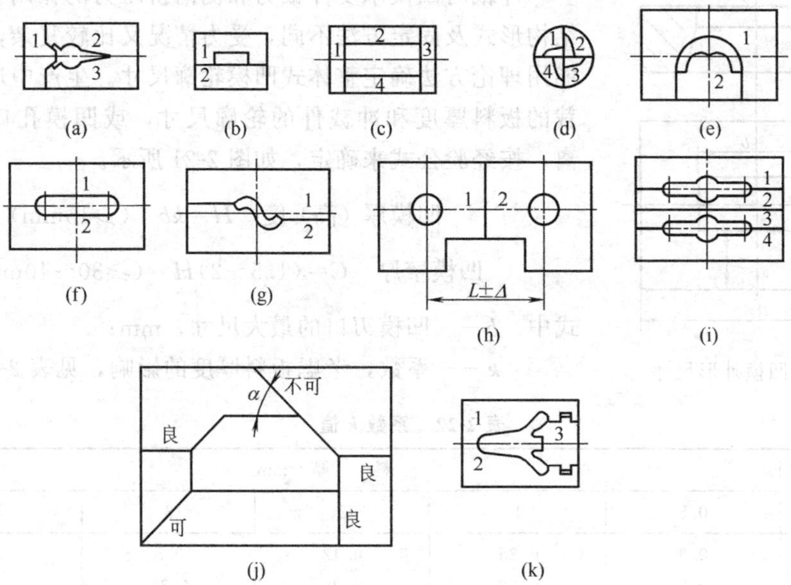


图 2-22　镶拼结构实例

图 2-22（a）]；拼块间间隙可调，以保证中心距公差［图 2-22（h）、（i）]；凸、凹槽形相嵌便于拼块定位［图 2-22（k）]。

③ 满足冲压工艺要求，提高冲压件质量。凸模与凹模的拼接线应至少错开 4～7mm，以免冲裁件产生毛刺（图 2-23）；拉深模拼接线应避开材料有增厚部位，以免零件表面出现拉痕。

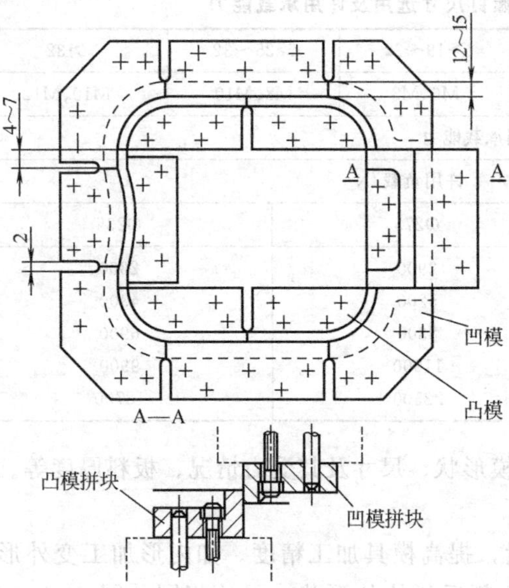


图 2-23　拼接结构

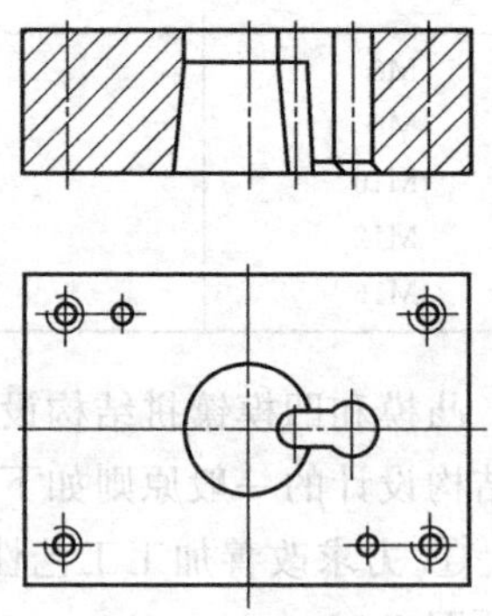

图 2-24　镶接凹模

镶拼结构的固定方法有以下几种。

① 平面式固定，如图 2-23 所示，此固定方法主要用于大型的镶拼凸、凹模。

② 嵌入式固定，如图 2-25（a）所示。

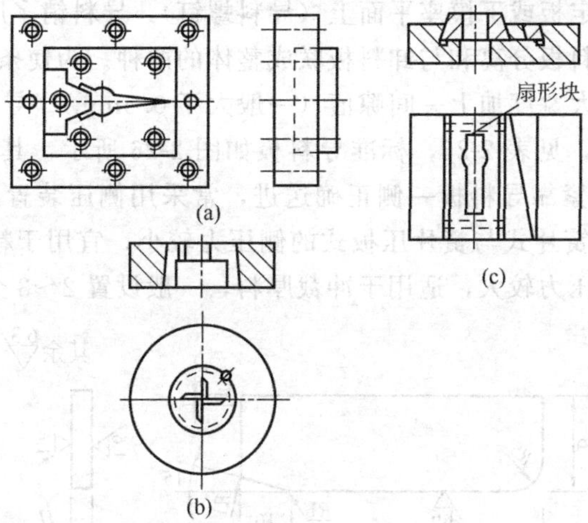


图 2-25　镶拼结构固定方法

③ 压入式固定，如图 2-25（b）所示。

④ 斜楔式固定，如图 2-25（c）所示。

此外，还有用黏结剂浇注等固定方法。

## 2.4.3　凸凹模的结构设计

复合模中，至少有一个凸凹模。凸凹模的内外缘均为刃口，内外缘之间的壁厚决定于冲裁件的尺寸。从强度考虑，壁厚受最小值限制。凸凹模的最小壁厚受冲模结构影响。对于正装复合模，最小壁厚可小些；对于倒装复合模，因内孔积存废料最小壁厚要大些。

凸凹模的最小壁厚值，一般由经验数据决定。倒装复合模的凸凹模最小壁厚：对于黑色金属和硬材料约为工件料厚的 1.5 倍，但不小于 0.7mm；对于有色金属及软材料约等于工件料厚，但不小于 0.5mm。正装复合模凸凹模的最小壁厚可参考表 2-24。

**表 2-24　凸凹模最小壁厚 $a$**　　mm

| 料厚 $t$ | 0.4 | 0.5 | 0.6 | 0.7 | 0.8 | 0.9 | 1.0 | 1.2 | 1.5 | 1.75 |
|---|---|---|---|---|---|---|---|---|---|---|
| 最小壁厚 $a$ | 1.4 | 1.6 | 1.8 | 2.0 | 2.3 | 2.5 | 2.7 | 3.2 | 3.8 | 4.0 |
| 最小直径 $D$ | | | 15 | | | | 18 | | | 21 |
| 料厚 $t$ | 2.0 | 2.1 | 2.5 | 2.75 | 3.0 | 3.5 | 4.0 | 4.5 | 5.0 | 5.5 |
| 最小壁厚 $a$ | 4.9 | 5.0 | 5.8 | 6.3 | 6.7 | 7.8 | 8.5 | 9.3 | 10.0 | 12.0 |
| 最小直径 $D$ | 21 | 25 | | 28 | | 32 | | 35 | 40 | 45 |

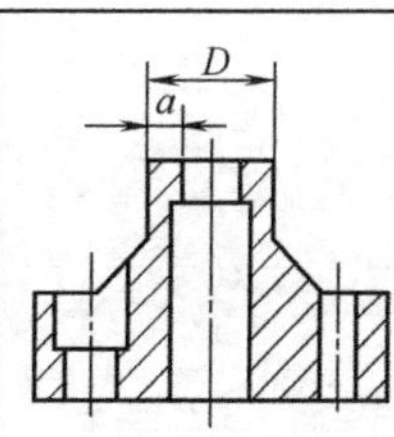


## 2.4.4　定位零件的设计与标准

冲模的定位零件用来保证材料的正确送进及在冲模中的正确位置。选择定位方式及定位零件时应根据坯料形式、模具结构、冲件精度和生产率的要求等。

**(1) 导料销、导料板**

导料销（板）的作用是导正材料的送进方向。

导料销一般设两个，并位于条料的同侧，从右向左送料时，导料销装在后侧；从前向后送料时，导料销装在左侧面。导料销可设在凹模面上（固定式），也可设在弹压卸料板上

（活动式），还可设在固定板或下模座平面上（导料螺钉），导料销多用于单工序模和复合模。

导料板结构有与卸料板分离和与卸料板联成整体的两种。为使条料顺利通过，导料板间的距离应等于条料的最大宽度加上一间隙值（一般大于0.5mm）。导料板的高度 $H$ 视料厚 $t$ 与挡料销的高度 $h$ 而定，见表2-25，标准导料板如图2-26所示，其尺寸可按GB 2865.5—1981选取。为保证条料紧靠导料板一侧正确送进，常采用侧压装置。侧压装置的形式有图2-27所示的几种形式。簧片式与簧片压板式的侧压力较小，宜用于料厚在1mm以下的薄料冲裁。弹簧压块式的侧压力较大，适用于冲裁厚料，一般设置2～3个。

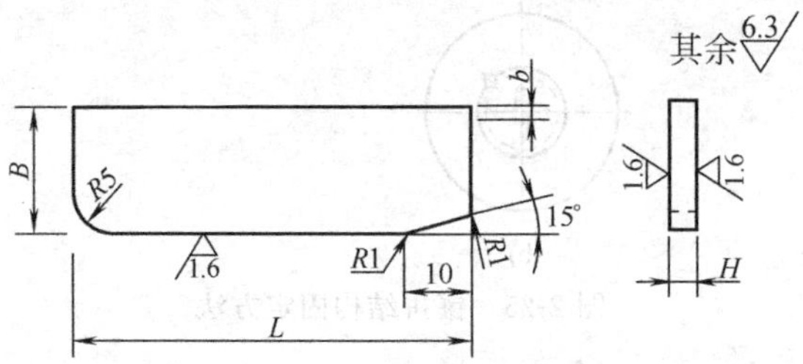


图 2-26　标准导料板（GB 2865.5—1981）

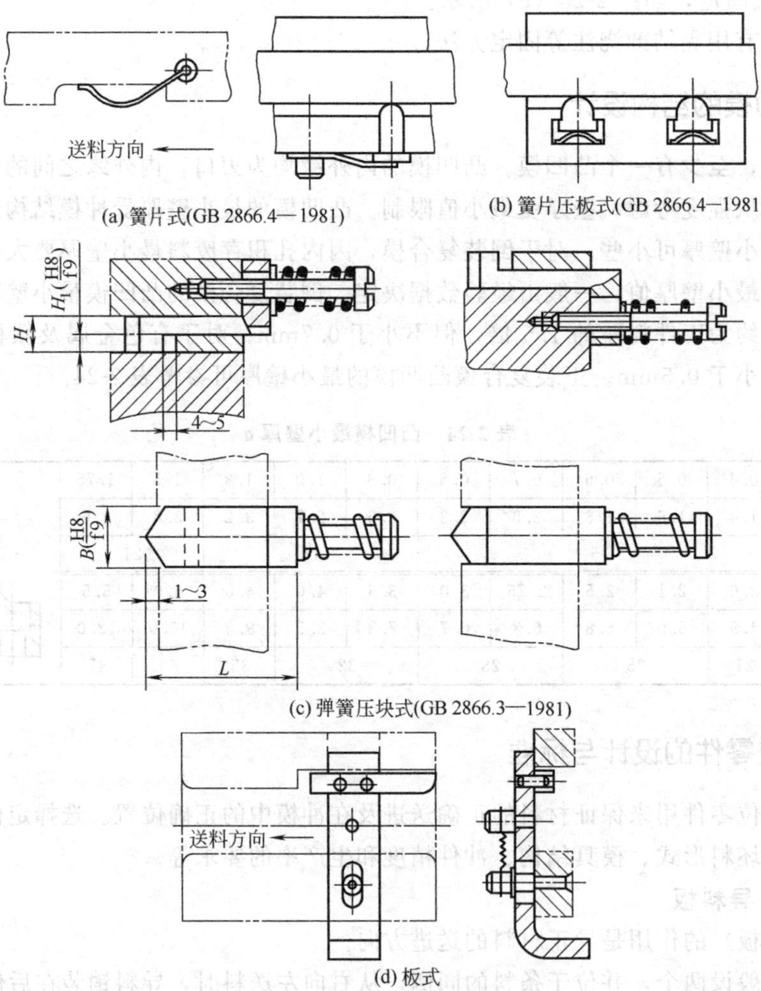


(a) 簧片式(GB 2866.4—1981)　(b) 簧片压板式(GB 2866.4—1981)

(c) 弹簧压块式(GB 2866.3—1981)

(d) 板式

图 2-27　弹簧侧压装置

材料厚度小于 0.3mm 时，不能采用侧压装置，另外，备有辊轴自动送料装置的模具也不宜设置侧压装置。

**表 2-25 导料板的高度** mm

| | 材料厚度 $t$ | 挡料销高度 $h$ | 导料板高度 $H$ | |
|---|---|---|---|---|
| | | | 固定挡料销 | 自动挡料销或侧刃 |
| 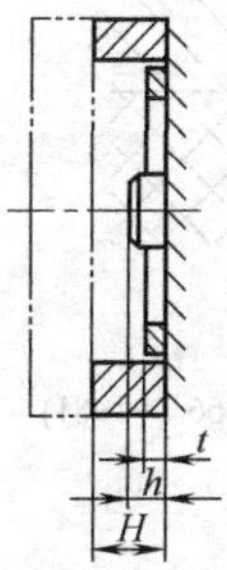 | ≤0.3～2.0<br>>2.0～3.0<br>>3.0～4.0<br>>4.0～6.0<br>>6.0～10.0 | 3<br>4<br>4<br>5<br>8 | 6～8<br>8～10<br>10～12<br>12～15<br>15～25 | 4～8<br>6～8<br>6～10<br>8～10<br>10～15 |

**(2) 挡料销**

挡料销用于限定条料送进距离、抵住条料的搭边或工件轮廓，起定位作用。挡料销有固定挡料销、活动挡料销和始用挡料销。

固定挡料销分圆形与钩形两种，一般装在凹模上。圆形挡料销结构简单，制造容易，但销孔离凹模刃壁较近，削弱了凹模强度。钩形挡料销销孔远离凹模刃壁，不削弱凹模强度。为防止形状不对称的钩头转动，需加定向销，增加了制造的工作量。固定挡料销的标准结构见图 2-28。

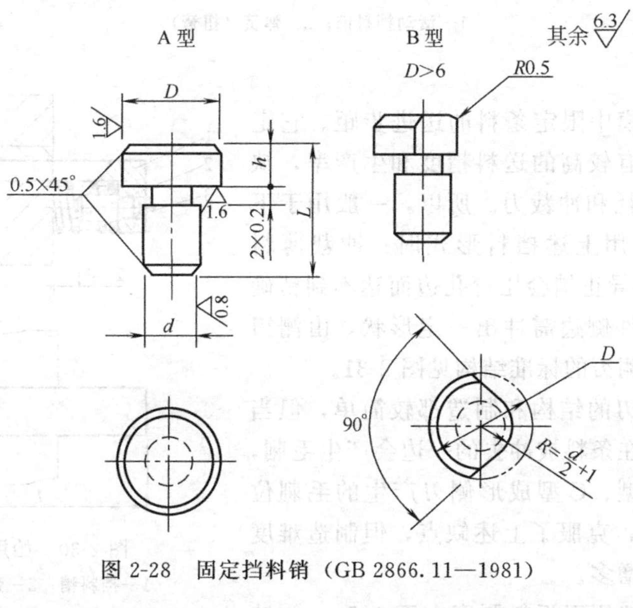


图 2-28 固定挡料销（GB 2866.11—1981）

活动挡料销的标准结构见图 2-29。它装于卸料板上并可以伸缩（件 1）。销子要倒角或做成斜面，便于条料通过。图 2-29（c）所示的回带式挡料装置，每次送料都要先推后拉，作方向相反的两个动作，操作比较麻烦。采用哪一种结构形式挡料销，需根据卸料方式、卸料装置的具体结构及操作等因素决定。

图 2-30 所示为标准结构的始用挡料装置。始用挡料销一般用于以导料板送料导向的级进模和单工序模中。一副模具用几个始用挡料销，取决于冲裁排样方法及工位数。采用始用挡料销，可提高材料利用率。

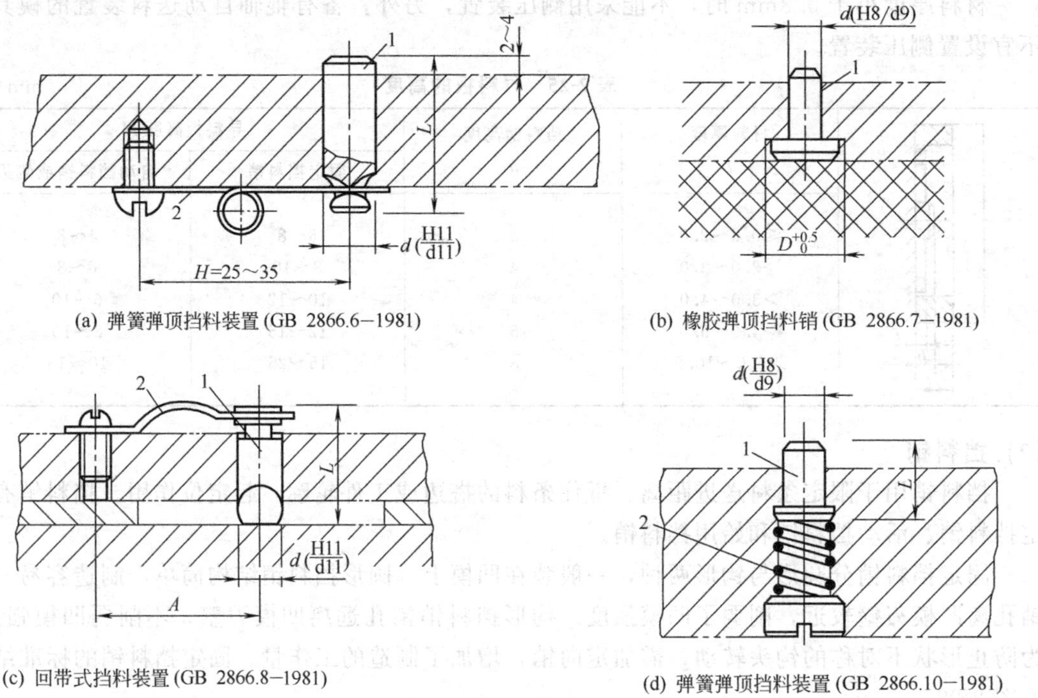


(a) 弹簧弹顶挡料装置 (GB 2866.6—1981)　(b) 橡胶弹顶挡料销 (GB 2866.7—1981)

(c) 回带式挡料装置 (GB 2866.8—1981)　(d) 弹簧弹顶挡料装置 (GB 2866.10—1981)

图 2-29　活动挡料销

1—活动挡料销；2—弹簧（扭簧）

**(3) 侧刃**

侧刃用于级进模中限定条料的送进步距。它定位准确可靠，保证有较高的送料精度和生产率，缺点是增加了材料消耗和冲裁力。所以，一般用于下述情况：不可能采用上述挡料形式时；冲裁薄料（$t<0.5$mm），采用导正销会压弯孔边而达不到精确定位的目的时；工件侧边需冲出一定形状，由侧刃定距同时完成时。侧刃的标准结构见图 2-31。

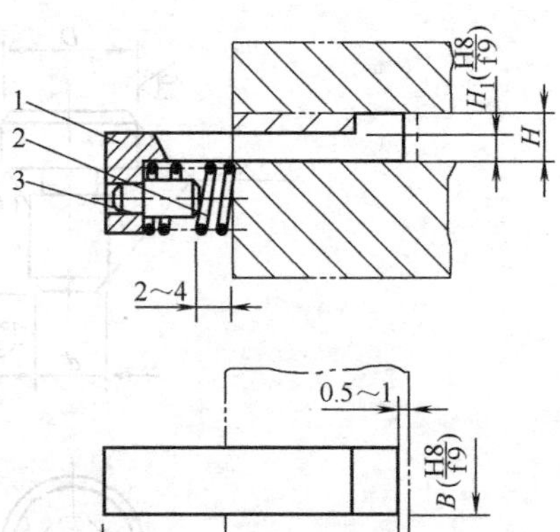


图 2-30　始用挡料装置

1—挡料销；2—弹簧；3—螺钉

A 型长方形侧刃的结构和制造都较简单，但当刃口尖角磨损后，在条料被冲去的一边会产生毛刺，影响正常送进。B 型、C 型成形侧刃产生的毛刺位于条料侧边凹进处，克服了上述缺点，但制造难度加大，冲裁废料也增多。

长方形侧刃一般用于板料厚度小于 1.5mm，冲裁件精度要求不高的送料定距。成形侧刃用于板料厚度小于 0.5mm，冲裁件精度要求较高的送料定距。

侧刃的工作端面分Ⅰ型和Ⅱ型两种。Ⅱ型多用于冲裁 1mm 以上较厚的材料，冲裁前凸出部分先进入凹模导向，可避免侧压力对侧刃的损坏。

侧刃的数量可以是一个，或者两个。两个侧刃可以在两侧对称或两侧对角布置，后者可以保证料尾的充分利用。

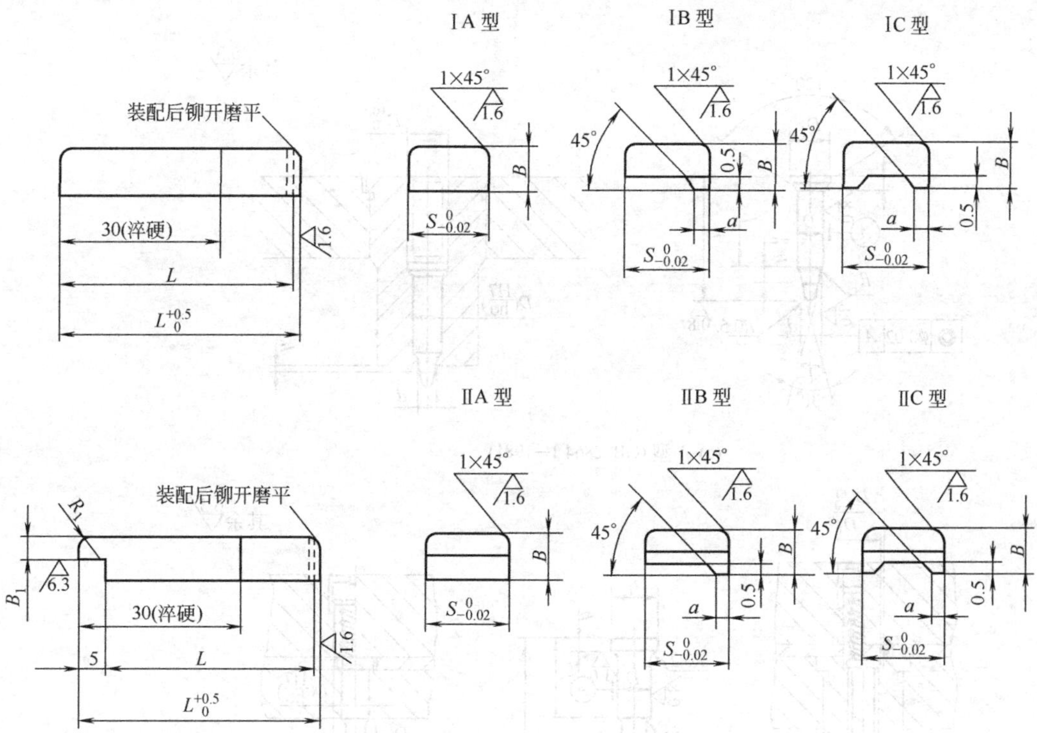


图 2-31 侧刃（GB 2865.1—1981）

侧刃凸模及凹模可根据冲孔模的设计原则，孔按侧刃凸模配制，取单面间隙。侧刃宽度为

$$S=\text{步距公称尺寸}+(0.05\sim0.1)\text{mm} \tag{2-26}$$

侧刃厚度 $B$ 为 6～10mm。侧刃制造公差取负值，一般为 0.02mm。两对角侧刃距离一般为步距的整数倍。

**(4) 导正销**

导正销主要用于级进模，以获得内孔与外缘相对位置准确的冲裁件或保证坯料的准确定位。它装在落料凸模上，在落料前先插入已冲好的孔中，使孔与外缘相对位置对准，然后落料，消除了送料和导向造成的误差，起精确定位作用。也可以装在凸模固定板上，与工艺孔配合，起精确定位作用。

导正销的标准结构形式如图 2-32 所示。导正销的端部由圆弧形或圆锥形的导入部分和圆柱形的导正部分组成。考虑到冲孔后孔径的缩小，为使导正销顺利地进入孔中，圆柱直径取间隙配合 h6 或 h9。

A 型导正销用于导正 $\phi$2～12mm 的孔，材料用 T10A，热处理硬度为 50～54HRC，圆柱面高度 $h$ 在设计时确定，一般可取 $(0.8\sim1.2)t$。

B 型导正销用于导正不大于 $\phi$10mm 的孔，材料用 9Mn2V 或 Cr12，热处理硬度为 52～56HRC，可用于级进模上对条料的工艺孔或工件孔的导正。采用弹簧压紧结构，对送料或坯件定位不正确时，可避免损坏导正销和模具。

C 型导正销用于 $\phi$4～12mm 孔的导正，使用材料同 B 型。采用带台肩螺母固定结构，装拆方便，模具刃磨后导正销长度可相应调节。

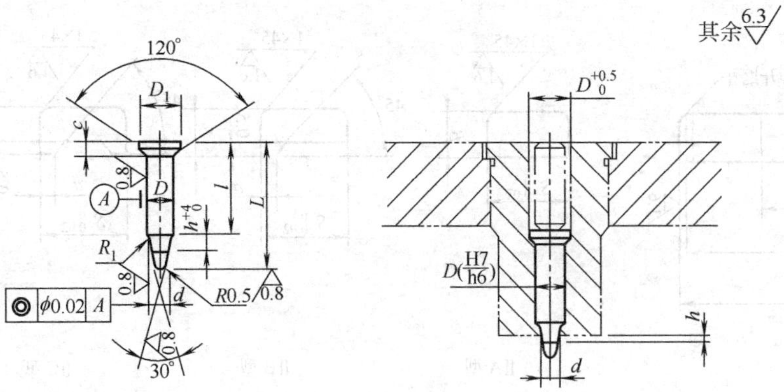


(a) A 型 (GB 2864.1—1981)

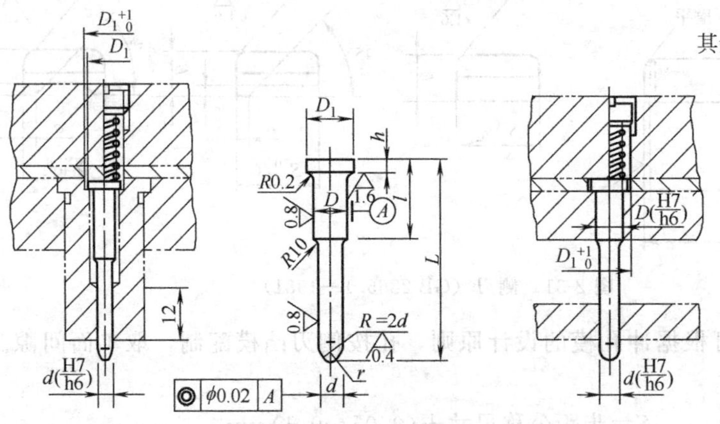


(b) B 型 (GB 2864.2—1981)

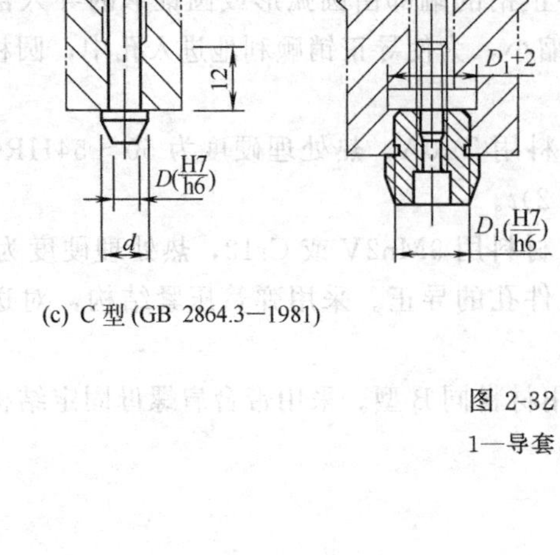

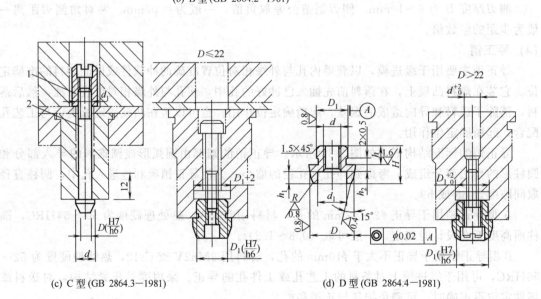


(c) C 型 (GB 2864.3—1981)

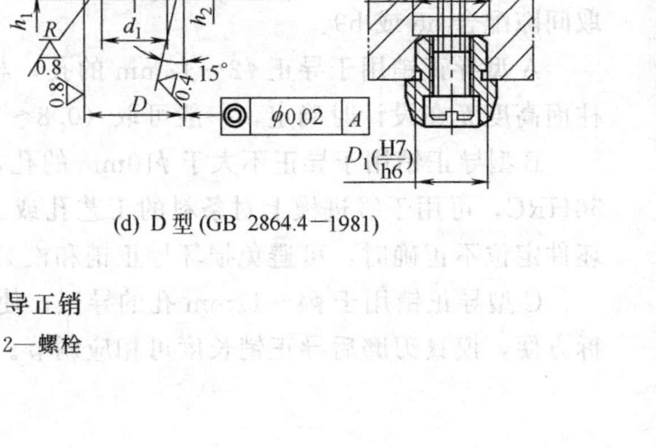


(d) D 型 (GB 2864.4—1981)

图 2-32　导正销

1—导套；2—螺栓

D 型导正销用于 $\phi12\sim50$mm 孔的导正，使用材料同 B 型。

级进模常用挡料销与导正销配合定位，挡料销只起粗定位，导正销进行精确定位。所以，挡料销的位置应保证导正销在导正过程中条料有被少许活动的可能。它们的位置关系如下。

图 2-33（a）中，挡料销位置 $e$

$$e=A-\frac{D}{2}+\frac{d}{2}+0.1\text{mm} \tag{2-27}$$

图 2-33（b）中，挡料销位置 $e$

$$e=A+\frac{D}{2}-\frac{d}{2}-0.1\text{mm} \tag{2-28}$$

式中　$A$——步距，等于冲裁直径 $D$ 与搭边 $a$ 之和；

$D$——落料凸模直径；

$d$——挡料销柱形部分直径。

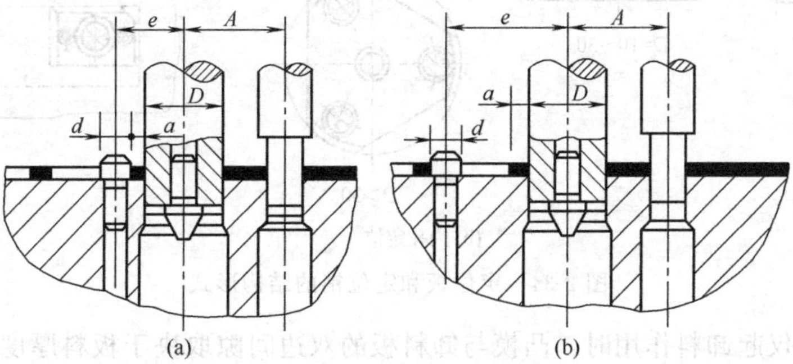


图 2-33　挡料销与导正销的位置关系

**(5) 定位板和定位销**

定位板和定位销用于单个坯料或工序件的定位。其定位方式有两种：外缘定位和内孔定位，如图 2-34 所示。定位方式根据坯料或工序件的形状复杂性、尺寸大小和冲压工序性质等具体情况决定。外形比较简单的冲件一般采用外缘定位，如图 2-34（a）所示；外轮廓较复杂的一般采用内孔定位，如图 2-34（b）所示。定位板或定位销头部高度可按表 2-26 选用。

**表 2-26　定位板或定位销头部的高度**　　mm

| 材料厚度 $t$ | $<1$ | $1\sim3$ | $>3\sim5$ |
|---|---|---|---|
| 定位板或定位销头部高度 $h$ | $t+2$mm | $t+1$mm | $t$ |

## 2.4.5 卸料与推件零件的设计

**(1) 卸料装置**

卸料装置分固定卸料装置［图 2-35（a）、（b）、（d）］、弹压卸料装置［图 2-35（c）、（e）、（f）、（g）］和废料切刀［图 2-35（h）］等几种。

卸料板用于卸掉卡箍在凸模上或凸凹模上的冲裁件或废料。

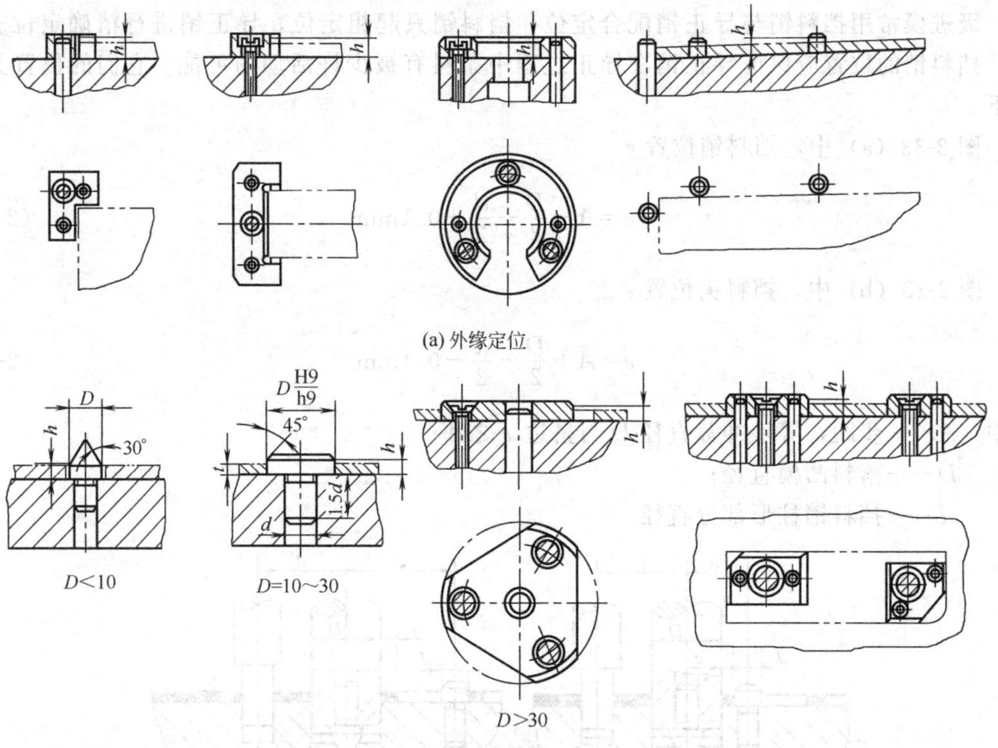


图 2-34　定位板和定位销的结构形式

固定卸料板仅起卸料作用时，凸模与卸料板的双边间隙取决于板料厚度，一般在 0.2～0.5mm 之间，板料薄时取小值，板料厚时取大值。当固定卸料板兼起导板作用时，一般按 H7/h6 配合制造，但应保证导板与凸模之间间隙小于凸、凹模之间的冲裁间隙，以保证凸、凹模的正确配合。

固定卸料板的卸料力大，卸料可靠。因此，当冲裁板料较厚（大于 0.5mm）、卸料力较大、平直度要求不很高的冲裁件时，一般采用固定卸料装置。

弹压卸料装置既起卸料作用又起压料作用，所得冲裁零件质量较好，平直度较高。因此，质量要求较高的冲裁件或薄板冲裁宜用弹压卸料装置。

废料切刀是在冲压过程中将废料切断成数块，避免卡箍在凸模上，切刀夹角 $\alpha$ 一般为 78°～80°。Ⅰ型用于小型模具和切断薄废料；Ⅱ型适用于大型模具和切断厚废料。

**(2) 推件**（顶件）**装置**

推件装置有刚性和弹性两种。刚性推件器一般装于上模，推件力大且可靠，如图 2-36 所示。其推件力通过打杆→推板→推杆→推件块传至工件。推杆常选用 3～4 个且分布均匀、长短一致。推板装在上模板的孔内，为保证凸模支承刚度和强度，放推板的孔不能全挖空。推板的形状要按被冲压下的工件形状来设计，如图 2-37 所示。

弹性推件装置其弹力来源于弹性元件，它同时兼起压料和卸料作用，如图 2-38 所示。尽管出件力不大，但出件平稳无撞击，冲件质量较高，多用于冲压大型薄板以及工件精度要求较高的模具。

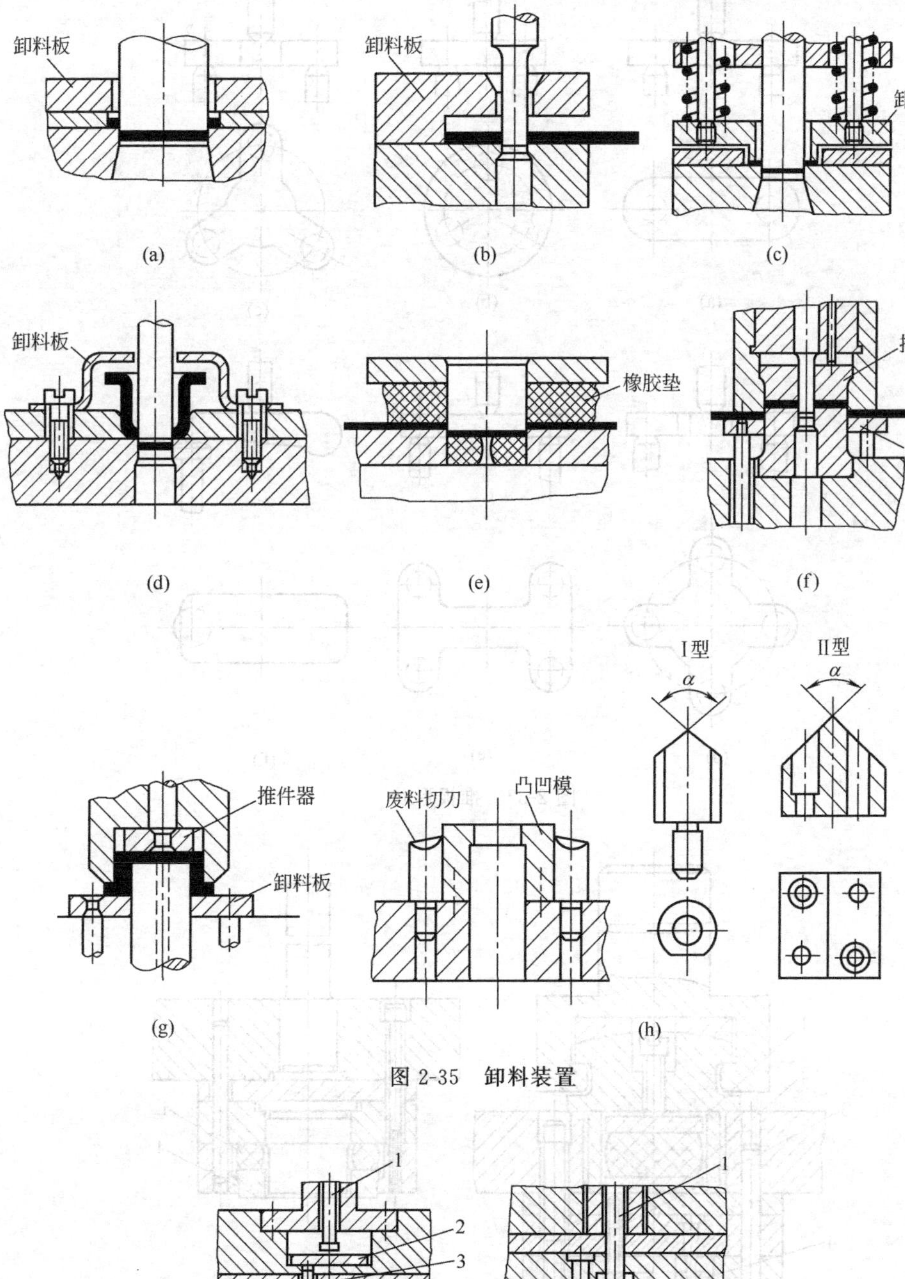


图 2-35 卸料装置

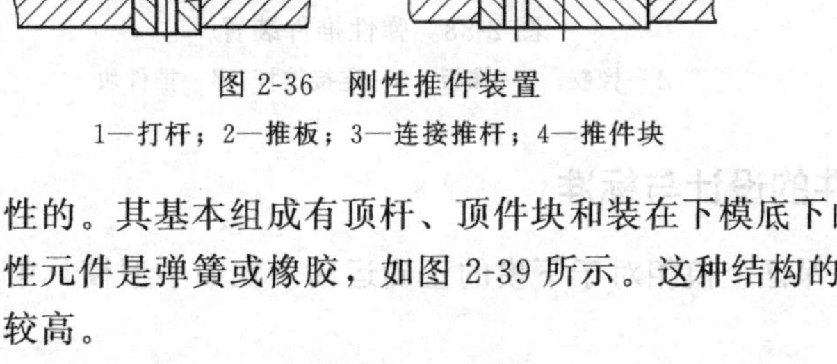


图 2-36 刚性推件装置

1—打杆；2—推板；3—连接推杆；4—推件块

顶件装置一般是弹性的。其基本组成有顶杆、顶件块和装在下模底下的弹顶器，弹顶器可以做成通用的，其弹性元件是弹簧或橡胶，如图 2-39 所示。这种结构的顶件力容易调节，工作可靠，冲件平直度较高。

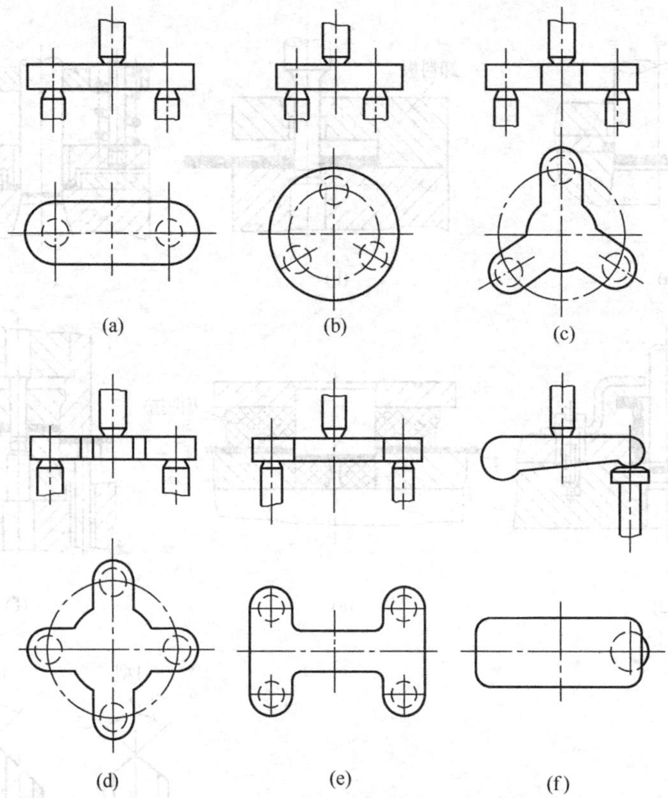


图 2-37　推板形状

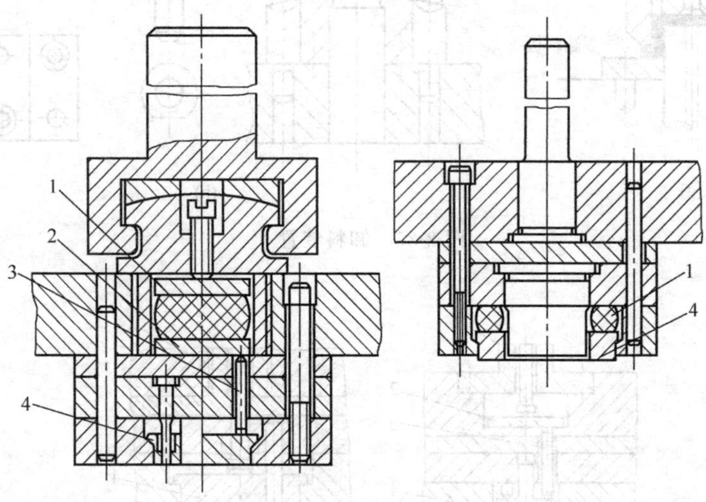


图 2-38　弹性推件装置

1—橡胶；2—推板；3—连接推杆；4—推件块

### 2.4.6　导向零件的设计与标准

导向零件用来保证上模相对于下模的正确运动。在中小型模具中最广泛采用的导向零件是导柱和导套。

导柱（导套）常用两个，对中型冲模或冲件精度要求高的自动化冲模，则采用四个导柱。在安装圆形冲件等一类无方向性的冲模时，为避免装错，将对角模架和中间模架上的两导柱，做成直径不等的形式；四导柱的模架，可做成前后导柱的间距不同的模座。可能产生侧向推力时，要设置止推块，使导柱不受弯曲力。

一般导柱安装在下模座，导套安装在上模座，分别采用过盈配合 H7/r6。高速冲裁、精密冲裁或硬质合金冲裁模具，要求采用滚珠导向结构。

**(1) 滑动导柱、导套**

滑动导柱的形式和尺寸见表 2-27。滑动导套的形式和尺寸见表 2-28。

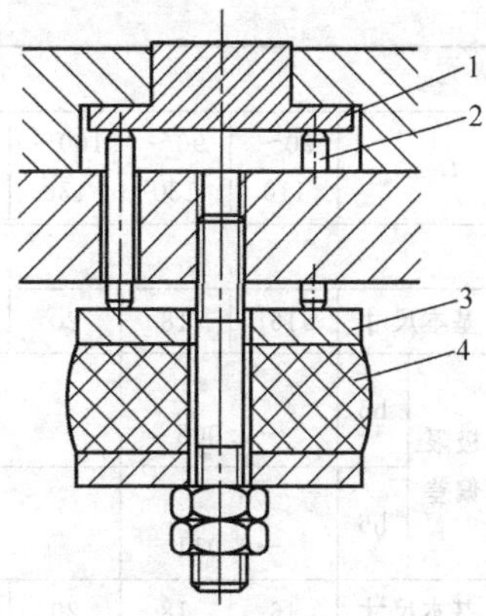


图 2-39 弹性顶件装置

1—推件块；2—推杆；3—推板；4—橡胶

**表 2-27 滑动导柱形式和尺寸** mm

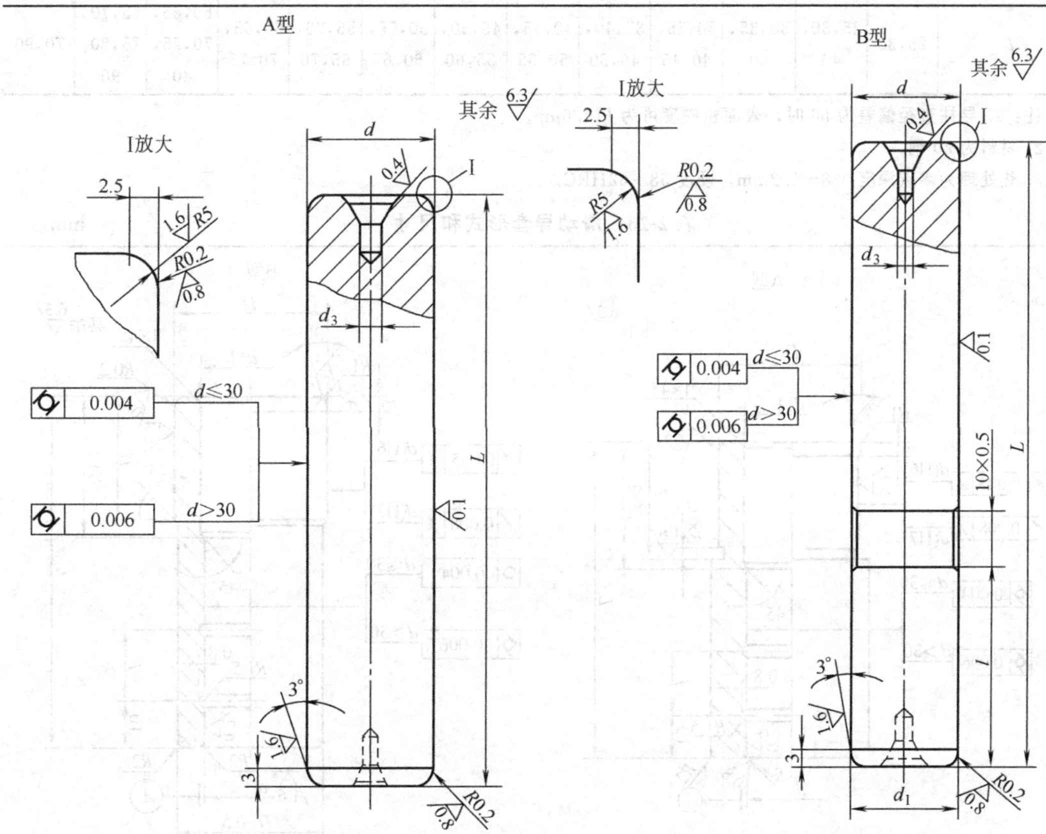


A 型

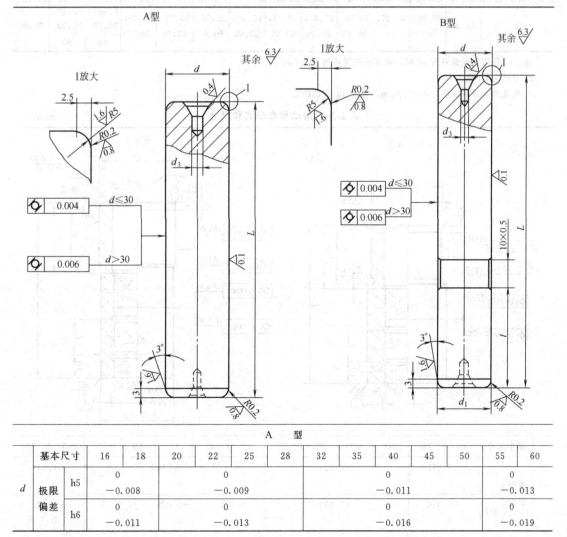

| | | 基本尺寸 | 16 | 18 | 20 | 22 | 25 | 28 | 32 | 35 | 40 | 45 | 50 | 55 | 60 |
|---|---|---|---|---|---|---|---|---|---|---|---|---|---|---|---|
| d | 极限偏差 | h5 | 0<br>−0.008 | | 0<br>−0.009 | | | | 0<br>−0.011 | | | | | 0<br>−0.013 | |
| | | h6 | 0<br>−0.011 | | 0<br>−0.013 | | | | 0<br>−0.016 | | | | | 0<br>−0.019 | |

续表

| | | | | | | | | | | | | | | | |
|---|---|---|---|---|---|---|---|---|---|---|---|---|---|---|---|
| A 型 | | | | | | | | | | | | | | | |
| L | | | 90~110 | 90~130 | 100~130 | 100~150 | 110~180 | 130~200 | 150~210 | 160~230 | 180~260 | 200~290 | 200~300 | 220~320 | 250~320 |
| B 型 | | | | | | | | | | | | | | | |
| d | 基本尺寸 | | 16 | 18 | 20 | 22 | 25 | 28 | 32 | 35 | 40 | 45 | 50 | 55 | 60 |
| d | 极限偏差 | h5 | 0<br>−0.008 | | 0<br>−0.009 | | | | 0<br>−0.011 | | | | | 0<br>−0.013 | |
| d | 极限偏差 | h6 | 0<br>−0.011 | | 0<br>−0.013 | | | | 0<br>−0.016 | | | | | 0<br>−0.019 | |
| $d_1$（r6） | 基本尺寸 | | 16 | 18 | 20 | 22 | 25 | 28 | 32 | 35 | 40 | 45 | 50 | 55 | 60 |
| $d_1$（r6） | 极限偏差 | | +0.034<br>+0.023 | | +0.041<br>+0.028 | | | | +0.050<br>+0.034 | | | | | +0.060<br>+0.041 | |
| L | | | 90~110 | 90~130 | 110~130 | 100~150 | 110~180 | 130~200 | 150~210 | 160~230 | 180~260 | 200~290 | 200~300 | 220~320 | 250~320 |
| l | | | 25,30 | 25,30,40 | 30,35,40 | 30,35,40,45 | 35,40,45,50 | 40,45,50,55 | 45,50,55,60 | 50,55,60,65 | 55,60,65,70 | 60,65,70,75 | 60,65,70,75,80 | 65,70,75,80,90 | 70,90 |

注：1. 导柱直径偏差为 h6 时，表面粗糙度可为 $R_a$1.6μm。
2. 材料为 20 钢。
3. 热处理为渗碳深度 0.8~1.2mm，硬度 58~62HRC。

**表 2-28　滑动导套形式和尺寸**　　mm

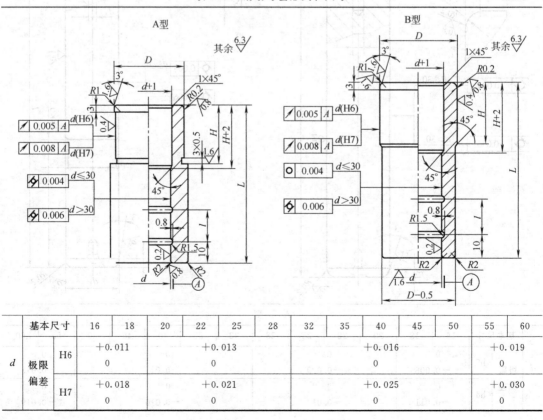

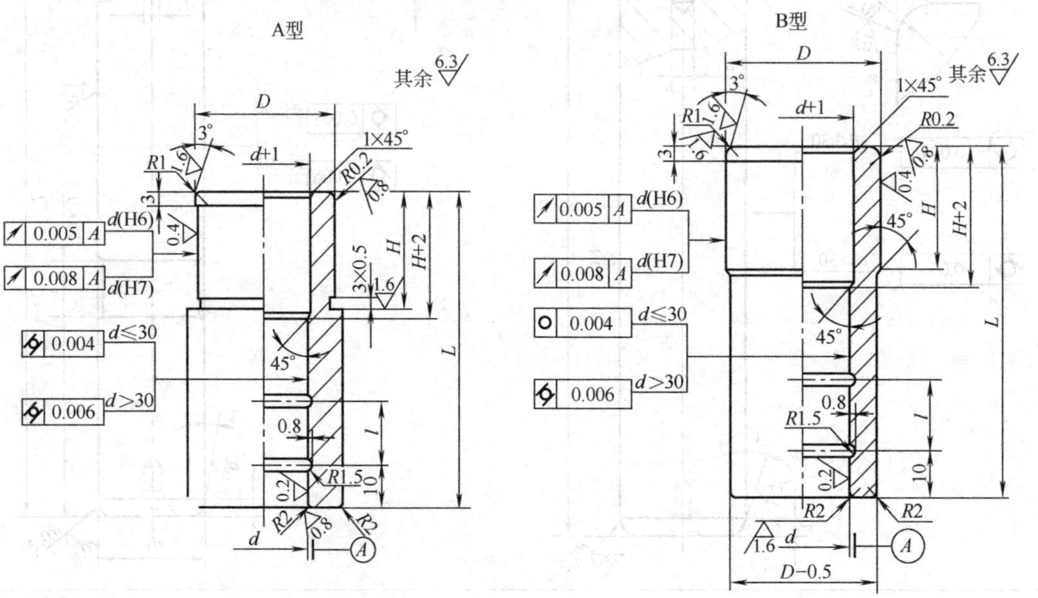


| | | | | | | | | | | | | | | | |
|---|---|---|---|---|---|---|---|---|---|---|---|---|---|---|---|
| d | 基本尺寸 | | 16 | 18 | 20 | 22 | 25 | 28 | 32 | 35 | 40 | 45 | 50 | 55 | 60 |
| d | 极限偏差 | H6 | +0.011<br>0 | | +0.013<br>0 | | | | +0.016<br>0 | | | | | +0.019<br>0 | |
| d | 极限偏差 | H7 | +0.018<br>0 | | +0.021<br>0 | | | | +0.025<br>0 | | | | | +0.030<br>0 | |

续表

| | | | | | | | | | | | | | | |
|---|---|---|---|---|---|---|---|---|---|---|---|---|---|---|
| D (r6) | 基本尺寸 | 25 | 28 | 32 | 35 | 38 | 42 | 45 | 50 | 55 | 60 | 65 | 70 | 76 |
| | 极限偏差 | +0.041<br>+0.028 | | +0.050<br>+0.034 | | | | +0.060<br>+0.041 | | | | | +0.062<br>+0.043 | |
| L | A 型 | 60,65 | 60～70 | 65,70 | 65～85 | 80～95 | 85～110 | 100～115 | 105～125 | 115～140 | 125～150 | 125～160 | 150～170 | 160,170 |
| | B 型 | 40～65 | 40～70 | 45～70 | 50～85 | 55～95 | 60～110 | 65～115 | 70～125 | 115～140 | 125～150 | 125～160 | 150～170 | 160,170 |
| H | A 型 | 18,23 | 18～28 | 23,28 | 23～33 | 28～38 | 33～43 | 38～48 | 43,48 | 43～53 | 48～58 | 48～63 | 53～73 | 58,73 |
| | B 型 | 18,23 | 18～28 | 23～28 | 25～33 | 27～38 | 30～43 | 30～48 | 33～48 | 43～53 | 48～58 | 48～63 | 53～73 | 58,73 |

注：1. 较大的 $L$ 对应较大的 $H$，$l$=8～28mm，油槽数 2 或 3 个。

2. 材料为 20 钢。

3. 热处理为渗碳深度 0.8～1.2mm，硬度 58～62HRC。

### (2) 滚动导柱、导套及钢球保持圈

滚动导柱和导套的尺寸见表 2-29 和表 2-30。钢球保持圈的尺寸见表 2-31。

**表 2-29 滚动导柱尺寸**（GB/T 2861.3—1990） mm

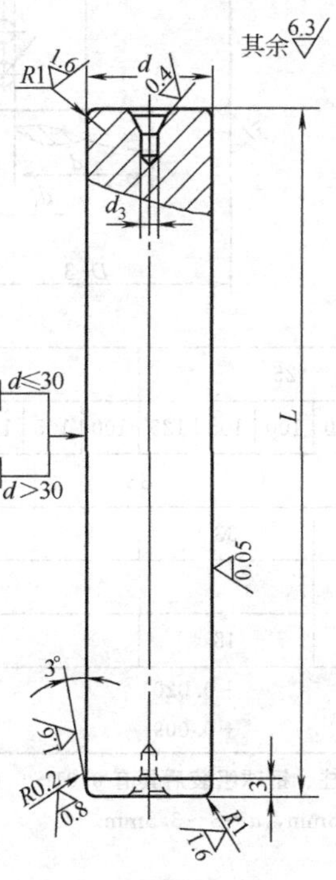


| | | | | | | | | | | | | | | | | |
|---|---|---|---|---|---|---|---|---|---|---|---|---|---|---|---|---|
| d (h5) | 基本尺寸 | 18 | 20 | 22 | 25 | | | | 28 | | | | | 32 | | 35 | |
| | 极限偏差 | 0<br>−0.009 | | | | | | | | | | | | 0<br>−0.011 | | | |
| L | | 160 | | | 155 | 160 | 190 | 195 | 155 | 160 | 190 | 195 | 215 | 195 | 215 | 195 | 215 |

注：1. 材料为 GCr15。

2. 热处理硬度为 62～66HRC。

**表 2-30 滚动导套尺寸**（GB/T 2861.8—1990） mm

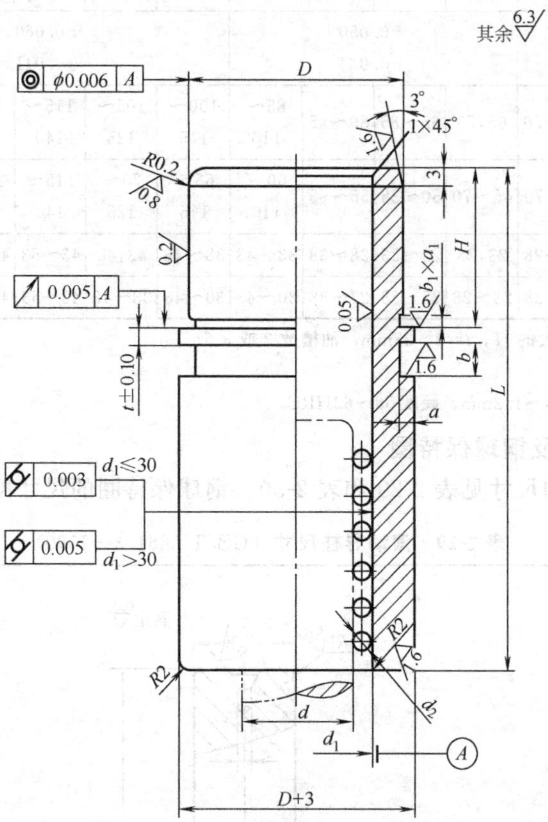


| | | | | | | | | | | | | | | | | | | | | | |
|---|---|---|---|---|---|---|---|---|---|---|---|---|---|---|---|---|---|---|---|---|---|
| *d* | | 18 | 20 | 22 | 25 | | | | | 28 | | | | | | 32 | | | | 35 | |
| *L* | | 100 | | | | 120 | 100 | 105 | 125 | 100 | 105 | 120 | 125 | | 145 | 120 | 125 | 145 | 150 | 120 | 150 |
| *H* | | 33 | | | | 38 | | | | | | | | 43 | | 48 | 43 | | 48 | | |
| $d_1$ | | 24 | 26 | 28 | 31 | | 33 | | | 36 | | | | | | 40 | | | | 43 | |
| $d_2$ | | 3 | | | | | 4 | | | | | | | | | | | | | | |
| *D* (m5) | 基本尺寸 | 38 | 40 | 42 | 45 | | 48 | | | 50 | | | | | | 55 | | | | 58 | |
| | 极限偏差 | +0.020<br>+0.009 | | | | | | | | | | | | | | +0.024<br>+0.011 | | | | | |

注：1. $d_1$ 的配合要求应保证滚动导柱、钢球组装后具有 0.01～0.02mm 的径向过盈量。

2. $b_1=3$～4mm，$a_1=1$mm，$b=5$～6mm，$a=3$～3.5mm。

3. 材料为 GCr15。

4. 热处理硬度为 62～66HRC。

## 2.4.7 凸模固定板与垫板

凸模固定板将凸模固定在模座上，其平面轮廓尺寸可与凹模、卸料板外形尺寸相同，但还应考虑紧固螺钉及销钉的位置。固定板的凸模安装孔与凸模采用过渡配合 H7/m6、H7/n6，压装后将凸模端面与固定板一起磨平。凸模固定板形式有圆形和矩形两种，厚度一般取凹模厚度的 0.6～0.8 倍。固定板材料一般采用 Q235 或 45 钢。

**表 2-31　钢球保持圈尺寸**（GB/T 2861.10—1990）　　mm

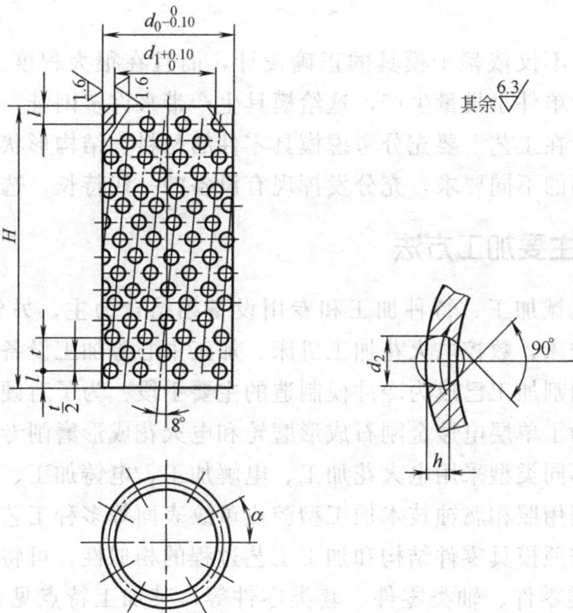


| d | 18 | 20 | 22 | 25 | | 28 | | | 32 | | 35 | |
|---|---|---|---|---|---|---|---|---|---|---|---|---|
| $d_0$ | 23.5 | 25.5 | 27.5 | 30.5 | 32.5 | 35.5 | | | 39.5 | | 42.5 | |
| $d_1$ | 18.5 | 20.5 | 22.5 | 25.5 | | 28.5 | | | 32.5 | | 35.5 | |
| H | 64 | | | 76 | | 64 | 76 | 84 | 76 | 84 | 76 | 84 |
| α | 40° | | 36° | 30° | 40° | 36° | | | 30° | | | |
| $d_2$ | 3.1 | | | | 4.1 | | | | | | | |
| l | 3.5 | | | | 4 | | | | | | | |
| t | 6 | | | | 8 | | | | | | | |
| h | 1.8 | | | | 2.5 | | | | | | | |

注：材料为 LY11、H62，d 是公称直径。

垫板的作用是直接承受和扩散凸模传递的压力，以降低模座所受的单位压力，防止模座被局部压陷。是否需用垫板，可按下式校核

$$p=\frac{F'_Z}{A} \tag{2-29}$$

式中　$p$——凸模头部端面对模座的单位压力，N；

$F'_Z$——凸模承受的总压力，N；

$A$——凸模头部端面支承面积，$mm^2$。

铸铁 HT250 许用压应力为 90～140MPa，铸钢 ZG310-570 许用压应力为 110～150MPa。如果头部端面上的单位压力 $p$ 大于模座材料的许用压应力时，则需加经淬硬磨平的垫板；反之则不加。垫板厚度一般取 4～12mm。

## 2.5 模具制造工艺规程的编制

冲压制件的质量，不仅依赖于模具的正确设计，而且在很大程度上取决于模具制造精度，而模具生产又多为单件小批量生产，这给模具生产带来许多困难，为了获得高质量的冲压制件，冲模制造时，在工艺上要充分考虑模具零件的材料、结构形状、尺寸、精度、工作特性和使用寿命等方面的不同要求，充分发挥现有设备的一切特长，选取最佳工艺方案。

### 2.5.1 模具零件的主要加工方法

模具制造以一般机械加工、特种加工和专用设备相结合为主，另外还引进了许多新技术、新工艺。如数控铣床、数控电火花加工机床、加工中心等加工设备已在模具生产中被广泛采用；电火花和线切割加工已成为冷冲模制造的主要手段；为了对硬质合金模具进行精密成形磨削，还研制成功了单层电镀金刚石成形磨轮和电火花成形磨削专用机床，对型腔的加工也正在根据模具的不同类型采用电火花加工、电解加工、电铸加工、陶瓷型精密铸造、冷挤压、超塑成形以及利用照相腐蚀技术加工型腔皮革纹表面等多种工艺。

从制造观点看，按照模具零件结构和加工工艺过程的相似性，可将各种模具零件大致分为工作型面零件、板类零件、轴类零件、套类零件等，其加工特点见表 2-32。在制定模具零件加工工艺方案时，必须根据具体加工对象，结合企业实际生产条件进行制定，以保证技术上先进和经济上合理。

凸模、凹模以及其他模具零件的常用加工方法见表 2-33～表 2-35。

**表 2-32 冲模零件加工特点**

| 零件类型 | 加工特点 |
|---|---|
| 轴、套类零件 | 轴、套类零件主要指导柱和导套等导向零件，它们一般由内、外圆柱表面组成。其加工精度要求主要体现在内、外圆柱表面的表面粗糙度及尺寸精度和各配合圆柱表面的同轴度等。导向零件的形状比较简单，加工工艺不复杂，加工方法一般在车床进行粗加工和半精加工，有时需要钻、扩和镗孔后，再进行热处理，最后在内、外圆磨床上进行精加工，对于配合要求高、精度高的导向零件，还要对配合表面进行研磨 |
| 板类零件 | 板类零件是指模座、凹模板、固定板、垫板、卸料板等平板类零件，由平面和孔系组成，一般遵循先面后孔的原则，即先刨、铣、平磨等加工平面，然后用钻、铣、镗等加工孔，对于复杂异型孔可以采用线切割加工，孔的精加工可采用坐标磨等 |
| 工作型面零件 | 工作型面零件形状、尺寸差别较大，有较高的加工要求。凸模的加工主要是外形加工；凹模的加工主要是孔（系）、型腔加工，而外形加工比较简单。一般遵循先粗后精，先基准后其他，先平面后轴孔，且工序要适当集中的原则。加工方法主要有机械加工和机械加工再辅以电加工等方法 |

**表 2-33 冲裁凸模常用加工方法**

| 凸模形式 | | 常用加工方法 | 适用场合 |
|---|---|---|---|
| 圆形凸模 | | 车削加工毛坯，淬火后，精磨，最后工件表面抛光及刃磨 | 各种圆形凸模 |
| 非圆形凸模 | 带安装台肩式 | 方法一：凹模压印修锉法。车、铣或刨削加工毛坯，磨削安装面和基准面，划线铣轮廓，留 0.2～0.3mm 单边余量，凹模（已加工好）压印后修锉轮廓，淬硬后抛光、磨刃口 | 无间隙模或设备条件较差的工厂 |

续表

| 凸模形式 | | 常用加工方法 | 适用场合 |
| --- | --- | --- | --- |
| 非圆形凸模 | 带安装台肩式 | 方法二：仿形刨削加工，粗加工轮廓，留0.2～0.3mm单边余量，用凹模(已加工好)压印后仿形精刨，最后淬火、抛光、磨刃口 | 一般要求的凸模 |
| | 直通式 | 方法一：线切割。粗加工毛坯，磨安装面和基准面，划线加工安装孔、穿丝孔，淬硬后磨安装面和基准面，切割成形、抛光、磨刃口 | 形状较复杂或较小、精度较高的凸模 |
| | | 方法二：成形磨削。粗加工毛坯，磨安装面和基准面，划线加工安装孔，加工轮廓，留0.2～0.3mm单边余量，淬硬后磨安装面，再成形磨削轮廓 | 形状不太复杂、精度较高的凸模或镶块 |

**表 2-34 冲裁凹模常用加工方法**

| 型孔形式 | 常用加工方法 | 适用场合 |
| --- | --- | --- |
| 圆形孔 | 方法一：钻铰法。车削加工毛坯上、下底面及外圆，钻铰工作型孔，淬硬后磨上、下底面和工作型孔、抛光 | 孔径小于5mm的情况 |
| | 方法二：磨削法。车削加工毛坯上、下底面，钻、镗工作型孔，划线加工安装孔，淬硬后磨上、下底面和工作型孔、抛光 | 孔较大的凹模 |
| 圆形孔系 | 方法一：坐标镗削。粗、精加工毛坯上、下底面和凹模外形，磨上、下底面和定位基面，划线、坐标镗削型孔系列，加工固定孔，淬火后研磨抛光型孔 | 位置精度要求高的凹模 |
| | 方法二：立铣加工。毛坯粗、精加工与坐标镗削方法相同，不同之处为孔系加工用坐标法在立铣机床上加工，后续加工与坐标镗削方法也一样 | 位置精度要求一般的凹模 |
| 非圆形孔 | 方法一：锉削法。毛坯粗加工后，按样板轮廓线切除中心余料然后按样板修锉，淬火后研磨抛光型孔 | 设备条件较差的工厂加工形状简单的凹模 |
| | 方法二：仿形铣。凹模型孔精加工在仿形铣床或立铣床上靠模加工(要求铣刀半径小于型孔圆角半径)，钳工锉斜度，淬火后研磨抛光型孔 | 形状不太复杂、精度不太高，过渡圆角较大的凹模 |
| | 方法三：压印加工。毛坯粗加工后，用加工好的凸模或样冲压印后修锉，再淬火研磨抛光型孔 | 尺寸不太大、形状不复杂的凹模 |
| | 方法四：线切割。毛坯外形加工好后，划线加工安装孔，淬火，磨安装基面，割型孔 | 各种形状、精度高的凹模 |
| | 方法五：成形磨削。毛坯按镶拼结构加工好，划线粗加工轮廓，淬火后磨安装面，成形磨削轮廓，研磨抛光 | 镶拼凹模 |
| | 方法六：电火花加工。毛坯外形加工好后，划线加工安装孔，淬火，磨安装基面，做电极或用凸模打凹模型孔，最后研磨抛光 | 形状复杂，精度高的整体凹模 |

注：表中加工方法应根据工厂设备情况和模具要求选用。

表 2-35 其他模具零件的常用加工方法

| 零件名称 | 常用加工方法 |
| --- | --- |
| 模座 | 模座是组成模架的主要零件之一，属于板类零件，一般都由平面和孔系组成。其加工精度要求主要体现在模座上、下平面的平行度，上、下模座的导套、导柱安装孔中心距应保持一致，模座的导柱、导套安装孔的轴线与模座上、下平面的垂直度，以及表面粗糙度和尺寸精度应满足要求<br>模座的加工主要是平面加工和孔系的加工。在加工过程中为了保证技术要求和加工方便，一般遵循先面后孔的原则，即先加工平面，再以平面定位加工孔系。模座的毛坯经过刨削或铣削加工后，对平面进行磨削可以提高模座平面的平面度和上下平面的平行度，同时容易保证孔的垂直度要求。孔系的加工可以采用钻、镗削加工，对于复杂异型孔可以采用线切割加工。为了保证导柱、导套安装孔的间距一致，在镗孔时经常将上、下模座重叠在一起，一次装夹同时镗出导柱和导套的安装孔 |
| 导柱和导套 | 滑动式导柱和导套属于轴类和套类零件，一般由内、外圆柱表面组成。其加工精度要求主要体现在内、外圆柱表面的表面粗糙度及尺寸精度，各配合圆柱表面的同轴度等。导向零件的配合表面都必须进行精密加工，而且要有较好的耐磨性<br>导向零件的形状比较简单，加工方法一般采用普通机床进行粗加工和半精加工后再进行热处理，最后用磨床进行精加工，消除热处理引起的变形，提高配合表面的尺寸精度和减少配合表面的粗糙度。对于配合要求高、精度高的导向零件，还要对配合表面进行研磨，才能达到要求的精度和表面粗糙度。导向零件的加工工艺路线一般是：备料→粗加工→半精加工→热处理→精加工→光整加工 |
| 固定板、卸料板 | 固定板和卸料板的加工方法与凹模十分相似，主要根据型孔形状来确定方法，对于圆孔可采用车削，矩形和异型孔可采用铣削或线切割，对系列孔可采用坐标镗削加工 |

## 2.5.2 模具制造工艺规程编制要点

模具制造工艺规程是冲压工艺设计的具体形式，它是规定产品或零部件制造工艺过程和操作方法等的工艺文件，它针对具体的冲压零件，首先从其生产批量、形状结构、尺寸精度、材料等方面入手，进行工艺审查，必要时提出修改意见：然后根据具体的生产条件，并综合分析研究各方面的影响因素，制定出技术性好的工艺方案。一般按以下步骤进行。

**(1) 收集并分析有关设计的原始资料**

① 冲压件的零件图及使用要求　冲压件的零件图对冲压件的结构形状、尺寸大小、精度要求及有关技术条件作出了明确的规定，它是制定冲压工艺规程最直接的原始依据。而了解冲压件的使用要求及在机器中的装配关系，可以进一步明确冲压件的设计要求，并且在冲压件工艺性较差时向产品设计部门提出修改意见，以改善零件的冲压工艺性。当冲压件只有样件而无图样时，一般应对样件测绘后绘出图样，作为分析与设计的依据。

② 冲压件的生产批量及定型程度　冲压件的生产批量及定型程度也是制定冲压工艺规程中必须考虑的重要内容，它直接影响加工方法及模具类型的确定。

③ 冲压件原材料的尺寸规格、性能及供应状况　冲压件原材料的尺寸规格是确定坯料形式和下料方式的依据，材料的性能及供应状态对确定冲压件变形程度与工序数量、计算冲压力、是否安排热处理辅助工序等都有重要影响。

④ 冲压设备条件　工厂现有冲压设备的类型、规格、自动化程度等是确定工序组合程度、选择各工序压力机型号、确定模具类型的主要依据。

⑤ 模具制造条件及技术水平　冲压工艺与模具设计要考虑模具的加工。模具制造条件及技术水平决定了制模能力，从而影响工序组合程度、模具结构与精度的确定。

⑥ 有关的技术标准、设计资料与手册　制定冲压工艺规程和设计模具时，要充分利用与冲压有关的技术标准、设计资料与手册，这有助于设计者进行分析与设计计算、确定材料与尺寸精度、选用相应标准和典型结构，从而简化设计过程、缩短设计周期、提高工作效率。

**(2) 冲压件的分析**

① 冲压件的功用与经济性分析　了解冲压件的使用要求及在机器中的装配关系与装配要求；根据冲压件的结构形状特点、尺寸大小、精度要求、生产批量及所用原材料，分析是否利于材料的充分利用，是否利于简化模具设计与制造，产量与冲压加工特点是否相适应，从而确定采用冲压加工是否经济。特别是零件的生产批量，它是决定零件采用冲压加工是否较为经济合理的重要因素。

② 冲压件的工艺性分析　根据冲压件图样或样件，分析冲压件的形状、尺寸、精度及所用材料是否符合冲压工艺性要求。良好的冲压工艺性表现在材料消耗少、工序数目少、占用设备数量少、模具结构简单而且寿命长、冲压件质量稳定、操作方便等。

分析冲压件工艺性的另一个目的在于明确冲压该零件的难点所在。因而要特别注意冲压件图样上的极限尺寸、尺寸公差、设计基准及其他特殊要求，因为这些要素对确定所需工序的性质、数量和顺序，对选择工件的定位方法、模具结构与精度等都有较大的影响。

经过上述的分析研究，如果发现冲压件工艺性不合理，则应会同产品设计人员，在不影响使用要求的前提下，对冲压件的形状、尺寸、精度要求乃至原材料的选用作必要的修改。

**(3) 冲压工艺方案的分析与确定**

在对冲压件进行工艺分析的基础上，便可着手确定冲压工艺方案。确定冲压工艺方案主要是确定各次冲压加工的工序性质、工序数量、工序顺序和工序的组合方式、定位方式。

冲压工艺方案的确定是制定冲压工艺过程的主要内容，需要综合考虑各方面的因素，有的还需要进行必要的工艺计算，因此，实际确定时通常先提出几种可能的方案，再在此基础上进行分析、比较和择优。

① 冲压工序性质的确定

a. 从零件图上直观地确定工序性质。有些冲压件可以从图样上直观地确定其冲压工序性质。如带孔和不带孔的各类平板件，产量小、形状规则、尺寸要求不高时采用剪裁工序；产量大、有一定精度要求时采用落料、冲孔、切口等工序，平整度要求较高时还需增加校平工序；当零件的断面质量和尺寸精度要求较高时，则需在冲裁工序后增加修整工序，或直接用精密冲裁工艺进行加工。

b. 通过有关工艺计算或分析确定工序性质。有些冲压件由于一次成形的变形程度较大，或对零件的精度、变薄量、表面质量等方面要求较高时，需要进行有关工艺计算或综合考虑变形规律、冲件质量、冲压工艺性要求等因素后才能确定性质。

c. 有时为了改善冲压变形条件或方便工序定位，需增加附加工序，有时为了节约材料，也会影响工序性质的确定。

此外，对于几何形状不对称的一些零件，为便于冲压成形和定位，生产中常采用成对冲压的方法进行成形，成形后再增加一道剖切或切断工序截成两个零件。虽增加了一道剖切或切断工序，但由于成对冲压时改善了变形条件，因而在生产中得到了广泛应用。

② 工序数量的确定　工序数量是指同一性质的工序重复进行的次数。工序数量的确定

主要取决于零件几何形状复杂程度、尺寸大小与精度、材料冲压成形性能、模具强度等，并与冲压工序性质有关。对于冲裁件，形状简单时一般内、外形只需一次冲孔和落料工序，而形状复杂或孔边距较小时，常常需将内、外轮廓分成几部分依次冲出，其工序次数取决于模具强度与制模条件。至于其他成形件，主要根据具体形状和尺寸以及极限变形程度来决定。

在确定冲压加工过程所需总的工序数目时，应考虑到以下的问题。

a. 生产批量的大小　大批量生产时，应尽量合并工序，采用复合冲压或级进冲压，提高生产效率，降低生产成本。中小批量生产时，常采用单工序简单模或复合模，有时也可考虑采用各种相应的简单模具，以降低模具制造费用。

b. 零件精度的要求　如平板冲裁件在冲裁后增加一道整修工序，就是适应其断面质量和尺寸精度要求较高的需要；当其表面平面度要求较高时，还必须在冲裁后增加一道校平工序，这虽然增加了工序数量，但却是保证工件精度要求必不可少的工序。

c. 工厂现有的制模条件和冲压设备情况　为了确保确定的工序数量、采用的模具结构和精度要求能与工厂现有条件相适应，这些因素是必须认真考虑的。

d. 工艺的稳定性　影响工艺稳定性的因素较多，但在确定工序数量时，适当地降低冲压工序中的变形程度，避免在接近极限变形参数的情况下进行冲压加工，是提高冲压工艺稳定性的主要措施。另外，适当增加某些附加工序也是提高工艺稳定性的有效措施。

③ 工序顺序的确定　冲压件各工序的先后顺序，主要决定于冲压变形规律和零件质量要求，如果工序顺序的变更并不影响零件质量，则应当根据操作、定位及模具结构等因素确定。

④ 工序的组合方式　一个冲压件往往需要经过多道工序才能完成，因此，制定工艺方案时，必须考虑是采用单工序模分散冲压，还是将工序组合起来采用复合模或级进模冲压。另外，对于尺寸过小或过大的冲压件，考虑到多套单工序模制造费用比复合模还高，生产批量不大时也可考虑将工序组合起来，采用复合模冲压。对于精度要求较高的零件，为了避免多次冲压的定位误差，也应采用复合模冲压。

但是，工序集中组合必然使模具结构复杂化。工序组合的程度受到模具结构、模具强度、模具制造与维修以及设备能力的限制。工序集中后，如果冲模工作零件的工作面不在同一平面上，就会给修磨带来一定困难等。但尽管如此，随着冲压技术和模具制造技术的发展，在大批量生产中工序组合程度还是越来越高。

**(4) 选择模具类型**

根据已确定的冲压工艺方案，综合考虑冲压件的质量要求、生产批量大小、冲压加工成本以及冲压设备情况、模具制造能力等生产条件后，选择模具类型，最终确定是采用单工序模，还是复合模或级进模。

**(5) 有关工艺计算**

① 排样与裁板方案的确定。根据冲压工艺方案，确定冲压件或坯料的排样方案，计算条料宽度与进距，选择板料规格并确定裁板方式，计算材料利用率。

② 确定各次冲压工序件形状，并计算工序件尺寸。冲压工序件是坯料与成品零件的过渡件。对于冲裁件或成形工序少的冲压件，工艺过程确定后，工序件形状及尺寸就已确定。而对于形状复杂、需要多次成形工序的冲压件，其工序件形状与尺寸的确定需要特别注意。

③ 计算各工序冲压力。根据冲压工艺方案，初步确定各冲压工序所用冲压模具的结构

方案（如卸料与压料方式、推件与顶件方式等），计算各冲压工序的冲裁力 、卸料力、压料力、推件力、顶件力等。对于非对称形状件冲压和级进冲压，还需计算压力中心。

**(6) 选择冲压设备**

根据工厂现有设备情况、生产批量、冲压工序性质、冲压件尺寸与精度、冲压加工所需的冲压力、估算的模具闭合高度和轮廓尺寸等主要因素，合理选定冲压设备的类型和规格。

**(7) 编写冲压工艺文件**

冲压工艺文件一般以工艺卡的形式表示，它综合地表达了冲压工艺设计的具体内容，包括工序序号、工序名称、工序内容、工序草图（加工简图）、模具的结构形式和种类、选定的冲压设备、工序检验要求、工时定额、材料牌号与规格以及毛坯的形状尺寸等。

工艺卡片是生产中的重要技术文件。它不仅是模具设计的重要依据，而且也起着生产的组织管理、调度、各工序间的协调以及工时定额的核算等作用。目前在冲压生产中，冲压工艺卡尚无统一的格式，各单位可根据既简单又有利于生产管理的原则进行确定。

# 第3章 弯曲模工艺与模具设计

将板料及棒料、管料、型材弯曲成具有一定形状和尺寸的弯曲制件的冷冲压工序称为弯曲。弯曲是冲压加工的基本工序之一，应用极为广泛。根据弯曲件的形状和弯曲工序所用设备及工艺装备的不同，弯曲的方法有压弯、折弯、滚弯和拉弯等。

弯曲变形的特点如下。

① 弯曲时，弯曲变形只发生在弯曲件的圆角附近，直线部分则不产生塑性变形。

② 弯曲时，在弯曲区域内，纤维沿厚度方向变形是不同的，即弯曲后内缘的纤维受压缩而缩短，外缘的纤维受拉伸而伸长，在内缘与外缘之间存在着纤维既不伸长也不缩短的中性层。

③ 从弯曲件变形区域的横断面来看，变形有以下两种情况（图 3-1）。

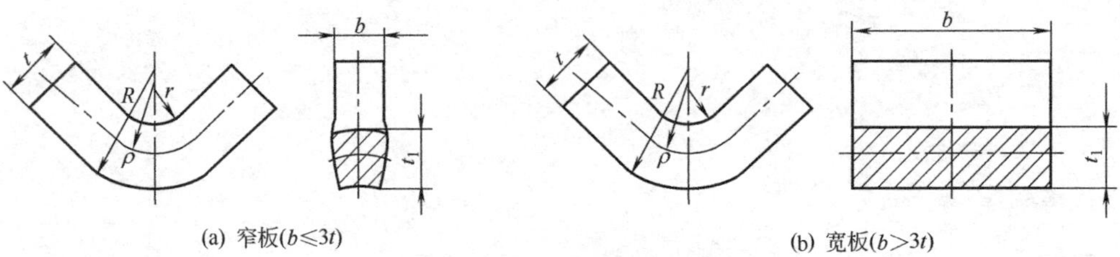


图 3-1 弯曲区域的断面变化

a. 对于窄板（$b\leqslant 3t$），在宽度方向产生显著变形，沿内缘宽度增加，沿外缘宽度减小，断面略呈扇形。

b. 对于宽板（$b>3t$），弯曲后在宽度方向无明显变化，断面仍为矩形，这是因为在宽度方向不能自由变形所致。

此外，在弯曲区域内工件的厚度有变薄的现象。

## 3.1 弯曲工艺设计

### 3.1.1 回弹值和最小弯曲半径的确定

由于影响回弹值的因素很多（材料的力学性能、板材的厚度、弯曲半径的大小以及弯曲时校正力的大小等），因此，要在理论上计算回弹是有困难的，通常在模具设计时，按试验总结的数据来选用，经试冲后再对模具工作部分加以修正。

**(1) 查表法**

如弯曲件的相对弯曲半径 $r/t$ 小于 5～8 时，在弯曲变形后弯曲半径变化不大，只考虑角度的回弹，其值可按表 3-1 和表 3-2 查出，再在试模中修正。

**表 3-1 单角 90°自由弯曲时的回弹角**

| 材料 | $r/t$ | 材料厚度 $t$/mm | | |
|---|---|---|---|---|
| | | ≤0.8 | >0.8～2 | >2 |
| 软钢板 $\sigma_b=350$MPa<br>黄铜 $\sigma_b=350$MPa<br>铝和锌 | <1<br>1～5<br>>5 | 4°<br>5°<br>6° | 2°<br>3°<br>4° | 0°<br>1°<br>2° |
| 中等硬度的钢 $\sigma_b=400$～500MPa<br>硬黄铜 $\sigma_b=350$～400MPa<br>硬青铜 | <1<br>1～5<br>>5 | 5°<br>6°<br>8° | 2°<br>3°<br>5° | 0°<br>1°<br>3° |
| 硬钢 $\sigma_b>550$MPa | <1<br>1～5<br>>5 | 7°<br>9°<br>12° | 4°<br>5°<br>7° | 2°<br>3°<br>6° |
| 30CrMnSiA | <2<br>2～5<br>>5 | 2°<br>4°30′<br>8° | 2°<br>4°30′<br>8° | 2°<br>4°30′<br>8° |
| 硬铝 LY12 | <2<br>2～5<br>>5 | 2°<br>4°<br>6°30′ | 3°<br>6°<br>10° | 4°30′<br>8°30′<br>14° |
| 超硬铝 LC4 | <2<br>2～5<br>>5 | 2°30′<br>4°<br>7° | 5°<br>8°<br>12° | 8°<br>11°30′<br>19° |

**表 3-2 单角 90°校正性弯曲时的回弹角 $\Delta\varphi$**

| 材料 | $r/t$ | | |
|---|---|---|---|
| | ≤1 | >1～2 | >2～3 |
| Q215、Q235 | −1°～1°30′ | 0°～2° | 1°30′～2°30′ |
| 紫铜、黄铜、铝 | 0°～1°30′ | 0°～3° | 2°～4° |

**(2) 计算法**

当工件相对弯曲半径 $r/t$ 大于 5～8 时，在弯曲变形后不仅角度回弹较大，而且弯曲半径也有较大变化，模具设计时，可先计算出回弹值，在试模时再修正。

① 弯曲板料时

凸模圆角半径

$$r_T=\frac{1}{\dfrac{1}{r}+\dfrac{3\sigma_s}{Et}} \tag{3-1}$$

凸模圆弧所对中心角

$$\alpha_T=\frac{r\alpha}{r_T} \tag{3-2}$$

式中 $r_T$——凸模的圆角半径，mm；

$r$——弯曲件圆角半径，mm；

$\alpha_T$——凸模圆弧所对中心角，(°)；

$\alpha$——弯曲件弯曲角，(°)；

$\sigma_s$——弯曲件材料屈服强度，MPa；

$E$——材料拉压弹性模量，MPa；

$t$——材料厚度，mm。

② 弯曲圆形截面棒料时

$$r_T=\frac{1}{\dfrac{1}{r}+\dfrac{3.4\sigma_s}{Ed}} \tag{3-3}$$

式中 $d$——圆杆件直径，mm。

**(3) 最小弯曲半径**

弯曲时，弯曲半径愈小，板料外表面变形程度愈大，如果弯曲半径过小，则板料的外表面将超过材料的最大许可变形程度而发生裂纹。因此，弯曲工艺受到最小弯曲半径的限制。所以工件上的弯曲半径无特殊要求时，应尽量取大一些，不要小于最小弯曲半径值，板料最小弯曲半径值见表 3-3。表 3-4 为管材弯曲时允许的最小弯曲半径。

**表 3-3 板料最小弯曲半径**

| 材料 | 退火或正火 | | 冷作硬化 | |
|---|---|---|---|---|
| | 弯曲线位置 | | | |
| | 垂直碾压纹向 | 平行碾压纹向 | 垂直碾压纹向 | 平行碾压纹向 |
| 08,10 | 0.1$t$ | 0.4$t$ | 0.4$t$ | 0.8$t$ |
| 15,20 | 0.1$t$ | 0.5$t$ | 0.5$t$ | $t$ |
| 25,30 | 0.2$t$ | 0.6$t$ | 0.6$t$ | 1.2$t$ |
| 35,40 | 0.3$t$ | 0.8$t$ | 0.8$t$ | 1.5$t$ |
| 45,50 | 0.5$t$ | $t$ | $t$ | 1.7$t$ |
| 55,60 | 0.7$t$ | 1.3$t$ | 1.3$t$ | 2$t$ |
| 65Mn,T7 | $t$ | 2$t$ | 2$t$ | 3$t$ |
| 1Cr18Ni9Ti | $t$ | 2$t$ | 2$t$ | 4$t$ |
| 硬铝(软) | $t$ | 1.5$t$ | 1.5$t$ | 2.5$t$ |
| 硬铝(硬) | 2$t$ | 3$t$ | 3$t$ | 4$t$ |
| 磷青铜 | — | — | $t$ | 3$t$ |
| 黄铜(半硬) | 0.1$t$ | 0.35$t$ | 0.5$t$ | 1.2$t$ |
| 黄铜(软) | 0.1$t$ | 0.35$t$ | 0.35$t$ | 0.8$t$ |
| 紫铜 | 0.1$t$ | 0.35$t$ | $t$ | 2$t$ |
| 铝 | 0.1$t$ | 0.35$t$ | 0.5$t$ | $t$ |
| 镁合金 MB1 | 加热到 300～400℃ | | 冷作硬化状态 | |
| | 2$t$ | 3$t$ | 6$t$ | 8$t$ |
| 钛合金 BT5 | 加热到 300～400℃ | | 冷作硬化状态 | |
| | 3$t$ | 4$t$ | 5$t$ | 6$t$ |

注：1. 当弯曲线与材料纤维方向成一定角度时，可采用垂直和平行于纤维方向二者的中间数值。

2. 在冲裁或剪切后没有退火的毛坯，应按冷作硬化状态取值。

3. 弯曲时应将冲裁件有毛刺的一面放在弯曲件的内层。

**表 3-4 钢管及铝管的最小弯曲半径**

| 管壁厚度 $t$/mm | 最小弯曲半径 $r_{min}$/mm | 管壁厚度 $t$/mm | 最小弯曲半径 $r_{min}$/mm |
|---|---|---|---|
| $t=0.02D$ | $4D$ | $t=0.10D$ | $3D$ |
| $t=0.05D$ | $3.6D$ | $t=0.15D$ | $2D$ |

注：$t$ 为管壁厚度（mm）；$D$ 为管子直径（mm）。

### 3.1.2 弯曲件毛坯尺寸计算

弯曲件毛坯尺寸计算是按弯曲中性层长度不变的原则进行的，常见的几类弯曲件毛坯尺寸计算见表 3-5～表 3-7，公式中系数 $x$、$x_1$、$x_2$ 见表 3-8～表 3-10。表 3-7 中，$\rho$ 为中性层弯曲半径：$\rho=r+xt$（$x$ 可查表 3-10 和表 3-11）。

**表 3-5 弯曲件在 $r\leqslant 0.5t$ 的弯曲件毛坯长度 $L$ 计算公式**

| 序号 | 弯曲性质 | 弯曲形状 | 公式 |
|---|---|---|---|
| | | 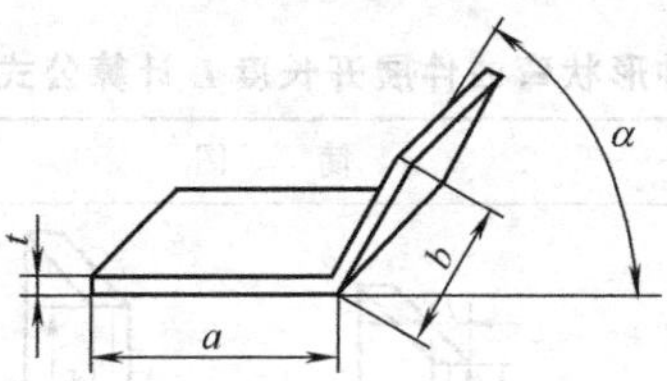 | $L=a+b+\frac{\alpha}{90^\circ}\times 0.5t$ |
| 1 | 单角弯曲 | 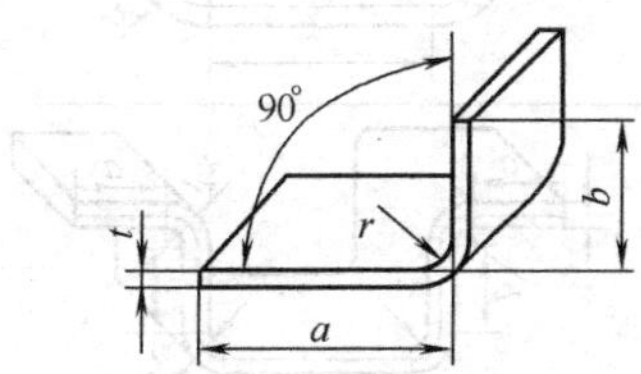 | $L=a+b+0.4t$ |
| | | 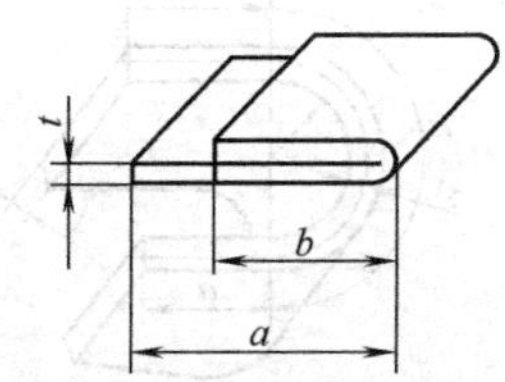 | $L=a+b-0.43t$ |
| 2 | 一次同时弯曲两个角 | 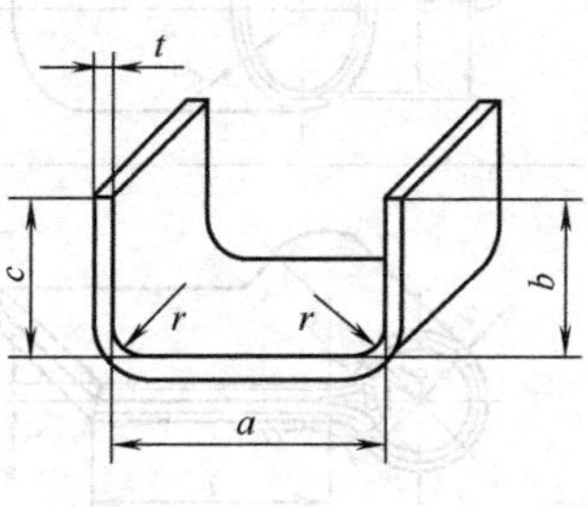 | $L=a+b+c+0.6t$ |

续表

| 序号 | 弯曲性质 | 弯曲形状 | 公式 |
| --- | --- | --- | --- |
| 3 | 一次同时弯曲三个角 | 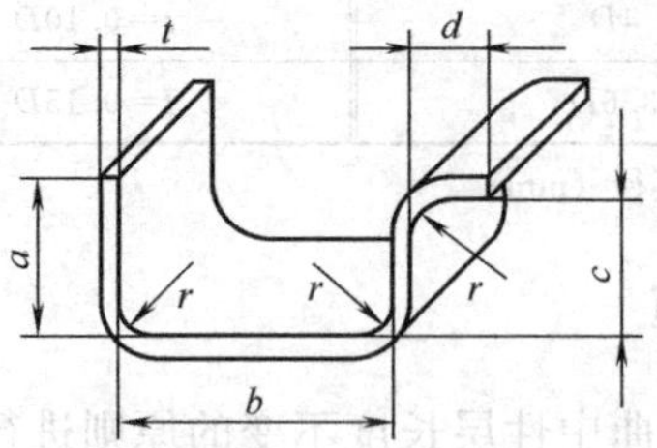 | $L=a+b+c+d+0.75t$ |
|  | 第一次弯曲底部两角，第二次弯曲另一个角 |  | $L=a+b+c+d+t$ |
| 4 | 一次同时弯曲四个角 | 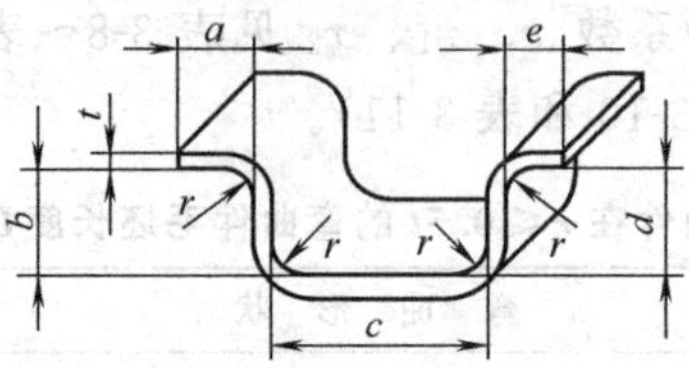 | $L=a+c+e+b+d+t$ |
|  | 分两次弯曲，每一次同时弯曲两个角 |  | $L=a+c+e+b+d+1.2t$ |

**表 3-6　各种形状弯曲件展开长度 L 计算公式**（$r>0.5t$）

| 序号 | 弯曲特征 | 简图 | 公式 |
| --- | --- | --- | --- |
| 1 | 双直角弯曲 | 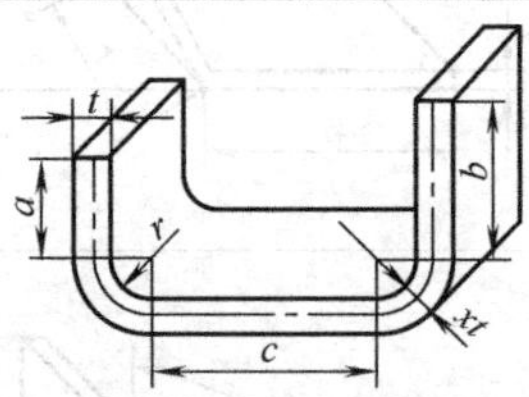 | $L=a+b+c+\pi(r+xt)$ |
| 2 | 四直角弯曲 | 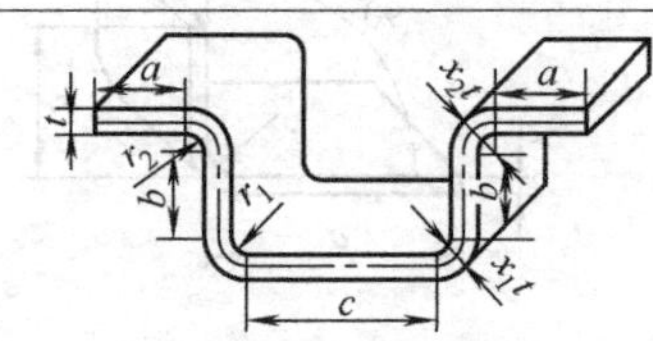 | $L=2a+2b+c+\pi(r_1+x_1t)+\pi(r_2+x_2t)$ |
| 3 | 半圆形弯曲 | 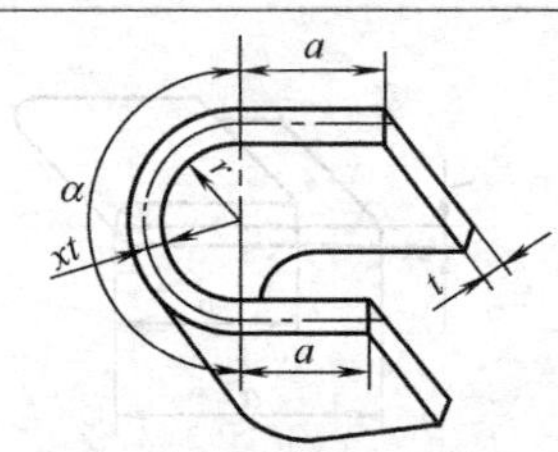 | $L=2a+\frac{\pi\alpha}{180°}(r+xt)$ |
| 4 | 圆形弯曲 | 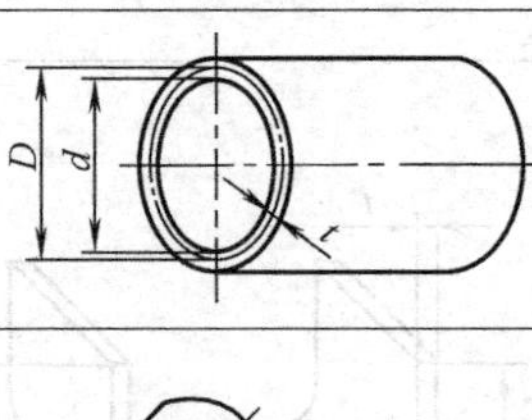 | $L=\pi D=\pi(d+2xt)$ |
| 5 | 吊环 | 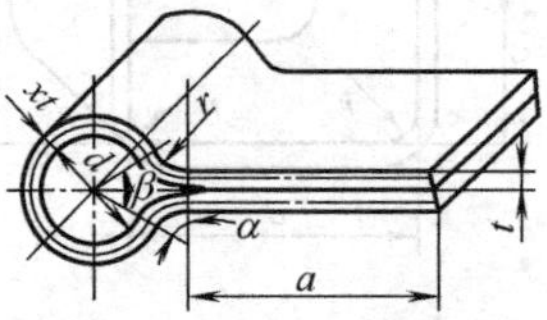 | $L=2a+(d+2xt)\frac{(360°-\beta)\pi}{360°}+2\left[\frac{(r+xt)\pi\alpha}{180°}\right]$ |

**表 3-7 弯曲部分展开长度 $L$ 的计算公式**

| 序号 | 计 算 条 件 | 弯曲部分草图 | 公 式 |
|---|---|---|---|
| 1 | 尺寸给在外形的切线上 | 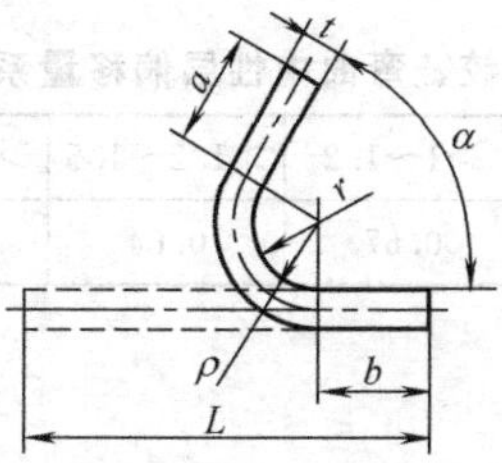 | $L=a+b+\frac{\pi(180^\circ-\alpha)}{180^\circ}\rho-2(r+t)$ |
| 2 | 尺寸给在外表面的交点上 | 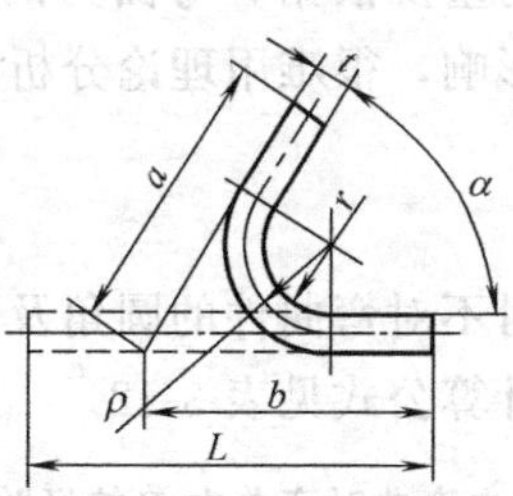 | $L=a+b+\frac{\pi(180^\circ-\alpha)}{180^\circ}\rho-\cot\frac{\alpha}{2}(r+t)$ |
| 3 | 尺寸给在半径中心 | 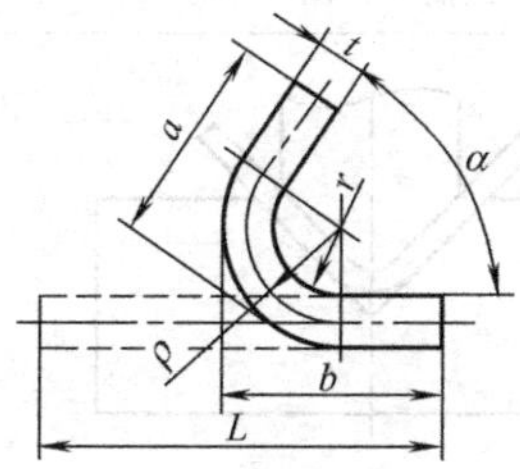 | $L=a+b+\frac{\pi(180^\circ-\alpha)}{180^\circ}\rho$ |

**表 3-8 中性层的位移系数 $x_1$、$x_2$ 值**

| $r/t$ | 0.1 | 0.15 | 0.2 | 0.25 | 0.3 | 0.4 | 0.5 | 0.6 | 0.7 | 0.8 | 0.9 |
|---|---|---|---|---|---|---|---|---|---|---|---|
| $x_1$ | 0.23 | 0.26 | 0.29 | 0.31 | 0.32 | 0.35 | 0.37 | 0.38 | 0.39 | 0.40 | 0.405 |
| $x_2$ | 0.30 | 0.32 | 0.33 | 0.35 | 0.36 | 0.37 | 0.38 | 0.39 | 0.40 | 0.408 | 0.414 |
| $r/t$ | 1 | 1.1 | 1.2 | 1.3 | 1.4 | 1.5 | 1.6 | 1.7 | 1.8 | 1.9 | 2.0 |
| $x_1$ | 0.41 | 0.42 | 0.424 | 0.429 | 0.433 | 0.436 | 0.439 | 0.44 | 0.445 | 0.447 | 0.449 |
| $x_2$ | 0.42 | 0.425 | 0.43 | 0.433 | 0.436 | 0.44 | 0.443 | 0.446 | 0.45 | 0.452 | 0.455 |
| $r/t$ | 2.5 | 3 | 3.5 | 3.75 | 4 | 4.5 | 5 | 6 | 10 | 15 | 30 |
| $x_1$ | 0.458 | 0.464 | 0.468 | 0.47 | 0.472 | 0.474 | 0.477 | 0.479 | 0.488 | 0.493 | 0.496 |
| $x_2$ | 0.46 | 0.47 | 0.473 | 0.475 | 0.476 | 0.478 | 0.48 | 0.482 | 0.49 | 0.495 | 0.498 |

注：1. $x_1$ 适用于有顶板或压板的 V 形弯曲或 U 形弯曲。

2. $x_2$ 适用于无顶板的 V 形弯曲。

**表 3-9 卷圆时中性层位移系数 $x_1$ 值**

| $r/t$ | >0.5～0.6 | >0.6～0.8 | >0.8～1 | >1～1.2 | >1.2～1.5 | >1.5～1.8 | >1.8～2 | >2～2.2 | >2.2 |
|---|---|---|---|---|---|---|---|---|---|
| $x_1$ | 0.76 | 0.73 | 0.7 | 0.67 | 0.64 | 0.61 | 0.58 | 0.54 | 0.5 |

**表 3-10　圆杆件弯曲中性层偏移量系数 $x$ 值**

| $r/d$ | $>1$ | $\leqslant 1$ | $\leqslant 0.5$ | $\leqslant 0.25$ |
|---|---|---|---|---|
| $x$ | 0.5 | 0.51 | 0.53 | 0.55 |

**表 3-11　铰链弯曲中性层偏移量系数 $x$ 值**

| $r/t$ | $\geqslant 0.5\sim 0.6$ | $>0.6\sim 0.8$ | $>0.8\sim 1$ | $>1\sim 1.2$ | $>1.2\sim 1.5$ | $>1.5\sim 1.8$ | $>1.8\sim 2$ | $>2\sim 2.2$ | $>2.2$ |
|---|---|---|---|---|---|---|---|---|---|
| $x$ | 0.76 | 0.73 | 0.7 | 0.67 | 0.64 | 0.61 | 0.58 | 0.54 | 0.5 |

## 3.1.3　弯曲力的计算

弯曲力是弯曲工艺和模具设计的重要依据。弯曲力的大小受弯曲件的材料性能、形状、弯曲方法和模具结构等多种因素的影响，很难用理论分析的方法进行精确的计算，因而通常采用经验公式进行概略计算。

### (1) 自由弯曲时弯曲力的计算

用冲模弯曲时，若在弯曲终了时不对弯曲件的圆角及直边进行校正，则为自由弯曲。常见弯曲件自由弯曲时弯曲力的经验计算公式见表 3-12。

**表 3-12　自由弯曲时弯曲力 $F$ 的经验计算公式**

| 弯曲公式 | 简图 | 经验公式 |
|---|---|---|
| V 形件自由弯曲 | 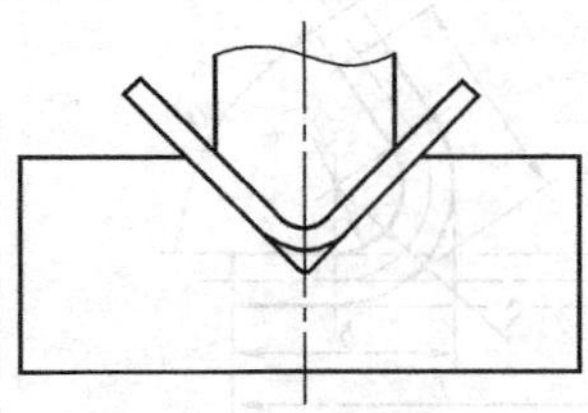 | $F=\dfrac{Bt^2\sigma_b}{1000(r+t)}$ |
| U 形件自由弯曲 | 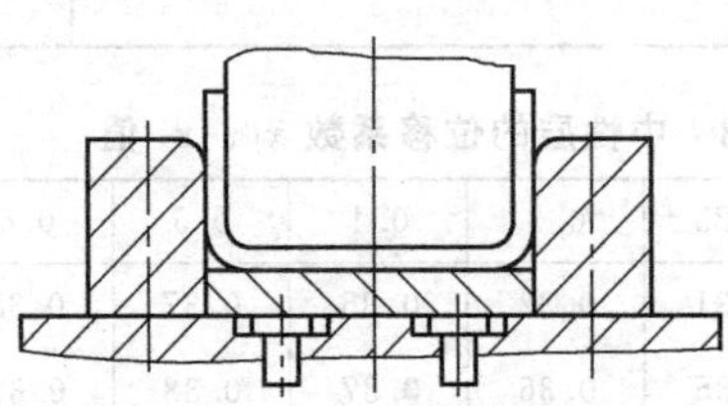 | $F=\dfrac{2Bt^2\sigma_b}{1000(r+t)}$ |
| L 形件弯曲 | 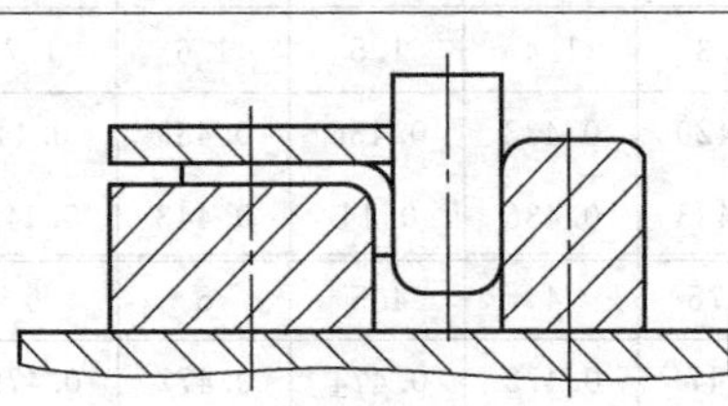 | $F=\dfrac{Bt^2\sigma_b}{1000(r+t)}$ |
| 多角同时弯曲 | 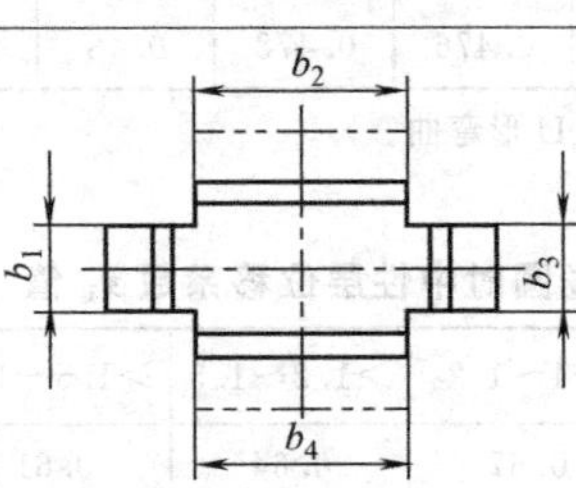  | $F=\dfrac{(b_1+b_2+b_3+b_4+\cdots)t^2\sigma_b}{1000(r+t)}$ |

表 3-12 中各符号的意义如下。

$F$：弯曲力，kN；

$b$：弯曲线长度，mm；

$B$：弯曲件宽度，mm；

$t$：弯曲件料厚，mm；

$r$：弯曲件圆角半径，mm；

$\sigma_b$：材料的抗拉强度极限，MPa。

自由弯曲时，除了弯曲力以外，有时还有压料力、顶件力等其他工艺力，弯曲的工艺总力应为

$$F_{\Sigma}=F+F_1+F_2+\cdots+F_n \quad (3\text{-}4)$$

式中 $F_{\Sigma}$——弯曲工艺总力，kN；

$F$——弯曲力，kN；

$F_1$——压料力，kN，常取 $F_1=(0.3\sim0.8)F$；

$F_2$——顶件力，kN，常取 $F_2=(0.3\sim0.8)F$。

**(2) 校正弯曲时的弯曲力计算**

校正弯曲时，由于校正力远大于压弯力，因而一般只计算校正力，计算公式为

$$F_{校}=qA/1000 \quad (3\text{-}5)$$

式中 $F_{校}$——校正力，kN；

$q$——单位校正力，MPa，其值查表 3-13；

$A$——弯曲件上被校正部分在垂直于弯曲力方向的平面上的投影面积，$mm^2$。

**表 3-13 校正弯曲时单位校正力 $q$ 值** MPa

| 材料 | 材料厚度 $t$/mm | | | |
|---|---|---|---|---|
| | ≤1 | >1～3 | >3～6 | >6～10 |
| 铝 | 10～20 | 20～30 | 30～40 | 40～50 |
| 黄铜 | 20～30 | 30～40 | 40～60 | 60～80 |
| 10,15,20 | 30～40 | 40～60 | 60～80 | 80～100 |
| 25,30 | 40～50 | 50～70 | 70～100 | 100～120 |

**(3) 压力机的选择**

压力机的规格按下式选取

自由弯曲 $F_{\Sigma}\leqslant(0.3\sim0.8)F_g$ (3-6)

校正弯曲 $F_{校}\leqslant(0.7\sim0.8)F_g$ (3-7)

式中 $F_{\Sigma}$——弯曲工艺总力，kN；

$F_g$——压力机公称压力，kN；

$F_{校}$——校正力，kN。

按上式选取压力机后，还需对压力机封闭高度、行程和模具安装尺寸等进行校核，必要时还需校核压力机的行程-负荷曲线。

## 3.2 弯曲模结构设计

### 3.2.1 弯曲模工作部分尺寸计算

弯曲模工作部分的尺寸是指与工件弯曲成形直接有关的凸、凹模尺寸和凹模的深度，如图 3-2 所示。

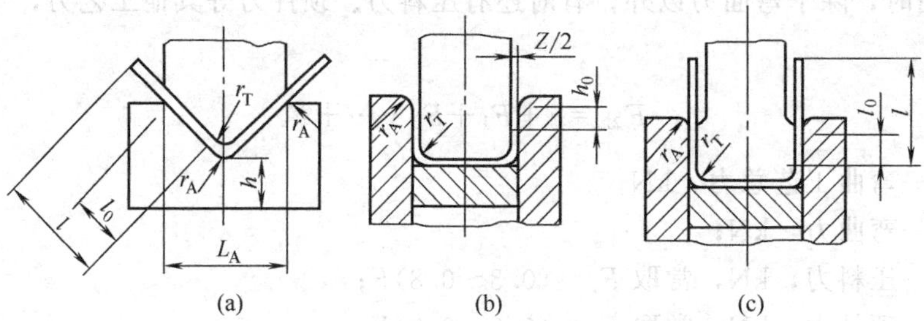


图 3-2 凸、凹模工作部分尺寸

**(1) 凸模工作尺寸**

当弯曲件的相对圆角半径 $r/t>(5\sim8)$ 时，$r_T$ 由回弹计算决定。

当$(5\sim8)>r/t>r_{min}/t$ 时，一般取 $r_T=r$。

当 $r/t<r_{min}/t$ 时，取 $r_T\geqslant r_{min}$，弯曲后通过整形工序使 $r$ 达到要求。

**(2) 凹模工作尺寸**

凹模口圆角半径 $r_A$ 的大小直接影响坯料的弯曲成形。$r_A$ 太小，弯曲时坯料拉入凹模的阻力大，厚度易拉薄，表面易擦伤。$r_A$ 太大，会影响毛坯定位的准确性。对称弯曲时，若凹模两边的 $r_A$ 大小不一致，将因两边流动阻力不一致使坯料在弯曲过程中产生偏移。$r_A$ 的取值可参考表 3-14。

**表 3-14 凹模口的圆角半径 $r_A$**

| 材料厚度 $t$/mm | ≤1 | >1～2 | >2～3 | >3～4 | >4～5 | >5～6 | >6～7 | >7～8 | >8～10 |
|---|---|---|---|---|---|---|---|---|---|
| 凹模口圆角半径 $r_A$/mm | 3 | 5 | 7 | 9 | 10 | 11 | 12 | 13 | 15 |

V 形件作自由弯曲时，凹模底部圆角半径 $r_A$ 无特殊要求，需要时甚至可在凹模底部开退刀槽。V 形件作校正弯曲时，凹模底部圆角半径取

$$r_A=(0.6\sim0.8)(r_T+t) \tag{3-8}$$

凹模的深度应适当。凹模太浅，则坯料两端的自由部分很长，弯曲件回弹大，直边部分不平直。凹模太深，则浪费模具钢材，且要求压力机有较大的行程。

凹模深度及其他尺寸参见表 3-15。表中 A 型、B 型、C 型对应图 3-2 (a)、(b)、(c)。

**(3) 弯曲凸模和凹模的间隙**

弯曲 V 形件时，凸、凹模间隙是通过调节压力机的闭合高度来控制的，不需要在模具设计时考虑。

弯曲 U 形类弯曲件时，凸、凹模间隙对制件质量和模具寿命有重要影响。凸、凹模间隙减小，弯曲时的摩擦力和弯曲力将增加。间隙太小时，制件直边料厚变薄，表面容易出现

划痕，同时还会降低凹模寿命。间隙过大时，制件回弹量增大，误差增加，从而降低制件精度。因此，必须根据弯曲件材料厚度、力学性能和弯曲件的高度、尺寸精度合理选择凸、凹模的间隙。

**表 3-15　凹模工作部分尺寸**

| 型号 | 尺寸 | 材料厚度 $t$/mm | | | | | | | |
|---|---|---|---|---|---|---|---|---|---|
| | | ≤1 | >1～2 | >2～3 | >3～4 | >4～5 | >5～6 | >6～7 | >7～8 |
| | $h$/mm | 4 | 7 | 11 | 15 | 18 | 22 | 25 | 28 |
| | $H$/mm | 20 | 30 | 40 | 45 | 55 | 65 | 70 | 80 |
| A 型 | 弯曲件直边长度 $l$/mm | 凹模斜边长度 $b(b \geqslant r_A)$/mm | | | | | | | |
| | 20 | 6 | 10 | 15 | 15 | 20 | — | — | — |
| | 30 | 10 | 15 | 15 | 20 | 20 | 25 | 25 | 25 |
| | 50 | 20 | 20 | 25 | 25 | 30 | 30 | 35 | 35 |
| | 75 | 25 | 25 | 30 | 30 | 35 | 35 | 40 | 40 |
| | 100 | 30 | 30 | 35 | 35 | 40 | 40 | 45 | 45 |
| B 型 | $h_0$/mm | 3 | 4 | 5 | 6 | 8 | 10 | 15 | 20 |
| C 型 | 弯曲件直边长度 $l$/mm | 凹模深度 $h(h \geqslant 3r_A)$/mm | | | | | | | |
| | 20～30 | 15 | 20 | 25 | 25 | — | — | — | — |
| | >50～70 | 20 | 25 | 30 | 30 | 35 | 35 | — | — |
| | >75～100 | 25 | 30 | 35 | 35 | 40 | 40 | 40 | 40 |
| | >100～150 | 30 | 35 | 40 | 40 | 50 | 50 | 50 | 50 |

注：1. a 型　凹模口部尺寸 $l=2b\sin(\varphi_0/2)$，但 $l \leqslant 0.8A$，$\varphi_0$ 为弯曲件的弯曲角，$A$ 为展开长度。
2. b 型　$l \geqslant (r_T+3t)$。

**表 3-16　间隙系数 $n$ 值**

| 弯曲件高度 $H$/mm | 材料厚度 $t$/mm | | | | | | | | |
|---|---|---|---|---|---|---|---|---|---|
| | ≤0.5 | >0.5～2 | >2～4 | >4～5 | <0.5 | >0.5～2 | >2～4 | >4～7.5 | >7.5～12 |
| | $B \leqslant 2H$ | | | | $B>2H$ | | | | |
| 10 | 0.05 | 0.05 | 0.04 | — | 0.10 | 0.10 | 0.08 | — | — |
| 20 | 0.05 | 0.05 | 0.04 | 0.03 | 0.10 | 0.10 | 0.08 | 0.06 | 0.06 |
| 35 | 0.07 | 0.05 | 0.04 | 0.03 | 0.15 | 0.10 | 0.08 | 0.06 | 0.06 |
| 50 | 0.10 | 0.07 | 0.05 | 0.05 | 0.20 | 0.15 | 0.10 | 0.06 | 0.06 |
| 75 | 0.10 | 0.07 | 0.05 | 0.05 | 0.20 | 0.15 | 0.10 | 0.10 | 0.08 |
| 100 | — | 0.07 | 0.05 | 0.05 | — | 0.15 | 0.10 | 0.10 | 0.08 |
| 150 | — | 0.10 | 0.07 | 0.05 | — | 0.20 | 0.15 | 0.10 | 0.10 |
| 200 | — | 0.10 | 0.07 | 0.07 | — | 0.20 | 0.15 | 0.15 | 0.10 |

注：$B$ 为材料弯曲宽度（mm）；$H$ 为直边高度（mm）。

弯曲有色金属时

$$\frac{Z}{2}=t_{\min}+nt \tag{3-9}$$

弯曲黑色金属时

$$\frac{Z}{2}=(n+1)t \tag{3-10}$$

式中 $Z$——弯曲凸、凹模的双面间隙，mm；

$t$——材料厚度的基本尺寸（或中间尺寸），mm；

$t_{min}$——材料厚度的最小值，mm；

$n$——间隙系数，见表 3-16。

**(4) 凸模与凹模的工作尺寸及公差**

弯曲 U 形件时，应根据弯曲件的使用要求、尺寸精度和模具的磨损规律来确定凸、凹模的工作尺寸及公差。

如图 3-3（a）所示，弯曲件标注外形尺寸时，应以凹模为计算基准件，间隙取在凸模上，计算公式如下。

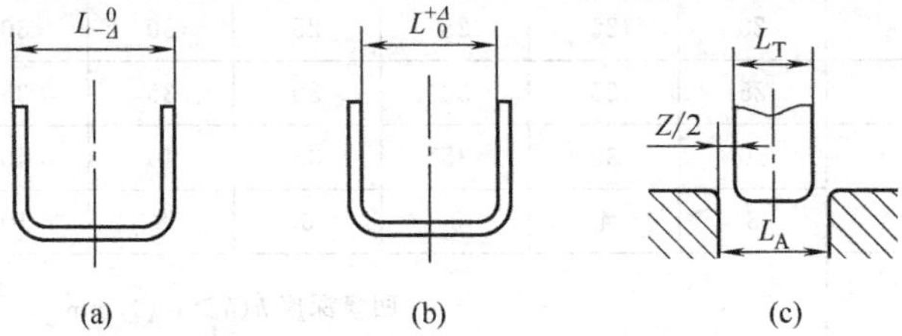


图 3-3 凸、凹模工作部分尺寸计算

弯曲件标注单向负偏差时，取

$$L_A=(L_{max}-0.75\Delta)^{+\delta_A}_{0} \tag{3-11}$$

$$L_T=(L_A-Z)_{-\delta_T}^{0} \tag{3-12}$$

如图 3-3（b）所示，弯曲件标注内形尺寸时，应以凸模为计算基准件，间隙取在凹模上，计算公式如下。

弯曲件标注单向正偏差时，取

$$L_T=(L_{min}+0.75\Delta)_{-\delta_T}^{0} \tag{3-13}$$

$$L_A=(L_T+Z)^{+\delta_A}_{0} \tag{3-14}$$

式中 $L_T$——凸模的基本尺寸，mm；

$L_A$——凹模的基本尺寸，mm；

$L_{max}$——弯曲件的最大极限尺寸，mm；

$L_{min}$——弯曲件的最小极限尺寸，mm；

$\Delta$——弯曲件的尺寸公差，mm；

$\delta_T$，$\delta_A$——凸、凹模的制造公差，mm，按 IT7～IT9 级确定，或取（1/4～1/3）$\Delta$；

$Z$——凸、凹模双面间隙，mm。

### 3.2.2 弯曲模结构设计要点与注意事项

弯曲模具设计要保证毛坯放置在模具上可靠定位，压弯后从模具中取出工件要方便。在压弯过程中，应防止毛坯的滑动。为了减小回弹，在冲程结束时应使工件在模具中得到校正。弯曲模的结构设计应考虑在制造与维修中减小回弹。

**(1) 毛坯制备和工序安排**

① 准备毛坯时应尽量使后续弯曲工序的弯曲线与材料轧纹方向成一定的夹角。

② 弯曲工序一般是先弯外角，后弯内角。前次弯曲必须使后次弯曲有合适的定位基准，后次弯曲不影响前次弯曲的成形精度。

③ 确定弯曲方向时，应尽量使毛坯的冲裁断裂带处于弯曲件的内侧。冲压方向的选择见图 3-4。图 3-4（a）所示是对称进料，无侧力，弯曲件两侧均受到校正，但是定位精度差。图 3-4（b）所示是单侧进料，侧力较大，弯曲件两侧校正程度不同，定位精度较高。

**(2) 毛坯的压紧和定位**

毛坯压紧的基本方式见图 3-5。毛坯定位的基本结构形式见图 3-6。图 3-6（a）所示是通过外形定位来固定凹模，板材变形后即脱离定位板，定位可靠性较差，反顶力不足时，毛坯极易错动，定位操作较方便。图 3-6（b）所示是通过孔定位来固定凹模，板料变形过程中不脱离定位销，定位可靠，但顶块和凹模有配合要求。图 3-6（c）所示是 V 形弯曲的活动凹模，板料未变形部分始终紧贴在凹模平面上，定位可靠。图 3-6（d）所示是 U 形弯曲活动凹模，适合弯曲角小于 90°的 U 形件，两侧的活动凹模镶块可在圆腔内回转。

**(3) 减小回弹的措施**

减小凸、凹模的间隙能在一定程度上减小弯曲件的回弹，减小回弹的措施见表 3-17。

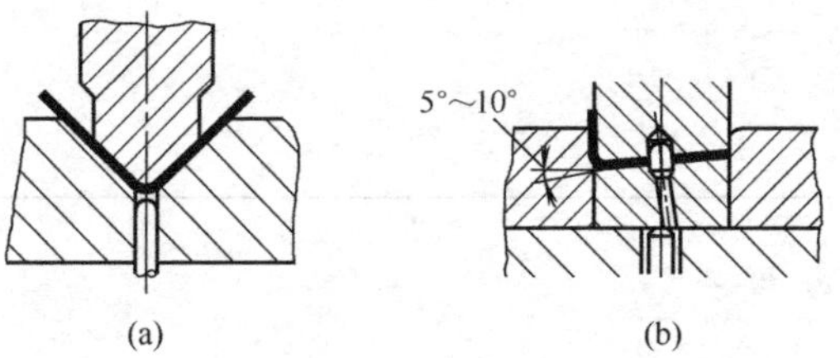


图 3-4 弯曲件冲压方向

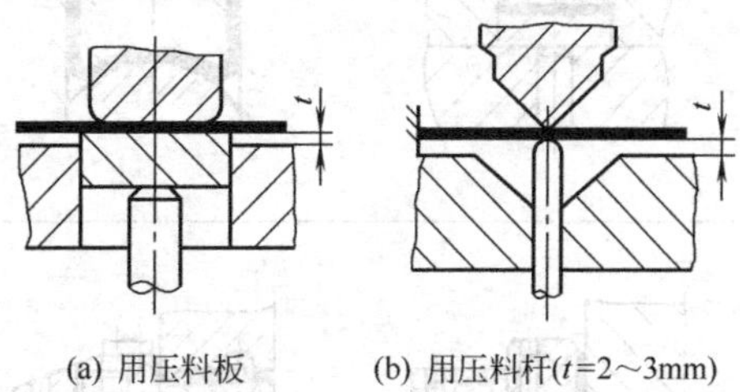


图 3-5 毛坯压紧的基本方式

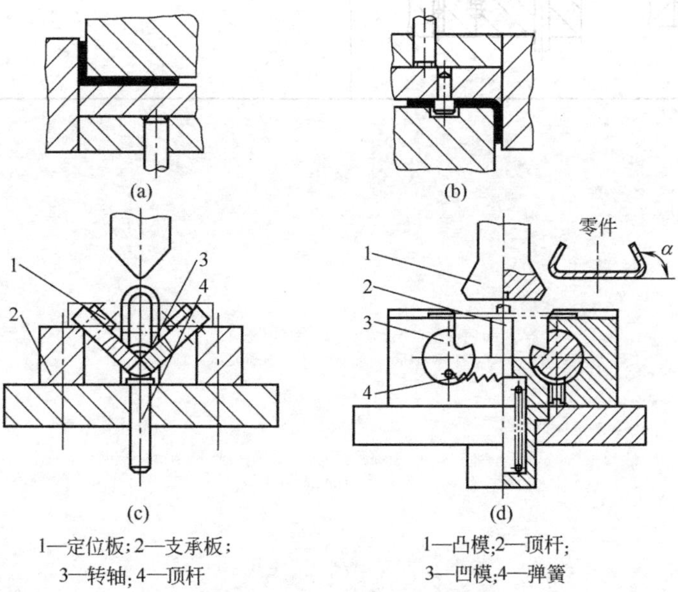


1—定位板；2—支承板；3—转轴；4—顶杆

1—凸模；2—顶杆；3—凹模；4—弹簧

图 3-6 毛坯定位的基本结构形式

弯曲级进模的设计见本书第 5 章。

表 3-17　减小回弹的措施

| 简　图 | 说　明 |
| --- | --- |
| 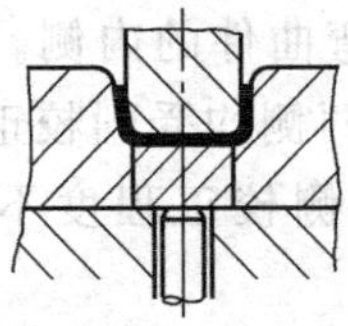 | 减小顶板宽度，使圆角部分得到充分校正 |
| 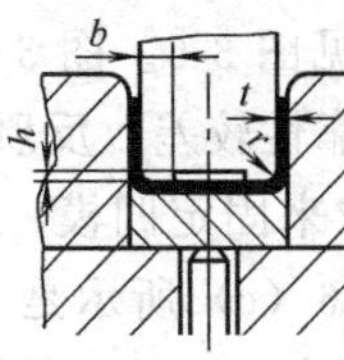  | 减小凸模底部接触面积，加强变形区的校正力<br>$b=r+(1.5\sim2)t$<br>$h=(0.08\sim0.1)t$ |
| 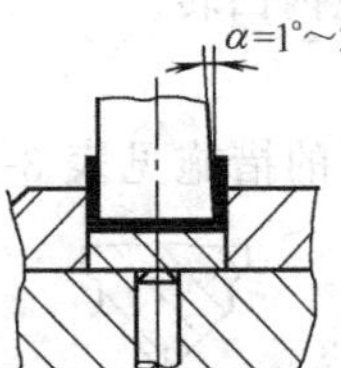  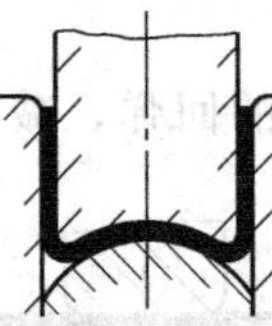 | 修正凸模两侧和底部形状 |
| 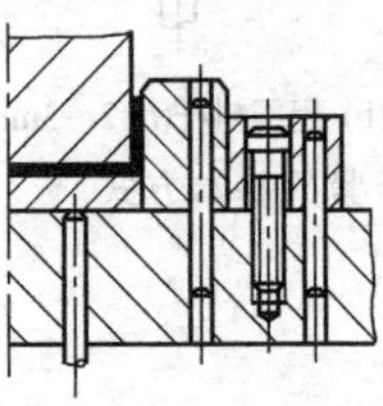 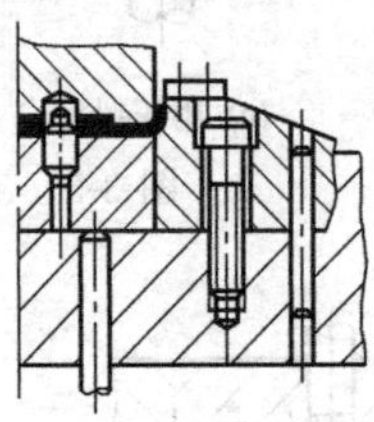 | 采用挡块或窝座，提高模具结构刚性 |

# 第 4 章 拉深模工艺与模具设计

## 4.1 拉深工艺计算

拉深（又称拉伸、拉延、压延、引伸等）是将一定形状的平板毛坯冲压成各种开口空心件，或以开口空心件为毛坯，减小直径，增大高度的一种冲压加工方法。

拉深的生产率高，材料利用率高，能够制造小到几毫米（如空心铆钉），大到几米（如汽车覆盖件）的拉深件和其他加工方法不易成形的薄壁且复杂的制件。

拉深件的形状可分为旋转体件拉深、盒形件拉深和复杂形状件拉深三类。拉深工艺可分为不变薄拉深和变薄拉深。不变薄拉深通过减小毛坯或半成品的直径来增加拉深件高度，拉深过程中材料厚度的变化很小，可以近似认为拉深件壁厚等于毛坯厚度。变薄拉深是以开口空心件为毛坯，通过减小壁厚的方式来增加拉深件高度，拉深过程中筒壁厚度有显著变薄。

### 4.1.1 圆筒形件的不变薄拉深

#### (1) 修边余量的确定

一般在拉深成形后，工件口部或凸缘周边不齐，必须进行修边，以达到工件的要求。因此，在按照工件图样计算毛坯尺寸时，必须加上修边余量后再进行计算。修边余量可参考表 4-1 和表 4-2。

**表 4-1 无凸缘圆筒形拉深件的修边余量 $\Delta h$** mm

| 工件高度 $h$ | 工件的相对高度 $h/d$ | | | | 附图 |
|---|---|---|---|---|---|
| | ≥0.5～0.8 | >0.8～1.6 | >1.6～2.5 | >2.5～4 | |
| ≤10 | 1.0 | 1.2 | 1.5 | 2 | 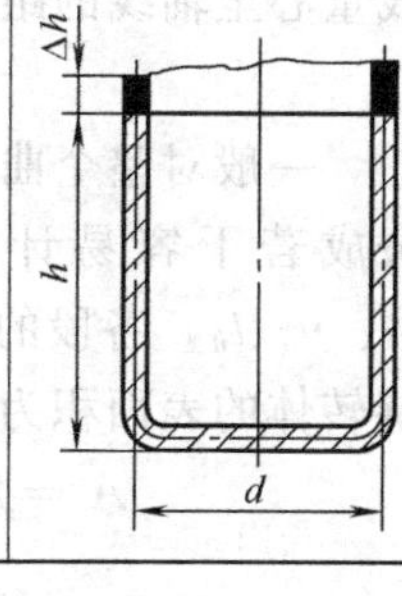 |
| >10～20 | 1.2 | 1.6 | 2 | 2.5 | |
| >20～50 | 2 | 2.5 | 3.3 | 4 | |
| >50～100 | 3 | 3.8 | 5 | 6 | |
| >100～150 | 4 | 5 | 6.5 | 8 | |
| >150～200 | 5 | 6.3 | 8 | 10 | |
| >200～250 | 6 | 7.5 | 9 | 11 | |
| >250 | 7 | 8.5 | 10 | 12 | |

#### (2) 毛坯尺寸的计算

① 形状简单的旋转体拉深件的毛坯直径　首先将拉深件划分成若干个简单的几何形状，

**表 4-2 有凸缘圆筒形拉深件的修边余量 ΔR** mm

| 凸缘直径 $d_1$ | 凸缘的相对直径 $d_1/d$ | | | | 附 图 |
|---|---|---|---|---|---|
| | ≤1.5 | >1.5～2 | >2～2.5 | >2.5 | |
| ≤25 | 1.8 | 1.6 | 1.4 | 1.2 | 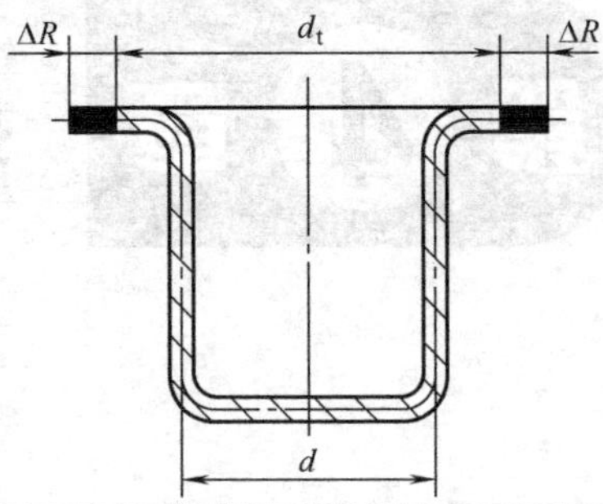 |
| >25～50 | 2.5 | 2.0 | 1.8 | 1.6 | |
| >50～100 | 3.5 | 3.0 | 2.5 | 2.2 | |
| >100～150 | 4.3 | 3.6 | 3.0 | 2.5 | |
| >150～200 | 5.0 | 4.2 | 3.5 | 2.7 | |
| >200～250 | 5.5 | 4.6 | 3.8 | 2.8 | |
| >250 | 6 | 5 | 4 | 3 | |



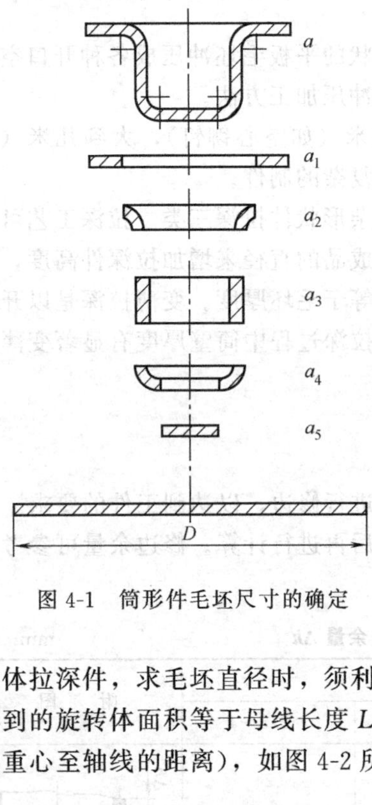



图 4-1 筒形件毛坯尺寸的确定

如图 4-1 所示，分别求出各部分的面积并相加，即得工件面积为

$$A=a_1+a_2+a_3+a_4+a_5=\sum a \tag{4-1}$$

毛坯面积为

$$A_0=\frac{\pi}{4}D^2$$

按照拉深前后毛坯与工件表面积相等的原则，故 $A=A_0$。

毛坯直径为

$$D=\sqrt{\frac{4}{\pi}A}=\sqrt{\frac{4}{\pi}\sum a} \tag{4-2}$$

式中 $A$——拉深件的表面积；

$a$——分解成简单几何形状的表面积，其计算公式见表 4-3。

对于常用的拉深件，其毛坯直径计算公式可直接查表 4-4 求得。

② 形状复杂的旋转体毛坯的直径 形状复杂的旋转体拉深件，求毛坯直径时，须利用下列法则，即任何形状的母线 $AB$ 绕轴线 $yy$ 旋转，所得到的旋转体面积等于母线长度 $L$ 与其重心绕轴线旋转所得周长 $2\pi x$ 的乘积（$x$ 是该段母线重心至轴线的距离），如图 4-2 所示。即旋转体的表面积为

$$A=2\pi Lx \tag{4-3}$$

一般对整个曲线长 $L$ 及其重心 $x$ 不易计算，故可把母线分成若干容易计算的简单形状曲线，各段曲线长为 $l_1$、$l_2$、…、$l_n$，各段的重心与轴的距离为 $x_1$、$x_2$、…、$x_n$，此时旋转体的表面积为

$$\begin{aligned}A&=2\pi l_1x_1+2\pi l_2x_2+\cdots+2\pi l_nx_n\\&=2\pi\sum_{i=1}^{n}l_ix_i\\&=2\pi Lx\end{aligned}$$

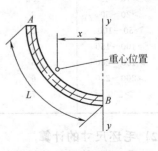

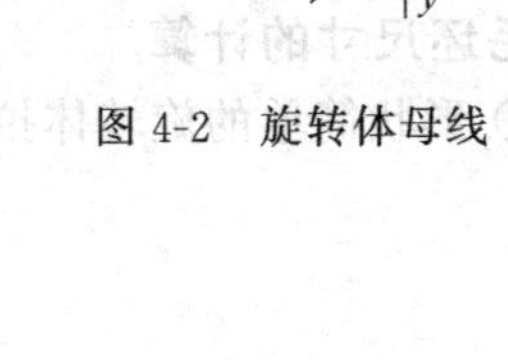



图 4-2 旋转体母线

表 4-3 简单几何形状的表面积计算公式

| 序号 | 名称 | 几何形状 | 面积 $a$ |
|---|---|---|---|
| 1 | 圆 | 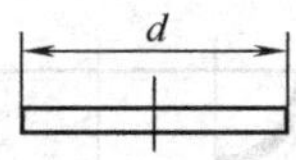 | $a=\frac{\pi d^2}{4}=0.78d^2$ |
| 2 | 环 | 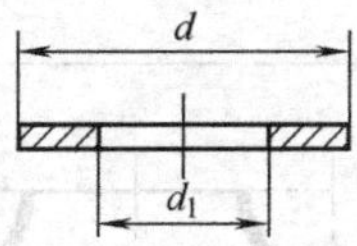 | $a=\frac{\pi}{4}(d^2-d_1^2)$ |
| 3 | 筒形 | 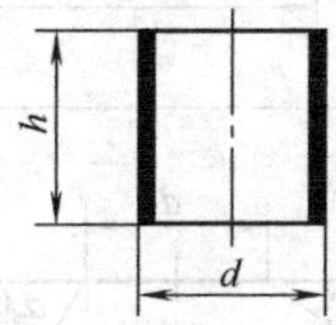 | $a=\pi dh$ |
| 4 | 锥形 | 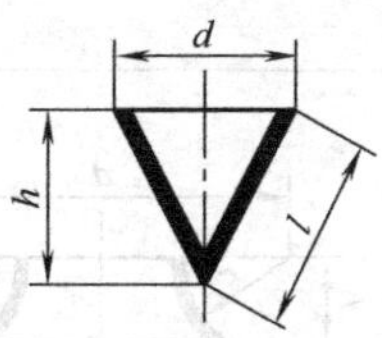 | $a=\frac{\pi dl}{2}$ 或<br>$a=\frac{\pi}{4}d\sqrt{d^2+4h^2}$ |
| 5 | 截头锥形 | 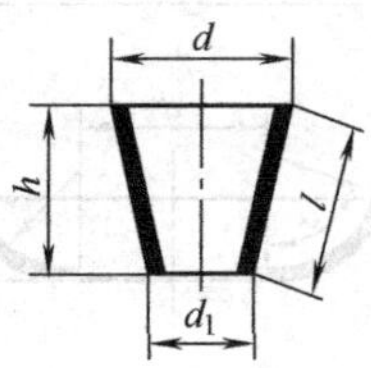 | $a=\pi l\left(\frac{d+d_1}{2}\right)$<br>$l=\sqrt{h^2+\left(\frac{d-d_1}{2}\right)^2}$ |
| 6 | 半球面 | 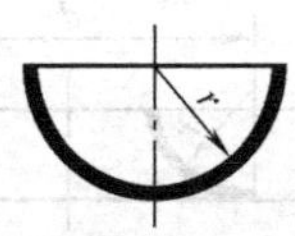 | $a=2\pi r^2$ |
| 7 | 小半球面 | 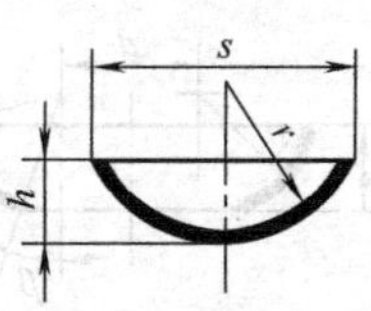 | $a=2\pi rh$ 或<br>$a=\frac{\pi}{4}(s^2+4h^2)$ |
| 8 | 球带 | 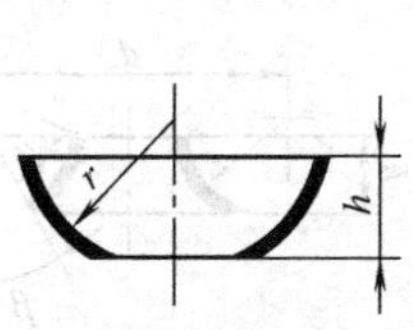 | $a=2\pi rh$ |

续表

| 序号 | 名称 | 几何形状 | 面积 $a$ |
|---|---|---|---|
| 9 | 1/4 的凸球带 | 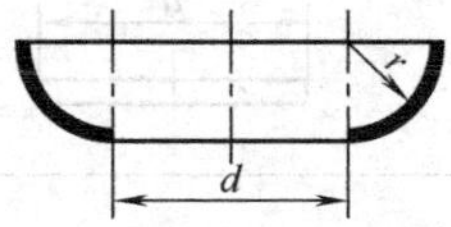 | $a=\frac{\pi}{2}r(\pi d+4r)$ |
| 10 | 1/4 的凹球带 | 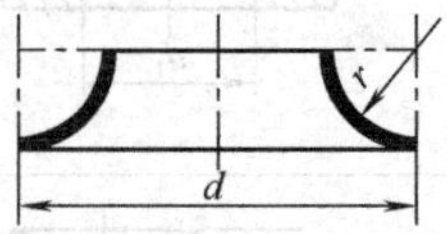 | $a=\frac{\pi}{2}r(\pi d-4r)$ |
| 11 | 凸形球环 | 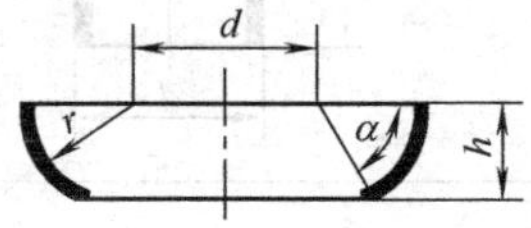 | $a=\pi(dl+2rh)$<br>$h=r\sin\alpha$<br>$l=\frac{\pi r\alpha}{180°}$ |
| 12 | 凹形球环 | 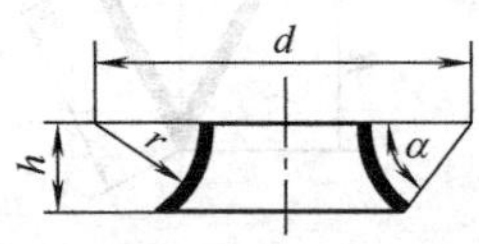 | $a=\pi(dl-2rh)$<br>$h=r\sin\alpha$<br>$l=\frac{\pi r\alpha}{180°}$ |
| 13 | 凸形球环 | 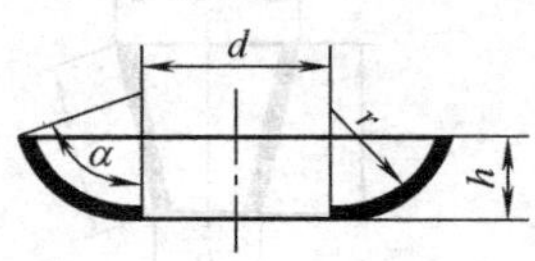 | $a=\pi(dl+2rh)$<br>$h=r(1-\cos\alpha)$<br>$l=\frac{\pi r\alpha}{180°}$ |
| 14 | 凹形球环 | 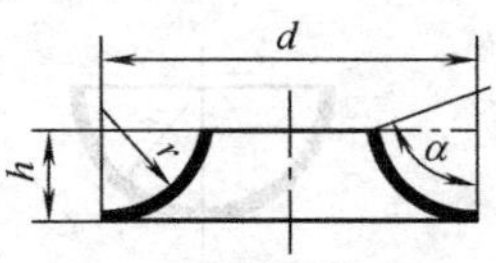 | $a=\pi(dl-2rh)$<br>$h=r(1-\cos\alpha)$<br>$l=\frac{\pi r\alpha}{180°}$ |
| 15 | 凸形球环 | 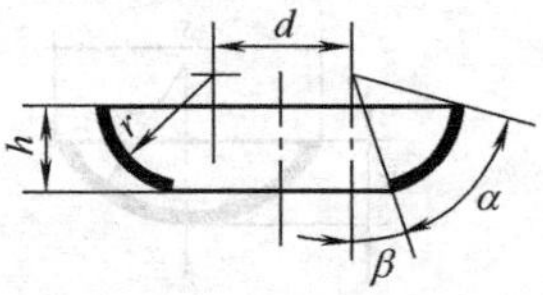 | $a=\pi(dl+2rh)$<br>$h=r[\cos\beta-\cos(\alpha+\beta)]$<br>$l=\frac{\pi r\alpha}{180°}$ |
| 16 | 凹形球环 | 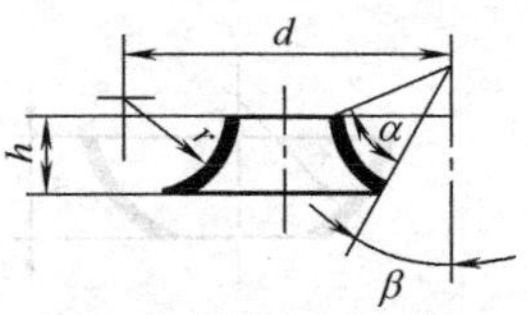 | $a=\pi(dl-2rh)$<br>$h=r[\cos\beta-\cos(\alpha+\beta)]$<br>$l=\frac{\pi r\alpha}{180°}$ |

**表 4-4 常用旋转体拉深件毛坯直径的计算公式**

| 序号 | 工件形状 | 毛坯直径 $D$ |
|---|---|---|
| 1 | 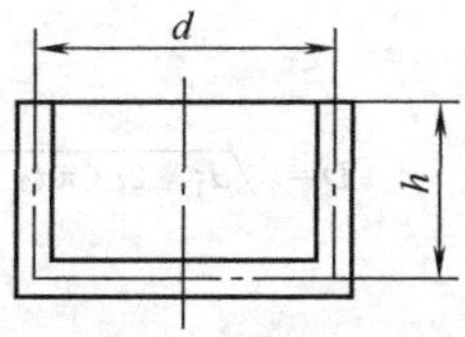 | $D=\sqrt{d^2+4dh}$ |
| 2 | 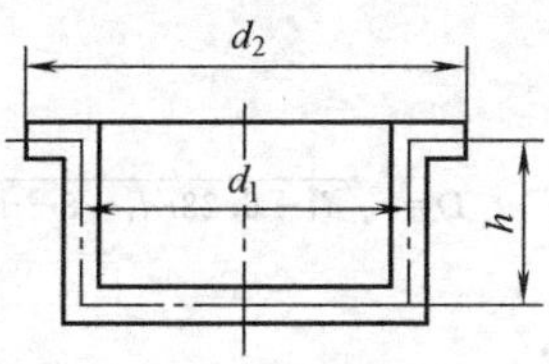 | $D=\sqrt{d_2^2+4d_1h}$ |
| 3 | 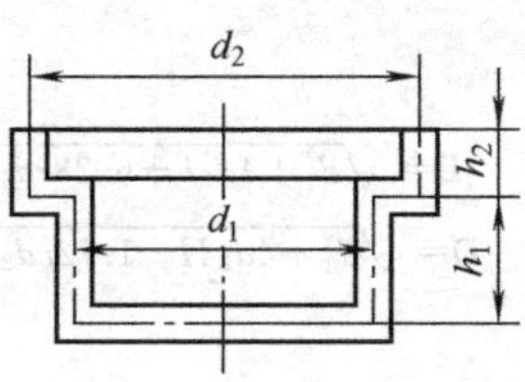 | $D=\sqrt{d_2^2+4(d_1h_1+d_2h_2)}$ |
| 4 | 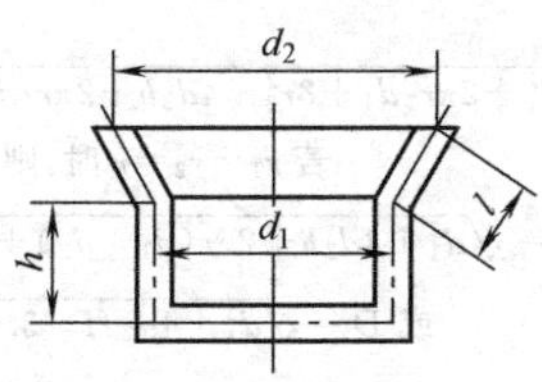 | $D=\sqrt{d_1^2+4d_1h+2l(d_1+d_2)}$ |
| 5 | 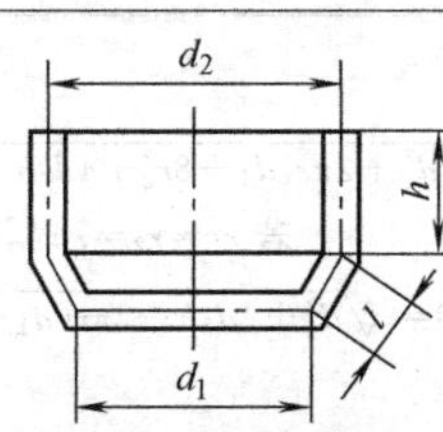 | $D=\sqrt{d_1^2+2l(d_1+d_2)+4d_2h}$ |
| 6 | 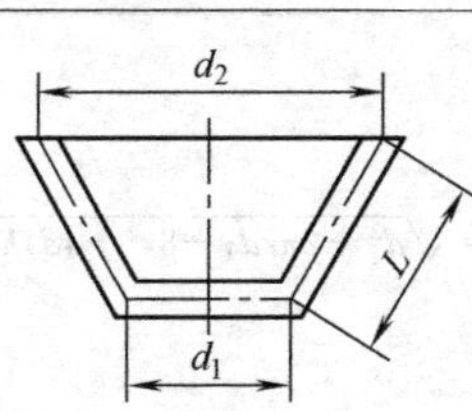 | $D=\sqrt{d_1^2+2l(d_1+d_2)}$ |
| 7 | 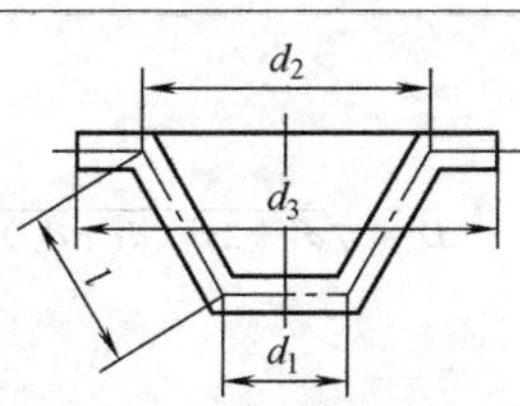 | $D=\sqrt{d_1^2+2l(d_1+d_2)+d_3^2-d_2^2}$ |

续表

| 序号 | 工件形状 | 毛坯直径 $D$ |
|---|---|---|
| 8 | 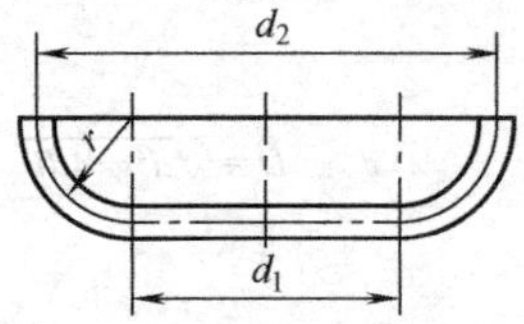 | $D=\sqrt{d_1^2+2r(\pi d_2+4r)}$ |
| 9 | 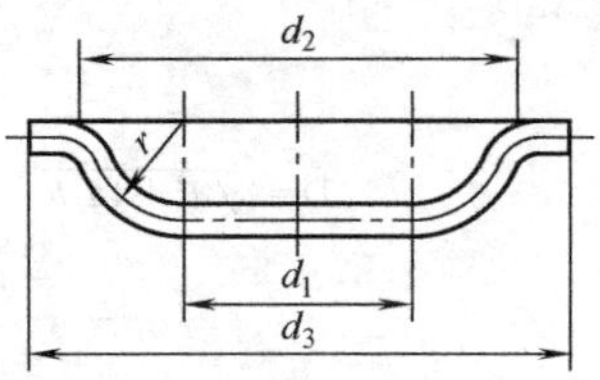 | $D=\sqrt{d_1^2+6.28rd_1+8r^2+d_3^2-d_2^2}$ |
| 10 | 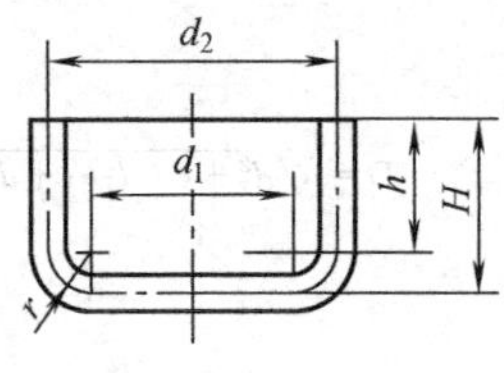 | $D=\sqrt{d_1^2+4d_2h+6.28rd_1+8r^2}$ 或<br>$D=\sqrt{d_1^2+4d_2H-1.72rd_2-0.56r^2}$ |
| 11 | 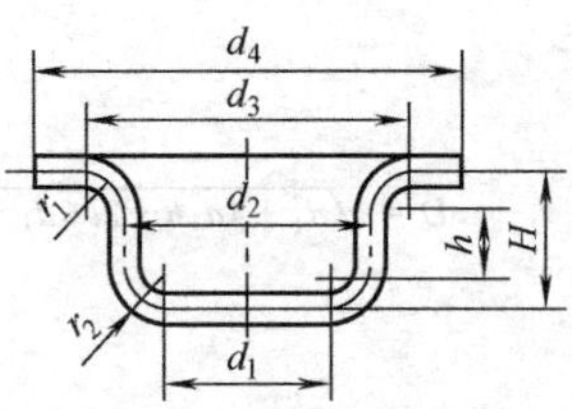 | $D=\sqrt{d_1^2+2\pi r_2d_1+8r_2^2+4d_2h+2\pi r_1d_2+4.56r_1^2+d_4^2-d_3^2}$<br>若 $r_1=r_2=r$ 时，则<br>$D=\sqrt{d_1^2+4d_2h+2\pi r(d_1+d_2)+4\pi r^2+d_4^2-d_3^2}$<br>或 $D=\sqrt{d_1^2+4d_2H-3.44rd_2}$ |
| 12 | 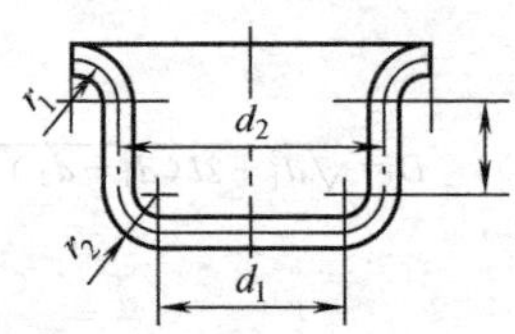 | $D=\sqrt{d_1^2+2\pi r_2d_1+8r_2^2+4d_2h+2\pi r_1d_2+4.56r_1^2}$<br>若 $r_1=r_2=r$ 时，则<br>$D=\sqrt{d_1^2+4d_2h+2\pi r(d_1+d_2)+4\pi r^2}$ |
| 13 | 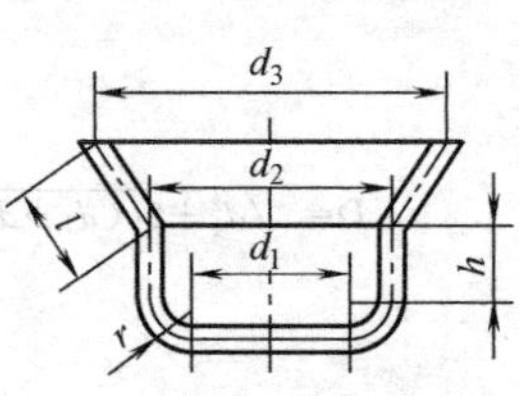 | $D=\sqrt{d_1^2+2\pi rd_1+8r^2+4d_2h+2l(d_2+d_3)}$ |
| 14 | 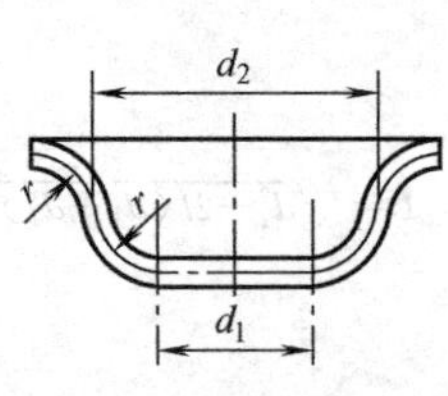 | $D=\sqrt{d_1^2+2\pi r(d_1+d_2)+4\pi r^2}$ |

续表

| 序 号 | 工 件 形 状 | 毛坯直径 $D$ |
|---|---|---|
| 15 | 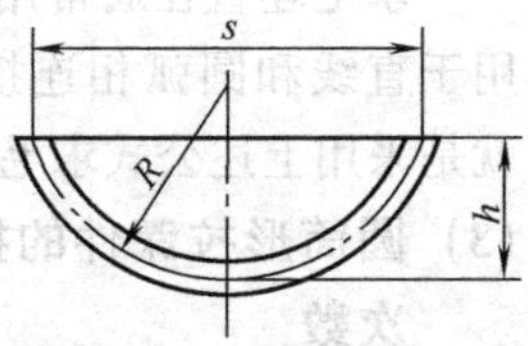 | $D=\sqrt{8Rh}$ 或 $D=\sqrt{s^2+4h^2}$ |
| 16 | 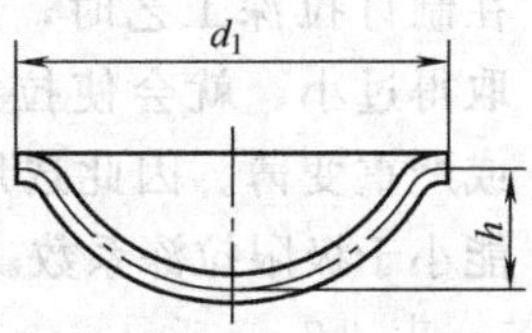 | $D=\sqrt{d_1^2+4h^2}$ |
| 17 | 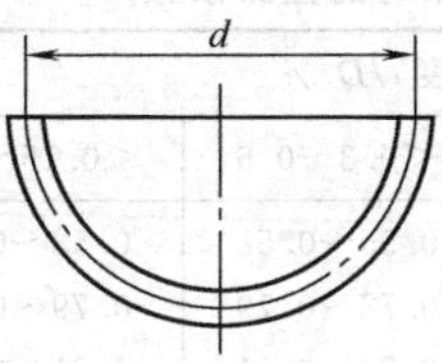 | $D=\sqrt{2d^2}=1.414d$ |
| 18 | 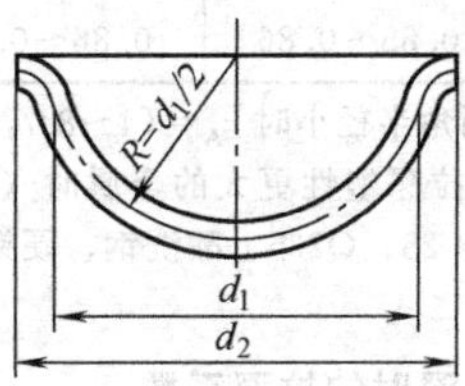 | $D=\sqrt{d_1^2+d_2^2}$ |
| 19 | 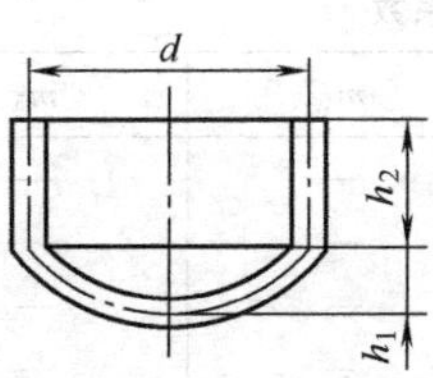 | $D=\sqrt{d^2+4(h_1^2+dh_2)}$ |
| 20 | 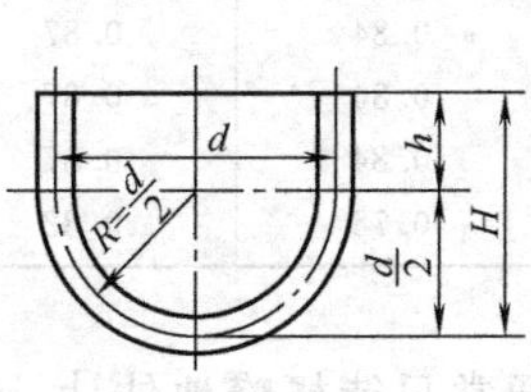 | $D=1.414\sqrt{d^2+2dh}$ 或 $D=2\sqrt{dH}$ |

毛坯面积为
$$A_0=\frac{\pi D^2}{4}$$

根据拉深前、后面积相等，故毛坯直径为

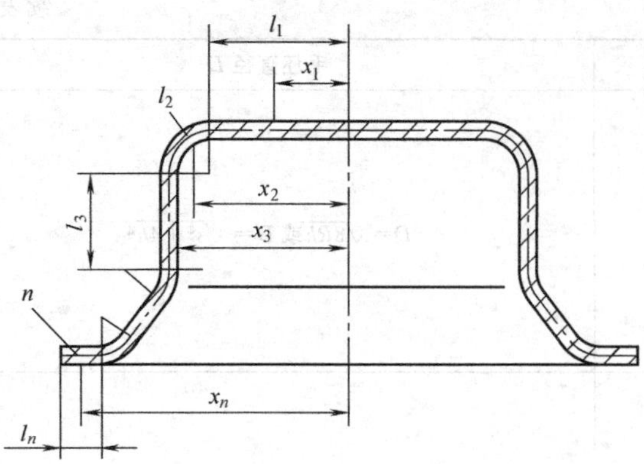

图 4-3　由曲线和圆弧连接的母线

$$D=\sqrt{8\sum_{i=1}^{n}l_i x_i} \tag{4-4}$$

求毛坯直径通常用解析法，该法适用于直线和圆弧相连接的形状，图 4-3 就是采用上述公式求毛坯直径的例子。

**(3) 圆筒形拉深件的拉深系数和拉深次数**

① 无凸缘圆筒形件的拉深系数　在制订拉深工艺时，如果拉深系数 $m$ 取得过小，就会使拉深件起皱、断裂或严重变薄。因此选用拉深系数 $m$ 不能小于极限拉深系数。

目前生产中采用的各种材料极限拉深系数见表 4-5～表 4-7。

**表 4-5　无凸缘筒形件用压边圈拉深时的拉深系数**

| 拉深系数 | 毛坯的相对厚度 $t/D/\%$ | | | | | |
|---|---|---|---|---|---|---|
| | ≤1.5～2 | <1.0～1.5 | <0.6～1.0 | <0.3～0.6 | <0.15～0.3 | <0.08～0.15 |
| $m_1$ | 0.48～0.50 | 0.50～0.53 | 0.53～0.55 | 0.55～0.58 | 0.58～0.60 | 0.60～0.63 |
| $m_2$ | 0.73～0.75 | 0.75～0.76 | 0.76～0.78 | 0.78～0.79 | 0.79～0.80 | 0.80～0.82 |
| $m_3$ | 0.76～0.78 | 0.78～0.79 | 0.79～0.80 | 0.80～0.81 | 0.81～0.82 | 0.82～0.84 |
| $m_4$ | 0.78～0.80 | 0.80～0.81 | 0.81～0.82 | 0.82～0.83 | 0.83～0.85 | 0.85～0.86 |
| $m_5$ | 0.80～0.82 | 0.82～0.84 | 0.84～0.85 | 0.85～0.86 | 0.86～0.87 | 0.87～0.88 |

注：1. 凹模圆角半径大时 $r_A=(8\sim15)t$，拉深系数取小值；凹模圆角半径小时 $r_A=(4\sim8)t$，拉深系数取大值。

2. 表中拉深系数适用于 08、10S、15S 钢与软黄铜 H62、H68。当拉深塑性更大的金属时（05、08Z 及 10Z 钢、铝等），应比表中数值减小 1.5%～2%。而当拉深塑性较小的金属时（20、25、Q235、酸洗钢、硬铝、硬黄铜等），应比表中数值增大 1.5%～2%（符号 S 为深拉深钢；Z 为最深拉深钢）。

**表 4-6　无凸缘筒形件不用压边圈拉深时的拉深系数**

| 毛坯的相对厚度 $t/D/\%$ | 各次拉深系数 | | | | | |
|---|---|---|---|---|---|---|
| | $m_1$ | $m_2$ | $m_3$ | $m_4$ | $m_5$ | $m_6$ |
| 0.4 | 0.90 | 0.92 | — | — | — | — |
| 0.6 | 0.85 | 0.90 | — | — | — | — |
| 0.8 | 0.80 | 0.88 | — | — | — | — |
| 1.0 | 0.75 | 0.85 | 0.90 | — | — | — |
| 1.5 | 0.65 | 0.80 | 0.84 | 0.87 | 0.90 | — |
| 2.0 | 0.60 | 0.75 | 0.80 | 0.84 | 0.87 | 0.90 |
| 2.5 | 0.55 | 0.75 | 0.80 | 0.84 | 0.87 | 0.90 |
| 3.0 | 0.53 | 0.75 | 0.80 | 0.84 | 0.87 | 0.90 |
| ≥3 | 0.50 | 0.70 | 0.75 | 0.78 | 0.82 | 0.85 |

注：此表适用于 08、10 及 15Mn 等材料。

② 无凸缘圆筒形件拉深次数的确定　拉深次数通常只能概略地估计，最后通过工艺计算来确定。初步确定无凸缘圆筒形件拉深次数的方法有以下几种。

a. 计算法

$$n=1+\frac{\lg(d_n/m_1 D)}{\lg m_n} \tag{4-5}$$

式中 $n$——拉深次数；

$d_n$——工件直径，mm；

$D$——毛坯直径，mm；

$m_1$——第一次拉深系数；

$m_n$——以后各次的平均拉深系数。

式（4-5）算得的拉深次数 $n$，一般不是整数，不能用四舍五入法取整，应采用较大整数值。

**表 4-7 其他金属材料的拉深系数**

| 材料名称 | 牌号 | 第一次拉深 $m_1$ | 以后各次拉深 $m_n$ |
|---|---|---|---|
| 铝和铝合金 | L6(M)，L4(M)，LF21(M) | 0.52～0.55 | 0.70～0.75 |
| 硬铝 | LY12(M)，LY11(M) | 0.56～0.58 | 0.75～0.80 |
| 黄铜 | H62 | 0.52～0.54 | 0.70～0.72 |
| | H68 | 0.50～0.52 | 0.68～0.72 |
| 纯铜 | T2，T3，T4 | 0.50～0.52 | 0.72～0.80 |
| 无氧铜 | | 0.50～0.58 | 0.75～0.82 |
| 镍、镁镍、硅镍 | | 0.48～0.53 | 0.70～0.75 |
| 铜镍合金 | | 0.50～0.56 | 0.74～0.84 |
| 白铁皮 | | 0.58～0.65 | 0.80～0.85 |
| 酸洗钢板 | | 0.54～0.58 | 0.75～0.78 |
| 不锈钢 | Cr13 | 0.52～0.56 | 0.75～0.78 |
| | Cr18Ni | 0.50～0.55 | 0.70～0.75 |
| | 1Cr18Ni9Ti | 0.52～0.55 | 0.78～0.81 |
| | Cr18Ni11Nb，Cr23Ni18 | 0.52～0.55 | 0.78～0.80 |
| 镍铬合金 | Cr20Ni80Ti | 0.54～0.59 | 0.78～0.84 |
| 合金结构钢 | 30CrMnSiA | 0.62～0.70 | 0.80～0.84 |
| 可伐合金 | | 0.65～0.67 | 0.85～0.90 |
| 钼铱合金 | | 0.72～0.82 | 0.91～0.97 |
| 钽 | | 0.65～0.67 | 0.84～0.87 |
| 铌 | | 0.65～0.67 | 0.84～0.87 |
| 钛及钛合金 | TA2，TA3 | 0.58～0.60 | 0.80～0.85 |
| | TA5 | 0.60～0.65 | 0.80～0.85 |
| 锌 | | 0.65～0.70 | 0.85～0.90 |

注：1. 表中 M 表示退火状态。

2. 凹模圆角半径 $r_A<6t$ 时拉深系数取大值；凹模圆角半径 $r_A\geqslant(7\sim8)t$ 时拉深系数取小值。

3. 材料相对厚度 $t/D\geqslant0.62\%$ 时拉深系数取小值；材料相对厚度 $t/D<0.62\%$ 时拉深系数取大值。

b. 查表法：根据拉深件的相对高度 $h/d$ 和毛坯相对厚度 $t/D$，由表 4-8 直接查出拉深次数。

c. 推算法：根据 $t/D$ 值查出 $m_1$、$m_2$、…，然后从第一道工序开始依次求半成品直径，即

$$d_1=m_1D$$

$$d_2=m_2d_1$$

$$\vdots$$

$$d_n=m_nd_{n-1} \tag{4-6}$$

**表 4-8　无凸缘筒形拉深件的最大相对高度 $h/d$**

| 拉深次数 $n$ | 毛坯相对厚度 $t/D$/% | | | | | |
|---|---|---|---|---|---|---|
| | ≤1.5～2 | <1～1.5 | <0.6～1 | <0.3～0.6 | <0.15～0.3 | <0.08～0.15 |
| 1 | 0.77～0.94 | 0.65～0.84 | 0.57～0.70 | 0.5～0.62 | 0.45～0.52 | 0.38～0.46 |
| 2 | 1.54～1.88 | 1.32～1.60 | 1.1～1.36 | 0.94～1.13 | 0.83～0.96 | 0.7～0.9 |
| 3 | 2.7～3.5 | 2.2～2.8 | 1.8～2.3 | 1.5～1.9 | 1.3～1.6 | 1.1～1.3 |
| 4 | 4.3～5.6 | 3.5～4.3 | 2.9～3.6 | 2.4～2.9 | 2.0～2.4 | 1.5～2.0 |
| 5 | 6.6～8.9 | 5.1～6.6 | 4.1～5.2 | 3.3～4.1 | 2.7～3.3 | 2.0～2.7 |

注：1. 大的 $h/d$ 比值适用于在第一道工序内大的凹模圆角半径（由 $t/D$=2%～1.5%时的 $r_A=8t$ 到 $t/D$=0.15%～0.08%时的 $r_A=15t$）；小的比值适用于小的凹模圆角半径［$r_A=(4\sim8)t$］。

2. 表中拉深次数适用于 08 及 10 钢的拉深件。

一直计算到得出的直径不大于工件要求的直径为止。这样不仅可以求出拉深次数，还可知道中间工序的尺寸。

d. 查图法：见图 4-4，查法如下。

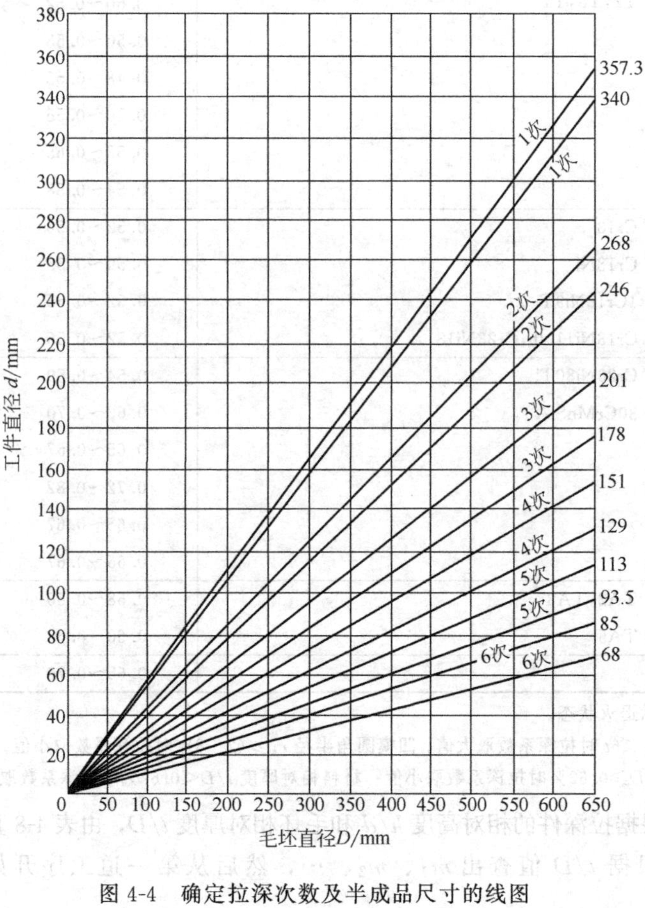


图 4-4　确定拉深次数及半成品尺寸的线图

先在图中横坐标上找到相当毛坯直径 $D$ 的点，从此点作一垂线。再从纵坐标上找到相当于工件直径 $d$ 的点，并由此点作水平线，与垂线相交，根据交点，便可决定拉深次数。如交点位于两斜线之间，应取较大的次数。图 4-4 适用酸洗软钢板的圆筒形拉深件，图中的粗斜线用于材料厚度为 0.5～2.0mm 的情况，细斜线用于材料厚度为 2～3mm 的情况。

③ 各次拉深工件圆角半径 $r$ 及高度的确定

a. 圆角半径 $r_t$。确定各次拉深半成品工件的内底角半径（即凸模圆角半径 $r_T$）时，一般取 $r=(3\sim5)t$，若拉深较薄的材料，其数值应适当加大。

各次拉深成形的半成品，除最后一道工序外，中间各次拉深时

$$r_{A1}=0.8\sqrt{(D-d_1)t} \tag{4-7}$$

取

$$r_{T1}=(0.6\sim1)r_{A1} \tag{4-8}$$

中间各过渡工序的圆角半径逐渐减小，但不小于 $2t$

式中 $D$——毛坯直径，mm；

$d_1$——第一次拉深工件直径，mm；

$t$——材料厚度，mm；

$r_{A1}$——第一次拉深凹模圆角半径，mm；

$r_{T1}$——第一次拉深凸模圆角半径，mm。

b. 各次拉深高度的计算：各次拉深高度用公式为

$$h_1=0.25\left(\frac{D^2}{d_1}-d_1\right)+0.43\frac{r_1}{d_1}(d_1+0.32r_1)$$

$$h_2=0.25\left(\frac{D^2}{d_2}-d_2\right)+0.43\frac{r_2}{d_2}(d_2+0.32r_2)$$

$$\vdots$$

$$h_n=0.25\left(\frac{D^2}{d_n}-d_n\right)+0.43\frac{r_n}{d_n}(d_n+0.32r_n) \tag{4-9}$$

式中 $h_1$，$h_2$，…，$h_n$——各次拉深半成品的高度，mm；

$d_1$，$d_2$，…，$d_n$——各次拉深半成品的直径，mm；

$r_1$，$r_2$，…，$r_n$——各次拉深后半成品的底角半径，mm；

$D$——毛坯直径，mm。

（当料厚等于1mm时，$r_1=r_{T1}$；料厚大于1mm时，$r_1=r_{T1}+\frac{t}{2}$）

④ 有凸缘圆筒形件的拉深系数

拉深有凸缘圆筒形件时，不能用无凸缘筒形件的首次拉深系数 $m_1$，因为无凸缘筒形件拉深时是将凸缘部分全部变成工件的侧表面，而有凸缘拉深时，相当无凸缘拉深过程的中间阶段。因此，用 $m_1=d_1/D$ 不能表达各种不同情况下的实际变形程度。

有凸缘筒形件首次拉深的许可变形程度可用相应于 $d_t/d_1$ 不同比值的最大相对拉深高度 $h_1/d_1$ 来表示，见表4-9。

有凸缘筒形件首次拉深时的最小拉深系数列于表4-10。

多次拉深的方法是：根据表4-9查出第一次拉深允许的最大相对高度 $h_1/d_1$ 的值，判断是否一次拉成，若 $h/d\leqslant h_1/d_1$ 时，则可一次拉出，若 $h/d>h_1/d_1$ 时，则需要多次拉出；从表4-10中查出首次极限拉深系数 $m_1$ 或根据表4-9中查得的相对拉深高度拉成凸缘直径等于零件尺寸 $d_t$ 的中间过渡形状，以后各次拉深均保持 $d_t$ 不变，按表4-5中的拉深系数逐步减小筒形部分直径，直到拉成零件为止。

**表 4-9　带凸缘筒形件第一次拉深的最大相对高度 $h_1/d_1$**

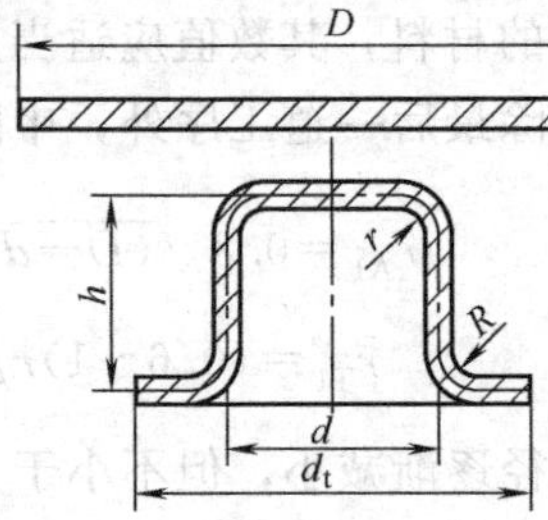


| 凸缘相对直径 $\frac{d_t}{d_1}$ | 毛坯相对厚度 $t/D$/% | | | | |
|---|---|---|---|---|---|
| | >0.06～0.2 | >0.2～0.5 | >0.5～1 | >1～1.5 | >1.5 |
| ≤1.1 | 0.45～0.52 | 0.50～0.62 | 0.57～0.70 | 0.60～0.80 | 0.75～0.90 |
| >1.1～1.3 | 0.40～0.47 | 0.45～0.53 | 0.50～0.60 | 0.56～0.72 | 0.65～0.80 |
| >1.3～1.5 | 0.35～0.42 | 0.40～0.48 | 0.45～0.53 | 0.50～0.63 | 0.58～0.70 |
| >1.5～1.8 | 0.29～0.35 | 0.34～0.39 | 0.37～0.44 | 0.42～0.53 | 0.48～0.58 |
| >1.8～2.0 | 0.25～0.30 | 0.29～0.34 | 0.32～0.38 | 0.36～0.46 | 0.42～0.51 |
| >2.0～2.2 | 0.22～0.26 | 0.25～0.29 | 0.27～0.33 | 0.31～0.40 | 0.35～0.45 |
| >2.2～2.5 | 0.17～0.21 | 0.20～0.23 | 0.22～0.27 | 0.25～0.32 | 0.28～0.35 |
| >2.5～2.8 | 0.13～0.16 | 0.15～0.18 | 0.17～0.21 | 0.19～0.24 | 0.22～0.27 |
| >2.8～3.0 | 0.10～0.13 | 0.12～0.15 | 0.14～0.17 | 0.16～0.20 | 0.18～0.22 |

注：1. 表中值适用于 08、10 钢。

2. 较大值相应于零件圆角半径较大情况，即 $r_A$、$r_T$ 为 $(10\sim20)t$；较小值相应于零件圆角半径较小情况，即 $r_A$、$r_T$ 为 $(4\sim8)t$。

**表 4-10　带凸缘筒形件第一次拉深时的拉深系数 $m_1$**

| 凸缘相对直径 $\frac{d_t}{d_1}$ | 毛坯相对厚度 $\frac{t}{D}$/% | | | | |
|---|---|---|---|---|---|
| | ≥0.06～0.2 | >0.2～0.5 | >0.5～1.0 | >1.0～1.5 | >1.5 |
| ≤1.1 | 0.59 | 0.57 | 0.55 | 0.53 | 0.50 |
| >1.1～1.3 | 0.55 | 0.54 | 0.53 | 0.51 | 0.49 |
| >1.3～1.5 | 0.52 | 0.51 | 0.50 | 0.49 | 0.47 |
| >1.5～1.8 | 0.48 | 0.48 | 0.47 | 0.46 | 0.45 |
| >1.8～2.0 | 0.45 | 0.45 | 0.44 | 0.43 | 0.42 |
| >2.0～2.2 | 0.42 | 0.42 | 0.42 | 0.41 | 0.40 |
| >2.2～2.5 | 0.38 | 0.38 | 0.38 | 0.38 | 0.37 |
| >2.5～2.8 | 0.35 | 0.35 | 0.34 | 0.34 | 0.33 |
| >2.8～3.0 | 0.33 | 0.33 | 0.32 | 0.32 | 0.31 |

注：适用于 08、10 钢。

毛坯在拉深过程中，其相对厚度越小，毛坯抗失稳性能越差，越容易起皱；相对厚度越大，越稳定，越不容易起皱。拉深时，对较薄的材料，为防止起皱，常采用压边圈压住毛坯。而较厚的材料由于稳定性较好可不用压边圈。判断拉深时毛坯是否会起皱，即是否采用压边圈，是个相当复杂的问题，在处理生产中的实际问题时，可按表 4-11 近似判断。

### 4.1.2 圆筒形件工序尺寸的计算

**(1) 无凸缘的圆筒形件计算步骤**

① 选取修边余量 $\Delta h$，按表 4-1 选取。

② 预算毛坯直径 $D$，按表 4-4 序号 10 公式计算（$h$ 或 $H$ 必须加上修边余量）。

③ 计算毛坯相对厚度 $t/D$，并按表 4-11 判断是否用压边圈拉深。

**表 4-11 采用或不采用压边圈的条件**

| 拉深方法 | 第一次拉深 | | 以后各次拉深 | |
|---|---|---|---|---|
| | $\frac{t}{D}/\%$ | $m_1$ | $\frac{t}{D}/\%$ | $m_n$ |
| 用压边圈 | <1.5 | <0.60 | <1 | <0.80 |
| 可用可不用 | 1.5~2.0 | 0.60 | 1~1.5 | 0.80 |
| 不用压边圈 | >2.0 | ≥0.60 | >1.5 | ≥0.80 |

④ 计算总的拉深系数，并判断能否一次拉成。根据工件直径 $d$ 和毛坯直径 $D$ 算出总拉深系数 $m_{总}=d/D$。由表 4-5 或表 4-6 选取 $m_1$。如果 $m_{总}\geqslant m_1$，则说明工件可一次拉成，否则，需多次拉深。

⑤ 确定拉深次数 $n$，查表 4-8。

⑥ 初步确定各次拉深系数。按表 4-5 或表 4-7 初步确定 $n$ 次拉深系数 $m_1$、$m_2$、…、$m_n$。

⑦ 调整拉深系数，计算各次拉深后的直径。$d_1=m_1D$，$d_2=m_2d_1$，…，$d_n=m_nd_{n-1}$。

若 $d_n<d$ 时，各次拉深系数适当放大 $k$ 值

$$k=\sqrt[n]{\frac{d}{d_n}} \tag{4-10}$$

按修正的拉深系数计算各次拉深直径

$$d_1=m_1Dk,\ d_2=m_2d_1k,\ \cdots,\ d_n=m_nd_{n-1}k$$

⑧ 确定各次拉深凸、凹模的圆角半径

$$r_A=0.8\sqrt{(D-d_1)t} \tag{4-11}$$

$$r_T=(0.6\sim1)r_A \tag{4-12}$$

凸模圆角半径逐渐减小，最后一次拉深凸模圆角半径应等于工件的圆角半径值。如果工件圆角半径 $r<(2\sim3)t$，取 $r_T\geqslant(2\sim3)t$，增加整形工序，以达到工件要求的圆角半径。

⑨ 计算各次拉深半成品高度

$$h_n=0.25\left(\frac{D^2}{d_n}-d_n\right)+0.43\frac{r_n}{d_n}(d_n+0.32r_n) \tag{4-13}$$

⑩ 绘制工序图。

**(2) 有凸缘圆筒形件计算步骤**

① 根据表 4-2 选定修边余量，预算毛坯直径，按表 4-4 序号 11 公式计算。

② 根据表 4-9 中的 $h_1/d_1$，判断是否可一次拉成。当 $h/d\leqslant h_1/d_1$ 时，可一次拉成。否则需要多次拉深。

③ 根据表 4-10 选取 $m_1$，计算 $d_1=m_1D$。初选第一次的相对凸缘直径为 $\frac{d_t}{d_1}=1.1$。

④ 计算第一次拉深模的凸、凹模圆角半径

$$r_{A1}=r_{T1}=0.8\sqrt{(D-d_1)t} \tag{4-14}$$

⑤ 根据拉深第二原则，修正毛坯直径，并计算第一次拉深高度 $h_1$

$$h_1=\frac{0.25}{d_1}(D_1^2-d_1^2)+0.43(r_{T1}+r_{A1})+\frac{0.14}{d_1}(r_{T1}^2-r_{A1}^2) \tag{4-15}$$

⑥ 验算 $m_1$ 是否选得正确，查表 4-9。如果计算得到的 $h_1/d_1$ 不大于表中给出的 $h_1/d_1$ 数值，说明选择合适，否则要重新调整。

⑦ 根据表 4-5 选取以后各次拉深系数 $m_2$、$m_3$、…、$m_n$，计算拉深后的直径：$d_2=m_2d_1$，$d_3=m_3d_2$，…，$d_n=m_nd_{n-1}$。

若 $d_n<d$ 时，重新调整 $k=\sqrt[n]{\frac{d}{d_n}}$，$d_2=m_2kd_1=m_3kd_2=\cdots=m_nkd_{n-1}$。

⑧ 计算以后各次拉深模的凸、凹模圆角半径。

⑨ 根据第二拉深原则，计算以后各次拉深的相当毛坯直径 $D_n$ 和各次拉深高度 $h_n$

$$h_n=\frac{0.25}{d_n}(D_n^2-d_t^2)+0.43(r_{Tn}+r_{An})+\frac{0.14}{d_n}(r_{Tn}^2-r_{An}^2) \tag{4-16}$$

⑩ 绘制工序图。

### 4.1.3 特殊形状零件的拉深

#### (1) 阶梯形零件的拉深

旋转体阶梯形件（图 4-5）的拉深与圆筒形件的拉深基本相同，即每一阶梯相当于相应圆筒形件的拉深。

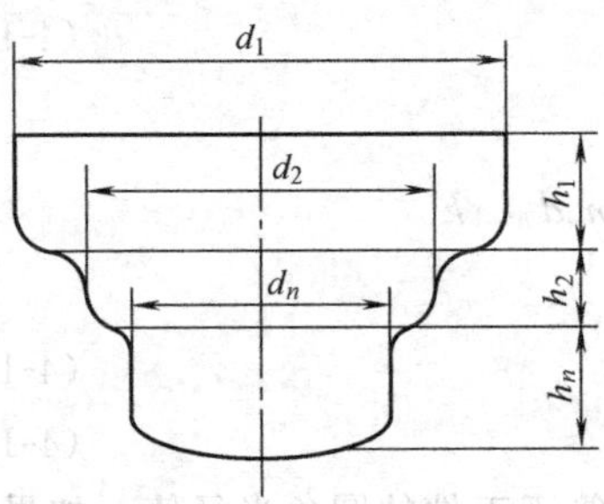

图 4-5 阶梯形拉深件

① 一次可拉成的阶梯形件 当材料的相对厚度较大（$t/D>0.01$），而阶梯之间的直径之差和工件高度较小时，可用一道工序拉深成形。判断是否可用一道工序拉深成形的两种方法如下。

a. 算出工件高度与最小直径之比 $h/d_n$ 和 $t/D$，按表 4-8 查得拉深次数，若拉深次数为 1，则可一次拉出。

b. 用经验公式来校验

$$m_y=\frac{\frac{h_1}{h_2}\frac{d_1}{D}+\frac{h_2}{h_3}\frac{d_2}{D}+\cdots+\frac{h_{n-1}}{h_n}\frac{d_{n-1}}{D}+\frac{d_n}{D}}{\frac{h_1}{h_2}+\frac{h_2}{h_3}+\cdots+\frac{h_{n-1}}{h_n}+1} \tag{4-17}$$

式中 $h_1$，$h_2$，…，$h_n$——各级阶梯的高度，mm；

$d_1$，$d_2$，…，$d_n$——由大至小的各阶梯直径，mm；

$D$——毛坯直径，mm。

$m_y$——阶梯形工件的假想拉深系数，将 $m_y$ 与圆筒形件的第一次拉深极限值 $m_1$ 比较，如果 $m_y\geqslant m_1$，可以一次拉出。其中 $m_1$ 见表 4-5，否则就需要多次拉深。

② 多次拉深的阶梯形零件

a. 若任意两相邻阶梯直径的比值 $d_n/d_{n-1}$ 大于相应无凸缘圆筒形件的极限拉深系数时，拉深顺序为由大阶梯到小阶梯依次拉深，如图 4-6（a）所示。

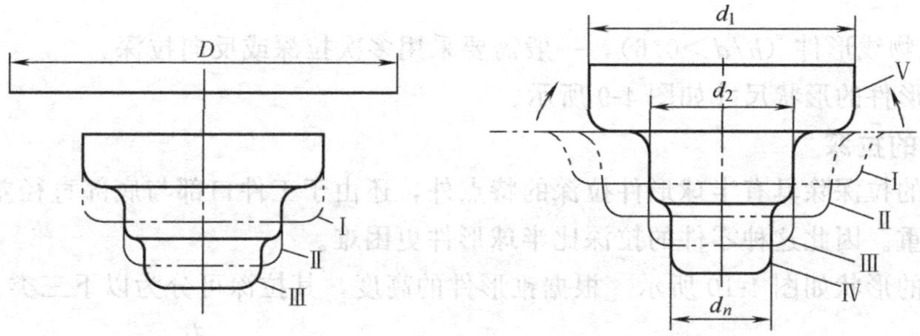


图 4-6　阶梯形零件的拉深程序

b. 若任意两相邻阶梯直径的比值 $d_n/d_{n-1}$ 小于相应无凸缘圆筒形件的极限拉深系数时，由直径 $d_{n-1}$ 拉深到 $d_n$ 按有凸缘圆筒形件的拉深工序计算方法，其拉深顺序由小阶梯到大阶梯依次拉深，如图 4-6（b）所示。

**（2）半球形和抛物线形零件的拉深**

半球形和抛物线形件的拉深特点在于：拉深开始时，凸模与毛坯中间部分只有一点接触（图 4-7）。

① 半球形件的拉深，由于拉深系数为常数，所以只需一次拉深。拉深方法如下。

a. $t/D>3\%$时，不用压边圈即可拉成，但必须在行程末了对零件进行校正，如图 4-8（a）所示。

b. 当 $t/D=0.5\%\sim3\%$时，需用压边圈或用反向拉深方法［图 4-8（b）］。

c. 当 $t/D<0.5\%$时，则采用有拉深肋的凹模［图 4-8（c）］或反向拉深。

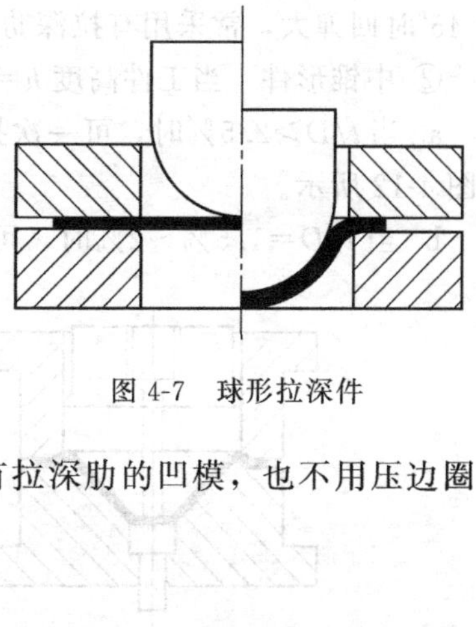

图 4-7　球形拉深件

d. 对于尺寸大的薄球面形工件进行拉深时，可不用有拉深肋的凹模，也不用压边圈而采用正反拉深一次成形的拉深方法，如图 4-8（d）所示。

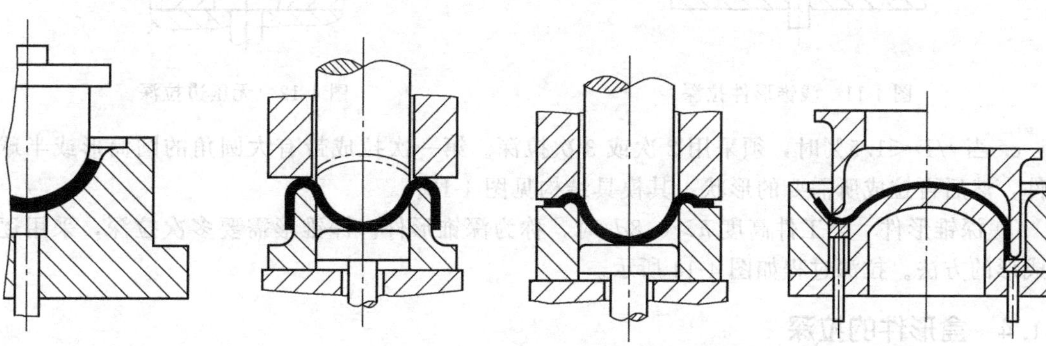

(a) 校正拉深　(b) 反拉深　(c) 带拉深肋的拉深　(d) 正反拉深

图 4-8　半球形件的拉深

② 抛物线形件的拉深。

a. 浅的抛物线形件（$h/d<0.6$），其拉深特点与半球件差不多，因此拉深方法与半球形件相似。

b. 深抛物线形件（$h/d>0.6$），一般需要采用多次拉深或反向拉深。

抛物线形件的形状尺寸如图 4-9 所示。

**(3) 锥形件的拉深**

锥形件的拉深除具有半球形件拉深的特点外，还由于工件口部与底部直径差别大，回弹现象特别严重。因此这种零件的拉深比半球形件更困难。

锥形件的形状如图 4-10 所示。根据锥形件的高度，其拉深可分为以下三类。

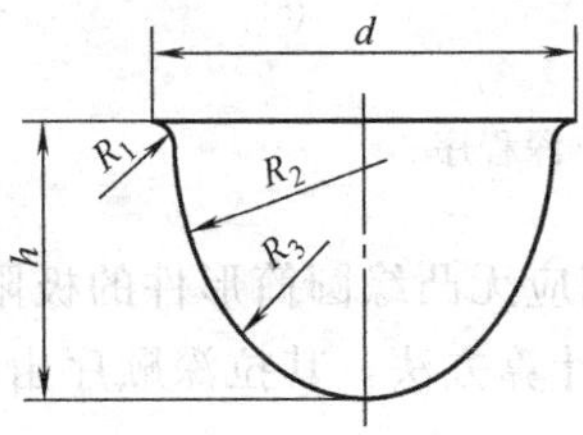


图 4-9 抛物线形件

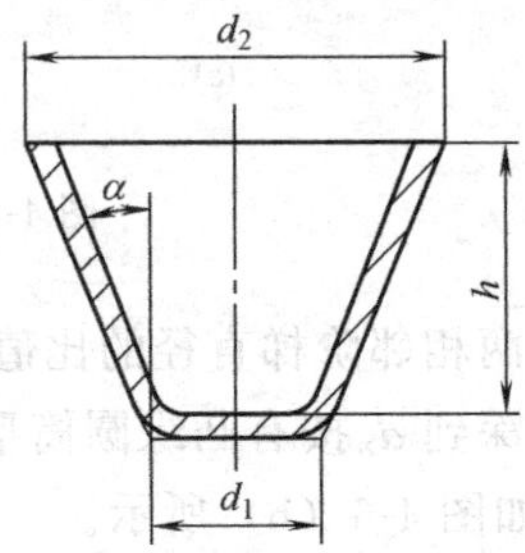


图 4-10 锥形件

① 浅锥形件 当工件高度 $h \leqslant (0.25\sim0.3)d_2$ 时，称为浅锥形件，一般可一次拉成。当 $\alpha>45°$ 时回弹大，常采用有拉深肋的模具，如图 4-11 所示。

② 中锥形件 当工件高度 $h=(0.4\sim0.7)d_2$ 时，称为中锥形件。

a. 当 $t/D>2.5\%$ 时，可一次拉成，不用压边，只需要在工作行程终了对工件进行整形，如图 4-12 所示。

b. 当 $t/D=1.5\%\sim2\%$ 时，可一次拉成，但因材料较薄，为防起皱，要用强力压边。

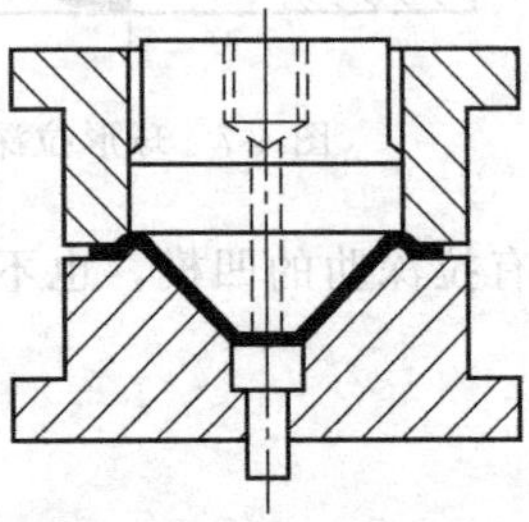

图 4-11 浅锥形件拉深

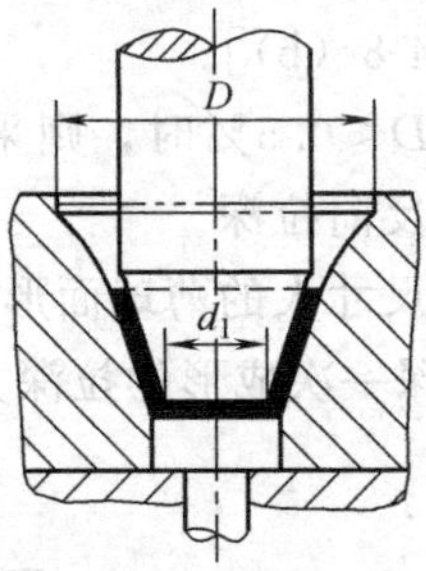


图 4-12 无压边拉深

c. 当 $t/D<1.5\%$ 时，须采用 2 次或 3 次拉深。第一次拉成带有大圆角的圆筒形或半球形件，然后再拉成所需要的形状。其模具结构见图 4-13。

③ 深锥形件 当工件高度 $h>0.8d_2$ 时，称为深锥形件。深锥形需要多次拉深，采用逐步成形的方法。拉深过程如图 4-14 所示。

## 4.1.4 盒形件的拉深

**(1) 盒形件毛坯尺寸的计算**

① 低盒形件毛坯尺寸的计算（$h/b\leqslant0.7\sim0.8$） 低盒形件指的是一次拉深成形或两次

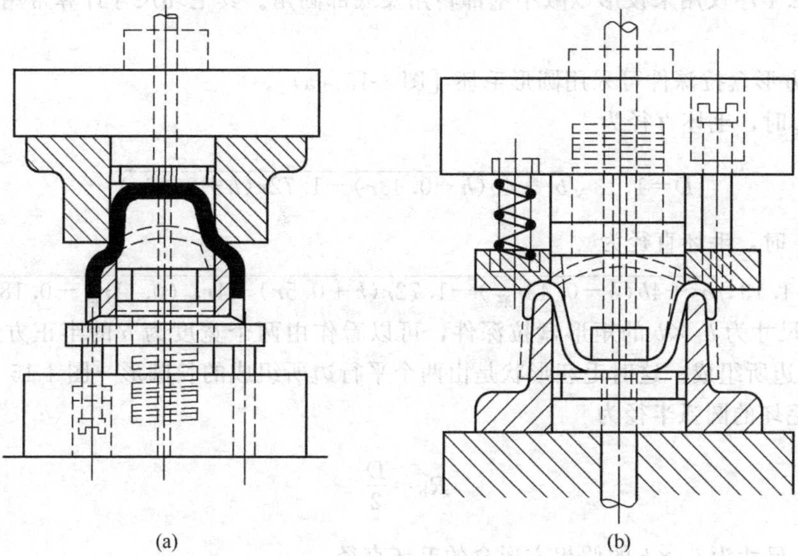


图 4-13 锥形件拉深模

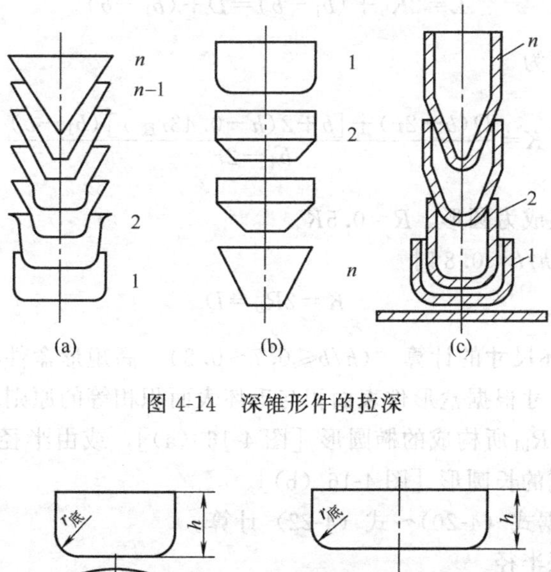


图 4-14 深锥形件的拉深

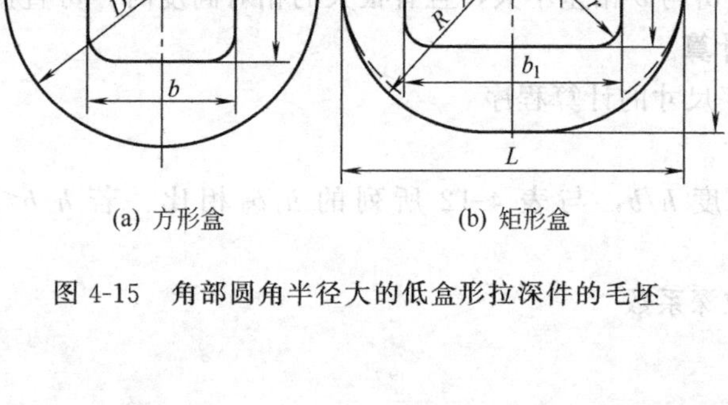


(a) 方形盒　　(b) 矩形盒

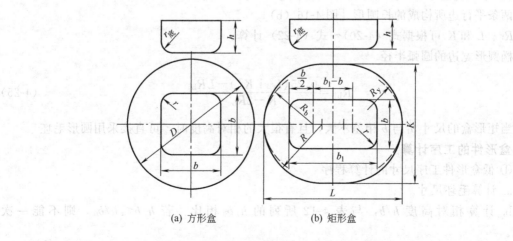

图 4-15 角部圆角半径大的低盒形拉深件的毛坯

拉深，但第二工序仅用来校形以减小壁部转角及底部圆角。其毛坯尺寸计算常用毛坯展开计算法。

a. 对于方形盒拉深件可采用圆形毛坯［图 4-15（a)］。

当 $r=r_{底}$ 时，毛坯直径为

$$D=1.13\sqrt{b^2+4b(h-0.43r)-1.72r(h+0.33r)} \tag{4-18}$$

当 $r\neq r_{底}$ 时，毛坯直径为

$$D=1.13\sqrt{b^2+4b(h-0.43r_{底})-1.72r(h+0.5r)-4r_{底}(0.11r_{底}-0.18r)} \tag{4-19}$$

b. 对于尺寸为 $b_1\times b$ 的矩形盒拉深件，可以看作由两个宽度为 $b$ 的半正方形和中间为 $(b_1-b)$ 的直边所组成。这时毛坯形状是由两个平行边所组成的长圆形［图 4-15（b)］。

长圆形毛坯的圆弧半径为

$$R_b=\frac{D}{2} \tag{4-20}$$

式中　$D$——尺寸为 $b_1\times b$ 的假想方形盒的毛坯直径。

长圆形毛坯的长度为

$$L=2R_b+(b_1-b)=D+(b_1-b) \tag{4-21}$$

长圆形毛坯的宽度为

$$K=\frac{D(b-2r)+[b+2(h-0.43r_{底})](b_1-b)}{b_1-2r} \tag{4-22}$$

当 $K\approx L$ 时，毛坯成为圆形，$R=0.5K$。　(4-23)

当 $b_1/b<1.3$，且 $h/b<0.8$ 时

$$K=2R_b=D \tag{4-24}$$

② 高矩形盒件毛坯尺寸的计算　($h/b\leqslant 0.7\sim 0.8$)　高矩形盒件必须采用多道工序拉深才能最后成形。毛坯尺寸根据盒形件表面积与毛坯表面积相等的原则求得。毛坯外形可为窄边半径 $R_b$ 及宽边半径 $R_{b1}$ 所构成的椭圆形［图 4-16（a)］，或由半径为 $R=0.5K$ 的两个半圆和两条平行边所构成的长圆形［图 4-16（b)］。

$R_b$、$L$ 和 $K$ 可根据式（4-20）～式（4-22）计算。

椭圆形宽边的圆弧半径

$$R_{b1}=\frac{0.25(L^2+K^2)-LR_b}{K-2R_b} \tag{4-25}$$

当矩形盒的尺寸 $b_1$ 与 $b$ 相差不大，且有很大的相对高度时，可直接采用圆形毛坯。

**(2) 盒形件的工序计算**

① 低盒形件工序尺寸的计算程序

a. 计算毛坯尺寸。

b. 计算相对高度 $h/b$，与表 4-12 所列的 $h/b_0$ 相比，若 $h/b\leqslant h/b_0$，则不能一次拉成。

c. 校核角部的拉深系数

**表 4-12 在一道工序内所能拉深的矩形盒的最大相对高度 $h/b_0$**

| 角部的相对圆角半径 $r/b$ | 毛坯相对厚度 $t/D$/% | | | |
|---|---|---|---|---|
| | 1.5～2.0 | 1.0～1.5 | 0.5～1.0 | 0.2～0.5 |
| 0.30 | 1.0～1.2 | 0.95～1.1 | 0.9～1.0 | 0.85～0.9 |
| 0.20 | 0.9～1.0 | 0.82～0.9 | 0.70～0.85 | 0.7～0.8 |
| 0.15 | 0.75～0.9 | 0.7～0.8 | 0.65～0.75 | 0.6～0.7 |
| 0.10 | 0.6～0.8 | 0.55～0.7 | 0.5～0.65 | 0.45～0.6 |
| 0.05 | 0.5～0.7 | 0.45～0.6 | 0.4～0.55 | 0.35～0.5 |
| 0.02 | 0.4～0.5 | 0.5～0.45 | 0.3～0.4 | 0.25～0.35 |

注：1. 除了 $r/b$ 和 $t/D$ 外，许可拉深高度尚与矩形盒的绝对尺寸有关，故对较小尺寸的盒形件（$b$<100mm）取上限值，对大尺寸盒形件取较小值。

2. 对于其他材料，应根据金属塑性的大小，选取表中数据作或大或小的修正。例如 1Cr18Ni9Ti 和铝合金的修正系数约为 1.1～1.15，20 钢、25 钢为 0.85～0.9。

$$m=\frac{r}{R_y} \tag{4-26}$$

式中 $m$——圆角处的假想拉深系数；

$r$——角部的圆角半径；

$R_y$——毛坯圆角部分的假想半径。

当 $r=r_{底}$ 时，拉深系数用 $h/r$ 来表示，因为

$$m=\frac{d}{D}=\frac{2r}{2\sqrt{2rh}}=\frac{1}{\sqrt{2\frac{h}{r}}} \tag{4-27}$$

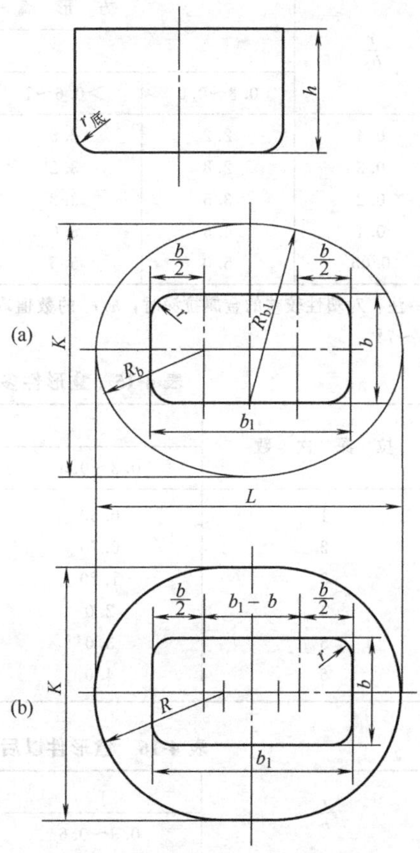


图 4-16 矩形件多工序拉深的毛坯形状

盒形件第一次拉深系数 $m_1$ 列于表 4-13，若 $m \leqslant m_1$，则可一次拉成。若 $m<m_1$，则不能一次拉成。

或根据 $h/r$ 值进行核算。盒形件第一次拉深许可的最大比值 $h/r$ 列于表 4-14。

② 高盒形件工序尺寸的计算程序

a. 初步估算拉深系数。对于高盒形件，一般需要多次拉深，先拉成较大的圆角，后逐次减小圆角半径，直到达到工件要求。

各次拉深的圆角半径 $r_n=m_n r_{n-1}$。

盒形件所需的拉深次数根据相对高度可由表 4-15 查出。以后各次的拉深系数必须大于表 4-16 所列值。

b. 确定各工序半成品形状及尺寸。一般高盒形件需要多次拉深，在前几次拉深时，采用过渡形状（方形盒多用圆形过渡，矩形盒则用椭圆形或圆形过渡，而在最后一次才拉成方盒或矩形盒），因此需要确定各道工序的过渡形状。

确定高方形件多次拉深的过渡形状有两种方法（图 4-17），工序尺寸计算程序及有关公式列于表 4-17。

**表 4-13　盒形件角部的第一次拉深系数 $m_1$（材料：08、10）**

| $\frac{r}{b_0}$ | 毛坯相对厚度 $t/D$/% | | | | | | | |
|---|---|---|---|---|---|---|---|---|
| | 0.3～0.6 | | >0.6～1.0 | | >1.0～1.5 | | >1.5～2.0 | |
| | 矩形 | 方形 | 矩形 | 方形 | 矩形 | 方形 | 矩形 | 方形 |
| 0.025 | 0.31 | | 0.30 | | 0.29 | | 0.28 | |
| 0.05 | 0.32 | | 0.31 | | 0.30 | | 0.29 | |
| 0.10 | 0.33 | | 0.32 | | 0.31 | | 0.30 | |
| 0.15 | 0.35 | | 0.34 | | 0.33 | | 0.32 | |
| 0.20 | 0.36 | 0.38 | 0.35 | 0.36 | 0.34 | 0.35 | 0.33 | 0.34 |
| 0.30 | 0.40 | 0.42 | 0.38 | 0.40 | 0.37 | 0.39 | 0.36 | 0.38 |
| 0.40 | 0.44 | 0.48 | 0.42 | 0.45 | 0.41 | 0.43 | 0.40 | 0.42 |

**表 4-14　盒形件第一次拉深许可的最大比值 $h/r$（材料：10）**

| $\frac{r}{b_0}$ | 方形盒 | | | 矩形盒 | | |
|---|---|---|---|---|---|---|
| | 毛坯相对厚度 $t/D$/% | | | | | |
| | 0.3～0.6 | >0.6～1 | >1～2 | 0.3～0.6 | >0.6～1 | >1～2 |
| 0.4 | 2.2 | 2.5 | 2.8 | 2.5 | 2.8 | 3.1 |
| 0.3 | 2.8 | 3.2 | 3.5 | 3.2 | 3.5 | 3.8 |
| 0.2 | 3.5 | 3.8 | 4.2 | 3.8 | 4.2 | 4.6 |
| 0.1 | 4.5 | 5.0 | 5.5 | 4.5 | 5.0 | 5.5 |
| 0.05 | 5.0 | 5.5 | 6.0 | 5.0 | 5.5 | 6.0 |

注：对塑性较差的金属拉深时，$h/r_1$ 的数值取比表值减小 5%～7%，对塑性更大的金属拉深时，取比表中数值大 5%～7%。

**表 4-15　盒形件多次拉深所能达到的最大相对高度 $h/b$**

| 拉深次数 | 毛坯相对高度 $t/b$/% | | | |
|---|---|---|---|---|
| | 0.3～0.5 | 0.5～0.8 | 0.8～1.3 | 1.3～2.0 |
| 1 | 0.50 | 0.58 | 0.65 | 0.75 |
| 2 | 0.70 | 0.80 | 1.0 | 1.2 |
| 3 | 1.20 | 1.30 | 1.6 | 2.0 |
| 4 | 2.0 | 2.2 | 2.6 | 3.5 |
| 5 | 3.0 | 3.4 | 4.0 | 5.0 |
| 6 | 4.0 | 4.5 | 5.0 | 6.0 |

**表 4-16　盒形件以后各次许可拉深系数 $m_n$（材料：08、10）**

| $\frac{r}{b}$ | 毛坯相对厚度 $t/D$/% | | | |
|---|---|---|---|---|
| | 0.3～0.6 | >0.6～1 | >1～1.5 | >1.5～2 |
| 0.025 | 0.52 | 0.50 | 0.48 | 0.45 |
| 0.05 | 0.56 | 0.53 | 0.50 | 0.48 |
| 0.10 | 0.60 | 0.56 | 0.53 | 0.50 |
| 0.15 | 0.65 | 0.60 | 0.56 | 0.53 |
| 0.20 | 0.70 | 0.65 | 0.60 | 0.56 |
| 0.30 | 0.72 | 0.70 | 0.65 | 0.60 |
| 0.40 | 0.75 | 0.73 | 0.70 | 0.67 |

表 4-17 高方形盒多工序拉深的计算程序与计算公式

| 决定的数值 | | 计算方法和计算公式 | |
|---|---|---|---|
| | | 第一种方法[图 4-17(a)] | 第二种方法[图 4-17(b)] |
| 相对厚度 | | $t/b \geqslant 2\%$　$b \leqslant 50t$ | $t/b < 2\%$　$b > 50t$ |
| 毛坯直径 | $r = r_{底}$ | $D = 1.13\sqrt{b^2 + 4b(h - 0.43r) - 1.72r(h + 0.33r)}$ | |
| | $r \neq r_{底}$ | $D = 1.13\sqrt{b^2 + 4b(h - 0.43r_{底}) - 1.72r(h + 0.5r) - 4r_{底}(0.11r_{底} - 0.18r)}$ | |
| 角部计算尺寸 $b_y < b$ | | — | $b_y \approx 50t$ |
| 工序间距离 | | $s_n \leqslant 10t$ | |
| $(n-1)$道工序(倒数第二道)半径 | | $R_{s(n-1)} = 0.5b + s_n$ | $R_{y(n-1)} = 0.5b_y + s_n$ |
| $(n-1)$道工序宽度 | | — | $b_{n-1} = b + 2s_n$ |
| 角部间隙(包括 $t$ 在内) | | $x = s_n + 0.41r - 0.207b$ | $x = s_n + 0.41r - 0.207b_y$ |
| $(n-2)$道工序半径 | | $R_{s(n-2)} = R_{s(n-1)}/m_2 = 0.5Dm_1$ | $R_{y(n-2)} = R_{y(n-1)}/m_{n-1}$ |
| 工序间距离 | | — | $s_{n-1} = R_{y(n-2)} - R_{y(n-1)}$ |
| $(n-2)$道工序宽度(当 $n=4$) | | — | $b_{n-2} = b_{n-1} + 2s_{n-1}$ |
| $(n-2)$道工序直径(三道工序时) | | — | $D_{n-2} = 2[R_{y(n-1)}/m_{n-1} + 0.7(b - b_y)]$ |
| 盒的高度 | | $h = (1.05 \sim 1.10)h_0$ | $h_0$为图样上的高度 |
| $(n-1)$道工序(倒数第二道)高度 | | $h_{n-1} = 0.88h$ | $h_{n-1} \approx 0.88h$ |
| 第一次拉深[$(n-2)$或$(n-1)$道工序]高度 | | $h_1 = h_{n-2} = 0.25\left(\dfrac{D}{m_1} - d_1\right) + 0.43\dfrac{r_1}{d_1}(d_1 + 0.32r)$ | |

注：1. 尺寸 $s_n$根据比值 $r/b$（第一种方法）或 $r/b_y$（第二种方法）及拉深次数（参看图 4-19）决定。
2. 系数 $m_1$、$m_2$、…、$m_{n-1}$根据筒形件拉深用的表列数值（表 4-5）。
3. 在作图时修正计算值是允许的。
4. 上列拉深方法，也适用于材料相对厚度大于表中数值的情况下。

确定高矩形盒多次拉深的过渡形状有两种方法（图 4-18），工序尺寸计算程序及有关公式列于表 4-18。

为了使最后一道工序拉深成形顺利，盒形件均将第（$n-1$）道工序拉深成具有与工件相同的平底尺寸，壁与底相接成 45°斜面，并带有较大的圆角半径，如图 4-20 所示。

# 4.2 拉深力和压边力的计算

## 4.2.1 拉深力的计算

计算拉深力的目的是为了合理地选用压力机和设计拉深模具。总的冲压力为拉深力与压边力之和。

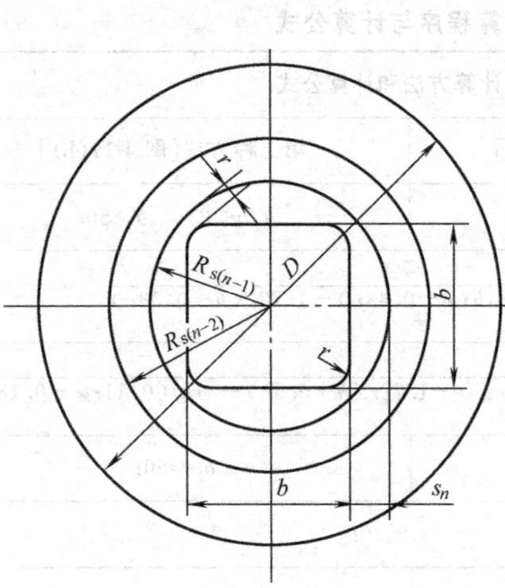


(a) 当$b \leqslant 50t$

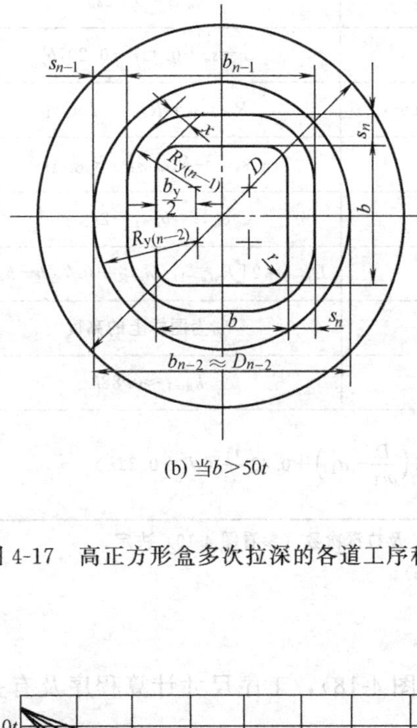


(b) 当$b > 50t$

图 4-17　高正方形盒多次拉深的各道工序程序

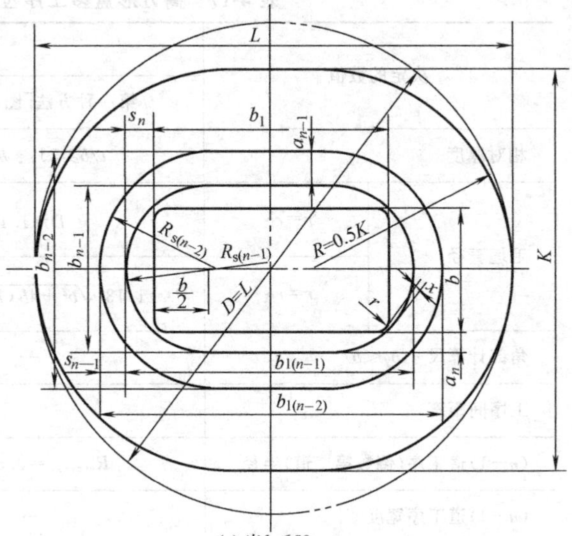


(a) 当$b \leqslant 50t$

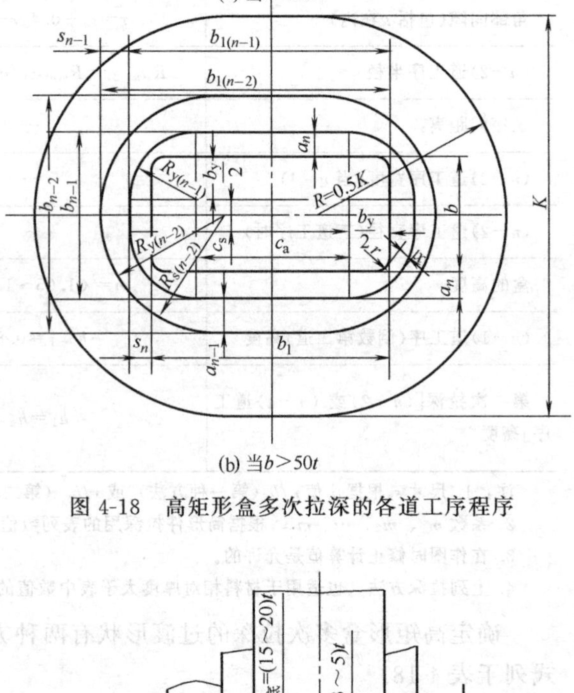


(b) 当$b > 50t$

图 4-18　高矩形盒多次拉深的各道工序程序

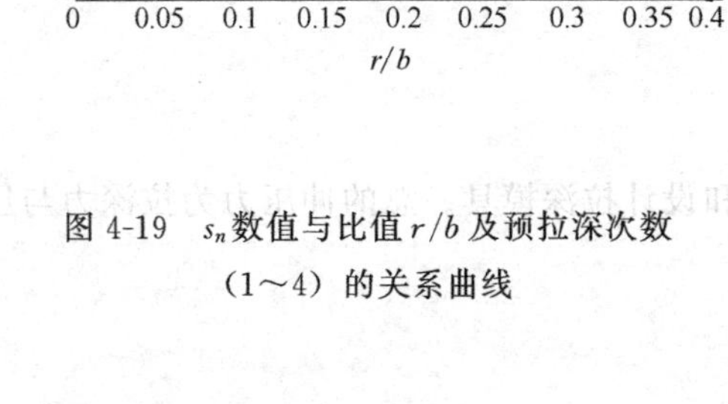

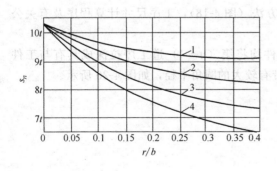


图 4-19　$s_n$数值与比值$r/b$及预拉深次数（1～4）的关系曲线

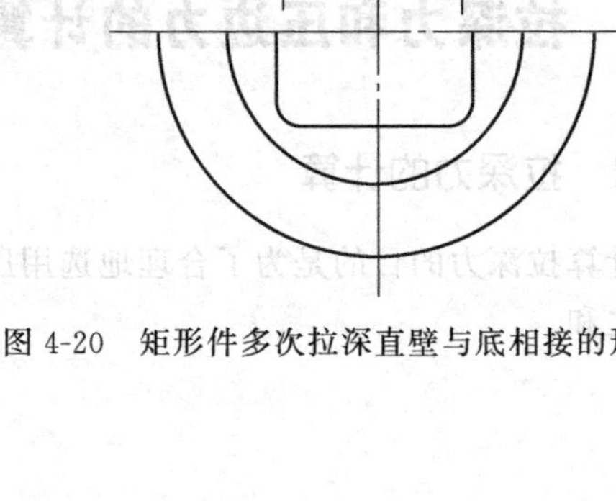

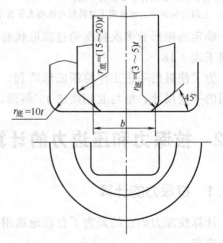


图 4-20　矩形件多次拉深直壁与底相接的形状

**表 4-18　高矩形盒的多工序拉深的计算程序与计算公式**

| 决定的数值 | | 计算方法和计算公式 | |
|---|---|---|---|
| | | 第一种方法[图 4-18(a)] | 第二种方法[图 4-18(b)] |
| 相对厚度 | | $t/b \geqslant 2\%;b \leqslant 50t$ | $t/b < 2\%;b > 50t$ |
| 假想的毛坯直径 | $r=r_{底}$ | $D=1.13\sqrt{b^2+4b(h-0.43r)-1.72r(h+0.33r)}$ | |
| | $r \neq r_{底}$ | $D=1.13\sqrt{b^2+4b(h-0.43r_{底})-1.72r(h+0.5r)-4r_{底}(0.11r_{底}-0.18r)}$ | |
| 毛坯长度 | | $L=D+(b_1-b)$ | |
| 毛坯宽度 | | $K=D\dfrac{b-2r}{b_1-2r}+[b+2(h-0.43r)]\dfrac{b_1-b}{b_1-2r}$ | |
| 毛坯半径 | | $R=0.5K$ | |
| 工序比例系数 | | $x_1=(K-b)/(L-b_1)$ | |
| 工序间距离 | | $s_n=a_n \leqslant 10t$ | |
| 角部计算尺寸 $B_y<B$ | | — | $b_y \approx 50t$ |
| $(n-1)$道工序半径 | | $R_{s(n-1)}=0.5b+s_n$ | $R_{y(n-1)}=0.5b_y+s_n$ |
| 角部间隙(包含 $t$ 在内) | | $x=s_n+0.41r-0.207b$ | $x=s_n+0.41r-0.207b_y$ |
| $(n-1)$道工序尺寸 | | $b_{n-1}=2R_{s(n-1)}$　$b_{1(n-1)}=b_1+2s_n$ | $b_{n-1}=b+2a_n$　$b_{1(n-1)}=b_1+2s_n$ |
| $(n-2)$道工序半径 | | $R_{s(n-2)}=R_{s(n-1)}/m_{n-1}$ | $R_{y(n-2)}=R_{y(n-1)}/m_{n-1}$<br>$R_{s(n-2)}=b_{n-2}/2$ |
| 工序间距离 | | $s_{n-1}=\dfrac{R_{s(n-2)}-R_{s(n-1)}}{x_1}$<br>$a_{n-1}=R_{s(n-2)}-R_{s(n-1)}$ | $s_{n-1}=R_{y(n-2)}-R_{y(n-1)}$<br>$a_{n-1}=xs_{n-1}$ |
| $(n-2)$道工序尺寸 | | $b_{n-2}=2R_{s(n-2)}$<br>$b_{1(n-2)}=b_1+2(s_n+s_{n-1})$ | $b_{n-2}=b+2(a_n+a_{n-1})$<br>$b_{1(n-2)}=b_1+2(s_n+s_{n-1})$ |
| 盒的高度 | | $h=(1.05 \sim 1.1)h_0$ | $h_0$为图样上的高度 |
| 工序高度 | | $h_{n-1} \approx 0.88h$ | $h_{n-2} \approx 0.86h_{n-1}$ |

注：参看表 4-17 注。

在实际生产中拉深力可按表 4-19 中的经验公式计算求得。

**表 4-19　计算拉深力的常用公式**

| 拉深件形式 | 拉深工序 | 公　式 | 查系数 $k$ 的表格编号 |
|---|---|---|---|
| 无凸缘的筒形零件 | 第 1 次<br>第 2 次及以后各次 | $F_L=\pi d_1 t\sigma_b k_1$<br>$F_L=\pi d_2 t\sigma_b k_2$ | 表 4-20<br>表 4-21 |
| 宽凸缘的筒形零件 | 第 1 次 | $F_L=\pi d_1 t\sigma_b k_3$ | 表 4-22 |
| 带凸缘的锥形及球形件 | 第 1 次 | $F_L=\pi d_k t\sigma_b k_3$ | 表 4-22 |
| 椭圆形盒形件 | 第 1 次<br>第 2 次及以后各次 | $F_L=\pi d_{cT1} t\sigma_b k_1$<br>$F_L=\pi d_{cT2} t\sigma_b k_2$ | 表 4-20<br>表 4-21 |
| 低的矩形盒<br>(一次工序拉深) | — | $F_L=(2b_1+2b-1.72r)t\sigma_b k_4$ | 表 4-23 |
| 高的方形盒<br>(多工序拉深) | 第 1 次及第 2 次以后各次 | 与筒形件同<br>$F_L=(4b-1.72r)t\sigma_b k_5$ | 表 4-20、表 4-21<br>表 4-24 |
| 高的矩形盒<br>(多工序拉深) | 第 1 次及第 2 次以后各次 | 与椭圆盒形件同<br>$F_L=(2b_1+2b-1.72r)t\sigma_b k_5$ | 表 4-20、表 4-21<br>表 4-24 |
| 任意形状的拉深件 | — | $F_L=Lt\sigma_b k_6$ | 表 4-25 |
| 变薄拉深(圆筒形零件) | — | $F_L=\pi d_n(t_{n-1}-t_n)\sigma_b k_7$ | 表 4-26 |

表 4-19 中公式符号意义如下。

$F_L$——拉深力（N）；

$d_1$、$d_2$——筒形件的第一次及第二次工序直径，根据料厚中线计算（mm）；

$t$——材料厚度（mm）；

$d_{cT1}$、$d_{cT2}$——椭圆形零件的第一次及第二次工序后的平均直径（mm）；

$d_n$——$n$ 次工序后的零件外径（mm）；

$b_1$、$b$——盒形件的长与宽（mm）；

$r$——盒形件的角部圆角半径（mm）；

$t_{n-1}$、$d_n$——$(n-1)$ 次及 $n$ 次拉深工序后的壁厚（mm）；

$\sigma_b$——材料抗拉强度（MPa）；

$L$——凸模周边长度（mm）；

$k_1$、$k_2$、$k_3$、$k_4$、$k_5$、$k_6$、$k_7$——拉深系数。

**表 4-20　筒形件第一次拉深时的系数 $k_1$ 值（08、10、15 钢）**

| 相对厚度 $t/D$/% | 第一次拉深系数 $m_1$ | | | | | | | | | |
|---|---|---|---|---|---|---|---|---|---|---|
| | 0.45 | 0.48 | 0.50 | 0.52 | 0.55 | 0.60 | 0.65 | 0.70 | 0.75 | 0.80 |
| 5.0 | 0.95 | 0.85 | 0.75 | 0.65 | 0.60 | 0.50 | 0.43 | 0.35 | 0.28 | 0.20 |
| 2.0 | 1.10 | 1.00 | 0.90 | 0.80 | 0.75 | 0.60 | 0.50 | 0.42 | 0.35 | 0.25 |
| 1.2 | | 1.10 | 1.00 | 0.90 | 0.80 | 0.68 | 0.56 | 0.47 | 0.37 | 0.30 |
| 0.8 | | | 1.10 | 1.00 | 0.90 | 0.75 | 0.60 | 0.50 | 0.40 | 0.33 |
| 0.5 | | | | 1.10 | 1.00 | 0.82 | 0.67 | 0.55 | 0.45 | 0.36 |
| 0.2 | | | | | 1.10 | 0.90 | 0.75 | 0.60 | 0.50 | 0.40 |
| 0.1 | | | | | | 1.10 | 0.90 | 0.75 | 0.60 | 0.50 |

注：1. 当凸模圆角半径 $r_T=(4\sim6)t$ 时，系数 $k_1$ 应按表中数值增加 5%。

2. 对于其他材料，根据材料塑性的变化，对查得值作修正（随塑性减低而增大）。

**表 4-21　筒形件第二次拉深时的系数 $k_2$ 值（08、10、15 钢）**

| 相对厚度 $t/D$/% | 第二次拉深系数 $m_2$ | | | | | | | | | |
|---|---|---|---|---|---|---|---|---|---|---|
| | 0.7 | 0.72 | 0.75 | 0.78 | 0.80 | 0.82 | 0.85 | 0.88 | 0.90 | 0.92 |
| 5.0 | 0.85 | 0.70 | 0.60 | 0.50 | 0.42 | 0.32 | 0.28 | 0.20 | 0.15 | 0.12 |
| 2.0 | 1.10 | 0.90 | 0.75 | 0.60 | 0.52 | 0.42 | 0.32 | 0.25 | 0.20 | 0.14 |
| 1.2 | | 1.10 | 0.90 | 0.75 | 0.62 | 0.52 | 0.42 | 0.30 | 0.25 | 0.16 |
| 0.8 | | | 1.00 | 0.82 | 0.70 | 0.57 | 0.46 | 0.35 | 0.27 | 0.18 |
| 0.5 | | | 1.10 | 0.90 | 0.76 | 0.63 | 0.50 | 0.40 | 0.30 | 0.20 |
| 0.2 | | | | 1.00 | 0.85 | 0.70 | 0.56 | 0.44 | 0.33 | 0.23 |
| 0.1 | | | | 1.10 | 1.00 | 0.82 | 0.68 | 0.55 | 0.40 | 0.30 |

注：1. 当凸模圆角半径 $r_T=(4\sim6)t$，表中 $k_2$ 值应加大 5%。

2. 对于第 3、4、5 次拉深的系数 $k_2$，由同一表格查出其相应的 $m_n$ 及 $t/D$ 的数值，但需根据是否有中间退火工序而取表中较大或较小的数值。

无中间退火时——$k_2$ 取较大值（靠近下面的一个数值）；

有中间退火时——$k_2$ 取较小值（靠近上面的一个数值）。

3. 对于其他材料，根据材料塑性的变化，对查得值作修正（随塑性减低而增大）。

## 4.2.2 压边力和压边装置的设计

### (1) 压边圈的条件

在拉深过程中，压边圈的作用是用来防止工件边或凸缘起皱的。随着拉深深度的增加而需要的压边力应减少。至于拉深时是否采用压边圈，可由表 4-11 的条件决定。

**表 4-22 宽凸缘筒形件第一次拉深时的系数 $k_3$ 值（08、10、15 钢）**

| 凸缘相对直径 $d_t/d_1$ | 第一次拉深系数 $m_1$（用于 $t/D=0.6\%\sim2\%$） | | | | | | | | | | |
|---|---|---|---|---|---|---|---|---|---|---|---|
| | 0.35 | 0.38 | 0.40 | 0.42 | 0.45 | 0.50 | 0.55 | 0.60 | 0.65 | 0.70 | 0.75 |
| 3.0 | 1.0 | 0.9 | 0.83 | 0.75 | 0.68 | 0.56 | 0.45 | 0.37 | 0.30 | 0.23 | 0.18 |
| 2.8 | 1.1 | 1.0 | 0.9 | 0.83 | 0.75 | 0.62 | 0.50 | 0.42 | 0.34 | 0.26 | 0.20 |
| 2.5 | | 1.1 | 1.0 | 0.9 | 0.82 | 0.70 | 0.56 | 0.46 | 0.37 | 0.30 | 0.22 |
| 2.2 | | | 1.1 | 1.0 | 0.90 | 0.77 | 0.64 | 0.52 | 0.42 | 0.33 | 0.25 |
| 2.0 | | | | 1.1 | 1.0 | 0.85 | 0.70 | 0.58 | 0.47 | 0.37 | 0.28 |
| 1.8 | | | | | 1.1 | 0.95 | 0.80 | 0.65 | 0.53 | 0.43 | 0.33 |
| 1.5 | | | | | | 1.10 | 0.90 | 0.75 | 0.62 | 0.50 | 0.40 |
| 1.3 | | | | | | | 1.0 | 0.85 | 0.70 | 0.56 | 0.45 |

注：1. 当凸模圆角半径 $r_T=(4\sim6)t$，表中 $k_3$ 值应加大 5%。

2. 对于其他材料，根据材料塑性的变化，对查得值作修正（随塑性减低而增大）。

**表 4-23 由一次拉深成的低矩形件的系数 $k_4$ 值（08、10、15 钢）**

| 毛坯相对厚度 $t/D$/% | | | | 角部相对圆角半径 $r/b$ | | | | |
|---|---|---|---|---|---|---|---|---|
| 1.5～2 | >1.0～1.5 | >0.6～1.0 | >0.3～0.6 | 0.3 | 0.2 | 0.15 | 0.10 | 0.05 |
| 盒形件相对高度 $h/b$ | | | | 系数 $k_4$ 值 | | | | |
| 1.0 | 0.95 | 0.9 | 0.85 | 0.7 | — | — | — | — |
| 0.90 | 0.85 | 0.76 | 0.70 | 0.6 | 0.7 | — | — | — |
| 0.75 | 0.70 | 0.65 | 0.60 | 0.5 | 0.6 | 0.7 | — | — |
| 0.60 | 0.55 | 0.50 | 0.45 | 0.4 | 0.5 | 0.6 | 0.7 | — |
| 0.40 | 0.35 | 0.30 | 0.25 | 0.3 | 0.4 | 0.5 | 0.6 | 0.7 |

注：对于其他材料，根据材料塑性的变化，对查得值作修正（随塑性减低而增大）。

**表 4-24 由空心的筒形或椭圆形毛坯拉深高盒形件最后工序的系数 $k_5$ 值（08、10、15 钢）**

| 毛坯相对厚度/% | | | 角部相对圆角半径 $r/b$ | | | | |
|---|---|---|---|---|---|---|---|
| $\frac{t}{D}$ | $\frac{t}{d_1}$ | $\frac{t}{d_2}$ | 0.3 | 0.2 | 0.15 | 0.1 | 0.05 |
| | | | 系数 $k_5$ 值 | | | | |
| 2.0 | 4.0 | 5.5 | 0.40 | 0.50 | 0.60 | 0.70 | 0.80 |
| 1.2 | 2.5 | 3.0 | 0.50 | 0.60 | 0.75 | 0.80 | 1.0 |
| 0.8 | 1.5 | 2.0 | 0.55 | 0.65 | 0.80 | 0.90 | 1.1 |
| 0.5 | 0.9 | 1.1 | 0.60 | 0.75 | 0.90 | 1.0 | — |

注：1. 对于矩形盒，$d_1$、$d_2$ 为第 1 及第 2 道工序椭圆形毛坯的小直径。对于方形盒，$d_1$、$d_2$ 为第 1 及第 2 道工序圆筒毛坯的小直径。

2. 对于其他材料，须视材料塑性好与差（与 08、15 钢相比较），查得的 $k_5$ 值再作或小或大的修正。

**表 4-25 工序的系数 $k_6$ 值**

| 制作复杂程度 | 难 加 工 件 | 普通加工件 | 易 加 工 件 |
|---|---|---|---|
| $k_6$ 值 | 0.9 | 0.8 | 0.7 |

**表 4-26 变薄拉深工序的系数 $k_7$ 值**

| 材 料 | 黄 铜 | 钢 |
|---|---|---|
| $k_7$ 值 | 1.6～1.8 | 1.8～2.25 |

压边力的计算公式见表 4-27。$p$ 值可直接由表 4-28 或表 4-29 中查得。

**表 4-27　压边力的计算公式**

| 拉深情况 | 公式 |
| --- | --- |
| 拉深任何形状的工件 | $F_Y = Ap$ |
| 筒形件第一次拉深(用平毛坯) | $F_Y = \frac{\pi}{4}[D^2 - (d_1 + 2r_A)^2]p$ |
| 筒形件以后各次拉深(用筒形毛坯) | $F_Y = \frac{\pi}{4}[d_{n-1}^2 - (d_n + 2r_A)^2]p$ |

注：$A$—压边圈的面积（$mm^2$）；$p$—单位压边力（MPa）；$D$—平毛坯直径（mm）；$d_1$、…、$d_n$—拉深件直径（mm）；$r_A$—凹模圆角半径（mm）。

**表 4-28　在单动压力机上拉深时单位压边力 p 的数值**

| 材料 | 单位压边力 $p$/MPa |
| --- | --- |
| 铝 | 0.8～1.2 |
| 纯铜、硬铝(退火的或刚淬好火的) | 1.2～1.8 |
| 黄铜 | 1.5～2 |
| 压轧青铜 | 2～2.5 |
| 20 钢、08 钢、镀锡钢板 | 2.5～3 |
| 软化状态的耐热钢 | 2.8～3.5 |
| 高合金钢、高锰钢、不锈钢 | 3～4.5 |

**表 4-29　在双动压力机上拉深时单位压边力 p 的数值**

| 工件复杂程度 | 单位压边力 $p$/MPa |
| --- | --- |
| 难加工件 | 3.7 |
| 普通加工件 | 3 |
| 易加工件 | 2.5 |

**(2) 压边装置的类型**

① 弹性压边装置　弹性压边装置用于一般单动压力机。常用的弹性元件有气垫、弹簧垫和橡胶垫，见图 4-21。弹性压边装置见图 4-22。

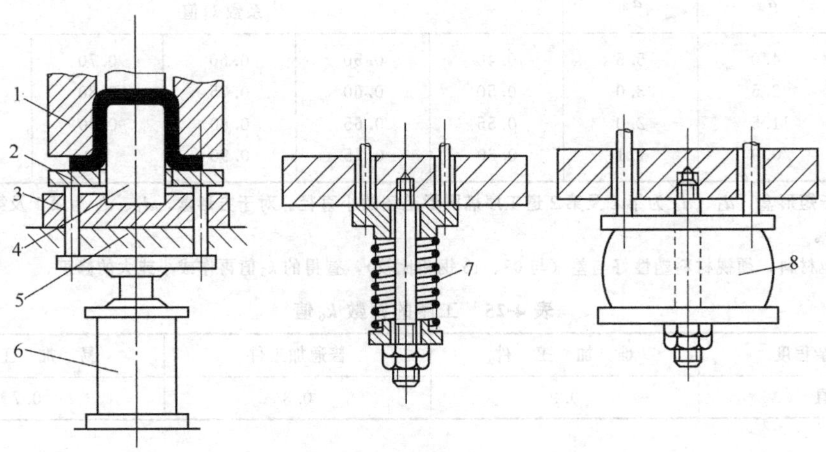


(a) 气垫　(b) 弹簧垫　(c) 橡胶垫

图 4-21　弹性压边的方式

1—凹模；2—压边圈；3—下模板；4—凸模；5—压力机工作台；6—汽缸；7—弹簧；8—橡胶

② 刚性压边装置　刚性压边装置用于双动压力机上。压边圈安装于外滑块，这种压边的特点是压边力不随压力机行程变化，拉深效果较好，模具结构简单，见图4-23。压边圈的形式如下。

a. 平面压边圈（图4-24）。一般的拉深模中均采用平面压边圈。

b. 弧形压边圈（图4-25）。第一次拉深，相对厚度 $t/D<0.3\%$，且有小凸缘或很大圆角半径的工件，采用弧形压边圈。

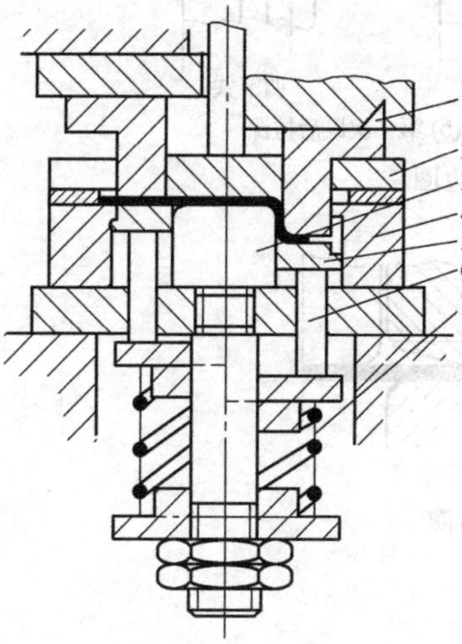


图4-22　弹性压边装置

1—冲裁凸模兼拉深凹模；2—卸料板；3—拉深凸模；4—冲裁凹模；5—压边圈兼顶出器；6—顶杆；7—弹簧

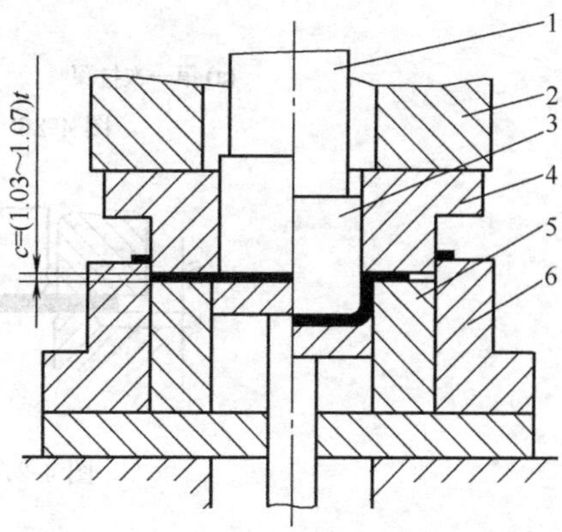


图4-23　刚性压边装置

1—内滑块；2—外滑块；3—拉深凸模；4—落料凸模兼压边圈；5—拉深凹模；6—落料凹模

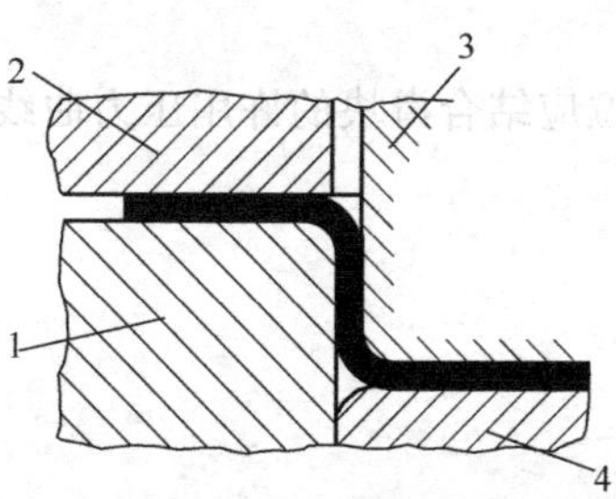


图4-24　平面压边圈

1—凹模；2—压边圈；3—凸模；4—顶板

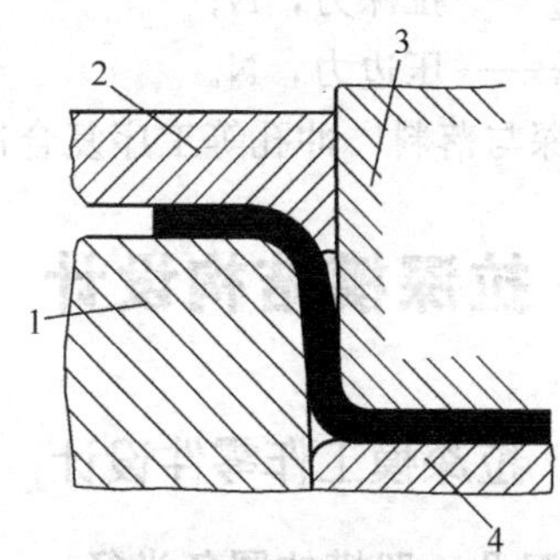


图4-25　弧形压边圈

1—凹模；2—压边圈；3—凸模；4—顶板

c. 带限位装置的压边圈（图4-26）。对于整个拉深行程中，压边力需保持均衡和防止压边圈将毛坯夹得过紧的拉深件，采用带限位装置的压边圈。使压边圈和凹模之间保持一定的间隙 $s$。拉深宽凸缘件时，$s=t+(0.05\sim0.1)$mm；拉深铝合金件时，$s=1.1t$；拉深钢件时，$s=1.2t$，$t$ 为材料厚度。

d. 局部压边圈（图4-27）。拉深带宽凸缘的工件时，压边圈与毛坯的接触面积要减小，常采用的有两种局部压边法。

### 4.2.3　压力机吨位的选择

对于单动压力机　　$F>F_{拉}+F_{压}$

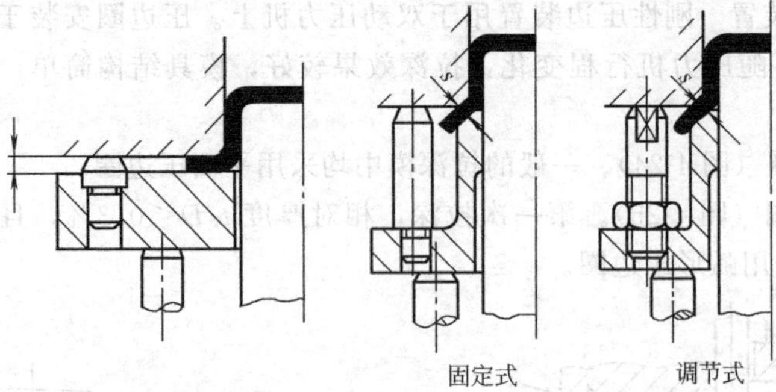

(a) 第一次拉深　　(b) 第二次以后拉深

图 4-26　带限位装置的压边圈

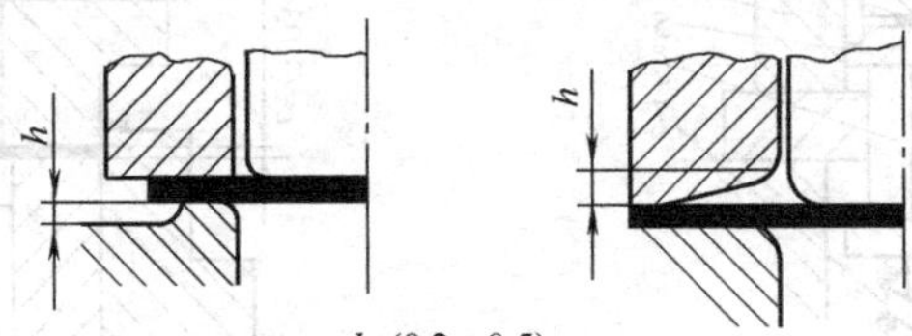

$h=(0.2\sim0.5)t$

图 4-27　局部压边的压边圈

对于双动压力机　　$F_1>F_{拉}$，$F_2>F_{压}$

式中　$F$——压力机的公称压力，N；

$F_1$——内滑块公称压力，N；

$F_2$——外滑块公称压力，N；

$F_{拉}$——拉深力，N；

$F_{压}$——压边力，N。

拉深与落料、冲孔等工序复合冲压时，其压力机吨位应结合滑块的许用压力曲线选择。

## 4.3　拉深模结构设计

### 4.3.1　拉深模工作零件设计

**(1) 拉深凸、凹模的圆角半径**

① 凹模的圆角半径 $r_A$

a. 公式计算法。公式如下

$$r_A=0.8\sqrt{(D-d)t} \tag{4-28}$$

式中　$r_A$——凹模圆角半径，mm；

$D$——毛坯直径，mm；

$d$——凹模内径，mm；

$t$——材料厚度，mm。

当工件直径 $d>200$mm 时，$r_{min}=0.039d+2$mm。

b. 查表法。根据材料的性能和厚度来确定，见表 4-30。一般对于钢的拉深件，$r_A=10t$；对于有色金属（铝、黄铜、紫铜）拉深件，$r_A=5t$。

**表 4-30 拉深凹模的圆角半径 $r_A$ 的数值**

| 材料 | 厚度 $t$/mm | 凹模圆角半径 $r_A$ | 材料 | 厚度 $t$/mm | 凹模圆角半径 $r_A$ |
|---|---|---|---|---|---|
| 钢 | <3 | (6~10)$t$ | 铝、黄铜、紫铜 | <3 | (5~8)$t$ |
| | 3~6 | (4~6)$t$ | | 3~6 | (3~5)$t$ |
| | >6 | (2~4)$t$ | | >6 | (1.5~3)$t$ |

注：1. 对于第一次拉深和较薄的材料，应取表中的最大极限值。

2. 对于以后各次拉深和较厚的材料，应取表中的最小极限值。

上面给出的 $r_A$ 值用作首次拉深，以后各次拉深时，$r_A$ 值应逐渐减小，其关系式为

$$r_{An}=(0.6\sim0.8)r_{A(n-1)}\ (r_{An}>2t) \tag{4-29}$$

② 凸模的圆角半径 $r_T$

首次拉深 $$r_{T1}=(0.6\sim1)r_{A1}$$

中间过渡工序的拉深 $$r_{T(n-1)}=\frac{d_{n-1}-d_n-2t}{2}$$

式中 $d_{n-1}$，$d_n$——前后两道工序中毛坯的过渡直径，最后一道工序时，$d_n=d$（$d$ 为工件直径）。

并且要求 $r_{Tn}\geqslant(2\sim3)t$。否则需要通过整形工序达到零件要求。

对矩形件，为便于最后一道工序的成形，在各过渡工序中，凸模底部具有与工件相似的矩形，然后用 45°斜角向侧壁过渡。

**(2) 拉深凸、凹模间隙**

拉深模间隙 $Z/2$（单面）一般比毛坯厚度略大一些，其值按下式计算

单面间隙 $$Z/2=t_{max}+ct$$

式中 $t_{max}$——板料的最大厚度，$t_{max}=t+\Delta$；

$\Delta$——板料的正偏差；

$c$——间隙系数，考虑板料增厚现象，其值查表 4-31。

**表 4-31 间隙系数 $c$**

| 拉深工序数 | | 材料厚度 $t$/mm | | |
|---|---|---|---|---|
| | | 0.5~2 | >2~4 | >4~6 |
| 1 | 第一次 | 0.2(0) | 0.1(0) | 0.1(0) |
| 2 | 第一次 | 0.3 | 0.25 | 0.2 |
| | 第二次 | 0.1(0) | 0.1(0) | 0.1(0) |
| 3 | 第一次 | 0.5 | 0.4 | 0.35 |
| | 第二次 | 0.3 | 0.25 | 0.2 |
| | 第三次 | 0.1(0) | 0.1(0) | 0.1(0) |
| 4 | 第一、二次 | 0.5 | 0.4 | 0.35 |
| | 第三次 | 0.3 | 0.25 | 0.2 |
| | 第四次 | 0.1(0) | 0.1(0) | 0.1(0) |
| 5 | 第一、二、三次 | 0.5 | 0.4 | 0.35 |
| | 第四次 | 0.3 | 0.25 | 0.2 |
| | 第五次 | 0.1(0) | 0.1(0) | 0.1(0) |

注：1. 表中数值适用于一般精度（未注公差尺寸的极限偏差）工件的拉深工作。

2. 末道工序括弧内的数字，适用于较精密拉深件（IT11~IT13 级）。

在实际生产中，不用压边圈拉深易起皱，单边间隙取板料厚度上限值的1～1.1倍。间隙较小值用于末次拉深或用于精密拉深件。较大值用于中间工序的拉深或不精密的拉深件。

有压边圈拉深时，单边间隙值可查表4-32。对于精度要求高的工件，为了使拉深后回弹很小，表面质量好，常采用负间隙拉深，其间隙值取 $Z/2=(0.9\sim0.95)t$。

**表4-32 有压边圈拉深时的单边间隙值**

| 总拉深次数 | 拉深工序 | 单边间隙 $Z/2$ |
|---|---|---|
| 1 | 一次拉深 | $(1\sim1.1)t$ |
| 2 | 第一次拉深<br>第二次拉深 | $1.1t$<br>$(1\sim1.05)t$ |
| 3 | 第一次拉深<br>第二次拉深<br>第三次拉深 | $1.2t$<br>$1.1t$<br>$(1\sim1.05)t$ |
| 4 | 第一、二次拉深<br>第三次拉深<br>第四次拉深 | $1.2t$<br>$1.1t$<br>$(1\sim1.05)t$ |
| 5 | 第一、二、三次拉深<br>第四次拉深<br>第五次拉深 | $1.2t$<br>$1.1t$<br>$(1\sim1.05)t$ |

注：1. $t$ 为材料厚度，取材料允许偏差的中间值。
2. 当拉深精密工件时，最末一次拉深间隙取 $Z/2$。

盒形件间隙系数 $c$ 根据零件尺寸精度要求选取：当精度要求高时 $c=(0.9\sim1.05)t$；当尺寸精度要求不高时 $c=(1.1\sim1.3)t$。

盒形件最后一次拉深的间隙最重要。这时间隙大小沿周边是不均匀的，直边部分按弯曲工艺取小间隙；圆角部分按拉深工艺取大间隙，因角部金属变形量最大。决定间隙后，角部间隙要再比直边部分增大 $0.1t$。如果工件要求内径尺寸，则此增大值由修整凹模得到。如果工件要求外形尺寸，则由修整凸模得到。

### 4.3.2 拉深模工作零件尺寸计算公式

**(1) 凸、凹模计算公式**

确定凸模和凹模工作部分尺寸时，应考虑模具的磨损和拉深件的弹复，其尺寸公差只在最后一道工序考虑。对最后一道工序的拉深模，其凸模、凹模的尺寸及其公差应按工件尺寸标注方式的不同，由表4-33所列公式进行计算。表4-33中，$D_A$ 为凹模尺寸，$d_T$ 为凸模尺寸，$D$ 为拉深件外形的基本尺寸，$d$ 为拉深件内形的基本尺寸，$Z/2$ 为凸、凹模的单边间隙；$\delta_A$ 为凹模的制造公差；$\delta_T$ 为凸模的制造公差。$D_{max}$、$d_{max}$、$D_{min}$、$d_{min}$ 分别为外径和内径的最大极限尺寸和最小极限尺寸。

**(2) 公差确定**

对圆形凸、凹模的制造公差，根据工件的材料厚度与工件直径来选择，其数值列于表4-34。

非圆形凸、凹模的制造公差可根据工件公差来选定，若拉深件公差为IT12级以上，则凸、凹模制造公差采用IT8、IT9级精度；若为IT14级以下时，则凸、凹模制造公差采用IT10级精度。若采用配作时，只在凸模或凹模上标注公差，另一个按间隙配作。

**表 4-33　拉深模工作部分尺寸计算公式**

| 尺寸标方式 | 凹模尺寸 $D_A$ | 凸模尺寸 $d_T$ |
|---|---|---|
| 标注外形尺寸 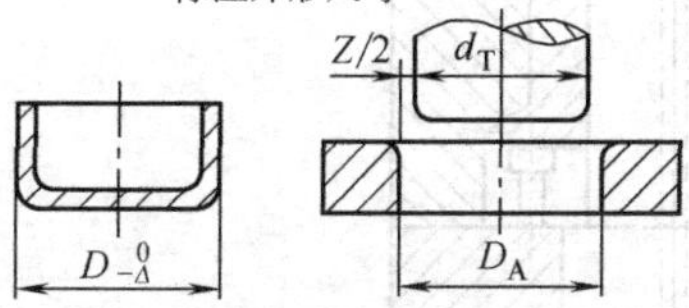  | $D_A=(D_{max}-0.75\Delta)_{0}^{+\delta_A}$ | $d_T=(d_{max}-0.75\Delta-Z)_{-\delta_T}^{\ 0}$ |
| 标注内形尺寸 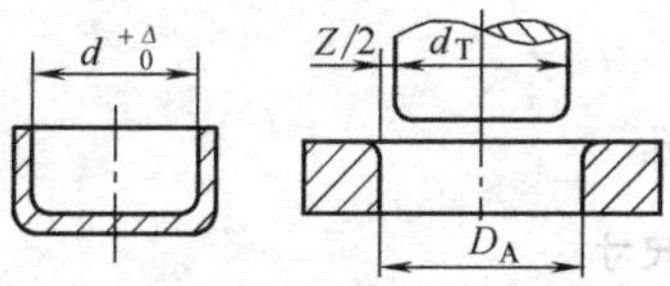  | $D_A=(D_{min}+0.4\Delta+Z)_{0}^{+\delta_A}$ | $d_T=(d_{min}+0.4\Delta)_{-\delta_T}^{\ 0}$ |

**表 4-34　圆形拉深模凸、凹模的制造公差**　mm

| 材料厚度 | 工件直径的基本尺寸 | | | | | | | |
|---|---|---|---|---|---|---|---|---|
| | ≤10 | | >10～50 | | >50～200 | | >200～500 | |
| | $\delta_A$ | $\delta_T$ | $\delta_A$ | $\delta_T$ | $\delta_A$ | $\delta_T$ | $\delta_A$ | $\delta_T$ |
| 0.25 | 0.015 | 0.010 | 0.02 | 0.010 | 0.03 | 0.015 | 0.03 | 0.015 |
| 0.35 | 0.020 | 0.010 | 0.03 | 0.020 | 0.04 | 0.020 | 0.04 | 0.025 |
| 0.50 | 0.030 | 0.015 | 0.04 | 0.030 | 0.05 | 0.030 | 0.05 | 0.035 |
| 0.80 | 0.040 | 0.025 | 0.06 | 0.035 | 0.06 | 0.040 | 0.06 | 0.040 |
| 1.00 | 0.045 | 0.030 | 0.07 | 0.040 | 0.08 | 0.050 | 0.08 | 0.060 |
| 1.20 | 0.055 | 0.040 | 0.08 | 0.050 | 0.09 | 0.060 | 0.10 | 0.070 |
| 1.50 | 0.065 | 0.050 | 0.09 | 0.060 | 0.10 | 0.070 | 0.12 | 0.080 |
| 2.00 | 0.080 | 0.055 | 0.11 | 0.070 | 0.12 | 0.080 | 0.14 | 0.090 |
| 2.50 | 0.095 | 0.060 | 0.13 | 0.085 | 0.15 | 0.100 | 0.17 | 0.120 |
| 3.50 | — | — | 0.15 | 0.100 | 0.18 | 0.120 | 0.20 | 0.140 |

注：1. 表列数值用于未精压的薄钢板。
2. 如用精压钢板，则凸模及凹模的制造公差等于表列数值的 20%～25%。
3. 如用有色金属，则凸模及凹模的制造公差等于表列数值的 50%。

而对于多次拉深时的中间过渡工序，毛坯尺寸公差没有严格限制，模具尺寸及公差取等于毛坯过渡尺寸。

**(3) 拉深凸模的通气孔尺寸**

工件在拉深时，由于空气压力的作用或润滑油的黏性等因素，使工件很容易粘附在凸模上。为使工件不至于紧贴在凸模上，设计凸模时，应有通气孔，拉深凸模通气孔如图 4-28 所示。

对一般中小型件的拉深，可直接在凸模上钻出通气孔，孔的大小根据凸模尺寸大小而定，见表 4-35。

## 4.3.3 拉深模的结构设计

**(1) 拉深凸、凹模的结构**

在设计拉深模时，必须合理选择凸、凹模的结构形式。图 4-29 所示为不用压料的一次

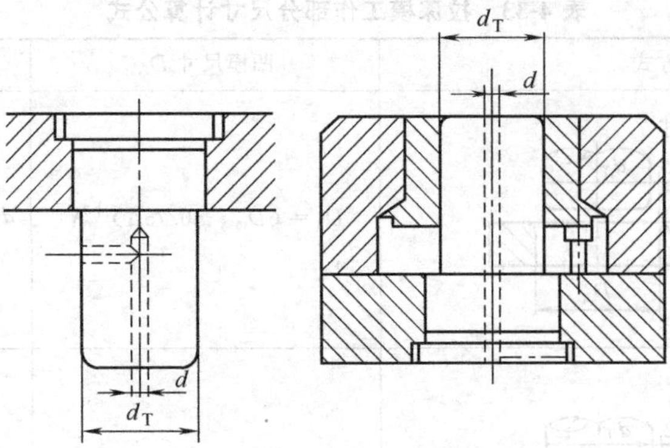


图 4-28 拉深凸模通气孔

表 4-35 拉深凸模通气孔尺寸 mm

| 凸模尺寸 $d_T$ | ≤10 | >10~50 | >50~200 | >200~500 | >500 |
|---|---|---|---|---|---|
| 出气孔直径 $d$ | 5 | 6.5 | 8 | 8 | 9.5 |

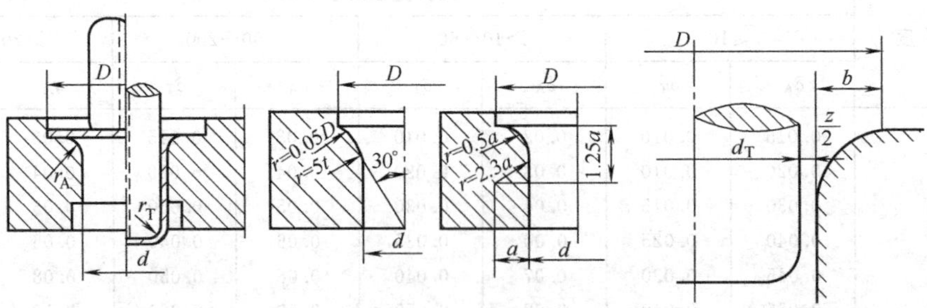


图 4-29 无压料一次拉深成形的凹模结构

拉深成形时所用的凹模结构形式。其中图 4-29（a）所示适宜于大件，图 4-29（b）、图 4-29（c）所示适宜于小件锥形凹模，图 4-29（d）所示适宜于等切面曲线形状凹模，对抗失稳起皱有利。图 4-30 为两次以上的拉深，该结构适宜于两次以上的拉深。首次拉深凹模圆角处采用锥形，锥角为 30°，第二次拉深凹模圆角采用圆弧形。

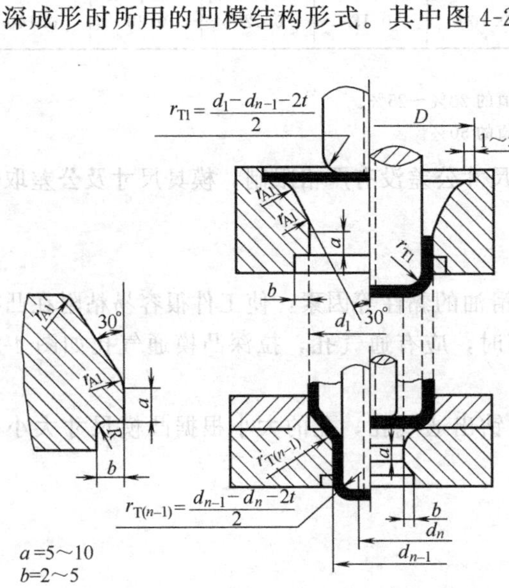


图 4-30 两次以上的拉深

图 4-31 所示为用压边圈的拉深凸、凹模，图 4-31（a）所示为斜角的凸模和凹模，适于工件尺寸 $d$>100mm 的情况，图 4-31（b）所示为有圆角半径的凸模和凹模，多用于拉深较小的工件（$d$≤100mm）。

**（2）拉深模结构的工艺性**

设计拉深凸、凹模结构时，必须十分注意前后两道工序的凸、凹模形状和尺寸

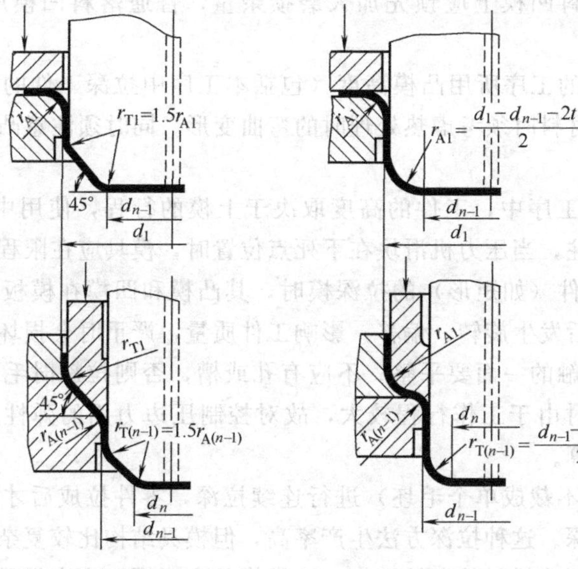


(a) 带斜角凸、凹模　(b) 带圆角凸、凹模

图 4-31　用压边圈的拉深凸、凹模

的正确关系，做到前道工序所得工序件形状和尺寸有利于后一道工序的成形和定位，而后一道工序的压料圈的形状与前道工序所得工序件相吻合，拉深凹模的锥角要与前道工序凸模的斜角一致，尽量避免坯料转角部在成形过程中不必要的反复弯曲。

对于最后一道拉深工序，为了保证成品零件底部平整，应按图 4-32 所示确定凸模圆角半径。对于盒形件，$n-1$ 次拉深所得工序件形状对最后一次拉深成形影响很大。因此，$n-1$ 次拉深凸模的形状应该设计成底部具有与拉深件底部相似的矩形（或方形），然后用 45°斜角向壁部过渡［图 4-32（c）］，这样有利于最后拉深时金属的变形。

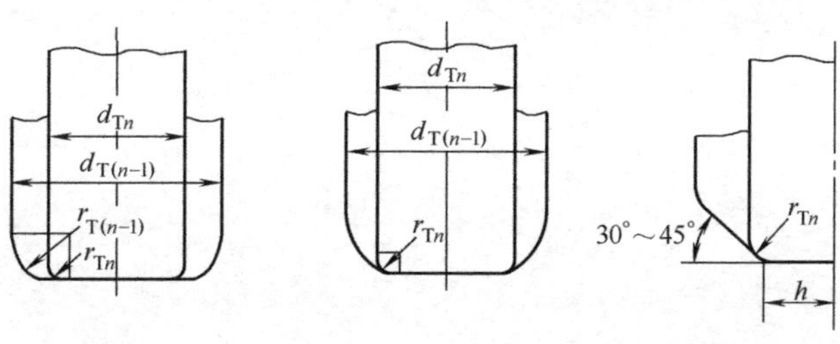


(a)　(b)　(c)

图 4-32　最后拉深凸模底部设计

拉深模结构应尽量简单。在充分保证工件质量的前提下，应以数量少、重量轻、制造和装配方便的零件来组成拉深模。拉深模上的各零部件，应尽可能利用本单位现有的设备能力来制造，结构应尽量与现有的冲压设备相适应。拉深模结构应使安装调试与维修尽量方便，模架及零部件应尽量选择通用件。

**(3) 拉深模设计特点**

① 拉深工艺计算要求有较高的准确性，拉深凸模长度的决定必须满足工件拉深高度的要求，且拉深凸模上必须设计通气孔。设计落料-拉深复合模时，由于落料凹模的磨损比拉深

凸模的磨损快，所以落料凹模上应预先加大磨损余量，普通落料凹模应高出拉深凸模约2～6mm。

② 第一次拉深以后的工序所用凸模高度（包括本工序中拉深工件的高度与压边圈的高度）比较长，选用凸模材料时须考虑热处理时的弯曲变形。同时须注意凸模在模板上的定位要可靠。

③ 在有凸缘的拉深工序中，工件的高度取决于上模的行程，使用中为便于模具调整，最好在模具上设计限位柱，当压力机滑块在下死点位置时，模具应在限程的位置闭合。

④ 设计非旋转体工件（如矩形）的拉深模时，其凸模和凹模在模板上的装配位置必须准确可靠，以防止松动后发生旋转、偏移，影响工件质量，严重时会损坏模具。

⑤ 压边圈与毛坯接触的一面要平整，不应有孔或槽，否则拉深时毛坯起皱会陷到孔或槽里，引起拉裂。拉深时由于工作行程较大，故对控制压边力用的弹性元件（如弹簧和橡胶）的压缩量应认真计算。

⑥ 在带料上直接（不裁成单个毛坯）进行连续拉深，零件拉成后才从带料上冲裁下来的方法称为带料连续拉深。这种拉深方法生产率高，但模具结构比较复杂，并且在拉深过程中不能进行中间退火，因此材料的塑性要好。这类模具主要用于生产批量大，零件形状不大（一般 $d<50$mm），材料厚度在 2mm 以内的工件。参看第 5 章。

# 第 5 章 其他模具工艺与设计

## 5.1 多工位精密自动级进模

多工位精密自动级进模是精密、高效、寿命长的模具。它适用于冲压小尺寸、薄料、形状复杂和大批量生产的冲压零件。

### 5.1.1 多工位精密级进模排样设计

**(1) 带料排样图设计要确定的内容**

① 模具的工位数及各工位的内容。

② 被冲制工件各工序的安排及先后顺序，工件的排列方式。

③ 模具的送料步距、条料的宽度和材料的利用率。

④ 导料方式，弹顶器的设置和导正销的安排。

⑤ 模具的基本结构。

**(2) 排样图中各成形工位的设计**

① 级进冲裁工位的设计要点

a. 对复杂形状的凸、凹模，要便于凸、凹模的加工和保证凸、凹模的强度。

b. 孔边距很小的工件，冲外缘工位在前，冲内孔工位在后。

c. 有严格相对位置要求的局部内、外形，应尽可能在同一工位上冲出。

d. 增加凹模强度，应考虑在模具上适当安排空工位。

② 多工位级进弯曲工位的设计要点

a. 冲压与弯曲方向　向上弯曲，要求下模采用带滑块（或摆块）的模具结构；若向下弯曲，则要考虑弯曲后送料顺畅。若有障碍则必须设置抬料装置。

b. 分解弯曲成形　零件在作弯曲和卷边成形时，可以按工件的形状和精度分解加工的工位进行冲压。图 5-1 是 4 个向上弯曲的分解冲压工序。

c. 弯曲时坯料的滑移　对坯料进行弯曲和卷边，要防止成形过程中材料的移位造成零件误差。先对加工材料进行导正定位，在卸料板与凹模接触并压紧后，再作弯曲冲压。

③ 多工位级进拉深成形工位的设计要点

a. 级进拉深工艺的尺寸计算　拉深零件的形状很复杂，带料级进拉深工艺可分为无工艺切口和有工艺切口两种拉深件。它们的带料宽度和步距尺寸可参考表 5-1 和表 5-2。有关切口参数和修边余量参见冲模设计手册。

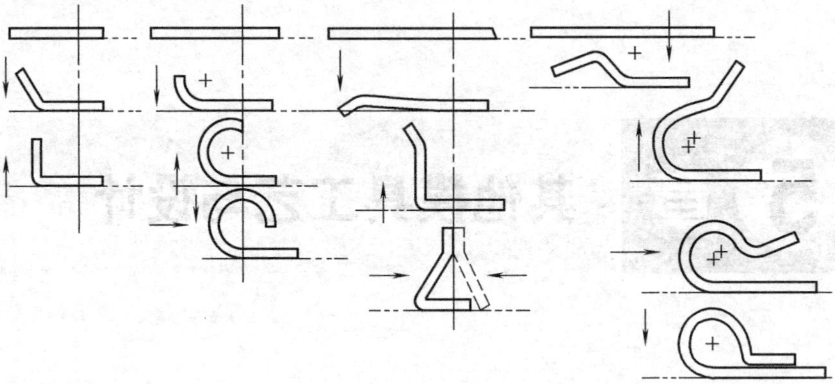

(a) (b) (c) (d)

图 5-1 弯曲分解冲压工序

**表 5-1 无工艺切口的料宽和步距计算**

| | | | |
|---|---|---|---|
| 图示 | 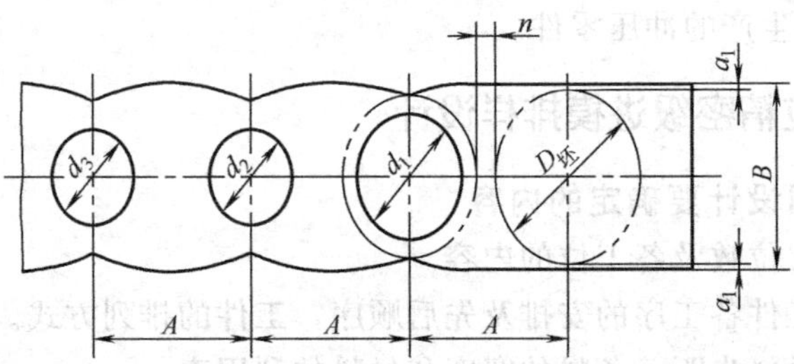 | | |
| 料宽计算 | $B=D_1+\delta+2a_1=D_坯+2a_1$ | 步距计算 | $A=(0.85\sim0.95)D_坯$<br>（但不小于包括修边余量的凸缘直径） |

**表 5-2 有工艺切口的料宽和步距计算**

| 拉深方法 | 切口级进拉深 | 切槽级进拉深 | |
|---|---|---|---|
| 图示 | 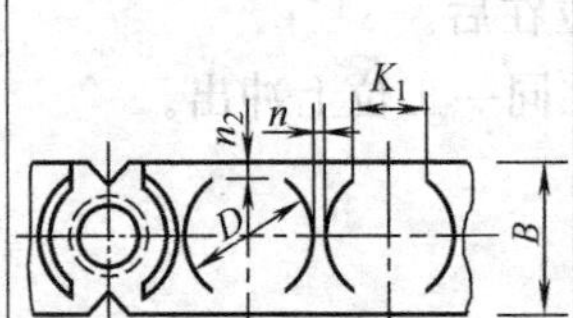 | 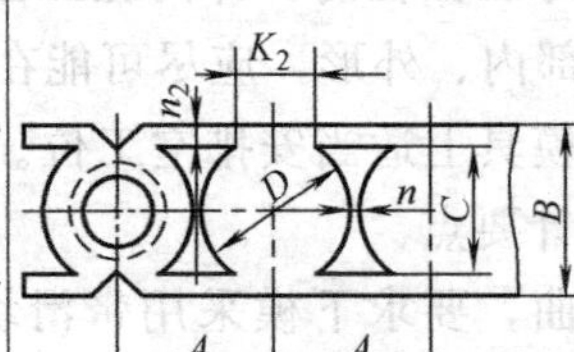 | 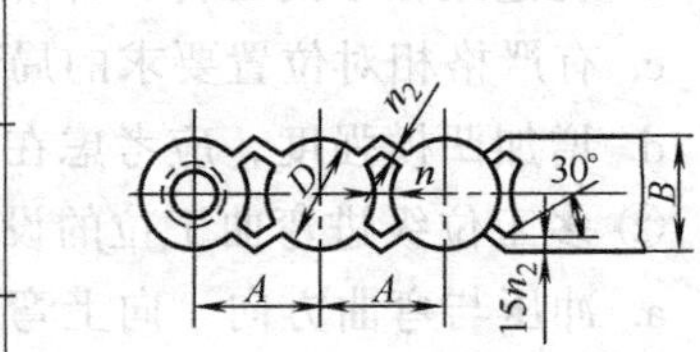 |
| 料宽计算 | $B=D_1+\delta+2n_2=D+2n_2$ | $B=(1.02\sim1.05)D+2n_2$<br>$=D+2n_2$ | $B=D_1+\delta=D$ |
| 步距计算 | $A=D+n$ | $A=D+n$ | $A=D+n$ |

b. 级进拉深变形参数的设计　无工艺切口的级进拉深时，可根据表 5-3 查出一次拉深所能达到的最大相对高度 $H_1/d_1$，并与计算出所要成形工件的 $H/d$ 的值进行比较，确定能否用一次拉深成形。

**表 5-3　无工艺切口时的第一次拉深系数 $m_1$ 和最大相对高度 $H_1/d_1$**（08 钢、10 钢）

| 凸缘相对直径 $d_t/d_1$ | 毛坯相对厚度 $t/D$/% | | | | | | | |
|---|---|---|---|---|---|---|---|---|
| | >0.2～0.5 | | >0.5～1.0 | | >1.0～1.5 | | >1.5 | |
| | $m_1$ | $H_1/d_1$ | $m_1$ | $H_1/d_1$ | $m_1$ | $H_1/d_1$ | $m_1$ | $H_1/d_1$ |
| ≤1.1 | 0.71 | 0.36 | 0.68 | 0.39 | 0.66 | 0.42 | 0.65 | 0.45 |
| >1.1～1.3 | 0.68 | 0.34 | 0.66 | 0.36 | 0.64 | 0.38 | 0.61 | 0.40 |
| >1.3～1.5 | 0.64 | 0.32 | 0.63 | 0.34 | 0.61 | 0.36 | 0.59 | 0.38 |
| >1.5～1.8 | 0.54 | 0.30 | 0.53 | 0.32 | 0.52 | 0.34 | 0.51 | 0.36 |
| >1.8～2.0 | 0.48 | 0.28 | 0.47 | 0.30 | 0.46 | 0.32 | 0.43 | 0.35 |

级进拉深时，应审查不进行中间退火所能达到的总拉深系数 $m_{总}$（$m_{总}=d/D$）。还应确定拉深次数和各次拉深的拉深系数。按有切口和无切口两种情况分别由表 5-4～表 5-6 查出各次拉深系数，并计算出使 $m_1m_2m_3\cdots m_n<m_{总}$ 成立的 $m_n$，$n$ 就是拉深次数。

**表 5-4　无切口工艺的后续各次拉深系数**（08 钢、10 钢）

| 拉深系数 $m_n$ | 材料相对厚度 $t/D$/% | | | |
|---|---|---|---|---|
| | >0.2～0.5 | >0.5～1.0 | >1.0～1.5 | >1.5 |
| $m_2$ | 0.86 | 0.84 | 0.82 | 0.80 |
| $m_3$ | 0.88 | 0.86 | 0.84 | 0.82 |
| $m_4$ | 0.89 | 0.87 | 0.86 | 0.85 |
| $m_5$ | 0.90 | 0.89 | 0.88 | 0.87 |

**表 5-5　有切口工艺的第一次拉深系数 $m_1$**

| 凸缘相对直径 $d_t/d_1$ | 材料相对厚度 $t/D$/% | | |
|---|---|---|---|
| | >2 | >1～2 | ≤1 |
| 1.1 | 0.60 | 0.62 | 0.64 |
| 1.5 | 0.58 | 0.60 | 0.62 |
| 2.0 | 0.56 | 0.58 | 0.60 |
| 2.5 | 0.55 | 0.56 | 0.58 |

**表 5-6　有切口工艺的后续各次拉深系数**

| 拉深系数 $m_n$ | 材料相对厚度 $t/D$/% | | |
|---|---|---|---|
| | >2 | >1～2 | ≤1 |
| $m_2$ | 0.75 | 0.76 | 0.78 |
| $m_3$ | 0.78 | 0.79 | 0.80 |
| $m_4$ | 0.80 | 0.81 | 0.82 |
| $m_5$ | 0.82 | 0.84 | 0.85 |

在调整拉深系数时，经调整确定的拉深系数 $m_1$，$m_2$，…可比表中所列的数值大。

c. 级进拉深工序直径的计算　计算各工序的拉深直径时，使用调整后的各次拉深系数。计算方法与单个毛坯的拉深相同，即

$$d_1=m_1D,\ d_2=m_2d_1,\ \cdots,\ d_n=m_nd_{n-1} \tag{5-1}$$

**(3) 条料的定位精度**

条料的定位精度直接影响到制件的加工精度，一般应在第一工位冲导正工艺孔，紧接着

第二工位设置导正销导正，以该导正销矫正自动送料的步距误差。条料定位精度可按下列经验公式计算

$$\Delta = k\delta'\sqrt{n} \tag{5-2}$$

式中 $\Delta$——条料定位积累误差；

$k$——精度系数；

$\delta'$——步距对称偏差，mm；

$n$——步距数。

系数 $k$ 的取值如下。

单载体：每步有导正销时 $k=1/2$

加强导正定位时 $k=1/4$

双载体：每步有导正销时 $k=1/3$

加强导正定位时 $k=1/5$

当载体隔一步导正时，精度系数 $k$ 取 1.2，当载体隔两步导正时，精度系数 $k$ 取 1.4。

**(4) 排样设计后的检查**

① 材料利用率。检查是否为最佳利用率方案。

② 模具结构的适应性。级进模结构多为整体式、分段式或子模组拼式等，模具结构形式确定后应检查排样是否适应其要求。

③ 有无不必要的空位。在满足凹模强度和装配位置要求的条件下，应尽量减少空位。

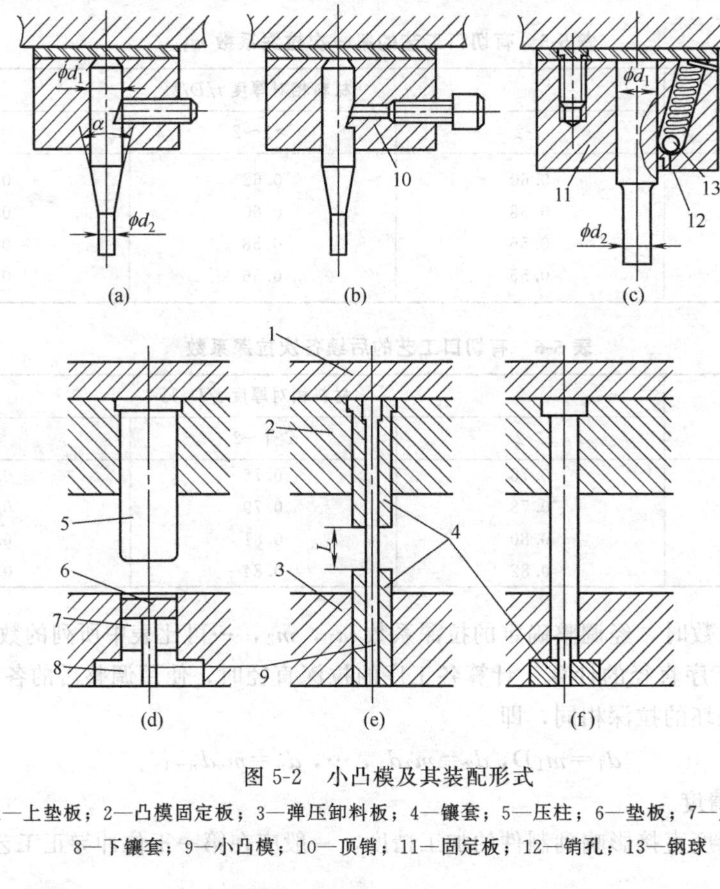


图 5-2 小凸模及其装配形式

1—上垫板；2—凸模固定板；3—弹压卸料板；4—镶套；5—压柱；6—垫板；7—定位套；8—下镶套；9—小凸模；10—顶销；11—固定板；12—销孔；13—钢球

④ 制件尺寸精度能否保证。如对制件平整度和垂直度有要求时，除在模具结构上要注意外，还应增加必要的工序（如整形、校平等）来保证。

⑤ 制件的孔和外形是否会产生变形。如有变形的可能，则孔和外形的加工应置于变形工序之后，或增加整修工序。

⑥ 此外还应从载体强度是否可靠、制件已成形部位对送料有无影响、毛刺方向是否有利于弯曲变形、弹性弯曲件的弯曲线是否与材料纹向垂直或成 45°（否则弹性和寿命将受到影响）等方面进行分析检查。

## 5.1.2 多工位精密级进模结构设计

**（1）多工位级进模凸模**

一般的粗短凸模可以按标准选用或按常规设计。当工作部分和固定部分的直径差太大时，可设计多台阶结构。各台阶过渡部分必须用圆弧光滑连接，不允许有刀痕。图 5-2 所示为常见的小凸模及其装配形式。

图 5-3 所示为带顶出销的凸模结构，利用弹性顶销使废料脱离凸模端面。也可在凸模中心加通气孔，减小冲孔废料与冲孔凸模端面上的“真空区压力”，使废料易脱落。

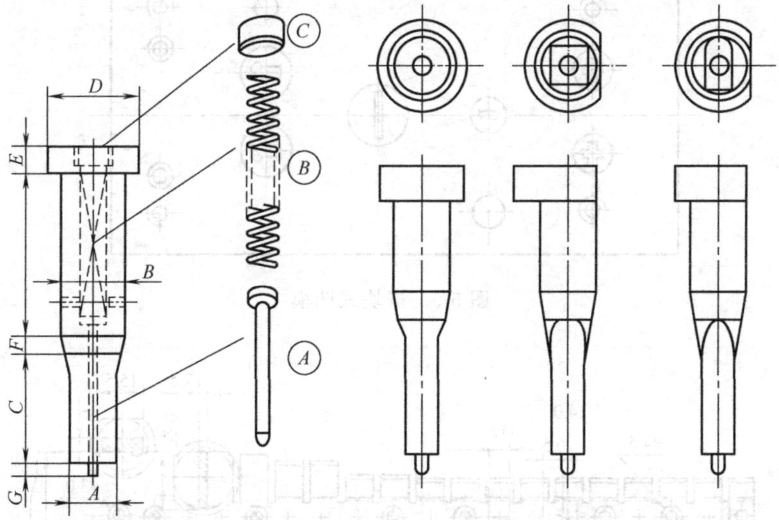


图 5-3 能排除废料的凸模

图 5-4 所示为 6 种磨削凸模的形式。图（a）所示为直通式凸模，图（b）、（c）所示是同样断面的冲裁凸模，图（d）所示两侧有异形突出部分，此结构上宜采用镶拼结构。图（e）所示为一般使用的整体成形磨削带突起的凸模。图（f）所示用于快换的凸模结构。

**（2）多工位级进模凹模**

① 嵌块式凹模　图 5-5 所示是嵌块式凹模。特点是嵌块套做成圆形，且可选用标准的零件。嵌块损坏后可迅速更换备件。嵌块在设计排样图时，就应考虑布置的位置及嵌块的大小，如图 5-6 所示。

② 拼块式凹模　采用放电加工的拼块拼装的凹模，凹模多采用并列组合式结构；若将型孔口轮廓分割后进行成形磨削加工，然后将拼块装在所需的垫板上，再镶入凹模框并以螺栓固定，则此结构为成形磨削拼装组合凹模。

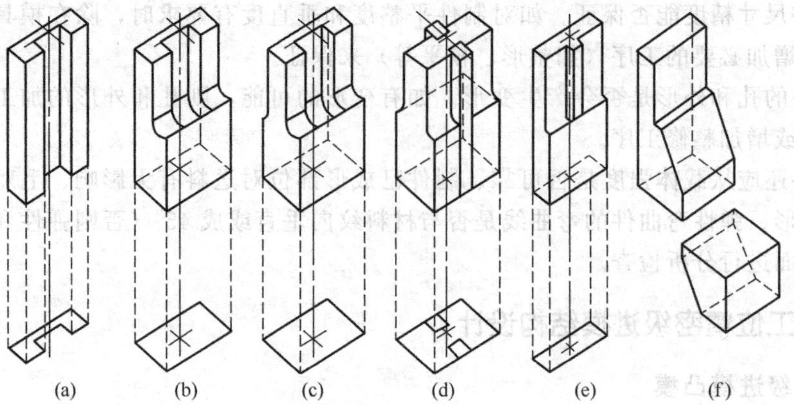


图 5-4 成形磨削凸模的典型结构

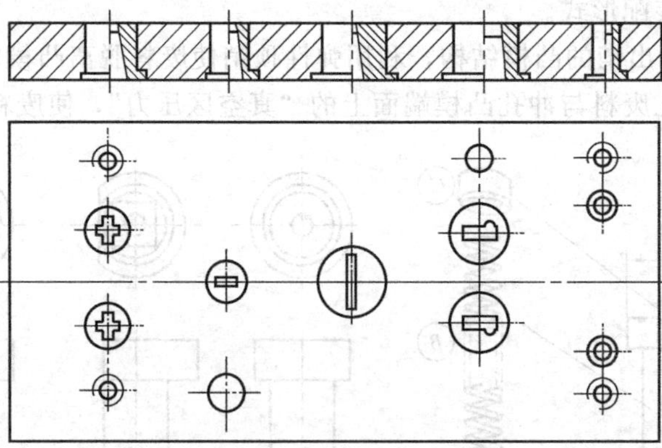

图 5-5 嵌块式凹模

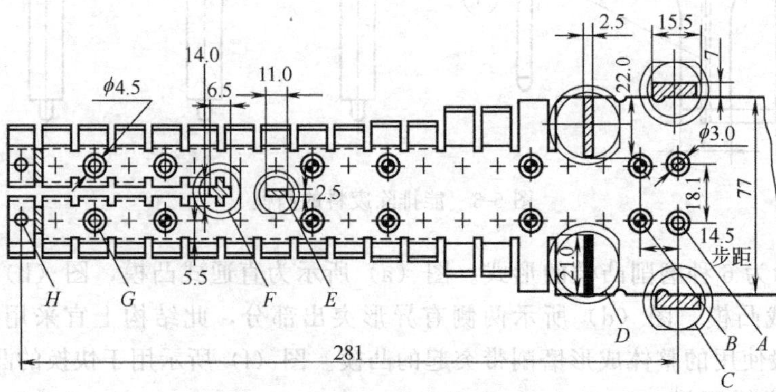


图 5-6 嵌块在排样图中的布置

③ 拼块凹模的固定形式

a. 平面固定式 平面固定是将凹模各拼块分别用定位销（或定位键）和螺钉固定在垫板或下模座上，如图 5-7 所示。适用于拼块凹模或较大拼块分段的固定。

b. 直槽固定式 直槽固定是将拼块凹模直接嵌入固定板的通槽中，各拼块不用定位销，而在直槽两端用键或楔及螺钉固定，如图 5-8 所示。

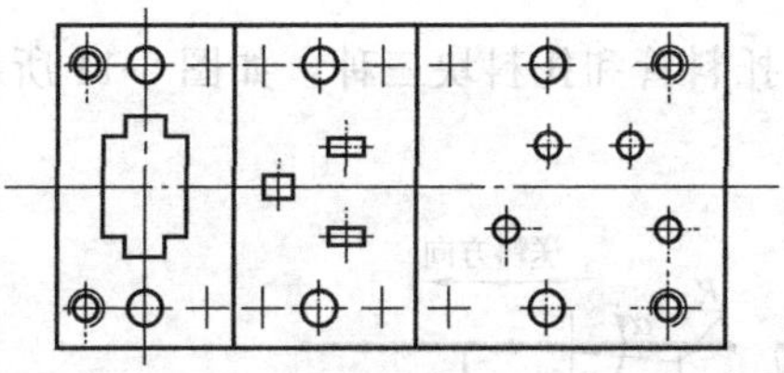

图 5-7 平面固定式拼块凹模

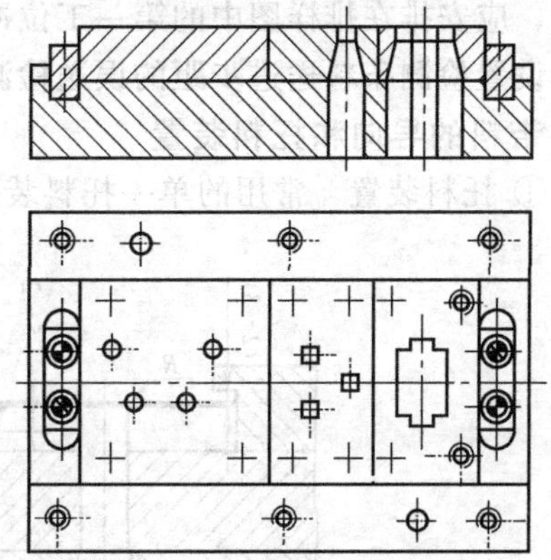

图 5-8 直槽固定式拼块凹模

c. 框孔固定式 框孔固定式有整体框孔和组合框孔两种，如图 5-9 所示。

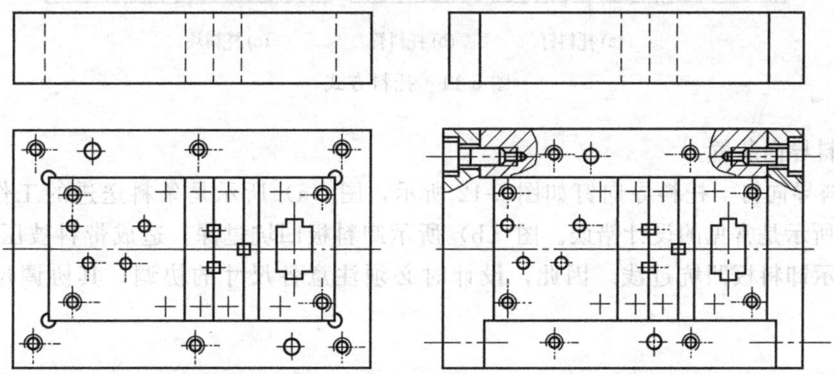

(a) 整体框孔固定式　(b) 组合框孔固定式

图 5-9 框孔固定式拼块凹模

**(3) 带料的导正定位**

一般将导正销与侧刃配合使用，侧刃作定距和初定位，导正销作精定位。作精定位的导

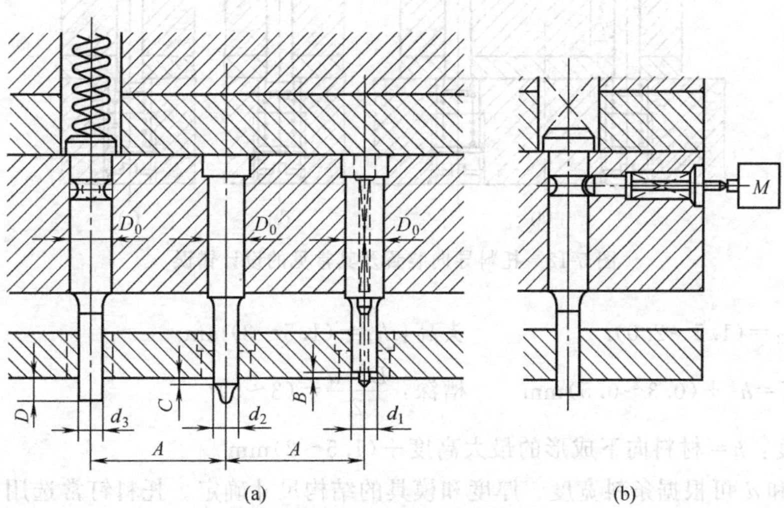


(a)　(b)

图 5-10 条料的导正与检测

正孔，应安排在排样图中的第一工位冲出，导正销设置在紧随冲导正孔的第二工位，第三工位可设置检测条料送进步距的误送检测凸模，如图 5-10 所示。

**(4) 带料的导向和托料装置**

① 托料装置　常用的单一托料装置有托料钉、托料管和托料块三种，如图 5-11 所示。

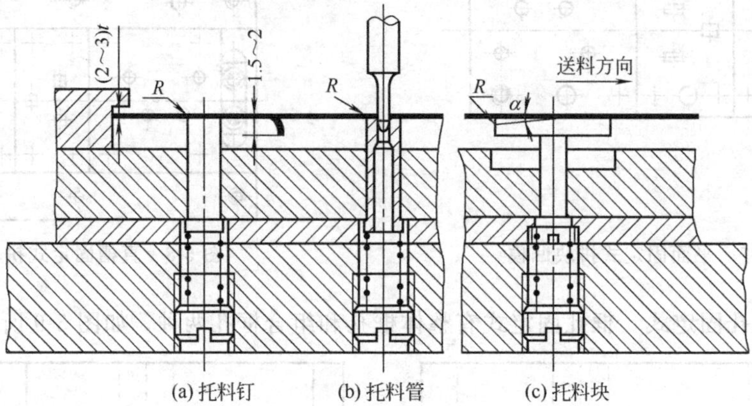


图 5-11　托料方式

② 托料导向装置

a. 托料导向钉　托料导向钉如图 5-12 所示，图（a）所示是条料送进的工作位置，图（b）、（c）所示是常见的设计错误。图（b）所示卸料板凹坑过深，造成带料被压入凹坑内；图（c）所示卸料板凹坑过浅。因此，设计时必须注意各尺寸的协调，其协调尺寸推荐值如下。

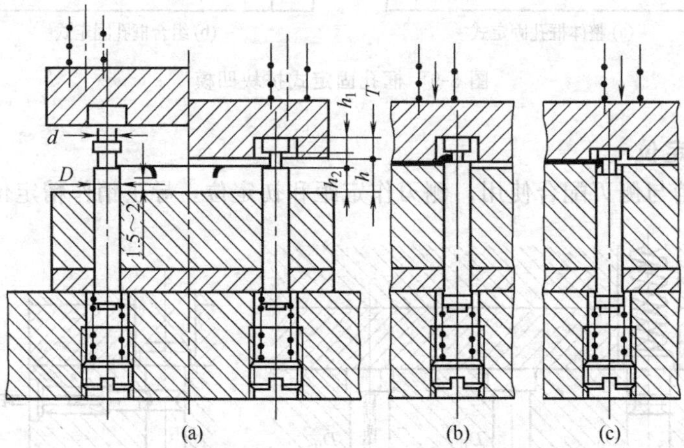


图 5-12　托料导向装置及其常见的设计错误

槽宽：$h_2=(1.5\sim2.0)t$　　头高：$h_1=(1.5\sim3)\text{mm}$

坑深：$T=h_1+(0.3\sim0.5)\text{mm}$　　槽深：$\dfrac{D-d}{2}=(3\sim5)t$

浮动高度：$h$=材料向下成形的最大高度+(1.5~2)mm

尺寸 $D$ 和 $d$ 可根据条料宽度、厚度和模具的结构尺寸确定。托料钉常选用合金工具钢，淬硬到 58~62 HRC，并与凹模孔成 H7/h6 配合。

b. 托料导向板　图 5-13 所示为托料导向板的结构，它由 4 根浮动导销与 2 条导轨式导板所组成，适用于薄料和要求较大托料范围的材料托起。

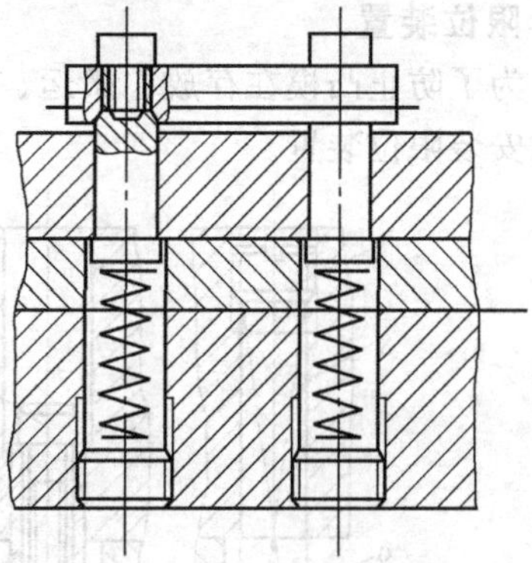

图 5-13　托料导向板

**(5) 卸料装置的设计**

① 卸料板的结构　多采用分段拼装结构固定在一块刚度较大的基体上。图 5-14 所示是由 5 个拼块组合而成的卸料板。中间 3 个拼块经磨削加工后直接压入通槽内，仅用螺钉与基体连接。

② 卸料板的导向形式　卸料板有很高的运动精度，要在卸料板与上模座之间增设辅助导向零件——小导柱和小导套，如图 5-15 所示。当冲压的材料比较薄，精度较高、工位数又较多时，应选用滚珠式导柱导套。

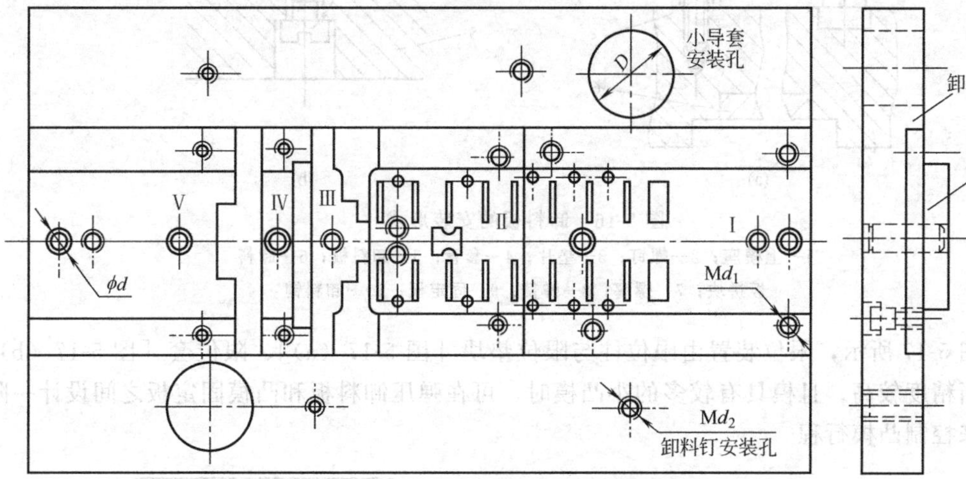


图 5-14　拼块式弹压导板

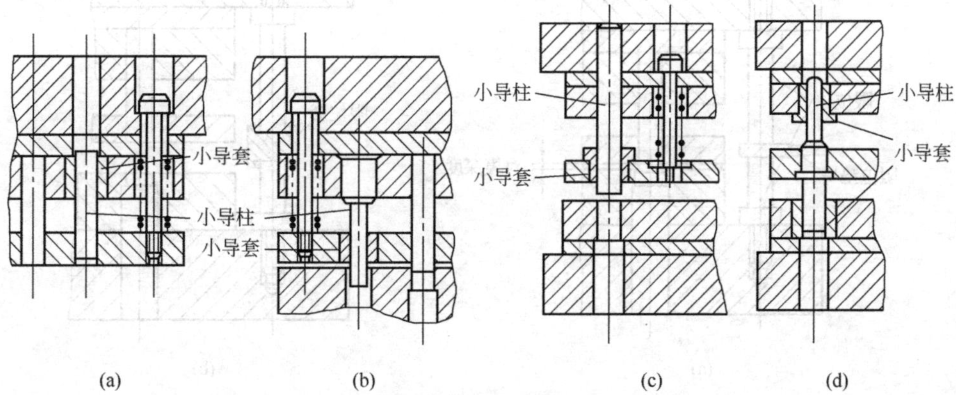


图 5-15　小导柱、小导套

③ 卸料板的安装形式　图 5-16（a）所示卸料板的安装形式是多工位精密级进模中常用的结构。图 5-16（b）所示采用的是内螺纹式卸料螺钉，弹簧压力通过卸料螺钉传至卸料板。

**(6) 限位装置**

为了防止凸模在存放、搬运、试模过程中过多地进入凹模损伤模具，在设计级进模时应考虑安装限位装置。

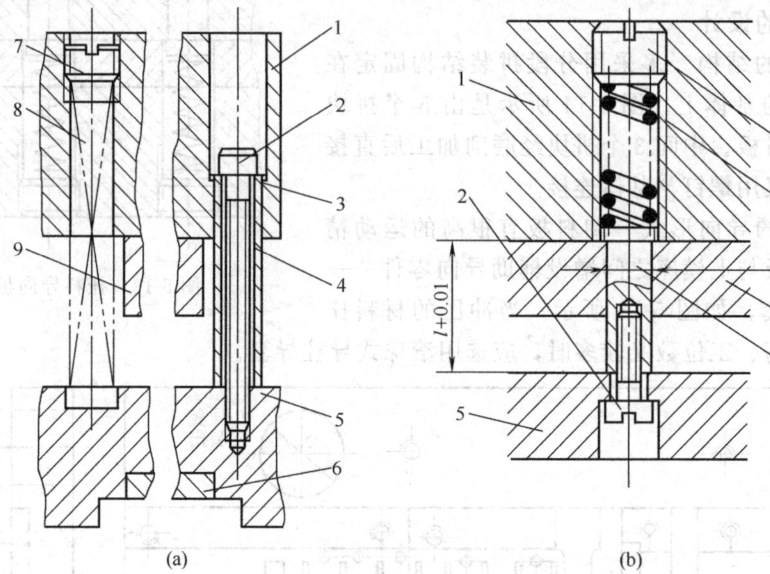


图 5-16　卸料板的安装形式

1—上模座；2—螺钉；3—垫片；4—套管；5—卸料板；6—卸料板拼块；7—螺塞；8—弹簧；9—固定板；10—卸料销

如图 5-17 所示，限位装置由限位柱与限位垫块［图 5-17（a）］、限位套［图 5-17（b）］组成。当精度较高，且模具有较多的小凸模时，可在弹压卸料板和凸模固定板之间设计一限位垫板来控制凸模行程。

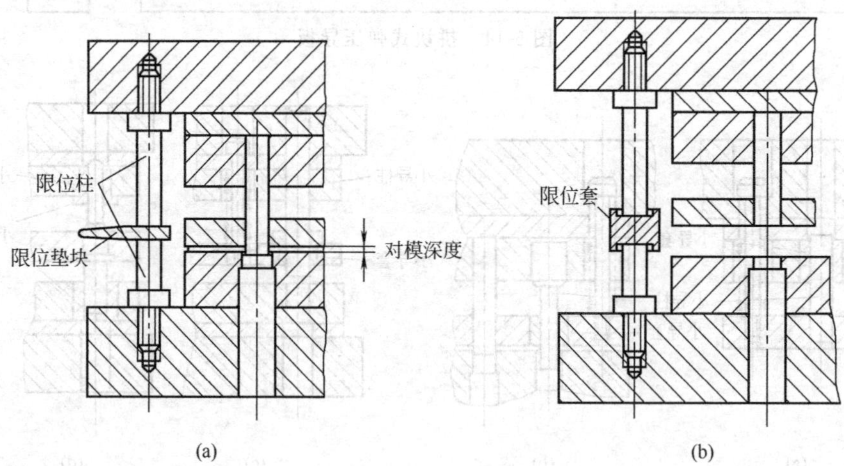


图 5-17　限位装置

## 5.1.3 多工序级进弯曲模设计

**(1) 弯曲件的工序、定距和定位**

生产中多数弯曲件不能一次弯曲成形，而工序安排的好坏直接影响零件质量、模具结构、生产效率、废品率、生产成本等。工序安排的依据是零件的生产批量、零件的形状、零件的材料和尺寸大小及精度。弯曲模定距和定位的基本方式及要求与级进冲裁模的相同。在条料托起的情况下，必须使导正销在弹压卸料板与条料接触的同时进行最后导正。

**(2) 工序安排要点**

① 对于形状简单的弯曲件，如 V 形、U 形、Z 形工件等，可以采用一次弯曲成形。对于形状复杂的弯曲件，一般需要采用两次或多次弯曲成形。

② 对于批量大而尺寸较小的弯曲件，为使操作方便、定位准确和提高生产率，应尽可能采用级进模或复合模。

③ 需多次弯曲时，弯曲次序一般是先弯两端，后弯中间部分，前次弯曲应考虑后次弯曲有可靠的定位，后次弯曲不能影响前次已成形的形状。

④ 当弯曲件几何形状不对称时，为避免压弯时坯料偏移，应尽量采用成对弯曲，然后再切成两件的工艺。

**(3) 弯曲方向与送料方式**

多工序级进弯曲模常用的送料方式如下。

① 按送进步距送料。弯曲毛坯冲落后再反向嵌入废料边框中，随条料送进到弯曲工位，如图 5-18 所示。但弹顶力 $F$ 不足和材料较薄时，反向嵌入较困难。

② 少、无废料送料。图 5-19 所示条料前端切断后，在模具工作表面上依靠条料后端将弯曲毛坯推移送进到弯曲工位。

③ 留搭边送料。弯曲处与条料分离，留有局部连接处，送料到弯曲工位，弯曲成形后切断连接处，如图 5-20 所示。

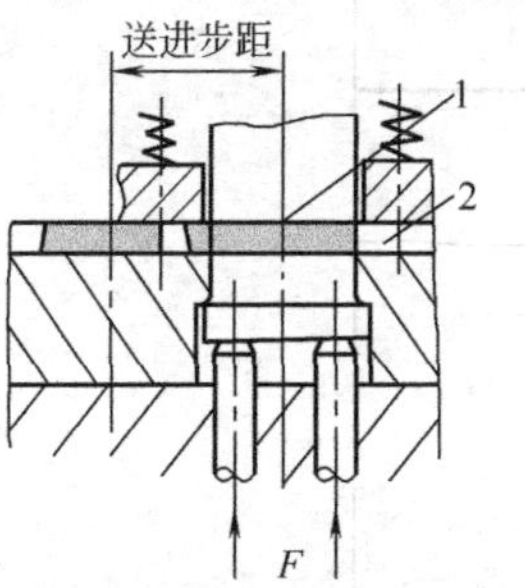


图 5-18 按送进步距送料

1—毛坯；2—废料边框

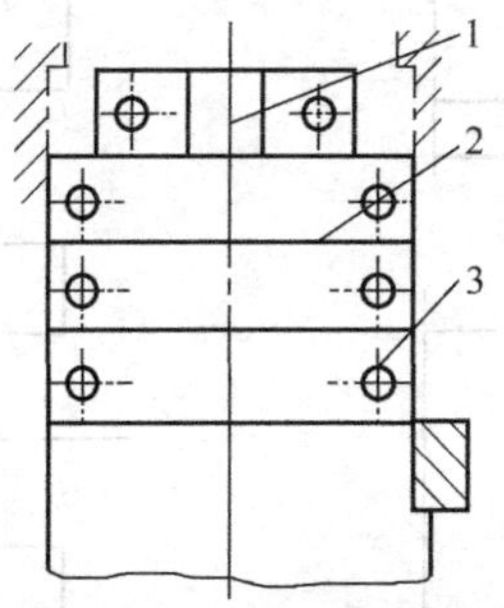


图 5-19 少、无废料送料

1—弯曲；2—切断；3—冲孔

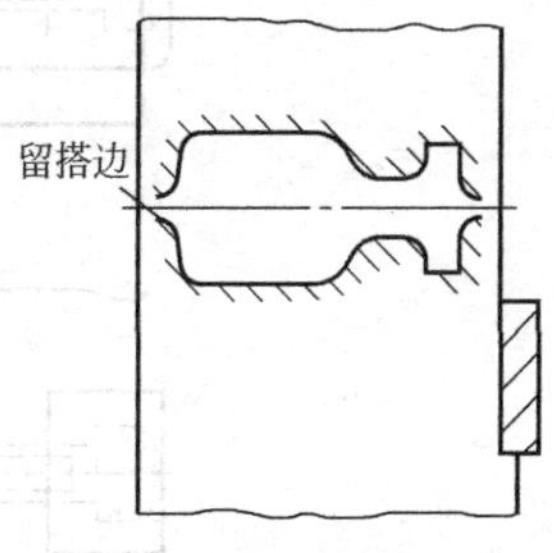


图 5-20 留搭边送料

需进行多次弯曲的零件，一般应选用冲压行程方向作为零件的弯曲方向。对于薄料，必要时可采用活动凹模在其他方向进行弯曲成形。

**(4) 级进弯曲模托料装置设计**

弯曲件预成形后往往滞留在下模部分，需托起后条料才能送进。

① 托料钉托料　用单独组合的托料钉托料如图 5-21 所示，托料钉组合可根据工艺要求灵活布置。这种适合于托料力不大、托料高度较低的模具。

② 托料板托料　托料板托料适用于托料力较大的模具，图 5-22 所示上推杆的作用是保证冲压开始前托板开始回缩，避免条料产生压痕，影响弯曲质量。

③ 托料导向板托料　当托料行程较大时可用图 5-23 所示的托料导向板托料，条料两侧搭边应有一定长度，条料本身应具有较大的刚度。条料刚度不足时，可与托料钉配合使用。

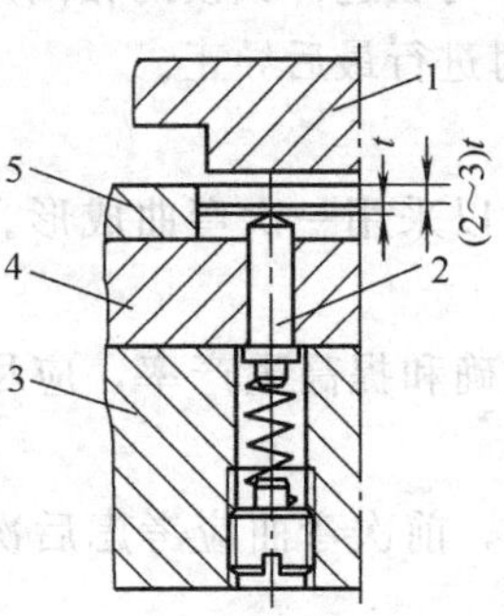


图 5-21　托料钉托料

1—卸料板；2—托料钉；3—下模座；4—凹模；5—导料板

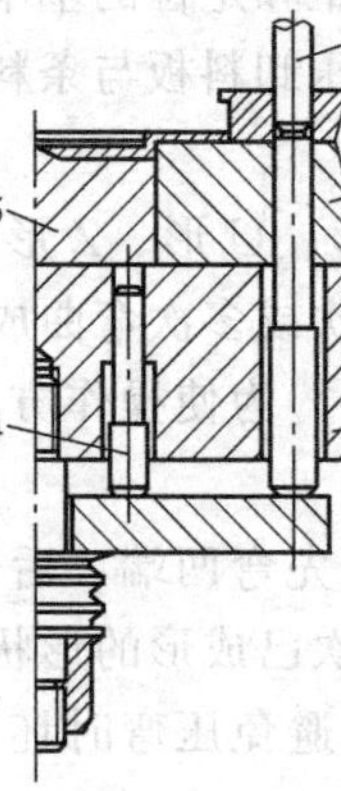


图 5-22　托料板托料

1—上推杆；2—凹模；3—下模座；4—顶杆；5—托料板

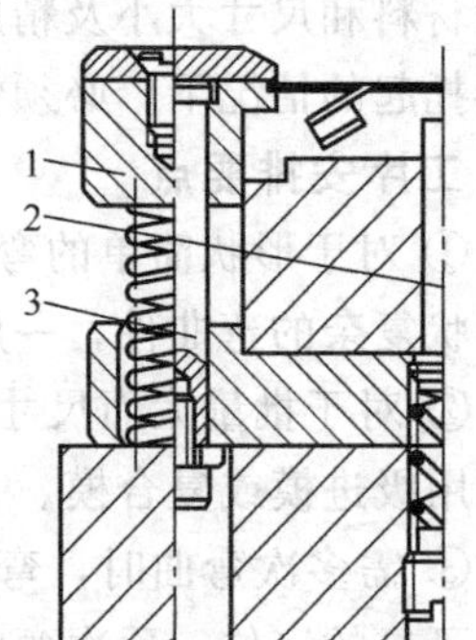


图 5-23　托料导向板托料

1—托料导向板；2—托料钉；3—小导柱

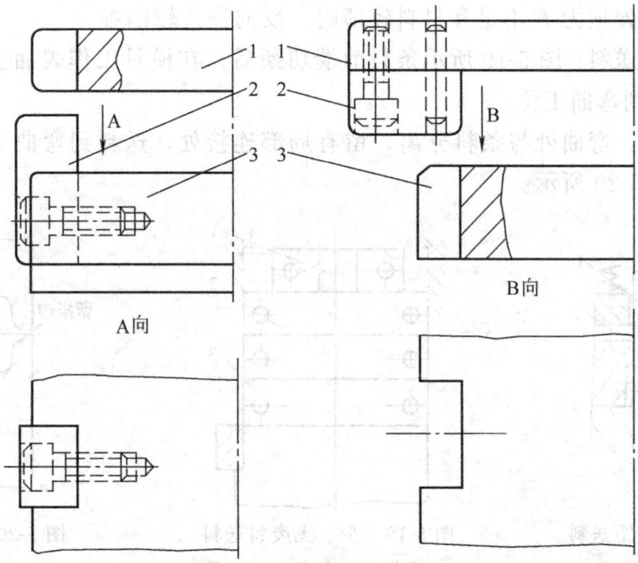


(a) 淬硬卸料板的结构　　(b) 不淬硬卸料板的结构

图 5-24　矩形导向件卸料板

1—卸料板；2—矩形导向件；3—凹模

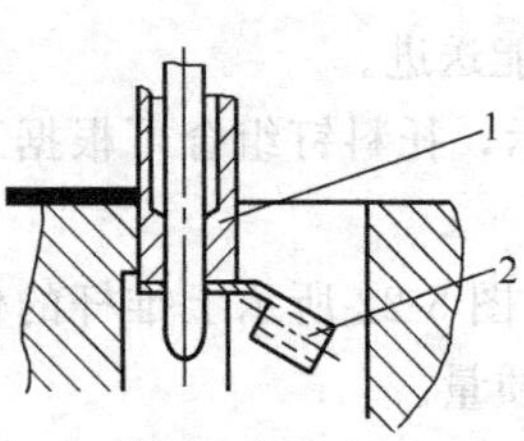


图 5-25　卸料板和托料导向板的相对位置

1—卸料板；2—托料导向板

**(5) 卸料板设计**

卸料板的基本结构形式与普通冲裁模的相同。采用矩形导向件的卸料板结构紧凑，加工方便，见图 5-24。卸料板和托料导向板的相对位置见图 5-25。

**(6) 级进弯曲模凸模固定方式**

① 螺钉紧固　弯曲凸模和固定板采用间隙配

合，并采用螺钉紧固。修磨冲裁凸模刃口时，拆下弯曲凸模并相应修磨其基面，保持冲裁凸模和弯曲凸模的高度差。图 5-26 所示适合用于弯曲凸模数不多、定位精度要求不高的模具。

② 固定板固定　小固定板固定在大固定板和上模座上，如图 5-27 所示，方便修磨冲裁刃口和弯曲凸模的基面，也方便更换强度较差、易损的冲裁凸模和调整冲裁间隙。

③ 卸料板固定　弯曲凸模固定在卸料板上，如图 5-28 所示，适合用在弯曲深度较浅，材料较薄的零件。

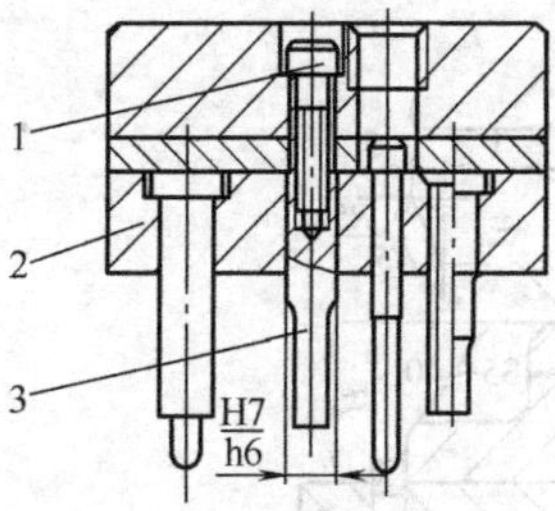


图 5-26　螺钉紧固

1—螺钉；2—固定板；3—弯曲凸模

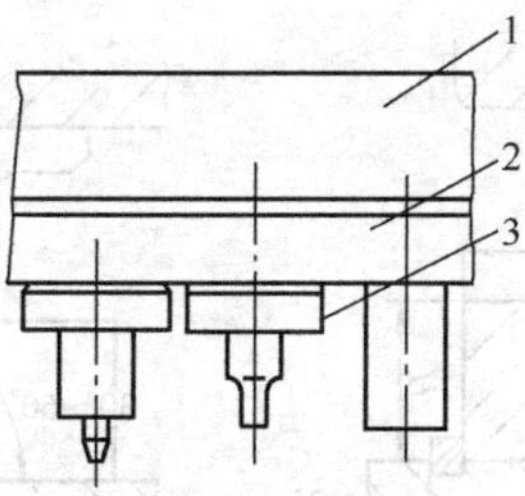


图 5-27　固定板固定

1—上模座；2—大固定板；3—小固定板

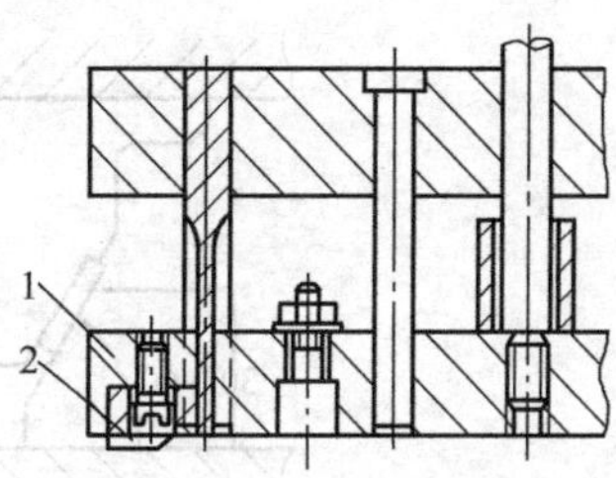


图 5-28　卸料板固定

1—卸料板；2—弯曲凸模

在工艺许可的情况下，应适当加长冲裁凸模的工作长度，以便减少修磨弯曲凸模的次数。弯曲成形后的落料凸模长度，应能保证弯曲件在正常的闭模状态下不滞留在凹模内，否则弯曲件相互挤压，影响成形精度。

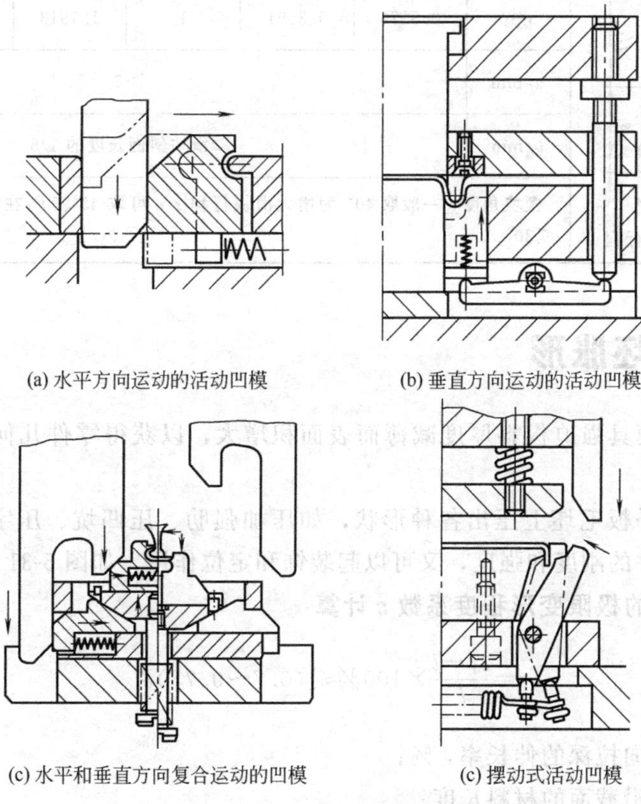

(a) 水平方向运动的活动凹模

(b) 垂直方向运动的活动凹模

(c) 水平和垂直方向复合运动的凹模

(c) 摆动式活动凹模

图 5-29　活动凹模的结构形式

**(7) 级进弯曲模凹模设计**

凹模组合设计的基本要求是使弯曲凹模具有可靠的配合定位面，便于装拆。当冲裁刃口修磨 $\Delta h$ 后，弯曲部分的定位面应同样修磨 $\Delta h$，使冲裁刃口和弯曲成形部分始终保持合理的相对位置关系。其设计实例参看第 7 章。

级进弯曲模活动凹模的常见结构形式见图 5-29。滑块结构形式见图 5-30，斜楔、滑块的结构尺寸见表 5-7。

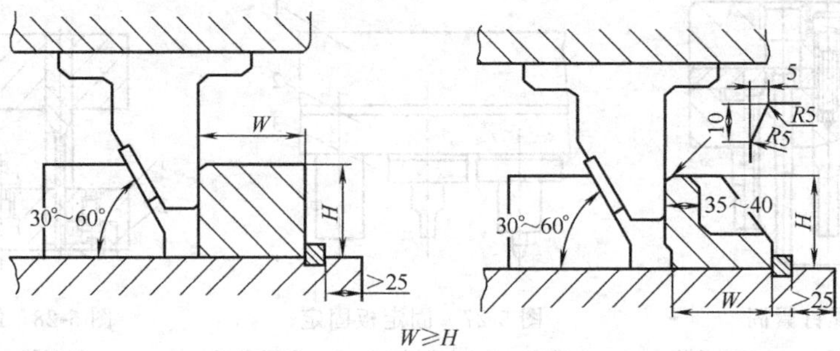


图 5-30 滑块结构形式

**表 5-7 斜楔、滑块结构尺寸**

| | α | 30° | 40° | 45° | 50° | 55° | 60° |
|---|---|---|---|---|---|---|---|
| 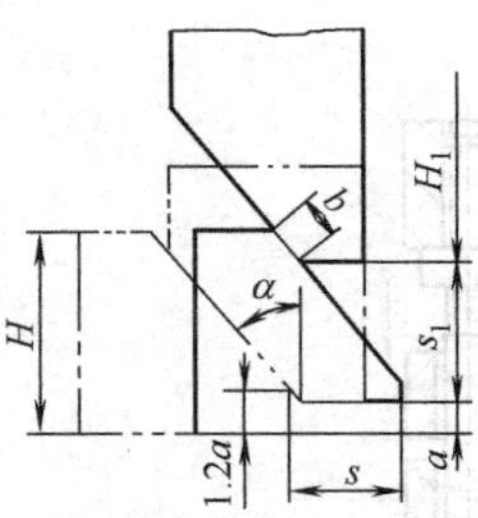 s—滑块行程；$s_1$—斜楔行程 | $s/s_1$ | 0.5174 | 0.8391 | 1 | 1.1918 | 1.4281 | 1.7321 |
| | a/mm | >5 | | | | | |
| | b/mm | ≥滑块斜面长度的 1/5 | | | | | |
| | 楔块角度 α 一般取 40°，为增大滑块行程 s，α 可取 45°、50°；在滑块受力很大时，可取 α≤30° | | | | | | |

## 5.2 平板毛坯胀形

胀形是指利用模具强迫板料厚度减薄而表面积增大，以获得零件几何形状的冲压加工方法。

胀形可用于在平板毛坯上压出各种形状，如压加强肋、压凹坑、压字、压花、压标记等，既可以增加零件的刚度和强度，又可以起装饰和定位作用，如图 5-31 所示。

**(1) 压制加强肋时的极限变形程度系数 ε 计算**

$$\varepsilon=\frac{l_1-l}{l}\times100\%\leqslant(0.7\sim0.75)\delta \tag{5-3}$$

式中 $\delta$——材料单向拉深的伸长率，%；

$l_1$——胀形后沿截面的材料长度；

$l$——胀形前截面的原长。

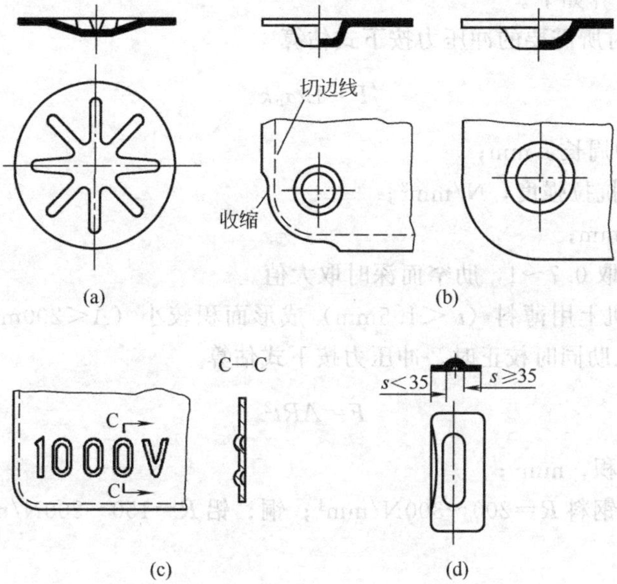


图 5-31 起伏成形

如果计算结果不符合这一条件，则应增加工序。系数 0.7～0.75 视肋的形状而定，半圆肋取大值，梯形肋取小值。加强肋的形状和尺寸如表 5-8 所示。

**表 5-8 加强肋的形状和尺寸**

| 形状 | 简　图 | $R$ | $h$ | $r$ | $B$ | $\alpha$ |
|---|---|---|---|---|---|---|
| 半圆形 | 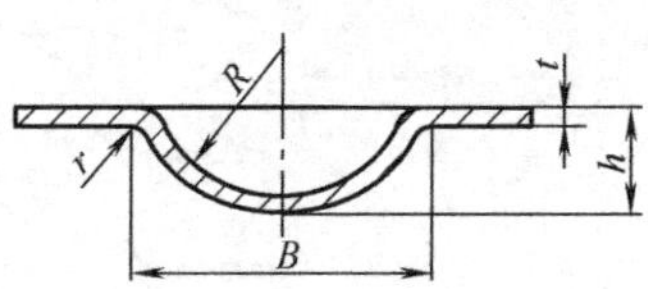 | $(3\sim4)t$ | $(2\sim3)t$ | $(1\sim2)t$ | $(7\sim10)t$ | |
| 梯形 | 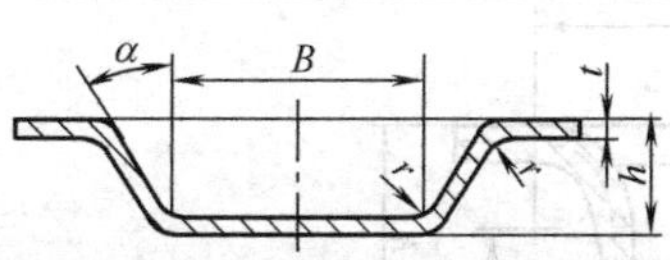 | | $(1.5\sim2)t$ | $(0.5\sim1.5)t$ | $\geqslant3h$ | $15°\sim30°$ |

**(2) 压制凹坑时的极限变形程度**

压制凹坑时的极限变形程度用凹坑深度 $h$ 表示。用半圆形凸模在低碳钢、软铝等材料上冲凹坑时可能达到的极限深度可取到凸模直径的 1/3；用平端面凸模压凹坑时的极限深度见表 5-9。

**表 5-9 平板毛坯上冲凹坑的极限深度**

| 图　形 | 材　料 | 极限深度 $h$ |
|---|---|---|
| 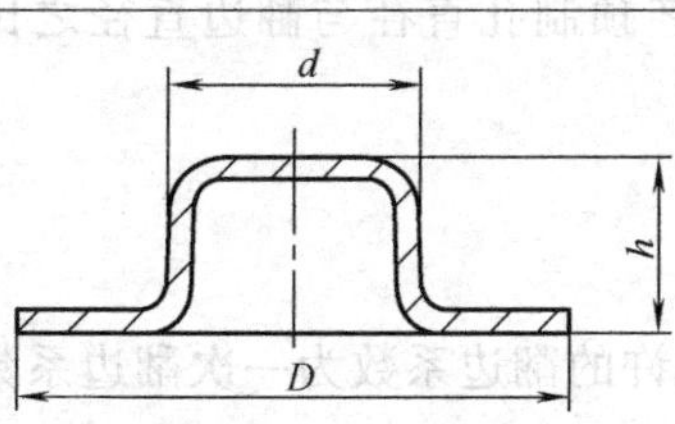 | 软铝<br>铝<br>黄铜 | $\leqslant(0.15\sim0.20)d$<br>$\leqslant(0.1\sim0.15)d$<br>$\leqslant(0.15\sim0.22)d$ |

胀形的冲压力计算如下。

① 压制加强肋时所需要的冲压力按下式估算

$$F=Lt\sigma_b k \quad (5\text{-}4)$$

式中 $L$——加强肋周长，mm；

$\sigma_b$——材料的抗拉强度，$N/mm^2$；

$t$——板厚，mm；

$k$——系数，取 0.7～1，肋窄而深时取大值。

② 在曲柄压力机上用薄料（$t<1.5mm$）成形面积较小（$A<200mm^2$）的胀形零件时（加强肋除外），或压肋同时校正时，冲压力按下式估算

$$F=ARt^2 \quad (5\text{-}5)$$

式中 $A$——成形面积，$mm^2$；

$R$——系数，钢料 $R=200\sim300N/mm^4$；铜、铝 $R=150\sim200N/mm^4$。

## 5.3 翻边

翻边是将工件的孔边缘在模具的作用下，翻出竖直的或呈一定角度的边。

### 5.3.1 孔的翻边

#### (1) 圆孔的翻边

① 圆孔翻边的工艺性（图 5-32）要求

翻边高度：$h>1.5r$

圆角半径：$r\geqslant1+1.5t$

凸缘宽度：$B\geqslant h$

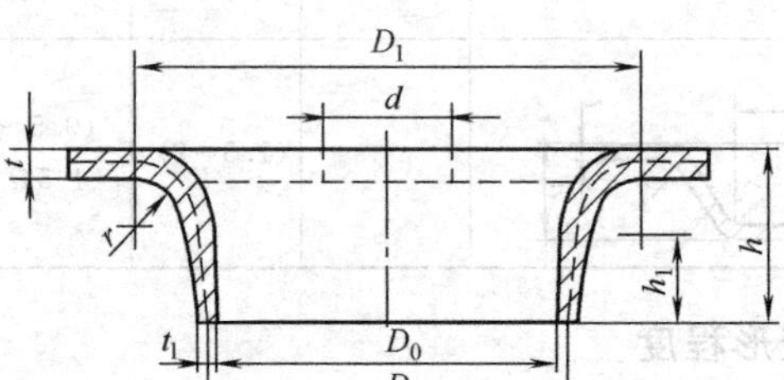


图 5-32 平板毛坯翻边

要求翻边方向与冲孔的方向相反时翻边不易破裂。

② 翻边系数 在圆孔翻边时，变形程度决定于毛坯预制孔直径与翻边直径之比，即翻边系数 $K$

$$K=d/D \quad (5\text{-}6)$$

当一次翻边能达到一定的翻边高度时，各种材料允许的翻边系数为一次翻边系数，见表 5-10、表 5-11。

表 5-10 低碳钢的极限翻边系数 K

| 翻边方法 | 孔的加工方法 | 比值 $d/t$ | | | | | | | | | | |
|---|---|---|---|---|---|---|---|---|---|---|---|---|
| | | 100 | 50 | 35 | 20 | 15 | 10 | 8 | 6.5 | 5 | 3 | 1 |
| 球形凸模 | 钻后去毛刺 | 0.70 | 0.60 | 0.52 | 0.45 | 0.40 | 0.36 | 0.33 | 0.31 | 0.30 | 0.25 | 0.20 |
| | 用冲孔模冲孔 | 0.75 | 0.65 | 0.57 | 0.52 | 0.48 | 0.45 | 0.44 | 0.43 | 0.42 | 0.42 | — |
| 圆柱形凸模 | 钻后去毛刺 | 0.80 | 0.70 | 0.60 | 0.50 | 0.45 | 0.42 | 0.40 | 0.37 | 0.35 | 0.30 | 0.25 |
| | 用冲孔模冲孔 | 0.85 | 0.75 | 0.65 | 0.60 | 0.55 | 0.52 | 0.50 | 0.50 | 0.48 | 0.47 | — |

表 5-11 其他一些材料的翻边系数

| 退火的材料 | 翻边系数 | | 退火的材料 | 翻边系数 | |
|---|---|---|---|---|---|
| | $K$ | $K_{min}$ | | $K$ | $K_{min}$ |
| 白铁皮 | 0.70 | 0.65 | 硬铝 | 0.89 | 0.80 |
| 黄铜 H62($t$=0.5～6mm) | 0.68 | 0.62 | 软钢($t$=0.25～2mm) | 0.72 | 0.68 |
| 铝($t$=0.5～5mm) | 0.70 | 0.64 | | | |

第二次以后圆孔翻边工序的翻边系数 $K_j$

$$K_j=(1.5\sim1.2)K \tag{5-7}$$

式中 $K$——表 5-10 和表 5-11 中查出的翻边系数。

③ 翻边的工艺计算

a. 毛坯尺寸的计算 在翻边工序之前，需在毛坯上预加工出工艺底孔，其大小应按翻边直径和翻边高度来计算。

预制孔直径

$$d=D-2(h-0.43r-0.72t) \tag{5-8}$$

翻边高度

$$h=\frac{D}{2}(1-d/D)+0.43r+0.72t=\frac{D}{2}(1-K)+0.43r+0.72t \tag{5-9}$$

式中各符号意义见图 5-32。

最大翻边高度

$$h_{max}=\frac{D}{2}(1-K_{min})+0.43r+0.72t \tag{5-10}$$

当制件要求高度 $h>h_{max}$时，不能一次直接翻边成形，可采用加热翻边、多次翻边，或拉深后冲底孔再翻边的方法。

b. 确定孔翻边次数 如果制件翻边高度很大，计算所得的翻边系数小于表 5-10、表 5-11 中所列数值时，需多次翻边。

计算方法

$$n=1+\frac{\lg K-\lg K_n}{\lg(1.2K_n)} \tag{5-11}$$

式中 $n$——翻边次数；

$K$——翻边系数，按表 5-10、表 5-11 选取；

$K_n$——多次翻边系数，一般取 $K_n=(1.15\sim1.2)K$。

c. 翻边力的计算　翻边力要比拉深力小得多，一般用圆柱形平底凸模进行翻边时，计算翻边力的公式为

$$F=1.1\pi(D-d)t\sigma_s \tag{5-12}$$

式中　$\sigma_s$——材料的屈服强度，MPa。

无预制孔的翻边力比有预制孔的大 1.33～1.75 倍，凸模形状和凸、凹模间隙对翻边力有很大影响，如果用球形凸模或锥形凸模翻边时，所需的力略小于用式（5-12）计算的数值，约降低 20%～30%。

d. 翻边凸、凹模设计　图 5-33 所示为几种常见的圆孔翻边凸模形状和主要尺寸。图（a）所示为带有定位销、圆孔直径为 10mm 以上的翻边凸模；图（b）所示为没有定位销且零件处于固定位置上的翻边凸模；图（c）所示为带有定位销，圆孔直径为 10mm 以下的翻边凸模；图（d）所示为带有定位销，圆孔直径小于 4mm，可同时冲孔和翻边的翻边凸模；图（e）所示为无预制孔的精度不高的翻边凸模。凹模圆角半径对翻边成形影响不大，取值一般为零件的圆角半径。

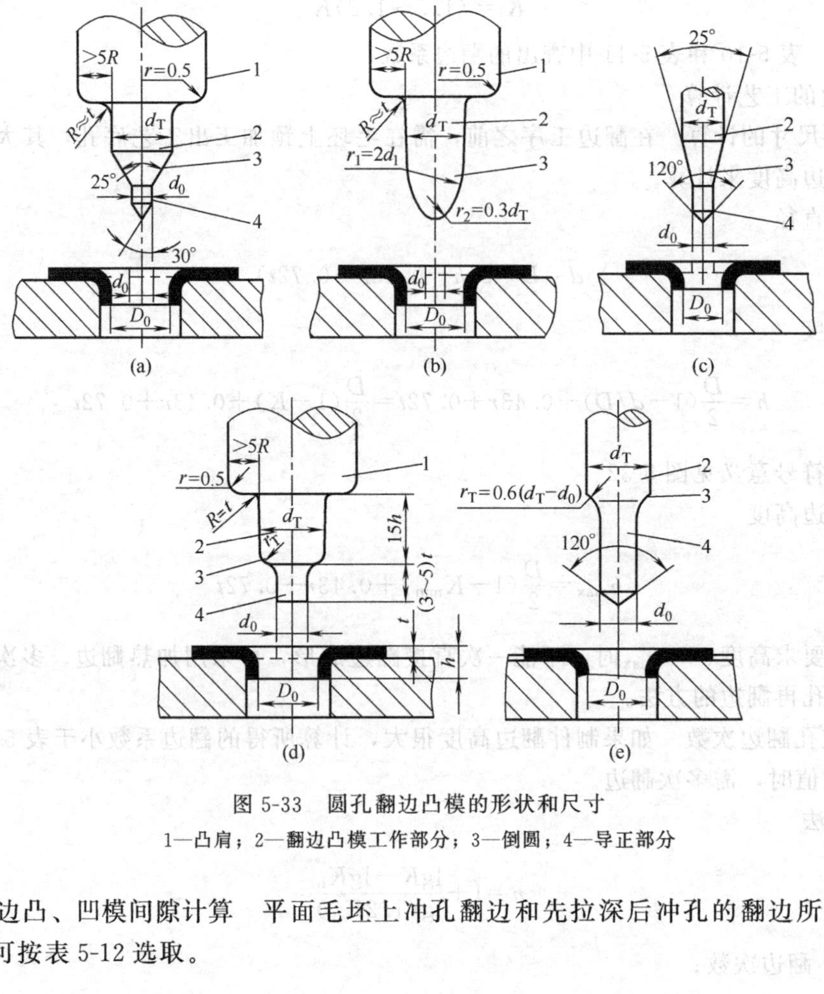


图 5-33　圆孔翻边凸模的形状和尺寸

1—凸肩；2—翻边凸模工作部分；3—倒圆；4—导正部分

e. 翻边凸、凹模间隙计算　平面毛坯上冲孔翻边和先拉深后冲孔的翻边所用的凸、凹模间隙值可按表 5-12 选取。

表 5-12 翻边的凸、凹模间隙值 mm

| 材料厚度 | 0.3 | 0.5 | 0.7 | 0.8 | 1.0 | 1.2 | 1.5 | 2.0 |
|---|---|---|---|---|---|---|---|---|
| 平毛坯翻边 | 0.25 | 0.45 | 0.6 | 0.7 | 0.85 | 1.0 | 1.3 | 1.7 |
| 拉深后翻边 | — | — | — | 0.6 | 0.75 | 0.9 | 1.1 | 1.5 |

当翻边时内孔有尺寸精度要求时，尺寸精度由凸模保证。这时，按下式计算凸、凹模尺寸

$$D_T=(D_0+\Delta)_{-\delta_T}^{0} \tag{5-13}$$

$$D_A=(D_T+2Z)_{-0}^{+\delta_A} \tag{5-14}$$

式中 $D_T$，$D_A$——凸、凹模直径；

$\delta_T$，$\delta_A$——凸、凹模公差；

$D_0$——圆孔最小内径；

$\Delta$——圆孔内径公差。

如果对翻边圆孔的外径精度要求较高时，凸、凹模之间应取小间隙，以便凹模对直壁外侧产生挤压作用，从而控制其外形尺寸。

**(2) 非圆孔的翻边**

非圆孔翻边的变形性质比较复杂，它包括有圆孔翻边、弯曲、拉深等变形性质。对于非圆孔翻边的预制孔，可以分别按圆孔翻边、弯曲、拉深展开，然后用作图法将其展开线光滑连接即可(图 5-34)。

图 5-34 中，可分为 8 个部分，属于圆孔翻边性质的有 2、4、6、7 和 8，1 和 5 可看作简单的弯曲，而内凹弧 3 可视为拉深部分。

在非圆孔翻边中，由于变形性质不相同的各部分相互影响，对翻边和拉深均有利，因此翻边系数可取圆孔翻边系数的 85%～90%。即

$$K'=(0.85\sim0.9)K \tag{5-15}$$

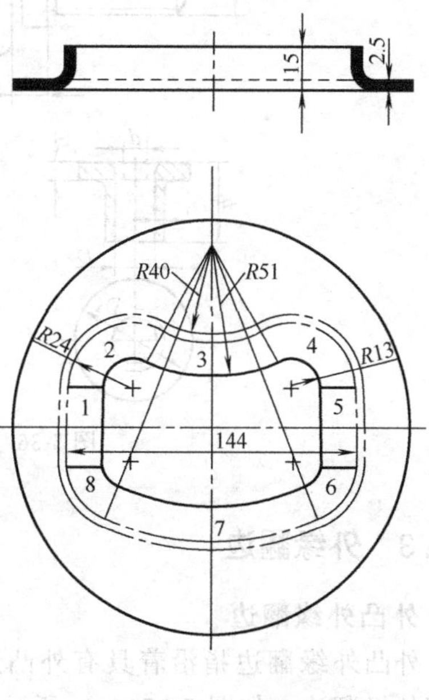


图 5-34 非圆孔的翻边

## 5.3.2 变薄翻边

对于翻边高度较大的制件，如果允许壁厚变薄时，可以采用变薄翻边，用变薄翻边的方法既提高了生产率，又节约了材料。

变薄翻边预制孔尺寸的计算如下。

当 $r<3$mm 时

$$d=\sqrt{\frac{d_3^2t-d_3^2h+d_1^2h}{t}} \tag{5-16}$$

当 $r\geqslant3$mm 时

$$d=\sqrt{\frac{d_1^2h-d_3^2h_1+\pi r^2D_1-D_1^2r}{h-h_1-r}} \tag{5-17}$$

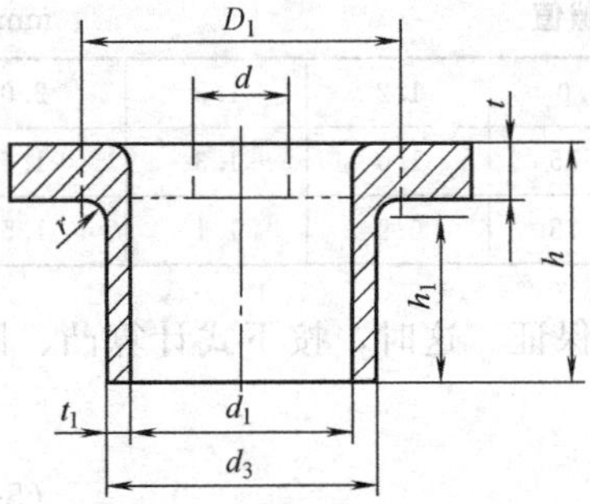


图 5-35 变薄翻边的尺寸计算

式中符号意义见图 5-35。

翻边孔的外径为

$$d_3 = d_1 + 1.3t \tag{5-18}$$

翻边高度 $h$ 值一般取 $(2\sim2.5)t$。

对于中型孔的变薄翻边，一般是采用阶梯环形凸模在一次行程内对毛坯作多次变薄加工来达到产品的要求，如图 5-35 所示。图中所示为对黄铜件和铝件用阶梯凸模翻边的例子。其尺寸见表 5-13。

**表 5-13 用阶梯凸模变薄翻边的尺寸** mm

| 材料 | $t$ | $t_1$ | $d$ | $D$ | $D_1$ | $h$ |
|---|---|---|---|---|---|---|
| 黄铜 | 2 | 0.8 | 12 | 26.5 | 33 | 15 |
| 铝 | 1.7 | 0.35 | 4 | 13.7 | 21 | 15 |

表中符号意义见图 5-36。

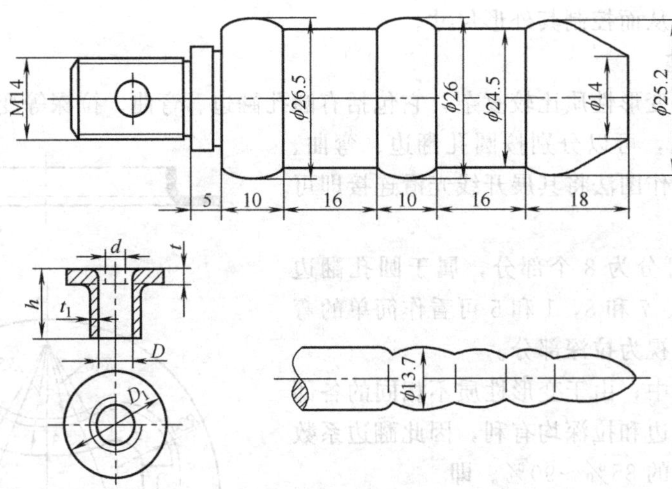


图 5-36 用阶梯形凸模变薄翻边及工件

## 5.3.3 外缘翻边

### (1) 外凸外缘翻边

外凸外缘翻边指沿着具有外凸形状的不封闭外缘翻边，如图 5-37 (a) 所示。这种翻边的变形情况近似于浅拉深。

外凸外缘翻边的变形程度 $\varepsilon_T$ 用下式表示

$$\varepsilon_T = \frac{b}{R+b} \tag{5-19}$$

式中 $b$——翻边的宽度；

$R$——翻边的外凸缘半径。

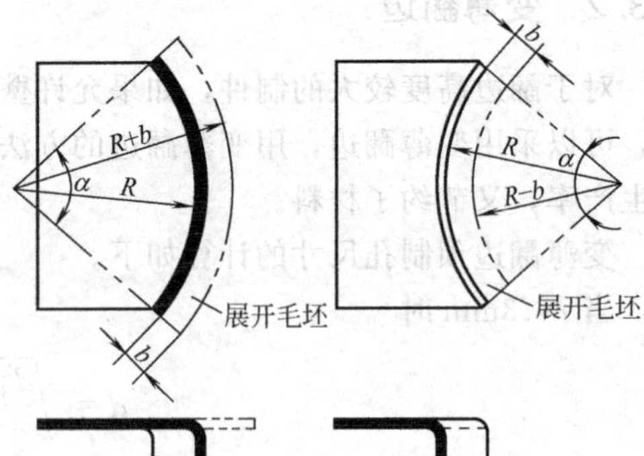


(a) 外凸外缘翻边 (b) 内凹外缘翻边

图 5-37 外缘翻边的两种形式

**(2) 内凹外缘翻边**

内凹外缘翻边指沿着具有内凹形状的外缘翻边，如图 5-37（b）所示。这种翻边的变化情况近似于圆孔翻边。

内凹外缘翻边的变形程度 $\varepsilon_A$ 用下式表示

$$\varepsilon_A=\frac{b}{R-b} \tag{5-20}$$

外缘翻边常见材料的允许变形程度 $\varepsilon_T$ 和 $\varepsilon_A$ 值查表 5-14。

**表 5-14 外缘翻边时常见材料允许变形程度**

| 金属和合金的名称 | | 变形程度 $\varepsilon_T$/% | | 变形程度 $\varepsilon_A$/% | |
|---|---|---|---|---|---|
| | | 橡胶成形 | 模具成形 | 橡胶成形 | 模具成形 |
| 铝合金 | L4(M)① | 25 | 30 | 6 | 40 |
| | L4 硬 | 5 | 8 | 3 | 12 |
| | LF21(M) | 23 | 30 | 6 | 40 |
| | LF21 硬 | 5 | 8 | 3 | 12 |
| | LF2(M) | 20 | 25 | 6 | 35 |
| | LF2 硬 | 5 | 8 | 3 | 12 |
| | LY12(M) | 14 | 20 | 6 | 30 |
| | LY12 硬 | 6 | 8 | 0.5 | 9 |
| | LY11(M) | 14 | 20 | 4 | 30 |
| | LY11 硬 | 5 | 6 | 0 | 0 |
| 黄铜 | H62 软 | 30 | 40 | 8 | 45 |
| | H62 半硬 | 10 | 14 | 4 | 16 |
| | H68 软 | 35 | 45 | 8 | 55 |
| | H68 半硬 | 10 | 14 | 4 | 16 |
| 钢 | 10 | | 38 | — | 10 |
| | 20 | — | 22 | — | 10 |
| | 1Cr18Ni9 软 | — | 15 | — | 10 |
| | 1Cr18Ni9 硬 | — | 40 | — | 10 |
| | 2Cr18Ni9 | — | 40 | — | 10 |

① M 表示退火状态。

外缘翻边可用橡胶模成形，也可在模具上成形。图 5-38 所示是用模具进行的内外缘同时翻边的方法。

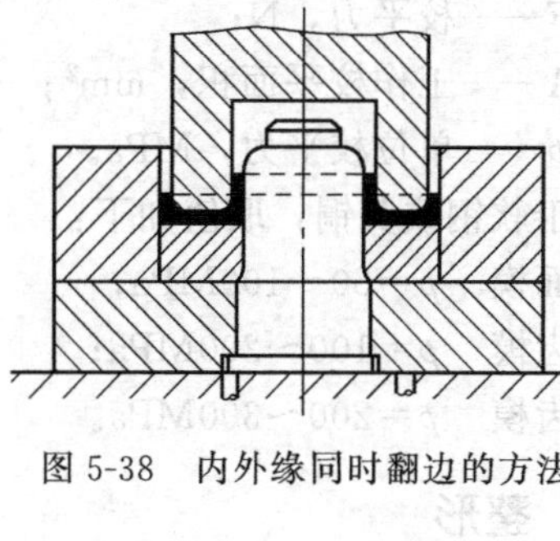

图 5-38 内外缘同时翻边的方法

当把不封闭的外缘翻边作为带有压边的单边弯曲时，翻边力可按下式计算

$$F=1.25Lt\sigma_b K \tag{5-21}$$

式中 $F$——外缘翻边所需的力，N；

$L$——弯曲线长度，mm；

$t$——料厚，mm；

$\sigma_b$——零件材料的抗拉强度，MPa；

$K$——系数，取 0.2～0.3。

# 5.4 校形

## 5.4.1 校平

把不平整的制件放入模具内压平的校形称为校平，主要用于消除或减少制件的平面度误差。

**(1) 校平模类型**

① 光面模　光面模用于薄料且表面不允许有压痕的工件。

② 细齿模　图 5-39 (a) 所示用于材料较厚且表面允许有压痕的工件。齿形在平面上呈正方形或菱形。齿尖磨钝，上下模的齿尖相互叉开。

③ 粗齿模　图 5-39 (b) 所示用于薄料以及铝、铜等有色金属，工件不允许有较深的压痕。齿顶有一定的宽度。

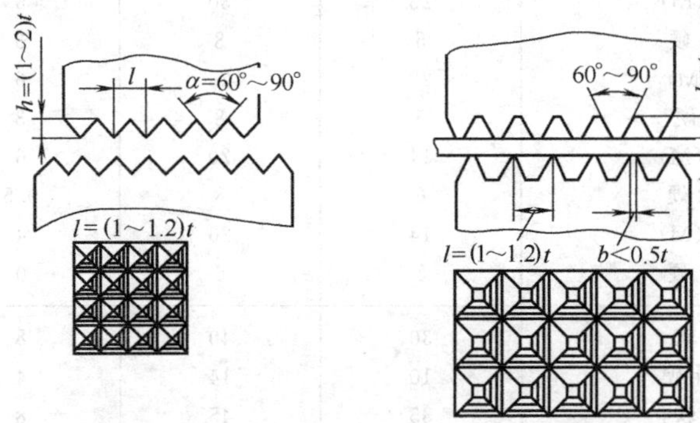


图 5-39　齿形模

**(2) 校平力的计算**

校平力按下式计算

$$F=Ap \qquad (5\text{-}22)$$

式中　$F$——校平力，N；

$A$——工作校平面积，$mm^2$；

$p$——单位校平力，MPa。

对于软钢或黄铜，取值如下：

光面模　$p=50\sim100$MPa；

细齿模　$p=100\sim200$MPa；

粗齿模　$p=200\sim300$MPa。

## 5.4.2 整形

**(1) 整形类型**

① 弯曲件的整形　常采用镦校法，如图 5-40 所示。镦校前半成品的长度略大于零件长度，以保证校形时材料处于三向压应力状态，镦校后在材料厚度方向上压应力分布较均匀、

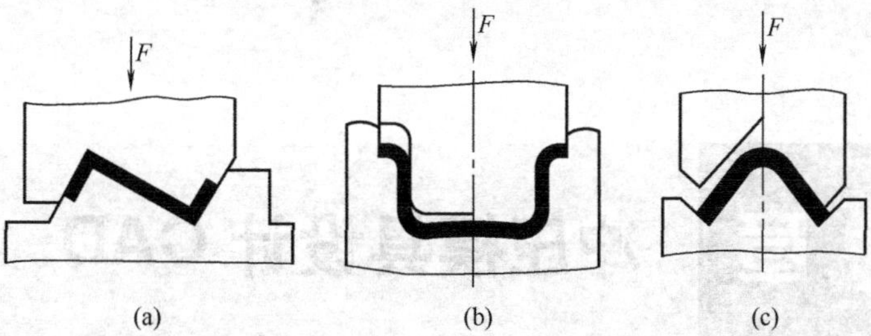


图 5-40 弯曲件的镦校

回弹减小，从而能获得较高的尺寸精度。但带孔的零件和宽度不等的弯曲件不宜用镦校整形。

② 拉深件的整形 直壁拉深件筒壁整形时，常用变薄拉深的方法把模具间隙取小，为(0.9～0.95)$t$，而取较大的拉深系数，把最后一道拉深和整形合为一道工序。

**(2) 整形力计算**

整形时要在压力机下止点对材料进行刚性卡压，应选用精压机或有过载保护装置和刚度较好的机械压力机。整形力为

$$F=Ap \tag{5-23}$$

式中 $F$——整形力，N；

$A$——整形的投影面积，$mm^2$；

$p$——整形的单位压力，MPa。

对于敞开制件整形，$p=50\sim100$MPa；对底面、侧面减小圆角半径的整形，$p=150\sim200$MPa。

# 第6章 冲压模具设计 CAD

根据冲压零件图样设计冲压模具时，首先要分析该零件的冲压工艺性。只有适合用冲压工艺生产的零件才需要进行冲压模具设计，否则需改用其他工艺生产，或者修改零件设计，使其适合用冲压方法加工。如果一个零件适合用冲压方法加工，那么就需要确定一种合理的冲压加工方案。设计冲压模具过程中还需要进行各种工艺计算。选择冲压设备和设计模具往往需要计算冲压力。计算压力中心就是求出冲压力合力的作用点，该合力作用点应该尽量安排在压力机滑块中心处。

在绘制模具图样之前，还需要先确定好模具的结构形式，如送料方向是采用直向送料还是横向送料，是否采用导柱导向，采用何种形式的模架，是否采用弹性卸料装置，采用简单模、复合模还是级进模等。确定好模具的结构形式之后就可以运用 CAD 软件绘制冲压模具装配图样，当然在绘图过程中，对模具的某些结构还可能作变动，变动时还需要进行必要的计算。完成了装配图样，再拆分绘制各个零件图样。整套图样绘制完成之后，为了保证能够加工出适用的模具，对全套图样还必须进行认真校核。

## 6.1 冲裁模 CAD 系统的特点

根据冲压模具的分类，弯曲模及大部分冲裁模可以归属到二维 CAD 范畴；轴对称类型的拉深模、挤压模、翻边模等可归属到二维半 CAD 范畴；其他模具均可归入三维 CAD 范畴。二维半指其加工零件的变形是空间三维形式，但该变形可以用径向和轴向两个参数进行数学描述，二维半可以简化成二维 CAD 进行处理。二维 CAD 和三维 CAD 存在较大的差异。

### 6.1.1 DCAD 冲裁模系统

DCAD 冲裁模系统是一个可用于教学的冲压模具计算机辅助设计和辅助制造系统，目前主要用在冲裁模具的设计和制造中。DCAD 冲裁模系统以通用计算机辅助设计软件 AutoCAD 为基础软件，采用 AutoCAD 内嵌语言 AutoLISP 进行开发。

由于 DCAD 系统采用了通用计算机辅助设计软件 AutoCAD 作为基础软件，因此在计算机硬件平台方面的选择余地相当大。可以运行 DCAD 冲裁模系统的计算机包括了大多数个人电脑和 CAD 工作站。美国苹果电脑公司的个人电脑以及一些专用的 CAD 图形工作站也是通用计算机辅助设计软件 AutoCAD 的运行平台，因此在这些计算机硬件平台上也可以运行 DCAD 冲裁模系统。同样，DCAD 冲裁模系统可以采用的计算机外部设备的种类和品种也非常丰富，如各种型号的鼠标器、数字化仪、打印机硬件绘图仪等。硬件设备的灵活配置为 DCAD 冲裁模系统的灵活配置带来了极大的便利，工厂企业可以根据资金情况进行恰当的硬件配置，也可以分阶段添置硬件设备，或者对计算机实行升级，提高系统的综合性能。

DCAD 冲裁模系统是一个能够不断开发和完善，提高系统性能的冲压模具设计系统。目前 DCAD 冲裁模系统已经建成的部分能够完成冲裁件简单模、复合模以及级进模的大部分设计，另有少量设计可以通过人机交互方式在计算机上完成或进行修改。在系统的发展过程中，也可以派生出一些专门系统，如大规模集成电路引线框架精密级进模 CAD 系统、数控冲床 CAM 系统等。

在工艺设计方面，冲裁模系统能够完成计算模具刃口尺寸、计算冲压力和压力中心、计算模具间隙、选择模具典型组合、确定模具标准零件的规格和数量、进行冲裁排样等等。

### 6.1.2 冲裁模系统程序库

冲裁模系统是一个灵活的 CAD/CAM 系统，它的程序库由六个功能模块组成。六个功能模块是：输入模块（ⅰ）、工艺性判别模块（ⅱ）、排样模块（ⅲ）、CAM 模块（ⅳ）、模具设计模块（ⅴ）和绘图模块（ⅵ）。第一个模块主要解决冲裁件尺寸输入问题，该模块输出根据计算得到的冲裁模刃口尺寸以及模具的冲裁间隙，然后通过 AutoCAD 输入冲裁模刃口图形，随后第二、第三、第四和第五个模块处于并行的地位。一般按其排列顺序依次运行模块，但是如果冲裁件比较简单时，往往无需进行冲裁件工艺性判别，那么就可以跳过工艺性判别模块（ⅱ），直接运行后面的模块；如果冲裁件为规则形状，不需要在计算机上进行排样，那么就可以跳过排样模块（ⅲ）；如果模具不需要采用计算机辅助制造（CAM）技术，那么就可以跳过 CAM 模块（ⅳ），直接进行模具设计（模块ⅴ）工作。最后通过绘图模块（ⅵ）绘制出模具图样。

在冲裁模系统的六个功能模块中，排样模块（ⅲ）和 CAM 模块（ⅳ）具有相对独立性，它们既可以融合于整个系统中为系统增添功能，也可以作为具备单一功能的软件包进行冲裁零件的排样或者完成计算机辅助制造工作。这样的安排有利于工厂企业逐步接受 CAD/CAM 技术，也有利于工厂中的各个部门迅速掌握冲裁模系统。

### 6.1.3 冲裁模系统的加工功能

在冲压模具的制造和加工方面，冲裁模系统能够完成二轴数控机床加工指令的自动编制，如生成数控线切割机床的 3B 或 4B 加工指令，坐标磨床或数控铣床的 ISO 标准数控加工指令。

冲裁模系统能够直接绘制出工程图样的模具标准件有导柱、导套、卸料螺钉、橡胶、固定挡料销、承料板、导料板、模柄等。另外一些模具零件可以经过少量的人机对话方式绘制出工程图样，这样的模具零件有上模座、下模座、凸模、凹模、凸模固定板、卸料板、下垫板、空心垫板、凸凹模等。对于冲裁模系统没有涉及到的，形状非常特殊的零件，则完全可以用 AutoCAD 图形软件直接绘制出工程图样。

冲裁模系统中的图形库由一系列图形构成，其中包含一些标准模具零件哑图和基本图元。利用哑图输出工程图样非常方便，而且图样中的图形布置恰当，无需作任何改动即可迅速由绘图仪绘出图样，或者存入磁盘归档。利用哑图输出工程图样的缺点是，图形与标注尺寸不成一定比例，因此冲裁模系统中只对一些简单的零件（如圆凸模、顶杆等）采用哑图方法。对于这些简单零件，图形与尺寸的不成比例并不会构成工程图样理解方面的误解。对于模板类零件，采用哑图方案则不够理想，在读图时可能会引起误解。对此，冲裁模系统采用了图元镶拼方法，产生出标注尺寸与图线完全一致的图形。这种方法的优点是图样直观，比例准确，能够避免产生设计和加工中可能出现的误解。但是为这种设计编写程序的开发工作量较大，在输出模板零件图样以前还需要作少量的准备工作，以便使图样布置得恰当合理。

冲裁模系统中的副资源库由各类磁盘文件组成，它们可以提供各项支援工作。如冲裁模系统专用的字形文件、各种专用符号，菜单类文件提供各类菜单功能和数字化仪菜单图形，另外还有一些文本文件能提供冲裁模系统软件的使用说明等等。

## 6.2 现有冲模 CAD 软件的种类及特点

### 6.2.1 国外冲模 CAD 的现状

20 世纪 90 年代中期，许多商品化的 CAD/CAM 系统，如美国的 Pro/E、UGⅡ、CADDS5、SolidWorks、MDT 等在模具行业逐步得到应用，但由于这些系统在开发之初都是作为通用机械设计与制造的工具来构思的，并不特别针对模具，因此需要进行二次开发。为此，美国 PTC 公司在 Pro/E 系统的基础上开发了钣金零件造型模块 Pro/sheet Metal，UG Solutions 公司在 UGⅡ系统上也开发了类似的模块。目前，许多开发通用 CAD/CAM 软件的公司正在开发并陆续推出能够用于级进模设计与制造的专用软件，分别用于快速生成二维和三维产品零件图、三维零件展开、条料自动排样和优化以及模具结构的设计和零件图的生成。

### 6.2.2 国内冲模 CAD/CAM 系统发展简况

国内冲模 CAD/CAM 的研究始于 20 世纪 80 年代初期，主要集中在一些高等院校，其研究成果也正逐渐被转化为商品软件。

如西安交通大学在 20 世纪 90 年代初开发出家电零件冲裁弯曲级进模 CAD/CAM 系统 JJMOLD。该系统由弯曲件图形输入、毛坯展开、优化排样、轮廓及废料分割、工序布局、模具工作部分设计以及模具结构及零件设计等模块组成。弯曲件图形采用基本几何元素拼合及弯曲变换等方法输入，采用弯曲树结构描述，毛坯展开基于弯曲树进行。模具结构及零件设计是采用典型装配关系组合法来完成的，模具总装设计结果以一种简式装配图形来表达。

浙江大学于 20 世纪 90 年代初也开发出适用二维冲裁件的智能化级进模 CAD/CAM 系统。该系统采用 AutoCAD 来输入钣金零件几何模型，然后再自动识别出零件形状，进行零件的工艺性审核。

另外，上海交通大学、华中科技大学等也都开发了各自的 CAD/CAM 系统。

目前，应用较多的是北航海尔的冷冲模设计软件 CAXA-CPD，它是在 CAXA 电子图板软件的基础上专门针对冲模设计而进行二次开发的。在设计过程中，设计者仅需从模具的结构、辅助机构、部件的功能、模具零件加工的工艺性等概念上参与设计，而无需直接绘制模具图。全部模具图都是在“概念”设计之后，根据设计者的指定（投影方向、剖切位置）自动生成。其突出的特点是智能化、免绘图。

## 6.3 Pro/E 冲压模具设计实例

基于现有的设计软件较多，在此仅以 Pro/E 软件为例简要介绍冲压模具设计 CAD。试设计一个矩形冲裁产品，以固定脱模板式下料模具来设计，见图 6-1。

设计内容如下。

(1) 立体组立图（图 6-2）

(2) 分解图

① 整体分解图（图 6-3）。

② 上模分解图（图 6-4）。

③ 下模分解图（图 6-5）。

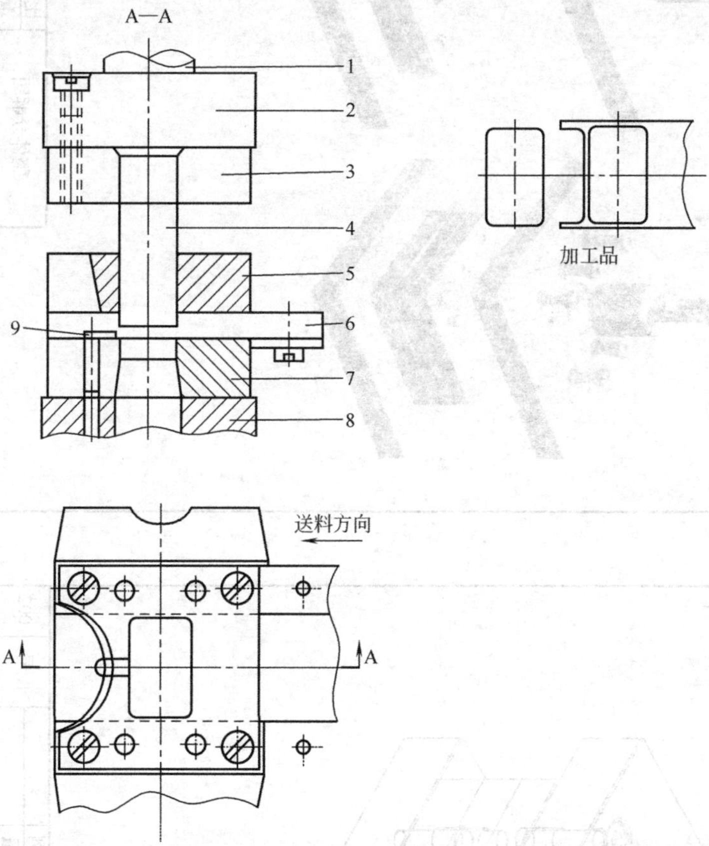

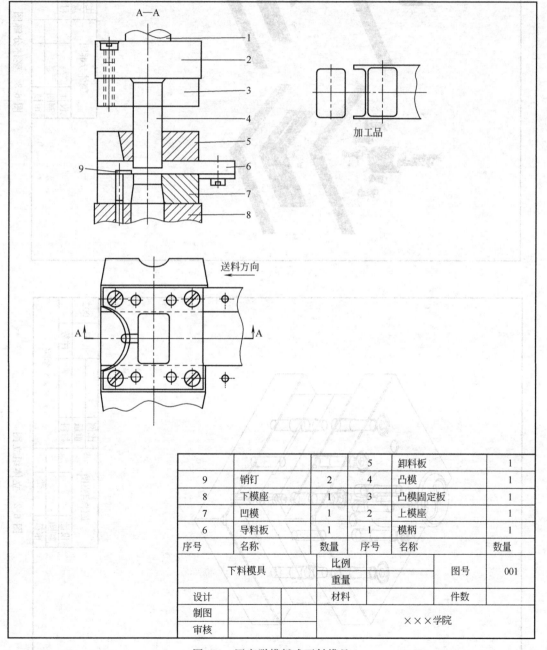

| | | | | | |
|---|---|---|---|---|---|
| | | | 5 | 卸料板 | 1 |
| 9 | 销钉 | 2 | 4 | 凸模 | 1 |
| 8 | 下模座 | 1 | 3 | 凸模固定板 | 1 |
| 7 | 凹模 | 1 | 2 | 上模座 | 1 |
| 6 | 导料板 | 1 | 1 | 模柄 | 1 |
| 序号 | 名称 | 数量 | 序号 | 名称 | 数量 |

| | | | | | | |
|---|---|---|---|---|---|---|
| 下料模具 | | | 比例 | | 图号 | 001 |
| | | | 重量 | | | |
| 设计 | | | 材料 | | 件数 | |
| 制图 | | | ×××学院 | | | |
| 审核 | | | | | | |

图 6-1 固定脱模板式下料模具

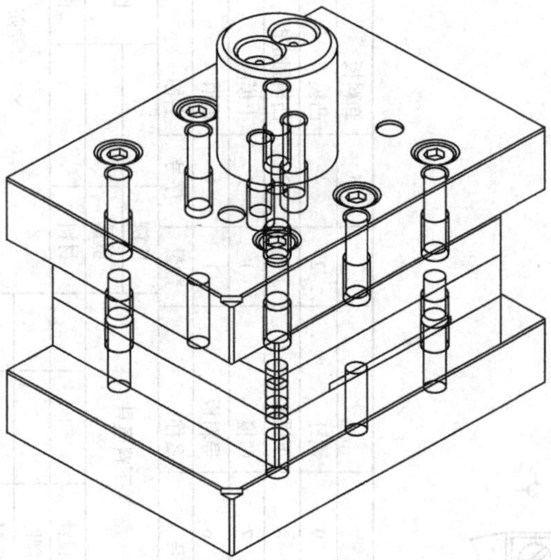

| 立体组立图 | | | 比例 | | 图号 | 002 |
|---|---|---|---|---|---|---|
| | | | 重量 | | | |
| 设计 | | | 材料 | | 件数 | |
| 制图 | | | ×××学院 | | | |
| 审核 | | | | | | |

图 6-2 立体组立图

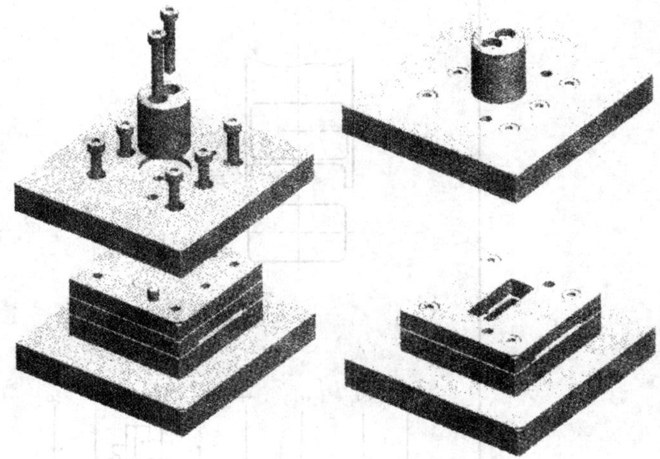

| 整体分解图 | | | 比例 | | 图号 | 003 |
|---|---|---|---|---|---|---|
| | | | 重量 | | | |
| 设计 | | | 材料 | | 件数 | |
| 制图 | | | ×××学院 | | | |
| 审核 | | | | | | |

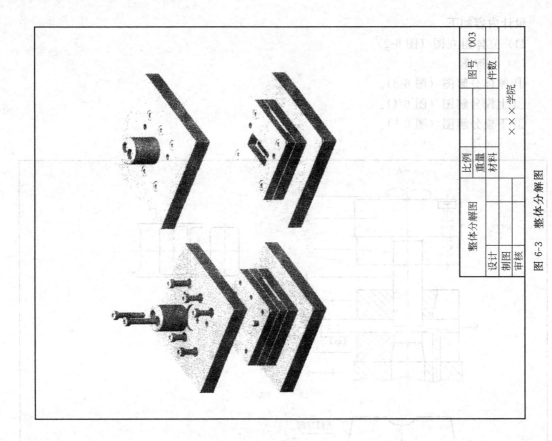

图 6-3 整体分解图

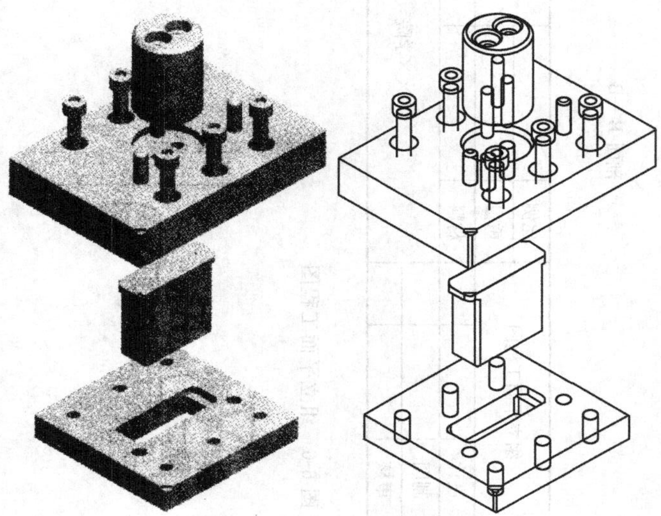

| 上模分解图 | 比例 | | 图号 | 004 |
|---|---|---|---|---|
| | 重量 | | | |
| 设计 | | 材料 | | 件数 | |
| 制图 | | ×××学院 | | | |
| 审核 | | | | | |

图 6-4　上模分解图

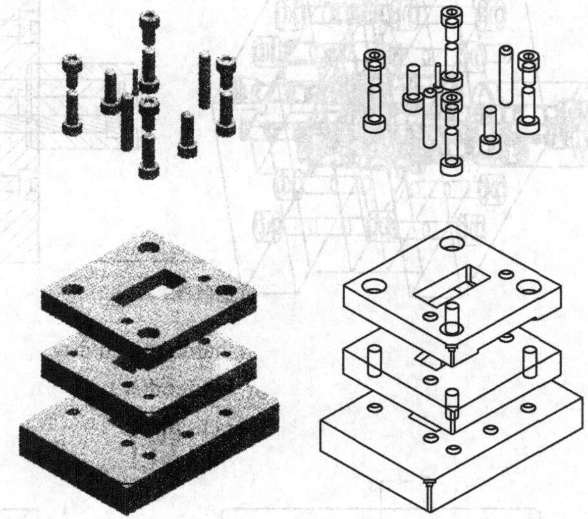

| 下模分解图 | 比例 | | 图号 | 005 |
|---|---|---|---|---|
| | 重量 | | | |
| 设计 | | 材料 | | 件数 | |
| 制图 | | ×××学院 | | | |
| 审核 | | | | | |

图 6-5　下模分解图

（3）工程图

① 组立平面工程图（图 6-6）。

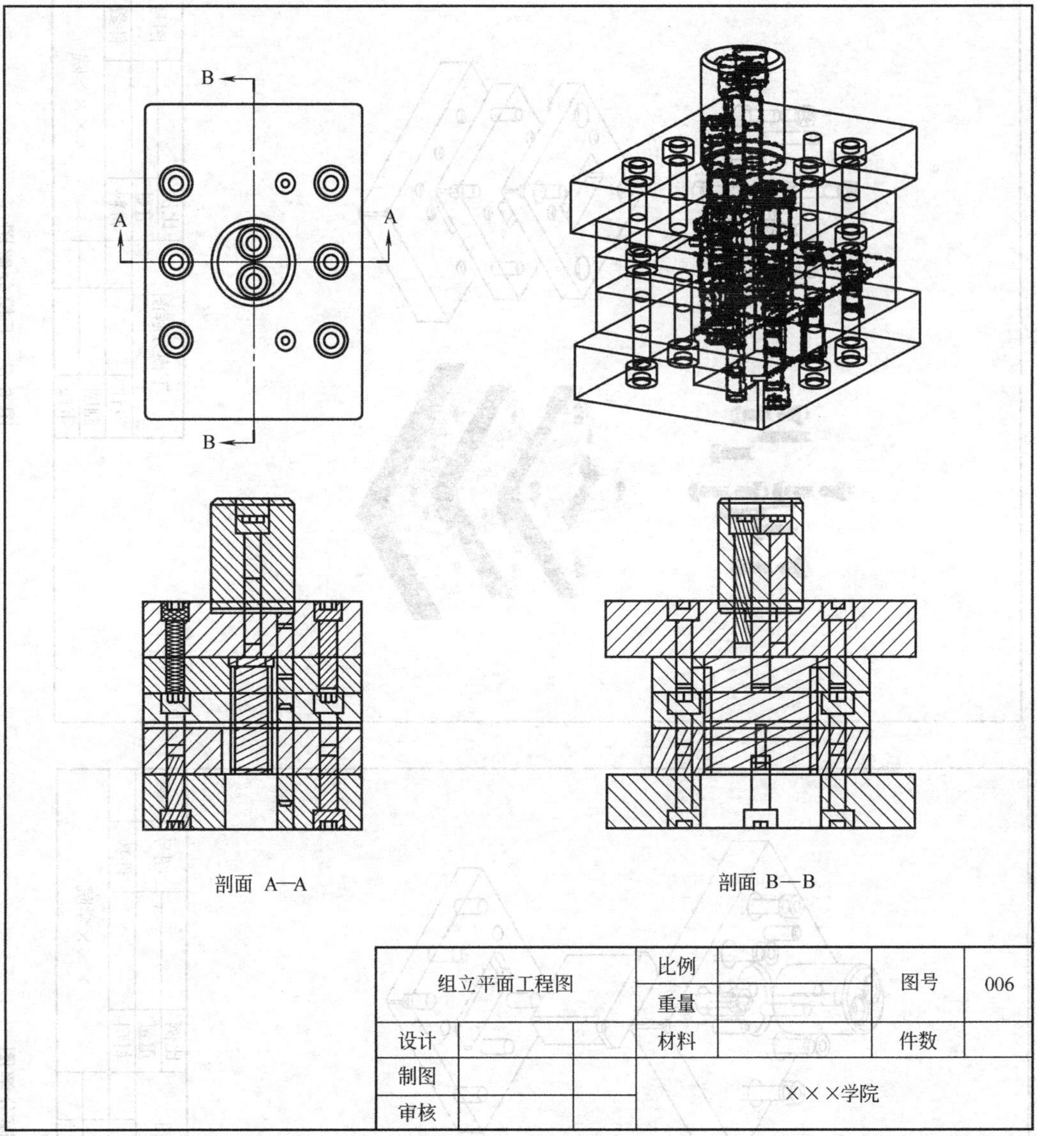


图 6-6　组立平面工程图

② 模柄（图 6-7）。

③ 凸模（图 6-8）。

④ 上模座（图 6-9）。

⑤ 凸模固定板（图 6-10）。

⑥ 卸料板（图 6-11）。

⑦ 凹模（图 6-12）。

⑧ 销钉（图 6-13）。

⑨ 下模座（图 6-14）。

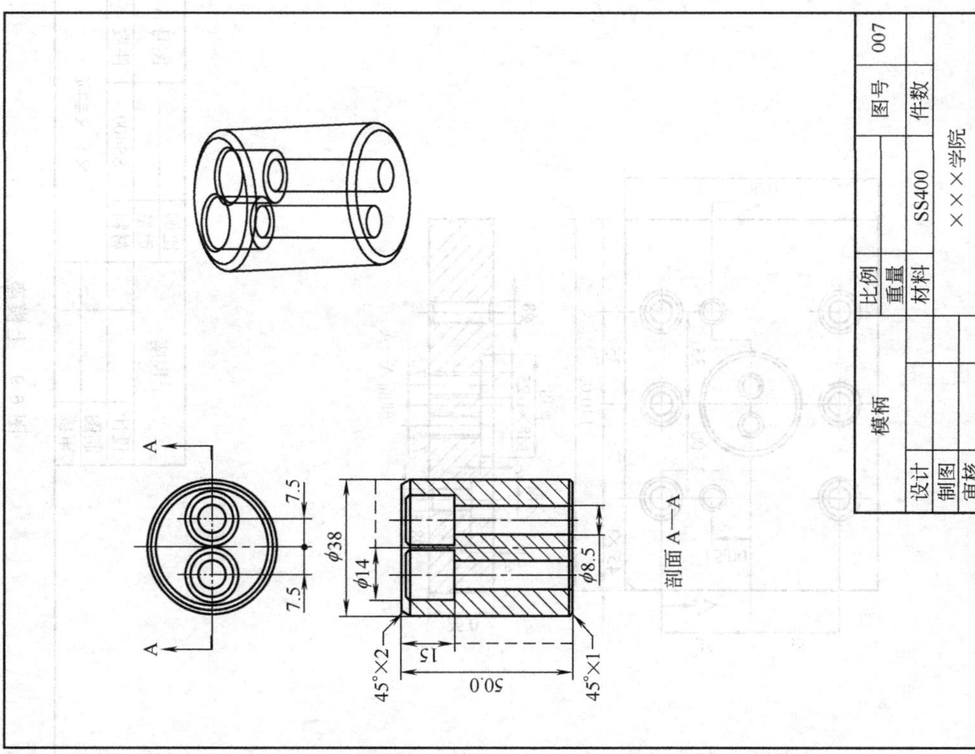

A
A
7.5
7.5
φ38
φ14
φ8.5
15
50.0
45°×2
45°×1
剖面 A—A
模柄
比例
重量
材料
SS400
图号
007
件数
设计
制图
审核
×××学院


图 6-7 模柄

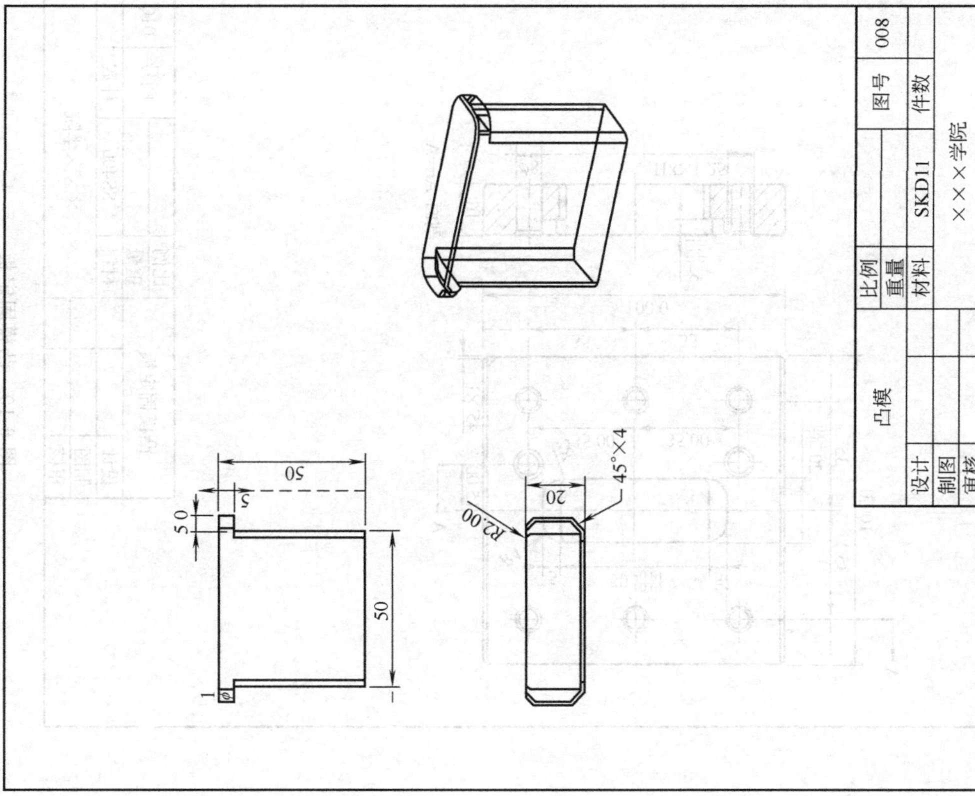

50
5
50
1
5
20
R2.00
45°×4
凸模
比例
重量
材料
SKD11
图号
008
件数
设计
制图
审核
×××学院


图 6-8 凸模

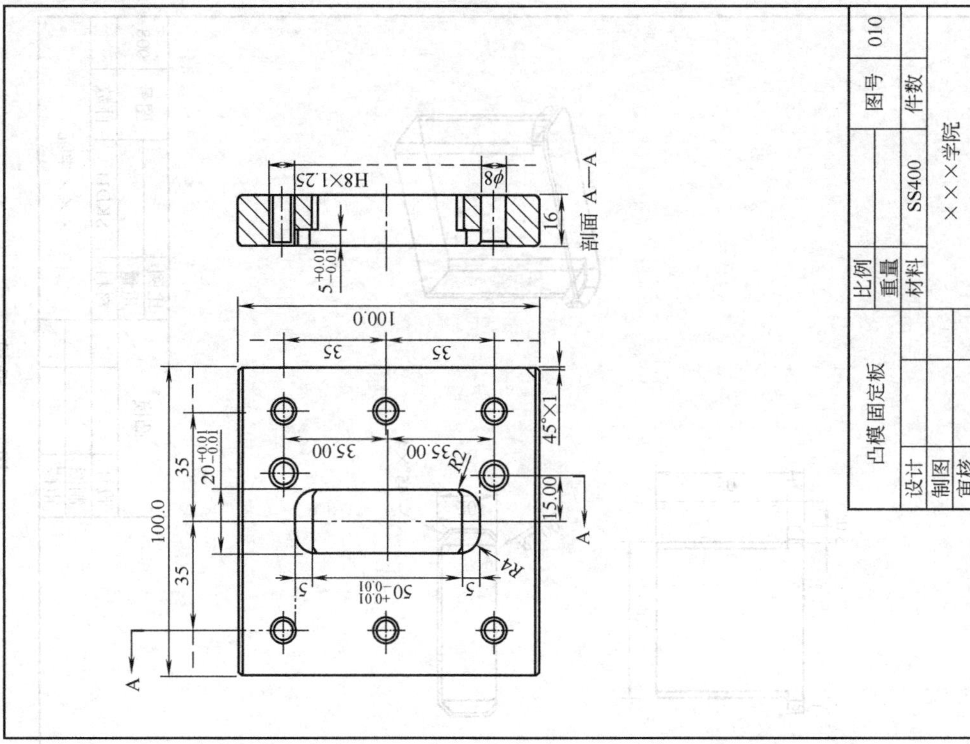


图 6-10 凸模固定板

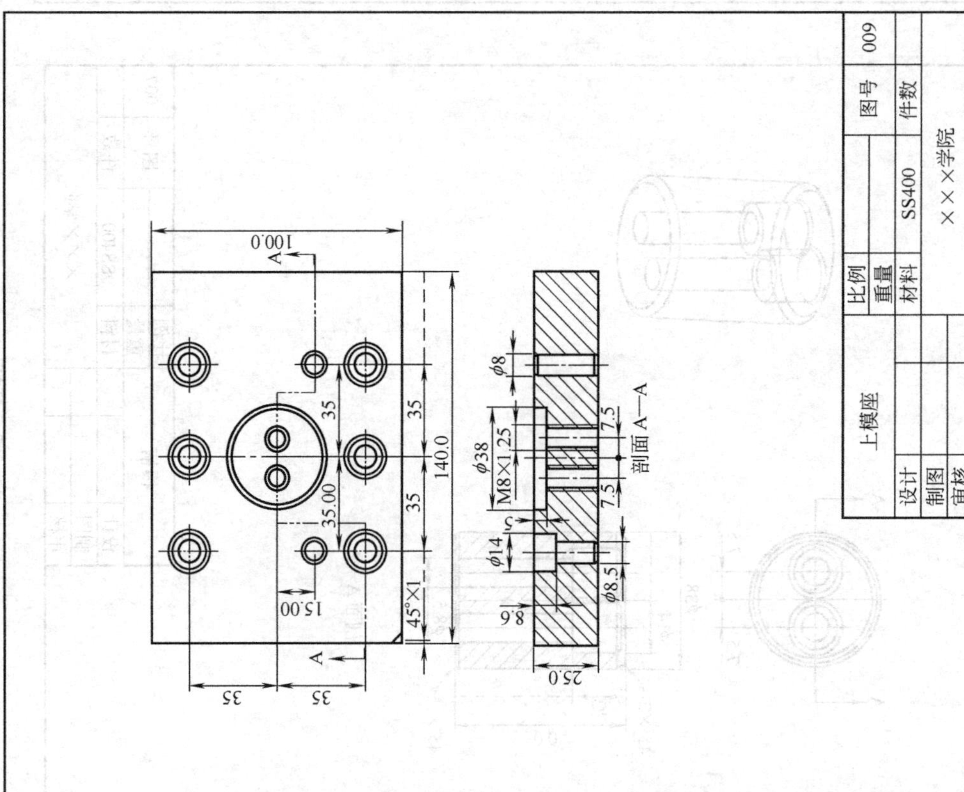


图 6-9 上模座

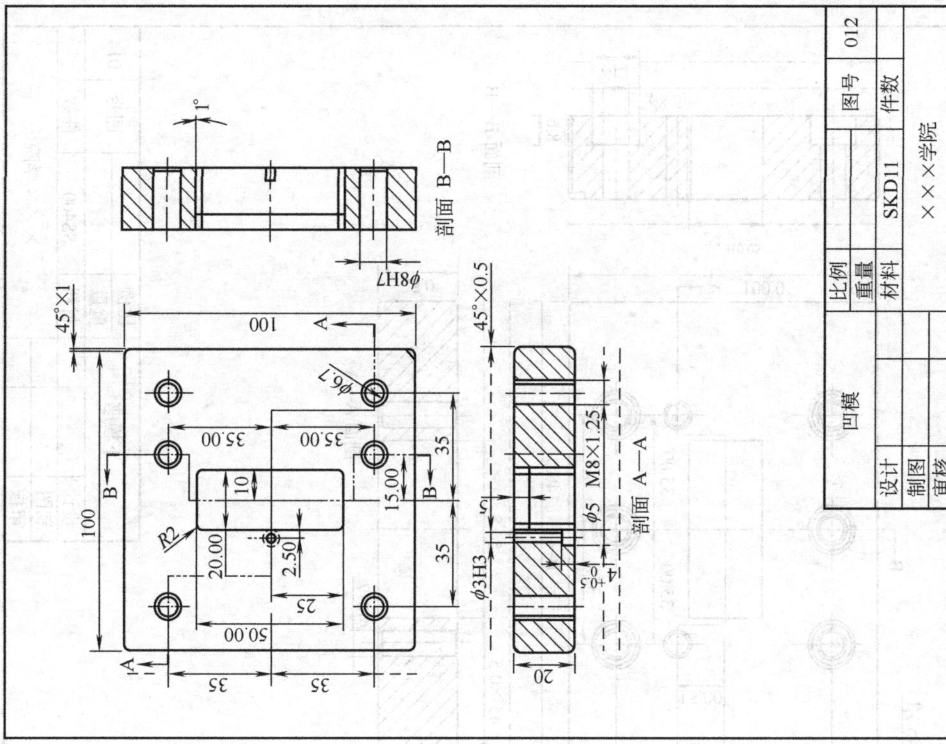


图 6-12 凹模

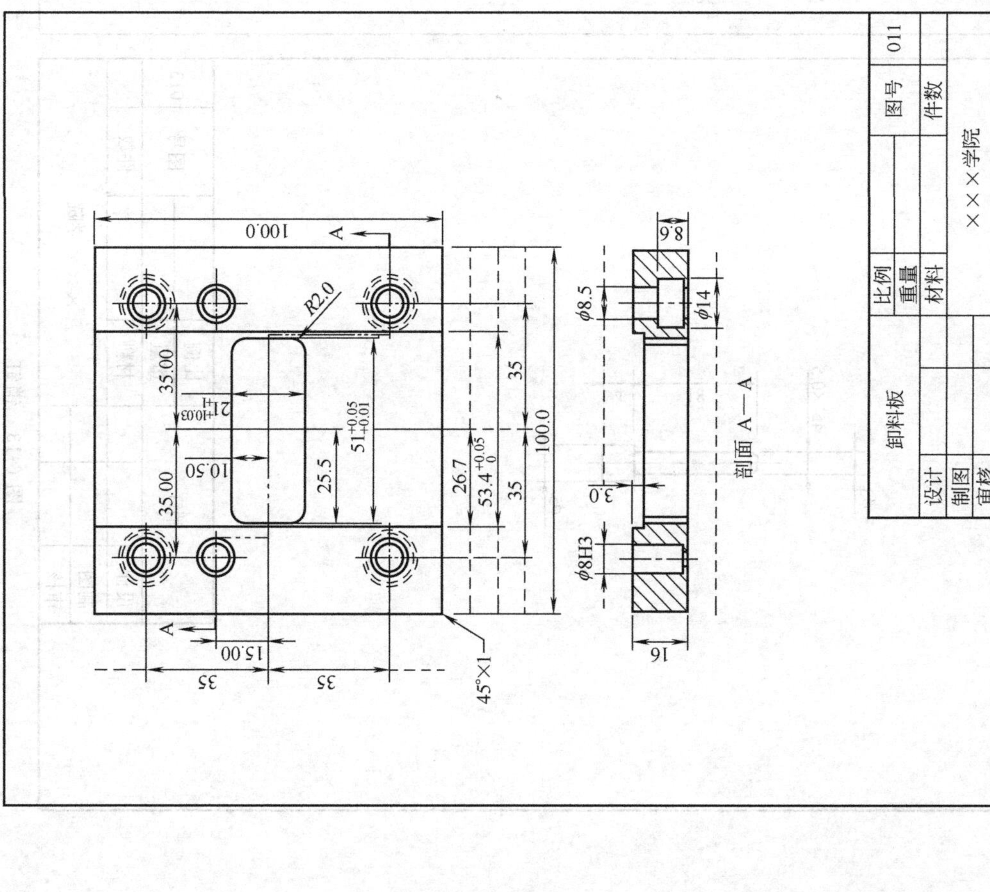


图 6-11 卸料板

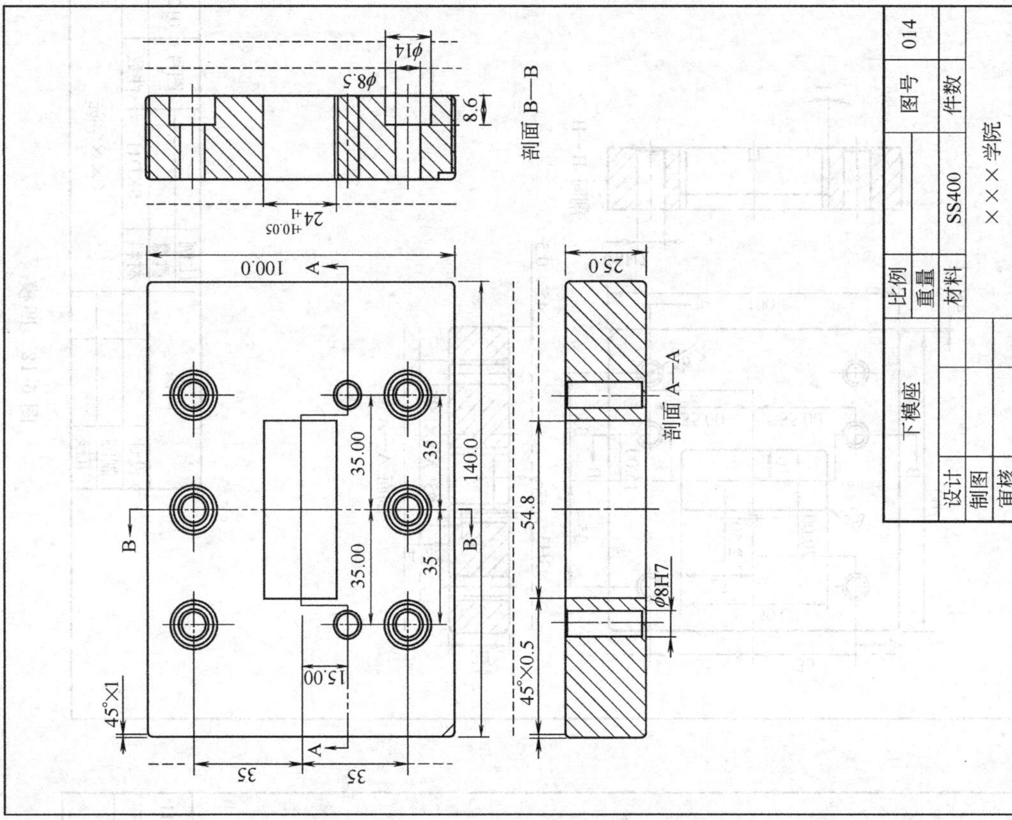


图 6-14　下模座

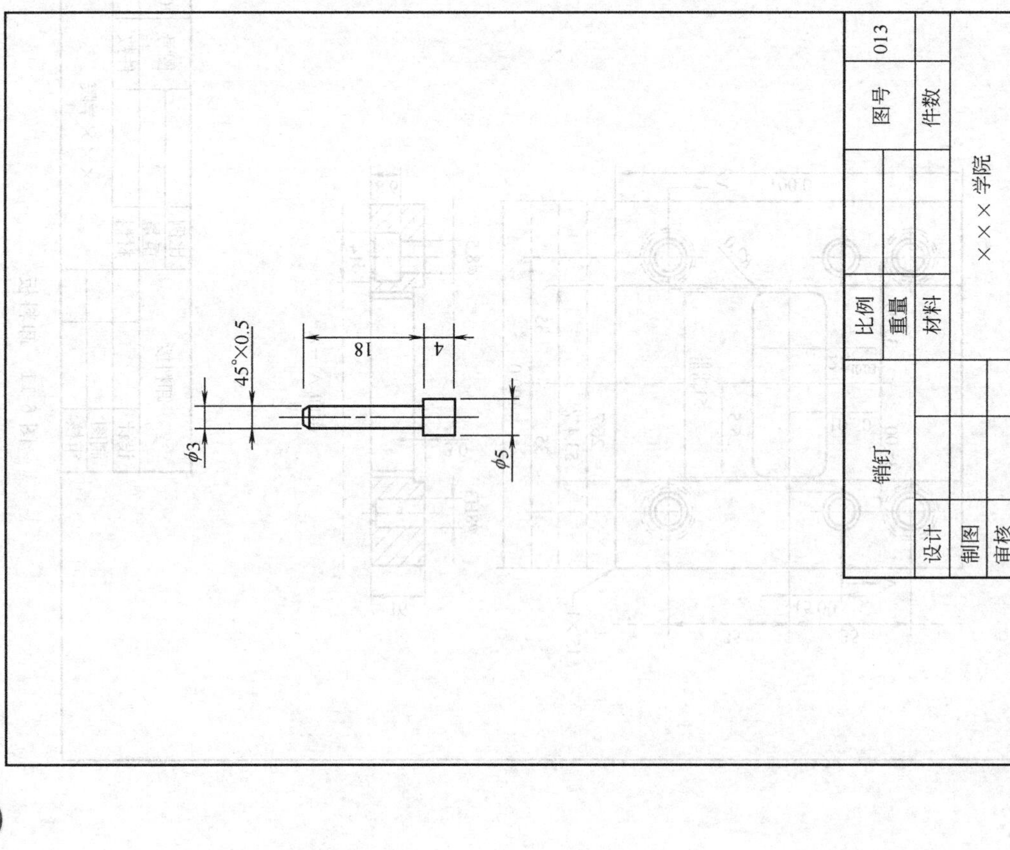


图 6-13　销钉

# 第 7 章 冲压模具课程设计范例和编写说明书与答辩

## 7.1 典型冲压模具设计与计算范例

### 7.1.1 冲裁模设计范例

**(1) 题目：东风 EQ-1090 汽车储气筒支架**

**(2) 原始数据**

数据如图 7-1 所示。大批量生产，材料为 Q195，$t=3$mm。

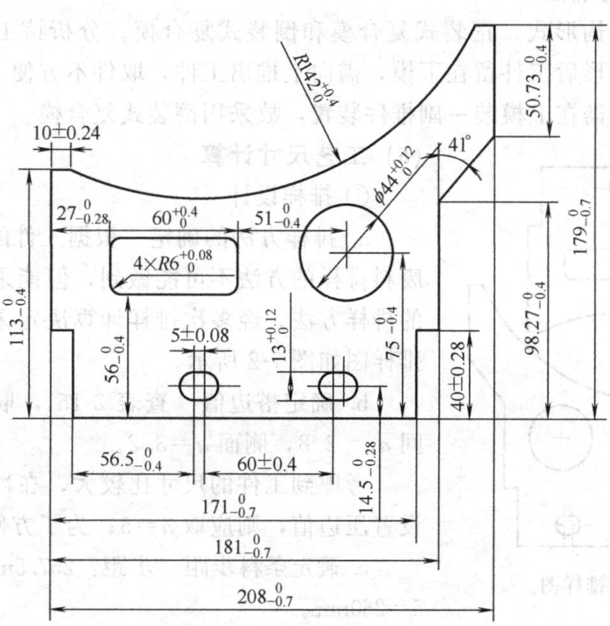

图 7-1 零件图

公差值查第 9 章表 9-13。

**(3) 工艺分析**

此工件既有冲孔，又有落料两个工序。材料为 Q195、$t=3$mm 的碳素钢，具有良好的冲压性能，适合冲裁，工件结构中等复杂，有一个直径 $\phi44$mm 的圆孔，一个 60mm×

26mm、圆角半径为 $R$6mm 的长方形孔和两个直径 13mm 的椭圆孔。此工件满足冲裁的加工要求，孔与孔、孔与工件边缘之间的最小壁厚大于 8mm。工件的尺寸落料按 IT11 级，冲孔按 IT10 级计算。尺寸精度一般，普通冲裁完全能满足要求。

**(4) 冲裁工艺方案的确定**

① 方案种类　该工件包括落料、冲孔两个基本工序，可有以下三种工艺方案。

方案一：先冲孔，后落料。采用单工序模生产。

方案二：冲孔-落料级进冲压。采用级进模生产。

方案三：采用落料-冲孔同时进行的复合模生产。

② 方案的比较　各方案的特点及比较如下。

方案一：模具结构简单，制造方便，但需要两道工序，两副模具，成本相对较高，生产效率低，且更重要的是在第一道工序完成后，进入第二道工序必然会增大误差，使工件精度、质量大打折扣，达不到所需的要求，难以满足生产需要。故而不选此方案。

方案二：级进模是一种多工位、效率高的加工方法。但级进模轮廓尺寸较大，制造复杂，成本较高，一般适用于大批量、小型冲压件。而本工件尺寸轮廓较大，采用此方案，势必会增大模具尺寸，使加工难度提高，因而也排除此方案。

方案三：只需要一套模具，工件的精度及生产效率要求都能满足，模具轮廓尺寸较小、模具的制造成本不高。故本方案用先冲孔后落料的方法。

③ 方案的确定　综上所述，本套模具采用冲孔-落料复合模。

**(5) 模具结构形式的确定**

复合模有两种结构形式，正装式复合模和倒装式复合模。分析该工件成形后脱模方便性，正装式复合模成形后工件留在下模，需向上推出工件，取件不方便。倒装式复合模成形后工件留在上模，只需在上模装一副推件装置，故采用倒装式复合模。

**(6) 工艺尺寸计算**

① 排样设计

a. 排样方法的确定　根据工件的形状，确定采用无废料排样的方法不可能做到，但能采用有废料和少废料的排样方法。经多次排样计算决定采用直对排法，初画排样图如图 7-2 所示。

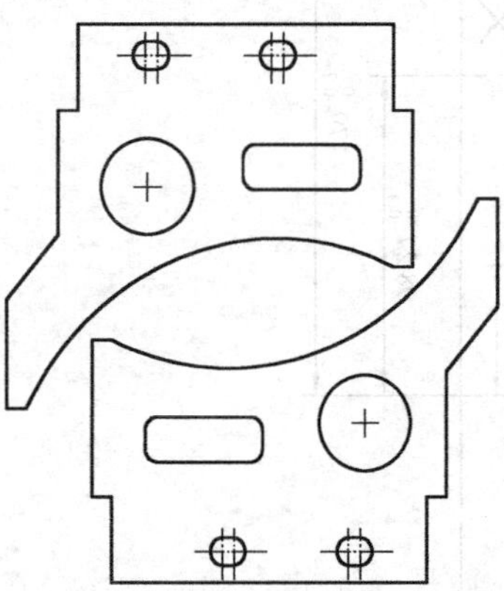

图 7-2　粗画排样图

b. 确定搭边值　查表 2-15，取最小搭边值：工件间 $a_1=2.8$，侧面 $a=3.2$。

考虑到工件的尺寸比较大，在冲压过程中须在两边设置压边值，则应取 $a=5$；为了方便计算取 $a_1=3$。

c. 确定条料步距　步距：257.5mm，宽度：250＋5＋5＝260mm。

d. 条料的利用率

$$\eta=\frac{S_{工}}{S_{总}}=\frac{2\times17520}{257.5\times260}\times100\%=52.34\%$$

e. 画出排样图　根据以上资料画出排样图，如图 7-3 所示。

② 冲裁力的计算

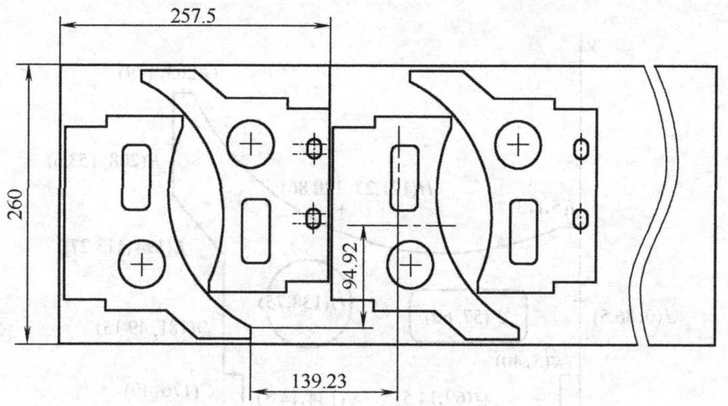


图 7-3　排样图

a. 冲裁力 $F$

查表 9-1 取材料 Q195 的抗拉强度 $\sigma_b=330\text{MPa}$

由
$$F\approx Lt\sigma_b$$

已知：$L=181+113+10\times2+220.5+50.73+39.7+98.27+\pi\times44+14\times2+48\times2+\pi\times6\times2+5\times4+\pi\times13\times2=1124.68$

所以
$$F=1124.68\times3\times330\text{N}=1113433\text{N}\approx1100\text{kN}$$

b. 卸料力 $F_X$

由 $F_X=K_XF$，已知 $K_X=0.04$（查表 2-17）

则
$$F_X=K_XF=0.04\times1110=44.4\text{kN}$$

c. 推件力 $F_T$

由 $F_T=nK_TF$，已知 $n=4$　$K_T=0.045$（查表 2-17）

则
$$F_T=nK_TF=4\times0.045\times1110=199.8\text{kN}$$

d. 顶件力 $F_D$

由 $F_D=K_DF$，已知 $K_D=0.05$（查表 2-17）

则
$$F_D=K_DF=0.05\times1110=55.5\text{kN}$$

③ 压力机公称压力的确定　本模具采用刚性卸料装置和下出料方式，所以

$$F_Z=F+F_T\approx1309.8\text{kN}$$

根据以上计算结果，冲压设备拟选 JA21-160。

④ 冲裁压力中心的确定

a. 按比例画出每一个凸模刃口轮廓的位置，并确定坐标系，标注各段压力中心坐标点，如图 7-4 所示。

b. 画出坐标轴 $x$、$y$。

c. 分别计算出各段压力中点及各段压力中点的坐标值，并标注如图 7-4 所示。

冲裁直线段时，其压力中心位于各段直线段的中心。

冲裁圆弧线段时，其压力中心的位置见图 7-5，按下式计算

$$y=(180R\sin\alpha)/(\pi\alpha)=RS/b$$

则
$$y=142\times188/220.5=121$$

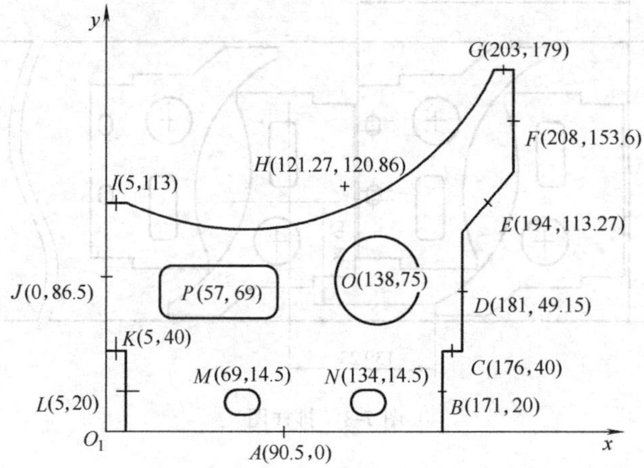


图 7-4　压力中心计算图

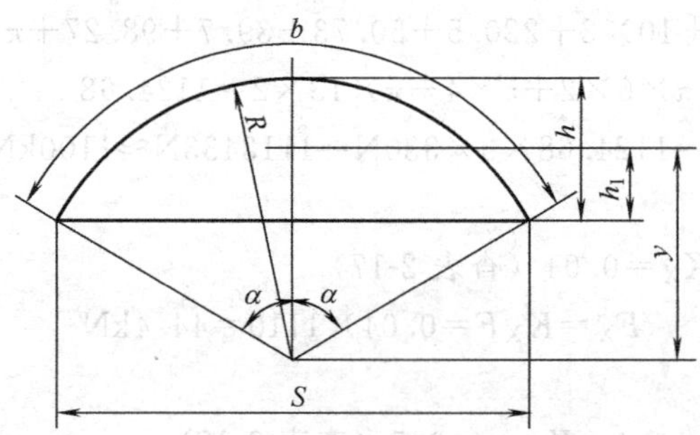


图 7-5　压力中心的位置

所以，根据图 7-5 求出 $H$ 点的坐标为：$H$（121.27，120.86）。

d. 分别计算出凸模刃口轮廓的周长。

冲裁压力中心计算数据见表 7-1。

**表 7-1　压力中心数据表**

| 各段 | 基本要素长度 $L$/mm | 各基本要素压力中心的坐标值 $x$ | 各基本要素压力中心的坐标值 $y$ | 冲裁力 $F$/N | 备注 |
|---|---|---|---|---|---|
| $A$ | $L_1=181$ | 90.5 | 0 | $F_1=179190$ | 冲裁力计算公式 $F\approx Lt\sigma_b$ $\sigma_b$ 为材料的抗拉强度，查表 9-1 得 $\sigma_b=330$MPa $t$ 为材料的厚度，$t=3$mm |
| $B$ | $L_2=40$ | 171 | 20 | $F_2=39600$ | |
| $C$ | $L_3=10$ | 176 | 40 | $F_3=9900$ | |
| $D$ | $L_4=58.27$ | 181 | 49.15 | $F_4=57687.3$ | |
| $E$ | $L_5=39.7$ | 194 | 113.27 | $F_5=39303$ | |
| $F$ | $L_6=50.73$ | 208 | 153.6 | $F_6=5022.7$ | |
| $G$ | $L_7=10$ | 203 | 179 | $F_7=9900$ | |
| $H$ | $L_8=220.5$ | 121.27 | 120.86 | $F_8=218295$ | |

续表

| 各段 | 基本要素长度 $L$/mm | 各基本要素压力中心的坐标值 | | 冲裁力 $F$/N | 备注 |
|---|---|---|---|---|---|
| | | $x$ | $y$ | | |
| $I$ | $L_9=10$ | 5 | 113 | $F_9=9900$ | 冲裁力计算公式 $F\approx Lt\sigma_b$ <br> $\sigma_b$ 为材料的抗拉强度，查表 9-1 得 $\sigma_b=330\text{MPa}$ <br> $t$ 为材料的厚度，$t=3\text{mm}$ |
| $J$ | $L_{10}=73$ | 0 | 86.5 | $F_{10}=72270$ | |
| $K$ | $L_{11}=10$ | 5 | 40 | $F_{11}=9900$ | |
| $L$ | $L_{12}=40$ | 5 | 20 | $F_{12}=39600$ | |
| $M$ | $L_{13}=50.82$ | 69 | 14.5 | $F_{13}=50311.8$ | |
| $N$ | $L_{14}=50.82$ | 134 | 14.5 | $F_{14}=50311.8$ | |
| $O$ | $L_{15}=138.16$ | 138 | 75 | $F_{15}=136778.4$ | |
| $P$ | $L_{16}=161.68$ | 57 | 69 | $F_{16}=160063.2$ | |

e. 根据力学原理，分力对某轴的力矩等于各分力对同轴力矩的代数和，则可求得压力中心坐标（$x_0$，$y_0$）

$$x_0=\frac{F_1x_1+F_2x_2+\cdots+F_nx_n}{F_1+F_2+\cdots+F_n}$$

$$y_0=\frac{F_1y_1+F_2y_2+\cdots+F_ny_n}{F_1+F_2+\cdots+F_n}$$

得 $x_0=101.87 \quad y_0=62.73$

综上所述，冲裁件的压力中心坐标为（101.87，62.73）。

⑤ 刃口尺寸的计算

a. 加工方法的确定。结合模具及工件的形状特点，此模具制造宜采用配作法，落料时，选凹模为设计基准件，只需要计算落料凹模刃口尺寸及制造公差，凸模刃口尺寸由凹模实际尺寸按要求配作；冲孔时，则只需计算凸模的刃口尺寸及制造公差，凹模刃口尺寸由凸模实际尺寸按要求配作；只是需要在配作时保证最小双面合理间隙值 $Z_{min}=0.46\text{mm}$（查表 2-8）。凸凹模刃口尺寸由凸模配作尺寸和凹模配作尺寸结合完成。

b. 采用配作法，先判断模具各个尺寸在模具磨损后的变化情况，分三种情况，分别统计如下。

第一种尺寸（增大）：181，171，56.5，14.5，98.27，50.73，179，113，56，27，51，75。

第二种尺寸（减小）：142，13，26，60，44，6。

第三种尺寸（不变）：10，5，60，40。

c. 按入体原则查表 2-3 确定冲裁件内形与内形尺寸公差，工作零件刃口尺寸计算见表 7-2。

d. 画出落料凹模、凸凹模尺寸，如图 7-6 所示。

**表 7-2　工作零件刃口尺寸的计算**

| 尺寸分类 | | 尺寸转换 | 计算公式 | 结果 | 备　注 |
|---|---|---|---|---|---|
| 第一类尺寸 | 181 | $181_{-0.7}^{0}$ | $A_j=(A_{max}-x\Delta)_{0}^{+\frac{1}{4}\Delta}$ | $180.65_{0}^{+0.175}$ | 系数 $x$ 的取值查表 2-11 非圆形工件公差 $\Delta<0.2$，取 $x=1$；$0.25\leqslant\Delta\leqslant0.49$，取 $x=0.75$；$\Delta\geqslant0.5$，取 $x=0.5$ 对于圆形的工件：$\Delta\leqslant0.24$，取 $x=0.75$；$\Delta>0.24$，取 $x=0.5$ |
| | 171 | $171_{-0.7}^{0}$ | | $170.65_{0}^{+0.175}$ | |
| | 56.5 | $56.5_{-0.4}^{0}$ | | $56.2_{0}^{+0.1}$ | |
| | 14.5 | $14.5_{-0.28}^{0}$ | | $14.29_{0}^{+0.07}$ | |
| | 98.27 | $98.27_{-0.4}^{0}$ | | $97.27_{0}^{+0.1}$ | |
| | 50.73 | $50.73_{-0.4}^{0}$ | | $50.43_{0}^{+0.1}$ | |
| | 179 | $179_{-0.7}^{0}$ | | $178.65_{0}^{+0.175}$ | |
| | 113 | $113_{-0.4}^{0}$ | | $112.7_{0}^{+0.1}$ | |
| | 56 | $56_{-0.4}^{0}$ | | $55.7_{0}^{+0.1}$ | |
| | 27 | $27_{-0.28}^{0}$ | | $26.79_{0}^{+0.07}$ | |
| | 51 | $51_{-0.4}^{0}$ | | $50.7_{0}^{+0.1}$ | |
| | 75 | $75_{-0.4}^{0}$ | | $74.7_{0}^{+0.1}$ | |
| 第二类尺寸 | 6 | $6_{0}^{+0.08}$ | $B_j=(B_{min}+x\Delta)_{-\frac{1}{4}\Delta}^{0}$ | $6.08_{-0.02}^{0}$ | |
| | 13 | $13_{0}^{+0.12}$ | | $13.12_{-0.03}^{0}$ | |
| | 142 | $142_{0}^{+0.4}$ | | $142.3_{-0.1}^{0}$ | |
| | 26 | $26_{0}^{+0.12}$ | | $26.12_{-0.03}^{0}$ | |
| | 60 | $60_{0}^{+0.4}$ | | $60.15_{-0.05}^{0}$ | |
| | 44 | $44_{0}^{+0.12}$ | | $44.09_{-0.03}^{0}$ | |
| 第三类尺寸 | 10 | $10\pm0.24$ | $C_j=\left(C_{min}+\frac{1}{2}\Delta\right)\pm\frac{1}{8}\Delta$ | $10\pm0.06$ | |
| | 5 | $5\pm0.08$ | | $5\pm0.01$ | |
| | 60 | $60\pm0.4$ | | $60\pm0.05$ | |
| | 40 | $40\pm0.28$ | | $40\pm0.035$ | |

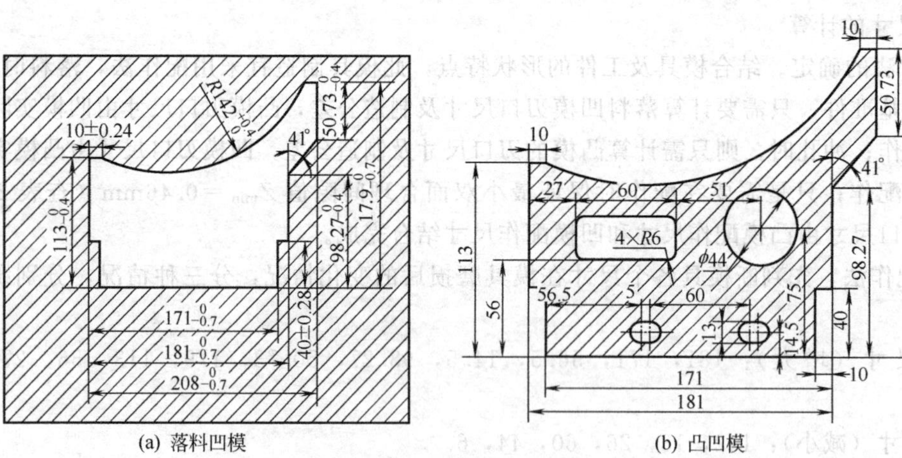


图 7-6　工作零件尺寸

e. 卸料装置的设计。采用图 7-7 所示的卸料装置，已知冲裁板厚 $t=3$mm，冲裁卸料力 $F_x=44.4$kN。根据模具安装位置拟选 6 个弹簧，每个弹簧的预压力为

$$F_0\geqslant F_x/n=5.55\text{kN}$$

查第 9 章表 9-32 圆柱螺旋压缩弹簧，初选弹簧规格为（使所选弹簧的工作极限负荷 $F_j > F_{预}$）

$d=6\text{mm}$，$D=30\text{mm}$，$h_0=60\text{mm}$，$F_j=1700$，$h_j=13.1\text{mm}$，$n=7$，$f=1.88\text{mm}$，$t=7.8\text{mm}$

其中，$d$ 为材料直径，$D$ 为弹簧大径，$F_j$ 为工作极限负荷，$h_0$ 为自由高度，$h_j$ 为工作极限负荷下变形量，$n$ 为有效圈数，$t$ 为节距。

弹簧的总压缩量为

$$\Delta H=\frac{F_x}{F_j}\times\frac{h_j}{n}=48.88\text{mm}$$

**(7) 模具总体结构设计**

① 模具类型的选择　由冲压工艺分析可知，采用复合模冲压，所以本套模具类型为复合模。

② 定位方式的选择　因为该模具采用的是条料，控制条料的送进方向采用导料销；控制条料的送进步距采用弹簧弹顶的活动挡料销来定步距。而第一件的冲压位置因为条料有一定的余量，可以靠操作工人目测来确定。

③ 出件方式的选择　根据模具冲裁的运动特点，该模具采用刚性出件方式比较方便。因为工件料厚为 3mm，推件力比较大，用弹性装置取出工件不太容易，且对弹力要求很高，不易使用。而采用推件块，利用模具的开模力来推出工件，既安全又可靠。故采用刚性装置取出工件。结构如图 7-7 所示。

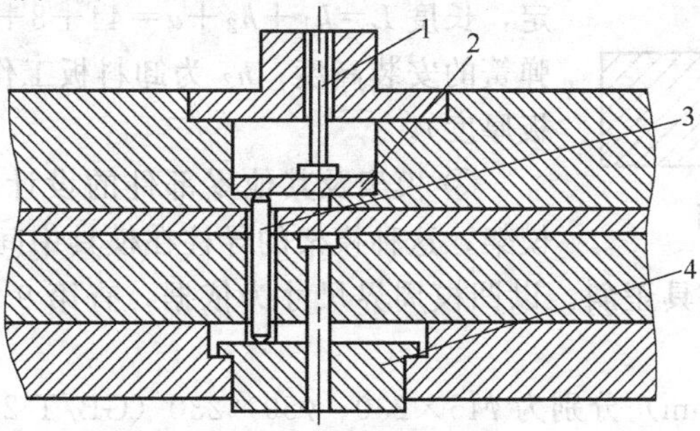


图 7-7　刚性出件方式

1—打杆；2—推板；3—连接推杆；4—推件块

④ 导柱、导套位置的确定　为了提高模具的寿命和工件质量，方便安装、调整、维修模具，该复合模采用中间导柱模架。

**(8) 主要零部件的设计**

① 工作零部件的结构设计

a. 落料凹模　凹模采用整体凹模，轮廓全部采用数控线切割机床即可一次成形，安排凹模在模架上的位置时，要依据压力中心的数据，尽量保证压力中心与模柄中心重合。其轮廓尺寸可按第 2 章公式（2-24）和公式（2-25）计算

凹模厚度　$H=kb=0.20\times181=36.2\text{mm}$（查表 2-22 得 $k=0.20$）

凹模壁厚　$C=(1.5\sim2)H=54.3\sim72.4\text{mm}$

取凹模厚度　$H=60\text{mm}$，壁厚 $C$ 取 60mm。

凹模宽度　$B=b+2c=179+2\times60=299\text{mm}$（送料方向）

凹模长度　$L=181+2\times60=301$

根据工件图样，在分析受力情况及保证壁厚强度的前提下，取凹模长度为 315mm，宽

度为 315mm，所以凹模轮廓尺寸为 315mm×315mm×60mm。

b. 冲孔凸模　根据图样：工件中有 4 个孔，其中有 2 个孔大小相等，因此需设计 3 支凸模。为了方便固定，都采用阶梯式，长度为 $L$＝凹模＋固定板＋$t$＝60＋30＋3.5＝93.5mm。

c. 凸凹模　当采用倒装复合模时，凸凹模尺寸计算如下

$$H_{TA}=h_1+h_2+t+h=20+30+3+10.5=63.5\text{mm}$$

式中，$h_1$ 为卸料板厚度，取 20mm；$h_2$ 为凸凹模固定板厚度，取 30mm；$t$ 为材料的厚度，取 3mm；$h$ 为卸料板与固定板之间的安全高度，取 10.5。因凸凹模为模具设计中的配作件，所以应保证与冲孔凸模和落料凹模的双边合理间隙 $Z_{min}$。

② 定位零件的设计　结合本套模具的具体结构，考虑到工件的形状，设置一个 $\phi6$ 活动挡料销（起定距的作用）和两个 $\phi8$ 的活动导料销。挡料销和导料销的下面分别采用压缩弹簧，在开模时，弹簧恢复弹力把挡料销顶起，使它处于工作状态，旁边的导料销也一起工作，具体结构如图 7-8 所示。

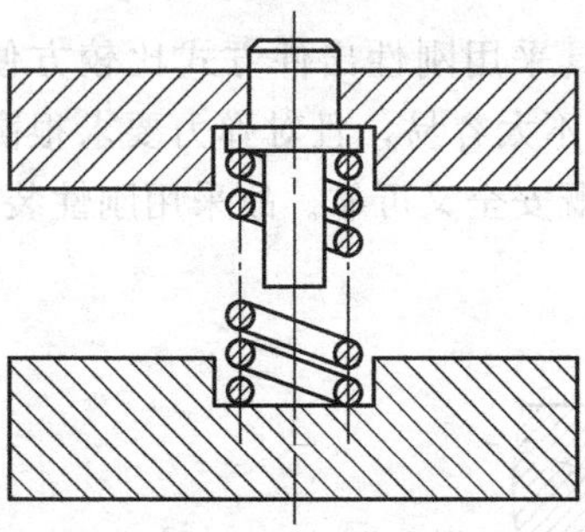

图 7-8　活动挡料销

a. 卸料板设计　卸料板的周界尺寸与凹模周界尺寸相同，厚度为 20mm，材料为 45 钢，淬火硬度为 40～45HRC。

b. 卸料螺钉的选用　卸料板采用 6 个 M8 的螺钉固定，长度 $L=h_1+h_2+a=44+8+15=67$mm（其中 $h_1$ 为弹簧的安装高度；$h_2$ 为卸料板工作行程；$a$ 为凸凹模固定板厚度）。

③ 模架及其他零部件的设计　该模具采用中间导柱模架，这种模架的导柱在模具中间位置，冲压时可以防止由于偏心力矩而引起的模具歪斜。以凹模周界尺寸为依据，查第 9 章表 9-48 选择模架规格如下。

导柱：$d$(mm)×$L$(mm) 分别为 $\phi45\times230$、$\phi50\times230$（GB/T 2861.1）。

导套：$d$(mm)×$L$(mm)×$D$(mm) 分别为 $\phi45\times125\times48$、$\phi45\times125\times48$（GB/T 2861.6）。

上模座厚度 $H_上$ 取 50mm，下模座厚度 $H_下$ 取 60mm，上垫板厚度 $H_垫$ 取 10mm，则该模具的闭合高度 $H_闭$ 为

$$H_闭=H_上+H_下+H_垫+L+H-h=50+60+10+93.5+63.5-3.5=273\text{mm}$$

式中　$L$——凸模高度，mm；

$H$——凸凹模高度，mm；

$h$——凸模冲裁后进入凸凹模的深度，mm。

可见该模具的闭合高度小于所选压力机 JA21-160 的最大装模高度 450mm，因此该压力机可以满足使用要求。

**(9) 模具总装图**

通过以上设计，可得到如图 7-9 所示模具的总装图。模具上模部分主要由上模座、垫板、冲孔凸模、冲孔凸模固定板、凹模板等组成。下模由下模座板、固定板、卸料板等组成。出件是由打杆、推板、连接推杆、推件块组成的刚性推件装置，利用开模力取出工件。卸料是在开模时，弹簧恢复弹力，推动卸料板向上运动，从而推出条料。在这中间冲出的废料由漏料孔直接漏出。

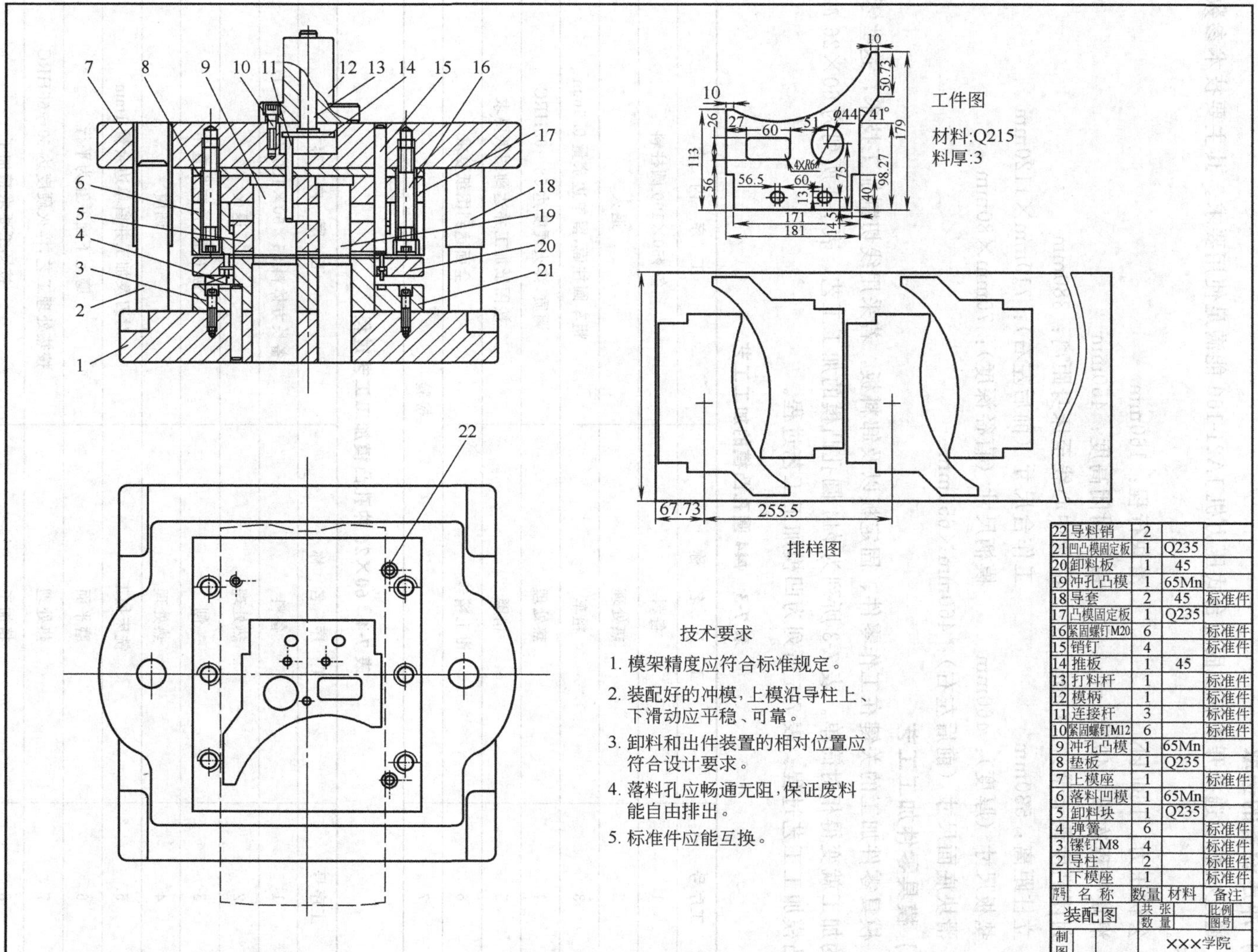
7
8
9
10
11
12
13
14
15
16
17
18
19
20
21
6
5
4
3
2
1
22
工件图
材料:Q215
料厚:3
10
50.73
ϕ44
41°
179
10
26
27
60
51
113
4XR6
56.5
60
13
75
98.27
56
40
171
181
14.5
67.73
255.5
排样图
技术要求
1. 模架精度应符合标准规定。
2. 装配好的冲模，上模沿导柱上、下滑动应平稳、可靠。
3. 卸料和出件装置的相对位置应符合设计要求。
4. 落料孔应畅通无阻，保证废料能自由排出。
5. 标准件应能互换。
22 导料销 2
21 凹凸模固定板 1 Q235
20 卸料板 1 45
19 冲孔凸模 1 65Mn
18 导套 2 45 标准件
17 凸模固定板 1 Q235
16 紧固螺钉M20 6 标准件
15 销钉 4 标准件
14 推板 1 45
13 打料杆 1 标准件
12 模柄 1 标准件
11 连接杆 3 标准件
10 紧固螺钉M12 6 标准件
9 冲孔凸模 1 65Mn
8 垫板 1 Q235
7 上模座 1 标准件
6 落料凹模 1 65Mn
5 卸料块 1 Q235
4 弹簧 6 标准件
3 镙钉M8 4 标准件
2 导柱 2 标准件
1 下模座 1 标准件
序号 名称 数量 材料 备注
装配图 共 张 第 张 比例 图号
制图 ×××学院

图 7-9 装配图

条料送进时利用活动挡料销定步距，侧边的两个导料销来定条料的宽度位置。操作时完成第一步后，把条料向上抬起向前移动，移到刚冲过的料口里，再利用侧边的导料销继续下一个工件的冲裁。重复以上动作来完成所需工件的冲裁。

**(10) 冲压设备的选取**

通过校核，选择开式双柱固定台式压力机 JA21-160 能满足使用要求。其主要技术参数如下。

公称压力：1600kN　　滑块行程：160mm

滑块行程次数：40 次/min　　最大封闭高度：450mm

封闭高度调节量：130mm　　滑块中心线至床身距离：380mm

立柱距离：530mm　　工作台尺寸（前后左右）：710mm×1120mm

垫板尺寸（厚度）：460mm　　模柄尺寸（直径深度）：70mm×80mm

滑块底面尺寸（前后左右）：460mm×650mm

**(11) 模具零件加工工艺**

模具零件加工的关键在工作零件、固定板以及卸料板，若采用线切割加工技术，这些零件的加工就变得相对简单。表 7-3 所列为 $\phi$44 圆孔凸模的加工工艺，表 7-4 所列为 60×26 冲孔凸模加工工艺过程。表 7-5 所列为凹模加工工艺过程。

**表 7-3　$\phi$44 圆孔凸模的加工工艺**

| 工序号 | 工 序 名 称 | 工 序 内 容 |
|---|---|---|
| 1 | 备料 | 备 $\phi$50×100 圆柱料 |
| 2 | 热处理 | 退火 |
| 3 | 粗车 | 粗车圆柱面，留单边余量 0.5mm |
| 4 | 热处理 | 调质，淬火硬度达 58～62HRC |
| 5 | 精磨 | 按图纸加工并达到图纸要求 |
| 6 | 钳工精修 | 全面达到图纸要求 |
| 7 | 检验 | |

**表 7-4　60×26 冲孔凸模加工工艺过程**

| 工序号 | 工 序 名 称 | 工 序 内 容 |
|---|---|---|
| 1 | 备料 | 备长方体料 85×50×100($L$×$B$×$H$) |
| 2 | 热处理 | 退火 |
| 3 | 刨 | 刨 6 面，并互为直角 |
| 4 | 热处理 | 调质 |
| 5 | 铣床加工 | 对刀及加工并留单边余量 1mm |
| 6 | 磨平面 | 磨上下面并互为平行 |
| 7 | 热处理 | 按热处理工艺，淬火硬度达 60～65HRC |
| 8 | 精加工 | 按图纸要求精加工 |
| 9 | 钳工精修 | |
| 10 | 检验，装配 | |

注：$\phi$13 小椭圆孔与 60×26 孔形状及高度相似，故其加工过程可参照大孔加工工艺制作。

表 7-5 凹模加工工艺过程

| 工序号 | 工序名称 | 工序内容 |
|---|---|---|
| 1 | 备料 | 320×320×70($L\times B\times H$) |
| 2 | 热处理 | 退火 |
| 3 | 刨 | 刨 6 面互为直角，留单边余量 0.5 mm |
| 4 | 热处理 | 调质 |
| 5 | 磨平面 | 磨 6 面互为直角 |
| 6 | 钳工划线 | 划出各孔位线（销钉孔，螺钉孔及穿螺纹孔） |
| 7 | 线切割 | 加工各孔 |
| 8 | 热处理 | 按热处理工艺，淬火硬度达 58～62HRC |
| 9 | 磨平面 | 精磨上下面 |
| 10 | 线切割 | 按图纸切割工件轮廓至尺寸要求 |
| 11 | 钳工精修 | 全面达到图纸要求 |
| 12 | 检验 | |

注：凸凹模为配作件，并同属板类零件且用线切割加工，其加工工艺过程与凹模板加工工艺完全相同，最后只需保证凸凹模与凹模、凸模的最小合理间隙值 $Z_{\min}=0.46$mm。

**(12) 模具的装配**

根据复合模的特点，先装上模，再装下模较为合理，并调整间隙，试冲，返修。具体过程如下。

① 上模装配

a. 仔细检查每个将要装配零件是否符合图纸要求，并作好划线、定位等准备工作。

b. 先将凸模与凸模固定板装配，再与凹模板装配，并调整间隙。

c. 把已装配好的凸模及凹模与上模座连接，并再次检查间隙是否合理后，打入销钉及拧入螺丝。

② 下模装配

a. 仔细检查将要装配的各零件是否符合图纸要求，并作好划线、定位等准备工作。

b. 先将凸凹模放在下模座上，再装入凸凹模固定板并调整间隙，以免发生干涉及零件损坏。接着依次按顺序装入销钉、活动挡料销、弹顶橡胶块及卸料板，检查间隙合理后拧入卸料螺钉，再拧入紧固螺钉，并再次检查调整。

c. 将经调整后的上下模按导柱、导套配合进行组装，检查间隙及其他装配合理后进行试冲。并根据试冲结果作出相应调整，直到生产出合格制件。

**(13) 结束语**

通过对东风 EQ-1090 汽车储气筒支架冲孔-落料复合模的设计，更深一层地了解冲裁模的设计流程，包括冲裁件的工艺分析、工艺方案的确定、模具结构形式的选择、必要的工艺计算、主要零部件的设计、压力机型号的选择、总装图及零件图的绘制。在设计过程中，有些数据、尺寸是一点也马虎不得，只要一个数据有误，就得全部改动，使设计难度大大增加。

**(14) 致谢**（略）

**(15) 参考文献**（参看本书最后页）

### 7.1.2 弯曲模设计范例

**(1) 设计题目：多部位弯曲模**

**(2) 原始数据**

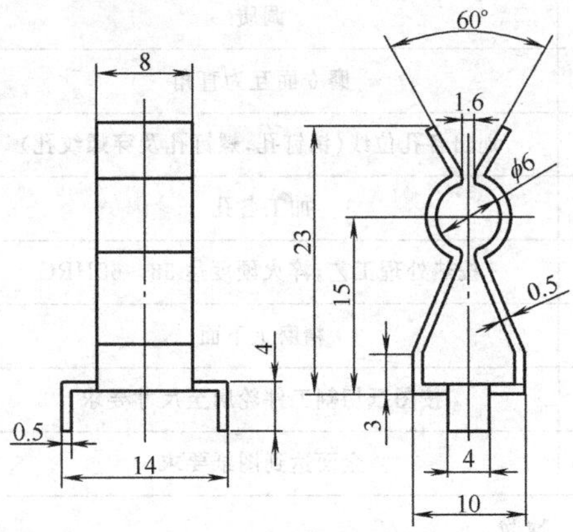


图 7-10 保持架零件图

零件名称：保持架。

生产批量：中批量。材料：20 钢，厚 0.5mm。

零件图：如图 7-10 所示。

**(3) 冲压零件工艺分析**

保持架采用单工序模冲压，需要三道工序，如图 7-11 所示。三道工序依次为落料、异向弯曲、最终弯曲。每道工序各用一套模具。现将第二道工序的异向弯曲模介绍如下。

异向弯曲工序的工件如图 7-12 所示。工件左右对称，在 *b*、*c*、*d* 各有两处弯曲。*bc* 弧段的半径为 *R*3，其余各段是直线。中间 *e* 部位为对称的向下弯曲。通过上述分析可知，共有 8 条弯曲线。

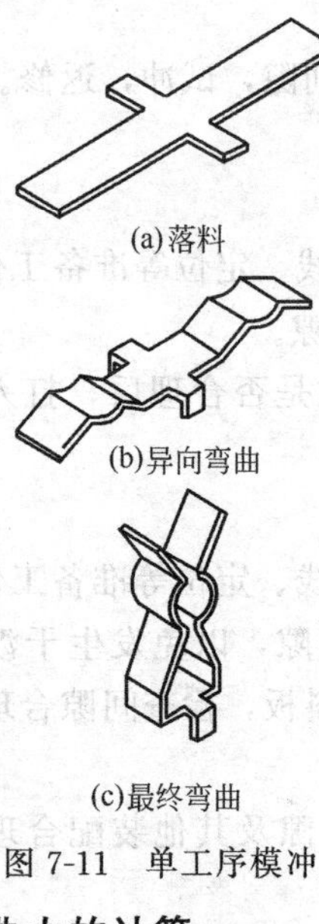


图 7-11 单工序模冲压

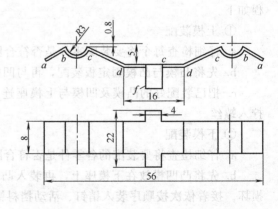


图 7-12 异向弯曲工序工件

**(4) 弯曲力的计算**

工件的 8 条弯曲线均按自由弯曲计算。图 7-12 中的 *e*、*c*、*d* 各处 V 形弯曲按表 3-12 的经验公式计算，当弯曲内半径 *r* 取 0.1*t* 时，则每处的弯曲力为

$$F_1=\frac{Bt^2\sigma_b}{1000(r+t)}=\frac{8\times0.5^2\times450}{1000\times(0.1\times0.5+0.5)}=1.6363\text{kN}$$

工件共有 6 处弯曲，6 处总的弯曲力为

$$F=1.6363\text{kN}\times 6=9.8181\text{kN}$$

图 7-13 中的 $e$ 处弯曲与上述计算类同，只是弯曲件宽度为 4mm，则 $e$ 处单侧弯曲力为 0.8181kN，而两侧的弯曲力应再乘 2，即 1.6363kN。总计弯曲力为

$$F_z=9.8181\text{kN}+1.6363\text{kN}=11.4544\text{kN}$$

**(5) 校正弯曲力的计算**

$$F_{校}=qA$$

式中，$q$ 查第 3 章表 3-13 取值为 30MPa；$A$ 按水平面的投影面积计算（见图 7-12 俯视图）。

$$A=56\text{mm}\times 8\text{mm}+4\text{mm}\times(22-8)\text{mm}=504\text{mm}^2$$

故 $$F_{校}=30\text{MPa}\times 504\text{mm}^2=15120\text{N}=1.512\text{kN}$$

自由弯曲力和校正弯曲力的和为：

$$F=11.4544\text{kN}+1.512\text{kN}=13.052\text{kN}$$

**(6) 弹顶器的计算**

弹顶器的作用是将弯曲后的工件顶出凹模，由于所需的顶出力很小，在突耳的弯曲过程中，弹顶器的力不宜太大，应当小于单边的弯曲力，否则弹顶器将压弯工件，使工件在直边部位出现变形。

查第 9 章表 9-33 选用圆柱螺旋压缩弹簧，其中径 $D_2=14\text{mm}$，钢丝直径 $d=1.2\text{mm}$，最大工作负荷 $F_n=41.3\text{N}$，最大单圈变形量 $f_n=5.575\text{mm}$，节距 $t=7.44\text{mm}$。

如图 7-12 主视图所示，顶件块位于上止点时应和 $b$、$c$ 点等高，上模压下时与 $f$ 点等高，弹顶器的工作行程 $f_x=4.2\text{mm}+6\text{mm}=10.2\text{mm}$，弹簧有效圈数 $n=3$ 圈，最大变形量 $f_1=n\times f_n=3\times 5.575\text{mm}=16.73\text{mm}$。弹簧预先压缩量选为 $f_0=8\text{mm}$。

弹簧的弹性系数 $K$ 可按下式估算

$$K=\frac{F_n}{nf_n}=\frac{41.3}{3\times 5.575}\text{MPa}=2.47\text{MPa}$$

则弹簧预紧力为

$$F_0=Kf_0=2.47\times 8\text{N}=19.76\text{N}$$

下止点时弹簧弹顶力为

$$F_1=Kf_x=2.47\times 10.2\text{N}=25.2\text{N}$$

此值远小于 $e$ 处的弯曲力，故符合要求。

**(7) 回弹量的计算**

零件图中对弯曲半径的大小没有要求，为了减少回弹，弯曲半径尽量选择小一些。关于弯曲线与纤维线的方向，在 $b$、$c$、$d$ 点属于垂直方向，在 $e$ 点属于平行方向（见图 7-12）。材料为正火状态，最小弯曲半径的值从表 3-3 中选取分别为 $0.1t$ 和 $0.5t$，取在 $b$、$c$、$d$ 点的弯曲半径为 0.05mm，在 $e$ 点弯曲半径为 0.25mm。确定各弯曲线上的回弹量采用查表法，$d$ 点弯曲角大约是 155°，由表 3-2 查出 $r/t$ 值为 $0.05/0.5=0.1$，回弹角小于 0.30°。$c$ 点的

弯曲角是指 $R3$ 圆弧在 $c$ 点的切线与 $cd$ 的夹角，其角度值用作图法求出约为 81°。查表 3-2，并采用插值法得出回弹角约为 1.40°。用同样方法得出 $b$ 点回弹角约为 1.45°。

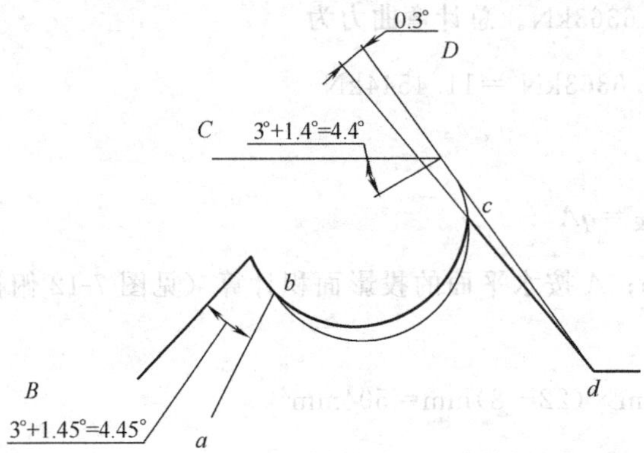


图 7-13　补偿角示意图

$R3$ 圆弧段弯曲后产生的回弹有两个影响：其一是圆弧曲率半径变大，其二是影响 $ab$ 段的角度。对于前者，当 $r/t<(5\sim8)$ 时，忽略不计；对于后者，通过查表估计其值。$r/t$ 的值为 6，折弯角度是 $b$、$c$ 两点圆弧切线的夹角，用作图法求出弯曲角约为 30°。查表 3-1 可得回弹角为 6°。也就是说，由圆弧产生的回弹将使 $ab$ 与 $cd$ 两直线的夹角产生 6°的回弹。在补偿角分配中 $b$、$c$ 两点各分配 3°回弹补偿角。采用补偿法消除回弹，凸模与凹模各部位补偿的角度如图 7-13 所示。图中粗实线是补偿前的曲线，细实线是补偿后的曲线。0.3°是 $d$ 点的弯曲补偿角；4.4°是用圆心偏移的角度实现 $c$ 点补偿的，其中 3°是圆弧补偿角；1.4°是 $c$ 点弯曲的补偿角。4.45°是 $b$ 点补偿角，其中 3°是圆弧补偿角；1.45°是 $b$ 点弯曲的补偿角。

**(8) 弯曲模结构设计和装配总图**

模具总体结构如图 7-14 所示。上模座采用带柄矩形模座，凸模用凸模固定板固定。下模部分由凹模、凹模固定板、垫板和下模座组成。模座下面装有弹顶器，弹顶力通过两个杆传递到顶件块上。坯料在弯曲过程中极易滑动，要采用定位措施。本工件中部有两个突耳，在凹模的对应部位设置沟槽，冲压时突耳始终处于沟槽内，用这个方法实现料的定位。

模具工作过程是将落料后的坯料放在凹模上，并使中部的两个突耳进入凹模固定板的槽中。当模具下行时，凸模中部和顶件块压住坯料的突耳，使坯料准确定位在槽内。模具继续下行，使各部弯曲逐渐成形。上模回程时，弹顶器通过顶件块将工件顶出。

**(9) 弯曲模凸模、凹模设计**

凸模是由两部分组成的镶拼结构，如图 7-15 所示。这样的结构便于线切割机床加工。图 7-15 中凸模 B 部位的尺寸按前述回弹补偿角度设计。A 部位在弯曲工件的两突耳能起凹模作用。凸模用凸模固定板和螺钉固定。它与该部位的凸模间隙由式（3-10）计算。式中的间隙系数 $n$ 值由表 3-16 查出，$n$ 值为 0.05。则单边间隙 $Z/2=t(1+n)=0.525\text{mm}$。

凹模采用镶拼结构，与凸模结构类同，如图 7-16 所示。凹模下部设计有凸台，用于凹模的固定。凹模工作部位的几何形状，可对照凸模的几何形状并考虑工件厚度进行设计。凸模和凹模均采用 Cr12 制造，热处理硬度为 62～64HRC。

**(10) 其他设计**（省略）

### 7.1.3　拉深模及翻边模设计范例

**(1) 题目：通风口座子拉深模及翻边模**

**(2) 原始数据**

零件名称：180 柴油机通风口座子　　生产批量：大批量

材　　料：08 酸洗钢板，厚度 $t=1.5\text{mm}$　　零件简图：如图 7-17 所示

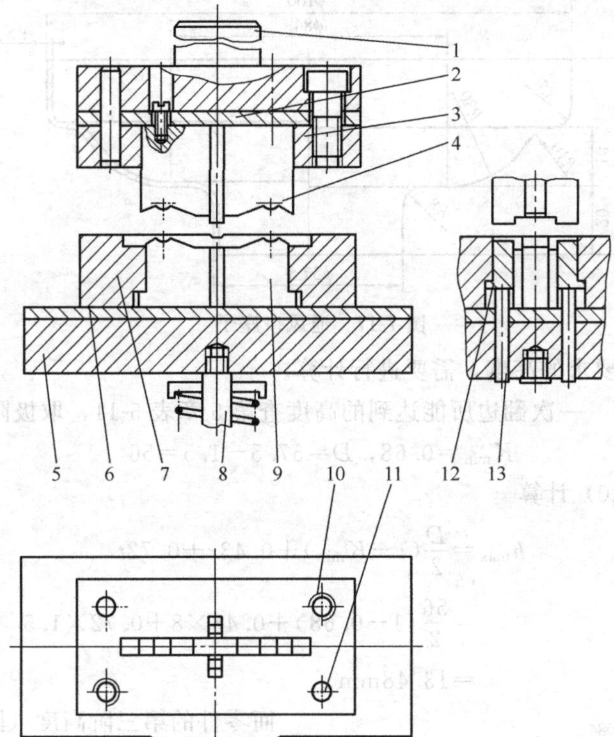

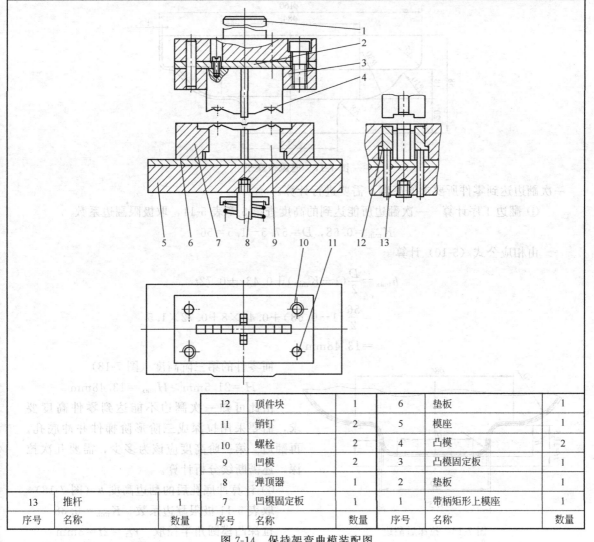

| 序号 | 名称 | 数量 | 序号 | 名称 | 数量 | 序号 | 名称 | 数量 |
|---|---|---|---|---|---|---|---|---|
| | | | 12 | 顶件块 | 1 | 6 | 垫板 | 1 |
| | | | 11 | 销钉 | 2 | 5 | 模座 | 1 |
| | | | 10 | 螺栓 | 2 | 4 | 凸模 | 2 |
| | | | 9 | 凹模 | 2 | 3 | 凸模固定板 | 1 |
| | | | 8 | 弹顶器 | 1 | 2 | 垫板 | 1 |
| 13 | 推杆 | 1 | 7 | 凹模固定板 | 1 | 1 | 带柄矩形上模座 | 1 |

图 7-14　保持架弯曲模装配图

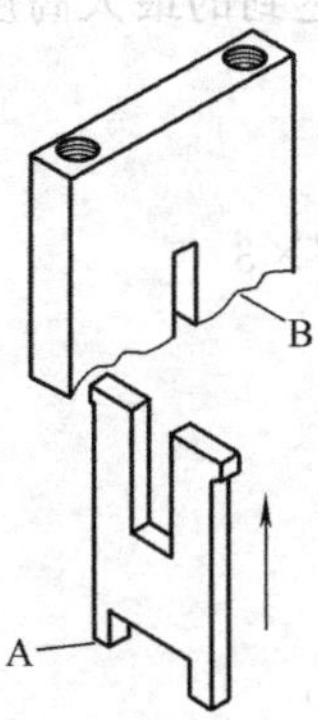


图 7-15　凸模

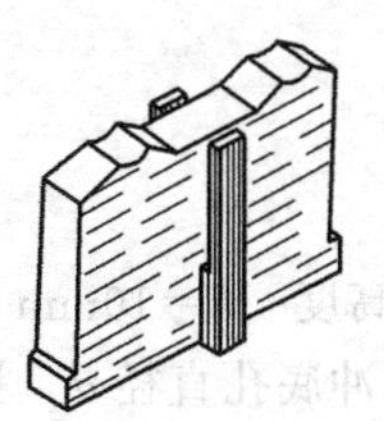

图 7-16　凹模

**(3) 分析零件的工艺性**

这是一个不带底的阶梯零件，其尺寸精度、各处的圆角半径均符合拉深工艺要求。该零件形状比较简单，可以采用落料-拉深成二阶形阶梯和底部冲孔-翻边的方案加工。但是能否

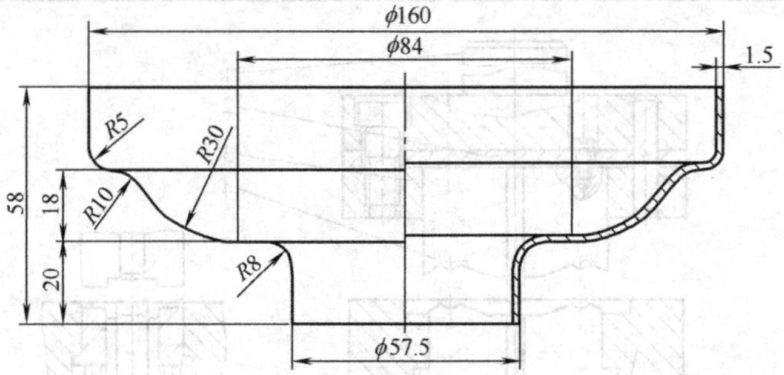


图 7-17　通风口座子

一次翻边达到零件所要求的高度，需要进行计算。

① 翻边工序计算　一次翻边所能达到的高度查第 5 章表 5-11，取极限翻边系数

$$K_{min}=0.68,\ D=57.5-1.5=56$$

由相应公式（5-10）计算

$$h_{max}=\frac{D}{2}(1-K_{min})+0.43r+0.72t$$
$$=\frac{56}{2}(1-0.68)+0.43\times8+0.72\times1.5$$
$$=13.48\text{mm}$$

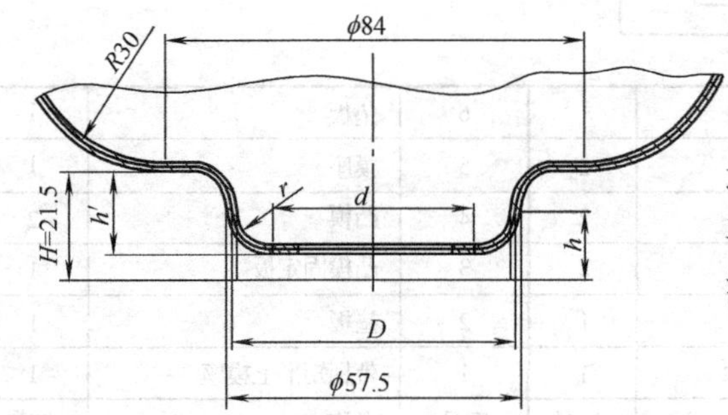


图 7-18　拉深后翻边

而零件的第三阶高度（图 7-18）

$$H=21.5\text{mm}>H_{max}=13.48\text{mm}$$

由此可知一次翻边不能达到零件高度要求，需要采用拉深成三阶形阶梯件并冲底孔，再翻边。第三阶高度应该为多少，需要几次拉深，还需断续分析计算。

② 计算冲底孔后的翻边高度 $h$（图 7-18）

取表 5-11 极限翻边系数　$K_{min}=0.68$

拉深凸模圆角半径取　$r_凸=2t=3\text{mm}$

翻边所能达到的最大高度（经验公式）

$$h_{max}=\frac{D}{2}(1-K_{min})+0.57r_凸$$
$$=\frac{56}{2}\times(1-0.68)+0.57\times3$$
$$=10.67\text{mm}$$

取翻边高度　$h=10\text{mm}$

③ 计算冲底孔直径 $d$　按经验公式

$$d=D+1.14r_凸-2h$$
$$=56+1.14\times3-2\times10$$
$$=39.42\text{mm}$$

实际采用 ϕ39mm 复合冲压时，孔径略为变大。

④ 计算需用拉深拉出的第三阶高度 $h'$

$$h'=H-h+r_凸+t$$

$=21.5-10+3+1.5$

$=16\text{mm}$

根据上述分析计算可以画出翻边前需要几次拉深成的半成品图，如图 7-19 所示。

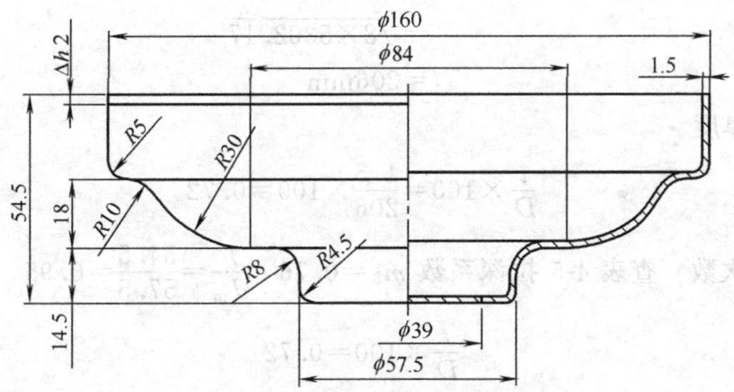


图 7-19　翻边前半成品形状

⑤ 拉深工序计算　图 7-19 所示的阶梯形半成品需要几次拉深，各次拉深后的半成品尺寸如何，需进行以下拉深工艺计算。

a. 计算毛坯直径及相对厚度　先作出计算毛坯分析图，如图 7-20 所示。为了计算方便，先分析图中所示尺寸，根据弯曲毛坯展开长度计算方法求出中性层母线的各段长度并将计算数据列于表 7-6 中。

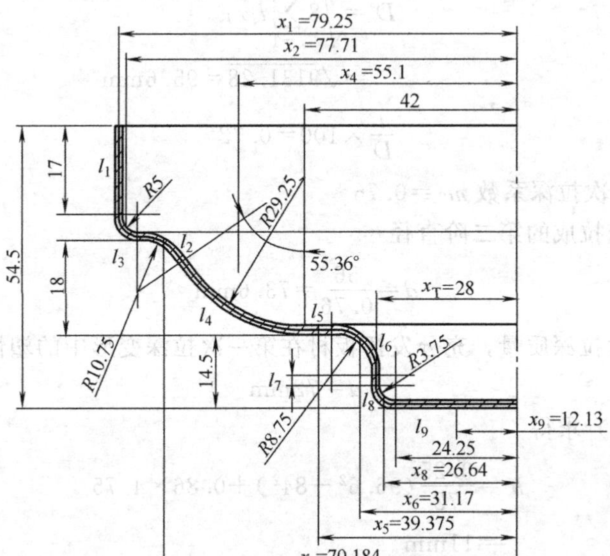


图 7-20　计算毛坯分析图

表 7-6　毛坯材料计算表　mm

| $i$ | $l_i$ | $x_i$ | $l_ix_i$ | $i$ | $l_i$ | $x_i$ | $l_ix_i$ |
|---|---|---|---|---|---|---|---|
| 1 | 17 | 79.25 | 1347.25 | 6 | 13.75 | 31.17 | 428.59 |
| 2 | 6.67 | 77.71 | 518.33 | 7 | 2 | 28 | 56 |
| 3 | 10.428 | 70.184 | 761.88 | 8 | 5.89 | 26.64 | 156.67 |
| 4 | 28.37 | 55.104 | 1563.3 | 9 | 24.25 | 12.13 | 293.43 |
| 5 | 5.25 | 39.375 | 206.72 | $\sum l_ix_i=5302.17$ | | | |

b. 根据公式（4-4）计算得毛坯直径

$$D=\sqrt{8\sum_{i=1}^{n}l_ix_i}$$
$$=\sqrt{8\times5302.17}$$
$$=206\text{mm}$$

c. 计算相对厚度

$$\frac{t}{D}\times100=\frac{1.5}{206}\times100=0.72$$

d. 确定拉深次数　查表 4-5 拉深系数 $m_2=0.76$　$\frac{h}{d_m}=\frac{54.5}{57.5}=0.95$

$$\frac{t}{D}\times100=0.72$$

查相关表得拉深次数为 2，故一次不能拉成。

⑥ 计算第一次拉深工序尺寸　为了计算第一次拉深工序尺寸，需利用等面积法，限第二次拉深后的面积和拉深前参与变形的面积相等，求出第一次拉深工序的直径和深度。

由于参与第二次拉深变形的区域是从图 7-20 中的 $l_5$ 开始，因此以 $l_5$ 开始计算面积，并求出相应的直径。

$$D=\sqrt{8\sum_{i=1}^{n}l_ix_i}$$
$$=\sqrt{9131.28}=95.6\text{mm}$$
$$\frac{t}{D}\times100=0.72$$

查表 4-5 得第二次拉深系数 $m_2=0.76$

因此，第一次应拉成的第二阶直径

$$d=\frac{56}{0.76}=73.6\text{mm}$$

为了确保第二次拉深质量，充分发挥板材在第一次拉深变形中的塑性潜力，实际定为

$$d=72\text{mm}$$

参照公式（4-13）求得

$$h=\frac{0.25}{72}(96.6^2-84^2)+0.86\times4.75$$
$$=11\text{mm}$$

这样就可以画出第一次拉深工序图，如图 7-21 所示。

上述计算是否正确，即第一次能否由 $\phi206$ 的平板毛坯拉深成图 7-19 所示的半成品，需进行核算。

阶梯形零件，能否一次拉成，可以用下述近似方法判断，即求出零件的高度与最小直径之比 $h/d_m$，再按圆筒形零件许可相对高度表（相应表 4-8）查得其拉深次数，如拉深为 1，则可一次拉成。

根据图 7-21 所示：$h=51$，$d_m=72$，$\frac{h}{d_m}=0.70$，$\frac{t}{D}\times100=0.72$，查相关表得拉深次数为 1，则说明图 7-21 所示半成品可以由平板毛坯一次拉成。

**(4) 确定工艺方案**

通过上述分析计算可以得出该零件的正确工艺方案是：落料、第一次拉深，压成如图7-22所示的形状；第二次拉深、冲孔，压成如图7-19所示的半成品形状；第三次为翻边模，达到零件形状和尺寸要求，如图7-17所示的零件。

现在以第一次拉深模为例继续介绍设计过程。并且把其他两套模具的装配图附在后面。

**(5) 第一套拉深模必要的计算**

① 计算总拉深力　根据相对厚度$\frac{t}{D}\times100=0.72$，按表4-11判断要使用压边圈。

按照表4-19计算得拉深力为

$$F_L=\pi d_1 t\sigma_b K_1=3.14\times158.5\times1.5\times450\times0.91$$
$$=305706\text{N}$$

按照表4-27压边力为

$$Q=\frac{\pi}{4}[D^2-(d_1+2r_A)^2]p$$
$$=\frac{\pi}{4}[205^2-(160+2\times8)^2]\times2.5$$
$$=21694\text{N}$$

式中，$p$的值按相应表4-28选取为2.5MPa。

总拉深力：　$P_{总}=F_L+Q=305706+21694=327400\text{N}$

② 工作部分尺寸计算　该工件要求外形尺寸，因此以凹模为基准间隙取在凸模上。

单边间隙　$Z/2=1.1t=1.65\text{mm}$

凹模尺寸按表4-33得

$$D_A=(D-0.75\Delta)^{+\delta_A}_{0}=159.6^{+0.10}_{0}\text{mm}$$

凸模尺寸按表4-33公式得

$$D_T=(D-0.75\Delta-Z)_{-\delta_T}^{0}$$
$$=156.3_{-0.07}^{0}\text{mm}$$

圆角处的尺寸，经分析，若该处是以凸模成形，则以凸模为基准，间隙取在凹模上；若是以凹模成形，则以凹模为基准，间隙取在凸模上。

**(6) 模具总体设计**

勾画的模具草图，如图7-22所示。

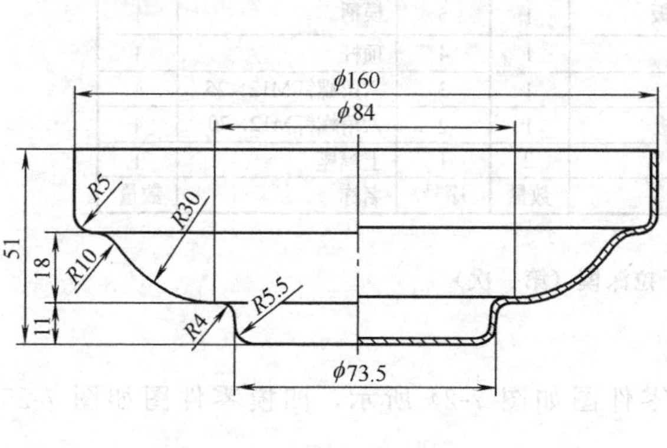


图7-21　第一次拉深工序图

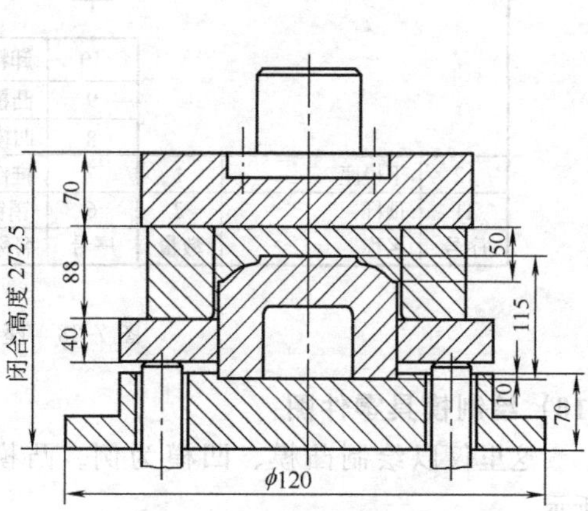


图7-22　模具结构草图

初算模具闭合高度

$$H_m = 272.5\text{mm}$$

外轮廓尺寸估算为：$\phi$420mm

**(7) 模具主要零部件设计**

该模具的零件比较简单，可以在绘制总图时，边绘边设计。

**(8) 选定设备**

本工件的总拉深力较小，仅有 327400N，但要求压力机行程应满足：$S \geqslant 2.5h_{工件} =$ 145mm，同时考虑到压力要使用气垫，所以实际生产中选用有气垫的 3150000N 闭式单点压力机。其主要技术规格如下。

公称压力：3150000N

最大装模高度：500mm

工作台尺寸：1120mm×1120mm

连杆调节量：250mm

滑块行程：400mm

**(9) 绘制模具总图**（图 7-23）

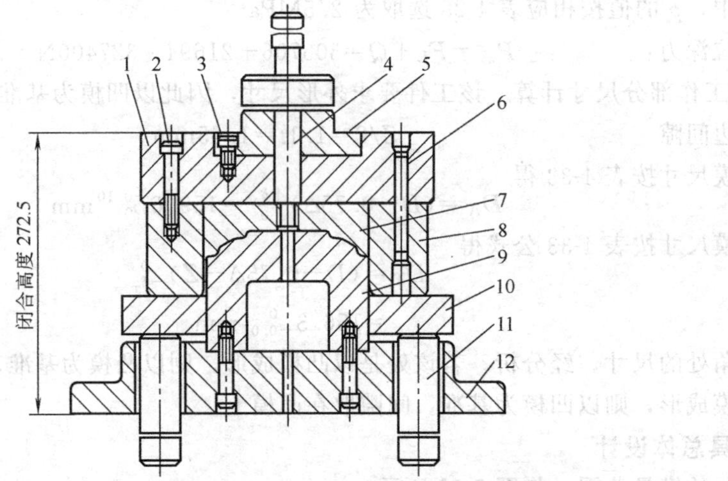

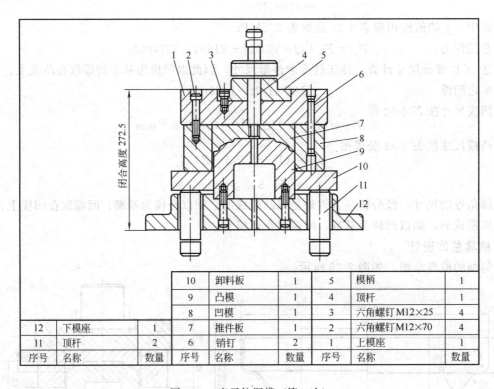

| 序号 | 名称 | 数量 | 序号 | 名称 | 数量 | 序号 | 名称 | 数量 |
|---|---|---|---|---|---|---|---|---|
| | | | 10 | 卸料板 | 1 | 5 | 模柄 | 1 |
| | | | 9 | 凸模 | 1 | 4 | 顶杆 | 1 |
| | | | 8 | 凹模 | 1 | 3 | 六角螺钉M12×25 | 4 |
| 12 | 下模座 | 1 | 7 | 推件板 | 1 | 2 | 六角螺钉M12×70 | 4 |
| 11 | 顶杆 | 2 | 6 | 销钉 | 2 | 1 | 上模座 | 1 |

图 7-23　座子拉深模（第一次）

**(10) 绘制模具零件图**

这里仅以绘制凸模、凹模为例。凸模零件图如图 7-24 所示，凹模零件图如图 7-25 所示。

第二次拉深冲孔复合模，如图 7-26 所示。第三次翻边模，如图 7-27 所示。

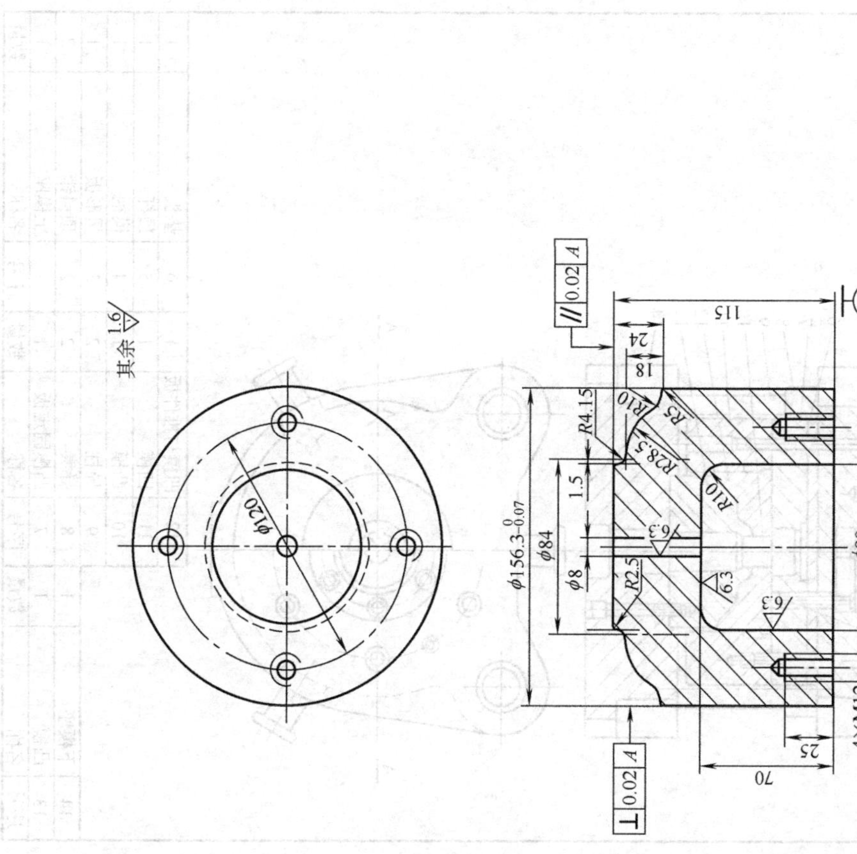


技术要求
热处理：56～60HRC
材料：T8A

图 7-24 凸模

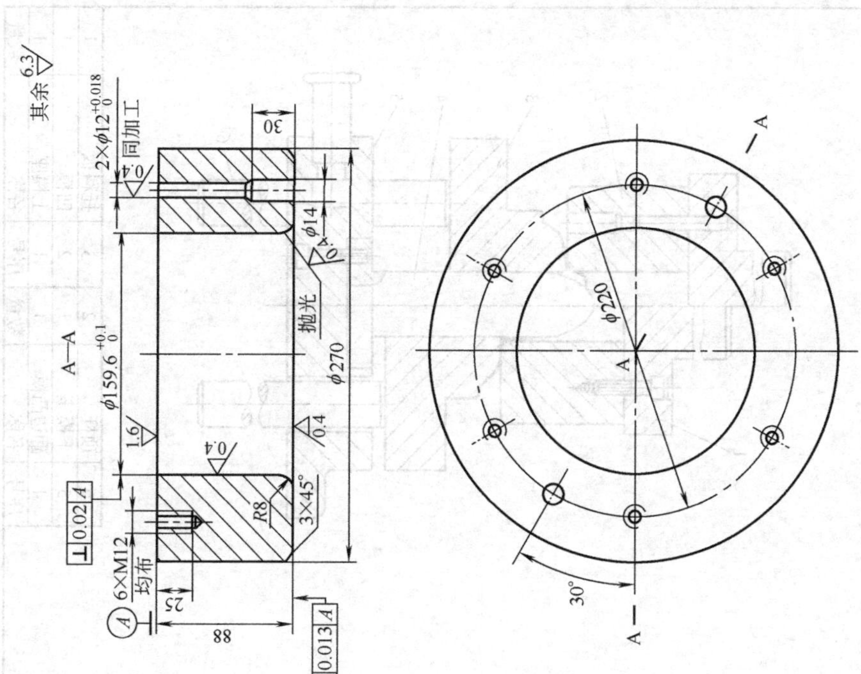


技术要求
工作部分热处理：56～60HRC
材料：T8A

图 7-25 凹模

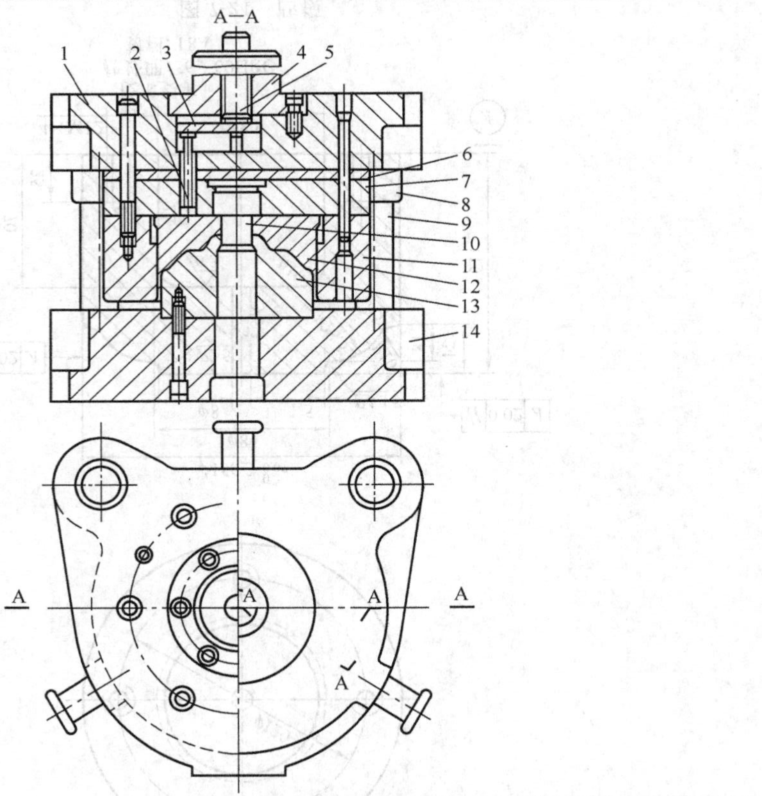


| 序号 | 名称 | 数量 | 序号 | 名称 | 数量 | 序号 | 名称 | 数量 |
|---|---|---|---|---|---|---|---|---|
| | | | 12 | 凹模与推件板 | 1 | 6 | 垫板 | 1 |
| | | | 11 | 凹模 | 1 | 5 | 顶杆 | 1 |
| | | | 10 | 凸模 | 1 | 4 | 模柄 | 1 |
| | | | 9 | 导柱 | 2 | 3 | 星形板 | 1 |
| 14 | 下模座 | 1 | 8 | 导套 | 2 | 2 | 顶料销 | 2 |
| 13 | 凸模 | 1 | 7 | 凸模固定板 | 1 | 1 | 上模座 | 1 |

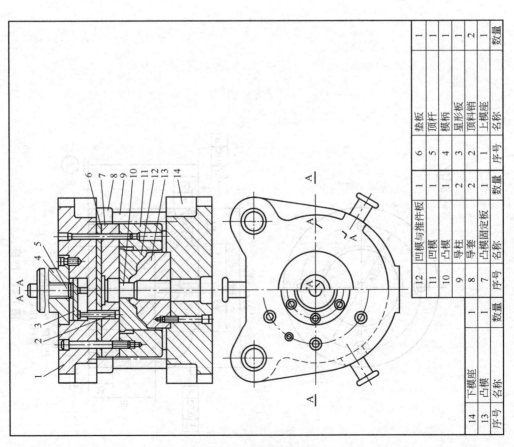

图 7-26　座子拉深冲孔复合模（第二次拉深）

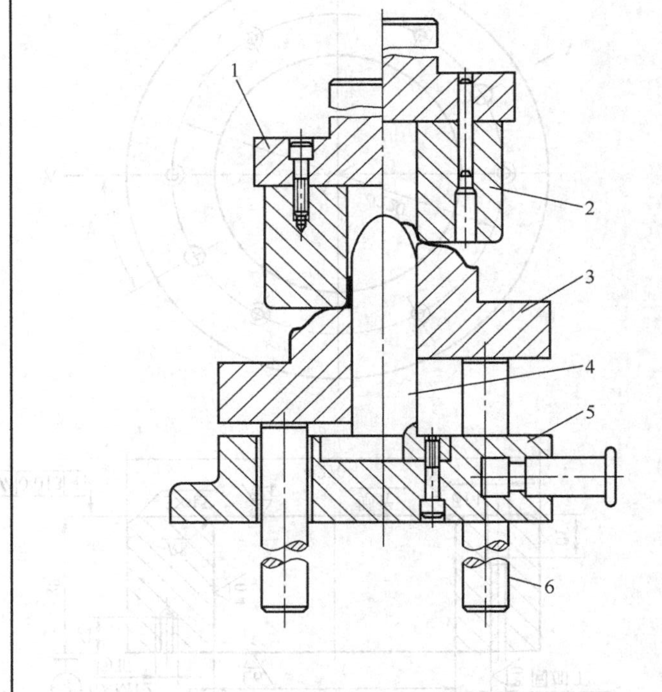


| 序号 | 名称 | 数量 | 序号 | 名称 | 数量 |
|---|---|---|---|---|---|
| 6 | 顶杆 | 2 | 3 | 托料板 | 1 |
| 5 | 下模座 | 1 | 2 | 凹模 | 1 |
| 4 | 翻边凸模 | 1 | 1 | 上模座 | 1 |

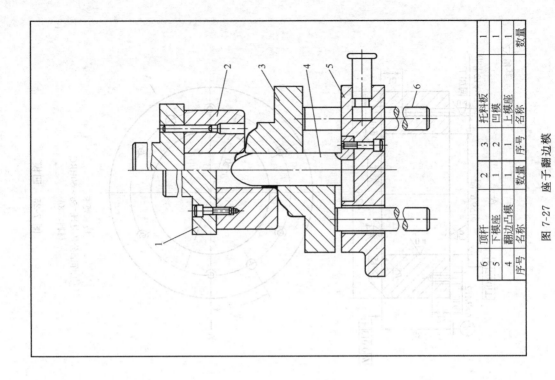

图 7-27　座子翻边模

(11) 其他设计(省略)

## 7.2 编写设计计算说明书和答辩应考虑的问题

设计计算说明书是整个设计计算过程的整理和总结，也是图样设计的理论依据，同时还是审核设计能否满足生产和使用要求的技术文件之一。因此，设计计算说明书应能反映所设计的模具是否可靠和经济合理。

### 7.2.1 设计计算说明书的内容与要求

设计者除了用工艺文件和图样表达自己的设计结果外，还必须编写设计说明书，用以阐明自己的设计观点、方案的优势、依据和过程。设计计算说明书应以计算内容为主，要求写明整个设计的主要计算及简要的说明。

在设计计算说明书中，还应附有与计算相关的必要简图，如压力中心计算时应绘制零件的排样图；确定工艺方案时，需画出多种工艺方案的结构图，以便进行分析比较。

设计计算说明书应在全部计算及全部图样完成之后整理编写，主要内容有冲压件的工艺性分析，毛坯的展开尺寸计算，排样方式及经济性分析，工艺过程的确定，半成品过渡形状的尺寸计算，工艺方案的技术和经济分析比较，模具结构形式的合理性分析，模具主要零件结构形式、材料选择、公差配合和技术要求的说明，凸、凹模工作部分尺寸与公差的计算，冲压力的计算，模具主要零件的强度计算、压力中心的确定，弹性元件的选用与校核等。具体内容包括如下。

① 封面。

② 目录。

③ 设计任务书及产品图。

④ 序言。

⑤ 制件的工艺性分析。

⑥ 冲压工艺方案的制定。

⑦ 模具结构形式的论证及确定。

⑧ 排样图设计及材料利用率计算。

⑨ 模具工作零件刃口尺寸及公差的计算。

⑩ 工序压力计算及压力中心确定。

⑪ 冲压设备的选择及校核。

⑫ 模具零件的选用、设计及必要的计算。

⑬ 其他需要说明的问题和发展方向等。

⑭ 致谢。

⑮ 参考文献目录。

说明书中所选参数及所用公式应注明出处、各符号所代表的意义及单位；后面应附有主要参考文献目录，包括书刊名称、作者、出版社、出版年份。在说明书中引用所列参考资料时，只需在方括号里注明其序号及页数。

### 7.2.2 课程设计总结和答辩注意事项

总结与答辩是冲压模具课程设计的最后环节，是对整个设计过程的系统总结和评价。学生在完成全部图样及编写设计计算说明书之后，应全面分析此次设计中存在的优缺点，找出设计中应该注意的问题，掌握通用模具设计的一般方法和步骤。通过总结，提高分析与解决实际工程设计的能力。

设计答辩工作，应对每个学生单独进行，在进行的前一天，由教师拟定并公布答辩顺序。答辩小组的成员，应以设计指导教师为主，聘请与专业课有关的各门专业课教师，必要时可聘请1～2名工程技术人员组成。

答辩中所提问题，一般以设计方法、方案及设计计算说明书和设计图样中所涉及的内容为限，可就计算过程、结构设计、查取数据、视图表达尺寸与公差配合、材料及热处理等方面广泛提出质疑让学生回答，也可要求学生当场查取数据等。

通过学生系统地回顾总结和教师的质疑、答辩，使学生能更进一步发现自己设计过程中存在的问题，搞清尚未弄懂的、不甚理解或未曾考虑到的问题。从而取得更大的收获，圆满地达到整个课程设计的目的及要求。

### 7.2.3 考核方式及成绩评定

课程设计成绩的评定，应以设计计算说明书、设计图样和在答辩中回答的情况为根据，并参考学生设计过程中的表现进行评定。冲压模具设计与制造课程设计成绩的评定包括冲压工艺与模具设计、模具制造、计算说明书等，具体所占分值可参考表7-7。

**表7-7 课程设计评分标准**

| 项目 | | 分值 | 指标 |
|---|---|---|---|
| 冲压工艺与模具设计 | 冲压工艺编制 | 10% | 工艺是否可行 |
| | 零件图 | 20% | 结构正确、图样绘制与技术要求符合国家标准、图面质量、数量 |
| | 装配图 | 10% | 结构合理、图样绘制与技术要求符合国家标准、图面质量 |
| 模具制造 | 零件加工 | 20% | 符合图纸要求，保证质量 |
| | 模具装调 | 20% | 装配成功，能够冲压出合格的制件 |
| 实训报告 | 说明书撰写质量 | 20% | 条理清楚、文理通顺、语句符合技术规范、字迹工整、图表清楚 |

根据表7-7所列的评分标准，冲压模具设计及制造实训的成绩分为以下五个等级。

**(1) 优秀**

① 冲压工艺与模具结构设计合理，内容正确，有独立见解或创造性。

② 设计中能正确运用专业基础知识，设计计算方法正确，计算结果准确。

③ 全面完成规定的设计任务，图纸齐全，内容正确，图面整洁，且符合国家制图标准。

④ 编制的模具零件的加工工艺规程符合生产实际，工艺性好。

⑤ 计算说明书内容完整，书写工整清晰，条理清楚。

⑥ 在讲评中回答问题全面正确、深入。

⑦ 设计中有个别缺点，但不影响整体设计质量。

⑧ 所加工的模具完全符合图纸要求，试模成功，能加工出合格的零件。

**（2）良好**

① 冲压工艺与模具结构设计合理，内容正确，有一定见解。

② 设计中能正确运用本专业的基础知识，设计计算方法正确。

③ 能完成规定的全部设计任务，图纸齐全，内容正确，图面整洁，符合国家制图标准。

④ 编制的模具零件的加工工艺规程符合生产实际。

⑤ 计算说明书内容较完整、正确，书写整洁。

⑥ 讲评中思路清晰，能正确回答教师提出的大部分问题。

⑦ 设计中有个别非原则性的缺点和小错误，但基本不影响设计的正确性。

⑧ 所加工的模具符合图纸要求，试模成功，能加工出合格的零件。

**（3）中等**

① 冲压工艺与模具结构设计基本合理，分析问题基本正确，无原则性错误。

② 设计中基本能运用本专业的基础知识进行模拟设计。

③ 能完成规定的设计任务，附有主要图纸，内容基本正确，图面清楚，符合国家制图标准。

④ 编制的模具零件的加工工艺规程基本符合生产实际。

⑤ 计算说明书中能进行基本分析，计算基本正确。

⑥ 讲评中回答主要问题基本正确。

⑦ 设计中有个别小原则性错误。

⑧ 所加工的模具基本符合图纸要求，经调整试模成功，能加工出合格的零件。

**（4）及格**

① 冲压工艺与模具结构设计基本合理，分析问题能力较差，但无原则性错误。

② 设计中基本上能运用本专业的基础知识进行设计，考虑问题不够全面。

③ 基本上能完成规定的设计任务，附有主要图纸，内容基本正确，基本符合标准。

④ 编制的模具零件的加工工艺规程基本可行，但工艺性不好。

⑤ 计算说明书的内容基本正确完整，书写工整。

⑥ 讲评中能回答教师提出的部分问题。

⑦ 设计中有一些原则性小错误。

⑧ 所加工的模具经过修改才能够加工出零件。

**（5）不及格**

① 设计中不能运用所学知识解决工程问题，在整个设计中独立工作能力较差。

② 冲压工艺与模具结构设计不合理，有严重的原则性错误。

③ 设计内容没有达到规定的基本要求，图纸不齐全或不符合标准。

④ 没有在规定的时间内完成设计。

⑤ 计算说明书文理不通，书写潦草，质量较差。

⑥ 讲评中自述不清楚，回答问题时错误较多。

⑦ 所加工的模具不符合图纸的要求，不能够使用。

# 第8章 典型冲压模具结构图

## 8.1 导柱导向式落料模

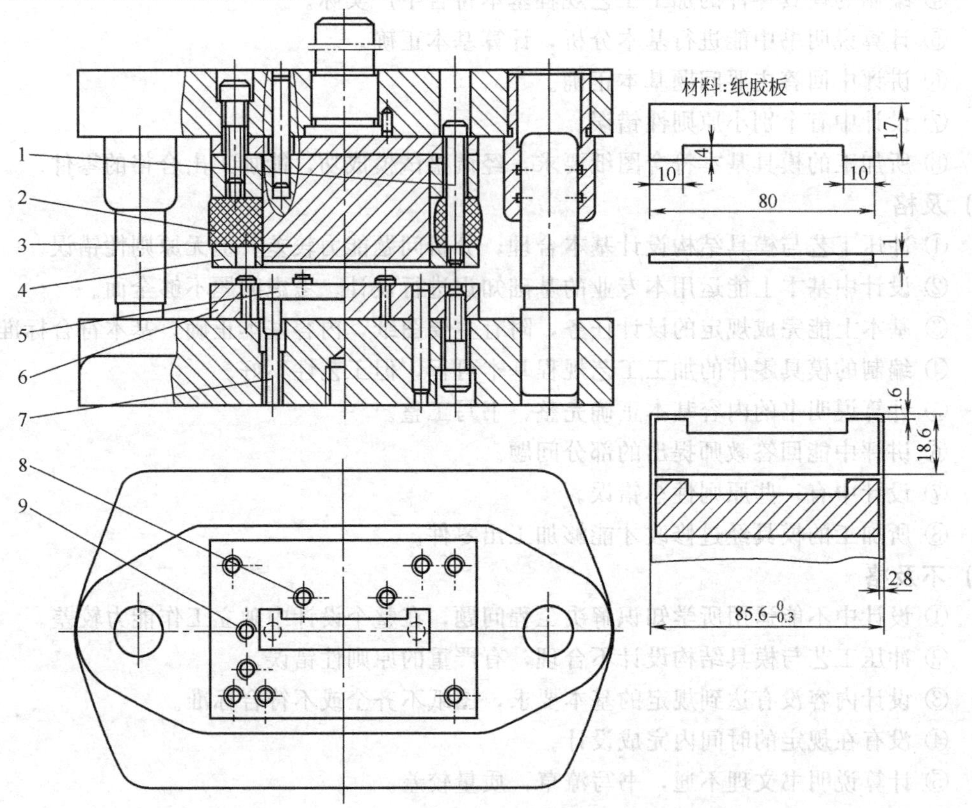

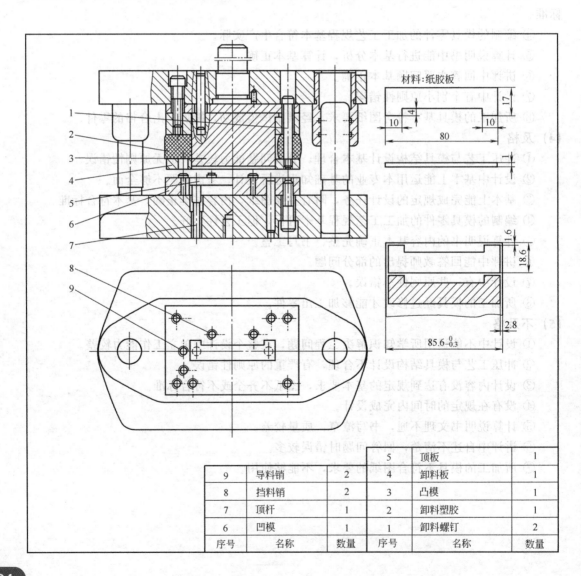

| 序号 | 名称 | 数量 | 序号 | 名称 | 数量 |
|---|---|---|---|---|---|
| | | | 5 | 顶板 | 1 |
| 9 | 导料销 | 2 | 4 | 卸料板 | 1 |
| 8 | 挡料销 | 2 | 3 | 凸模 | 1 |
| 7 | 顶杆 | 1 | 2 | 卸料塑胶 | 1 |
| 6 | 凹模 | 1 | 1 | 卸料螺钉 | 2 |

## 8.2 硬质合金模具

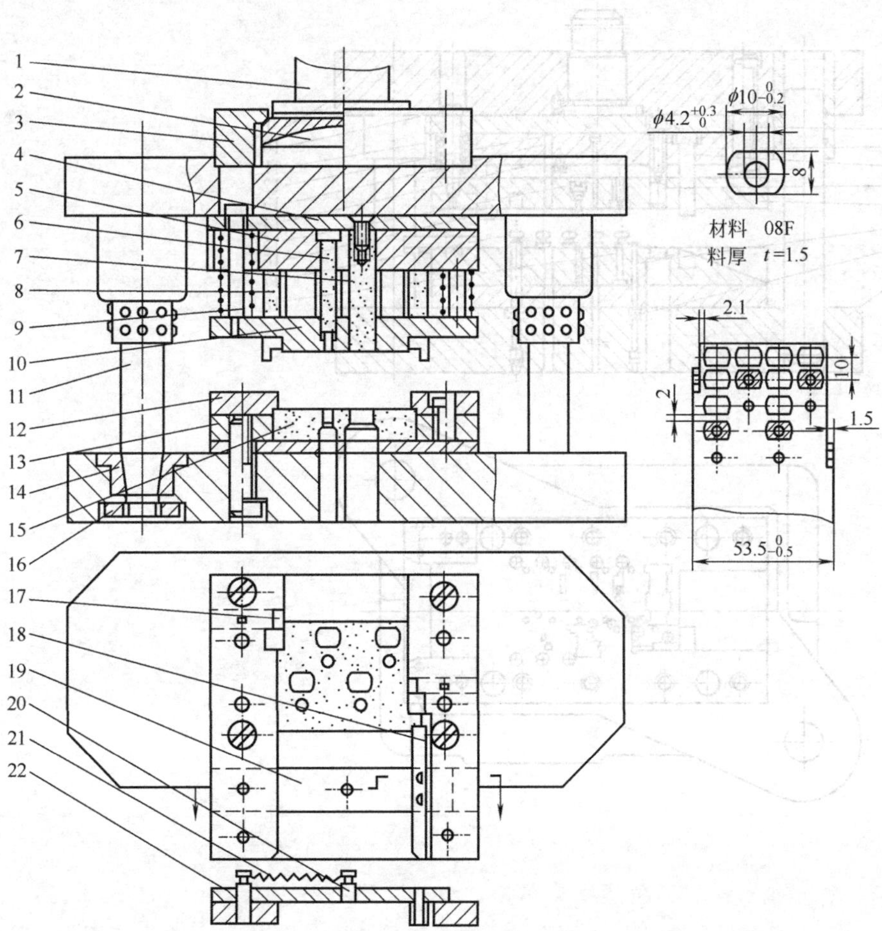

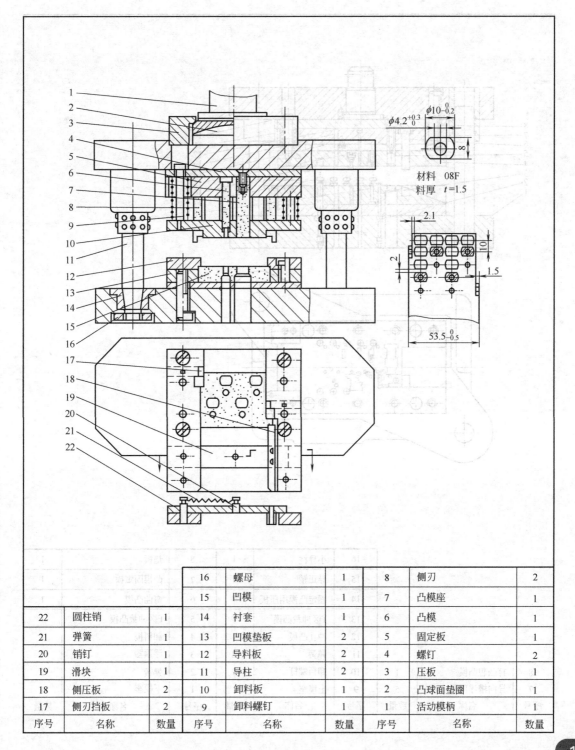

| | | | | | | | | |
|---|---|---|---|---|---|---|---|---|
| | | | 16 | 螺母 | 1 | 8 | 侧刃 | 2 |
| | | | 15 | 凹模 | 1 | 7 | 凸模座 | 1 |
| 22 | 圆柱销 | 1 | 14 | 衬套 | 1 | 6 | 凸模 | 1 |
| 21 | 弹簧 | 1 | 13 | 凹模垫板 | 2 | 5 | 固定板 | 1 |
| 20 | 销钉 | 1 | 12 | 导料板 | 2 | 4 | 螺钉 | 2 |
| 19 | 滑块 | 1 | 11 | 导柱 | 2 | 3 | 压板 | 1 |
| 18 | 侧压板 | 2 | 10 | 卸料板 | 1 | 2 | 凸球面垫圈 | 1 |
| 17 | 侧刃挡板 | 2 | 9 | 卸料螺钉 | 1 | 1 | 活动模柄 | 1 |
| 序号 | 名称 | 数量 | 序号 | 名称 | 数量 | 序号 | 名称 | 数量 |

## 8.3 机芯自停杆级进模

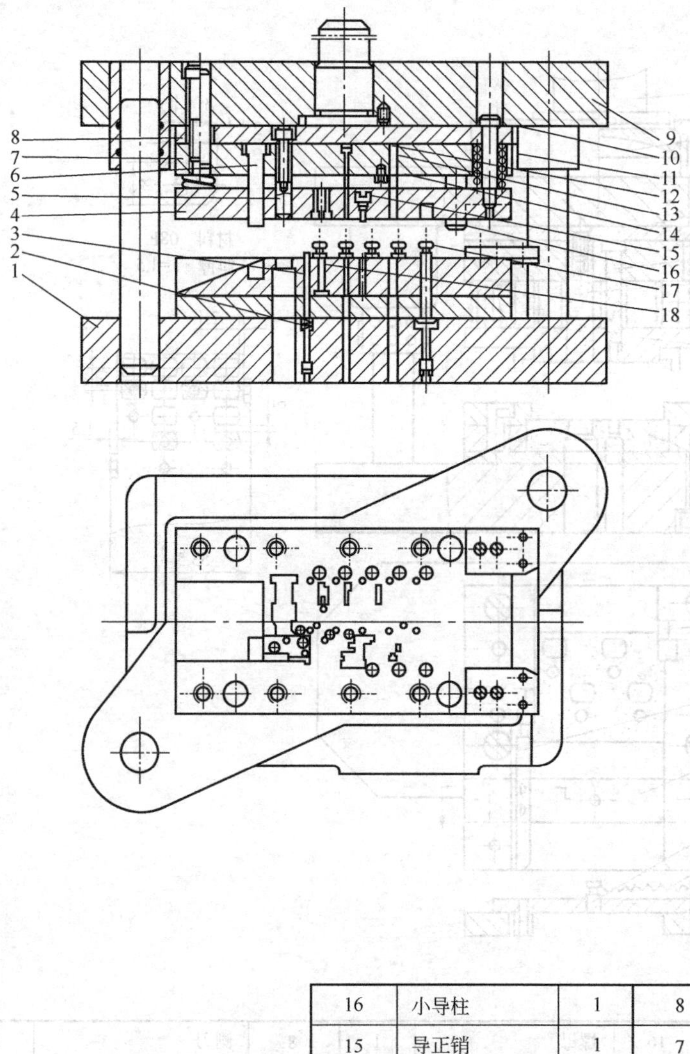

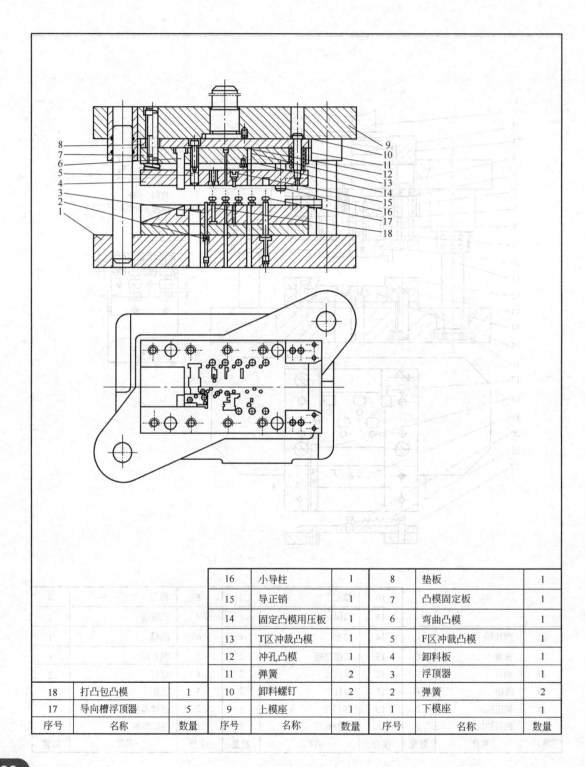

| | | | | | | | | |
|---|---|---|---|---|---|---|---|---|
| | | | 16 | 小导柱 | 1 | 8 | 垫板 | 1 |
| | | | 15 | 导正销 | 1 | 7 | 凸模固定板 | 1 |
| | | | 14 | 固定凸模用压板 | 1 | 6 | 弯曲凸模 | 1 |
| | | | 13 | T区冲裁凸模 | 1 | 5 | F区冲裁凸模 | 1 |
| | | | 12 | 冲孔凸模 | 1 | 4 | 卸料板 | 1 |
| | | | 11 | 弹簧 | 2 | 3 | 浮顶器 | 1 |
| 18 | 打凸包凸模 | 1 | 10 | 卸料螺钉 | 2 | 2 | 弹簧 | 2 |
| 17 | 导向槽浮顶器 | 5 | 9 | 上模座 | 1 | 1 | 下模座 | 1 |
| 序号 | 名称 | 数量 | 序号 | 名称 | 数量 | 序号 | 名称 | 数量 |

## 8.4 活动凸凹模式精冲模

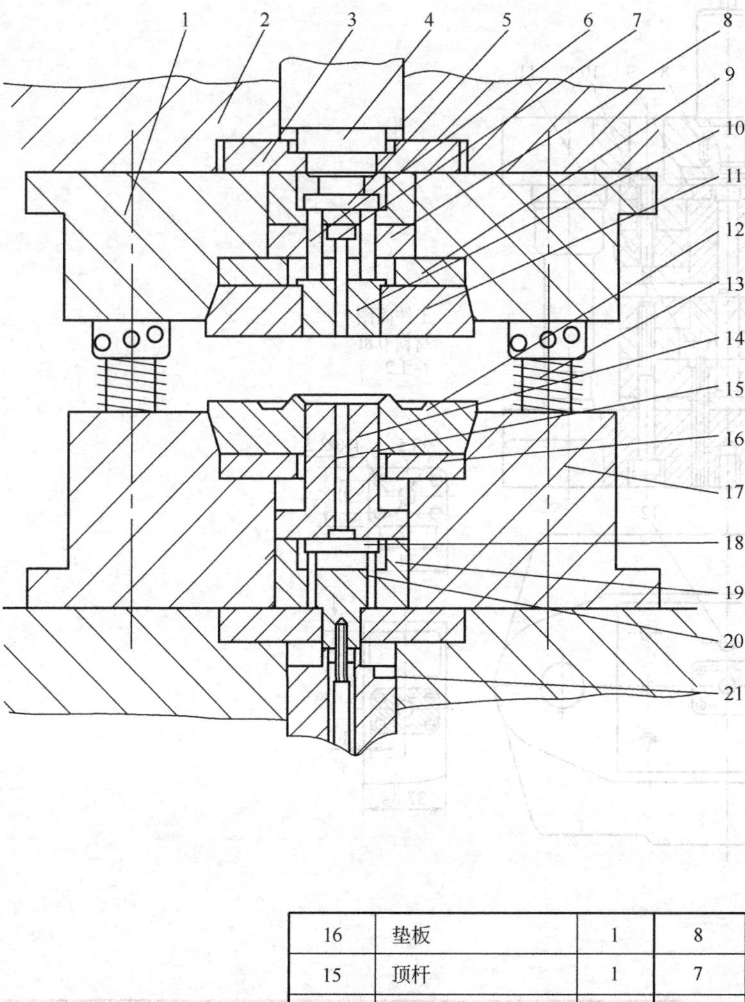

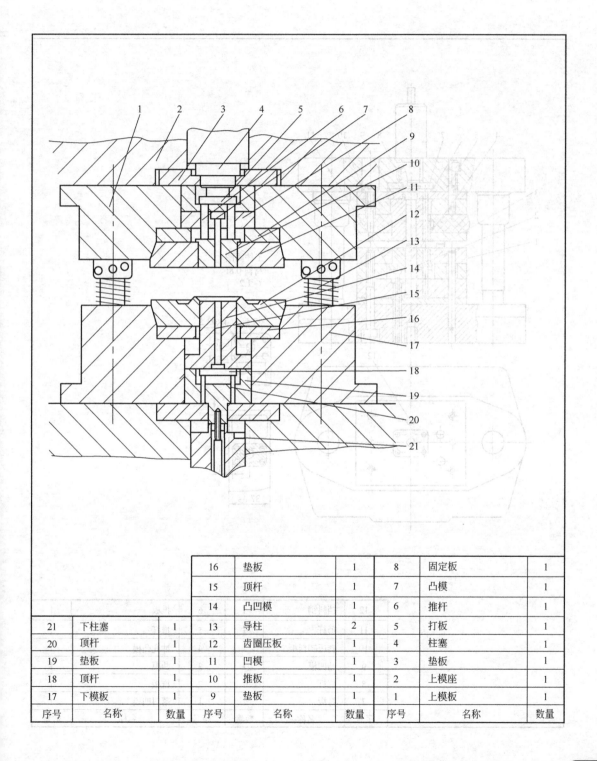

| 序号 | 名称 | 数量 | 序号 | 名称 | 数量 | 序号 | 名称 | 数量 |
|---|---|---|---|---|---|---|---|---|
| | | | 16 | 垫板 | 1 | 8 | 固定板 | 1 |
| | | | 15 | 顶杆 | 1 | 7 | 凸模 | 1 |
| | | | 14 | 凸凹模 | 1 | 6 | 推杆 | 1 |
| 21 | 下柱塞 | 1 | 13 | 导柱 | 2 | 5 | 打板 | 1 |
| 20 | 顶杆 | 1 | 12 | 齿圈压板 | 1 | 4 | 柱塞 | 1 |
| 19 | 垫板 | 1 | 11 | 凹模 | 1 | 3 | 垫板 | 1 |
| 18 | 顶杆 | 1 | 10 | 推板 | 1 | 2 | 上模座 | 1 |
| 17 | 下模板 | 1 | 9 | 垫板 | 1 | 1 | 上模板 | 1 |

## 8.5 正装复合模

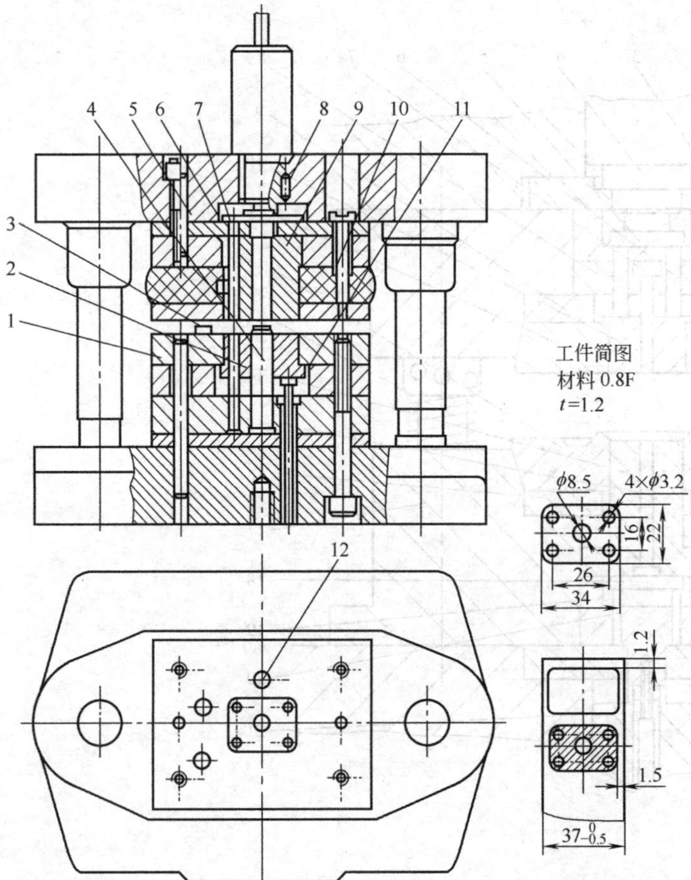

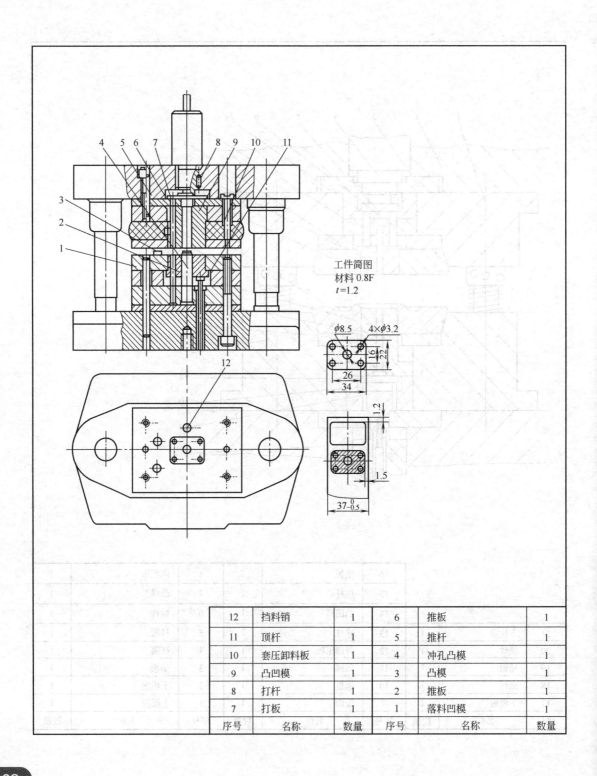

| 序号 | 名称 | 数量 | 序号 | 名称 | 数量 |
|---|---|---|---|---|---|
| 12 | 挡料销 | 1 | 6 | 推板 | 1 |
| 11 | 顶杆 | 1 | 5 | 推杆 | 1 |
| 10 | 套压卸料板 | 1 | 4 | 冲孔凸模 | 1 |
| 9 | 凸凹模 | 1 | 3 | 凸模 | 1 |
| 8 | 打杆 | 1 | 2 | 推板 | 1 |
| 7 | 打板 | 1 | 1 | 落料凹模 | 1 |

## 8.6 倒装复合模

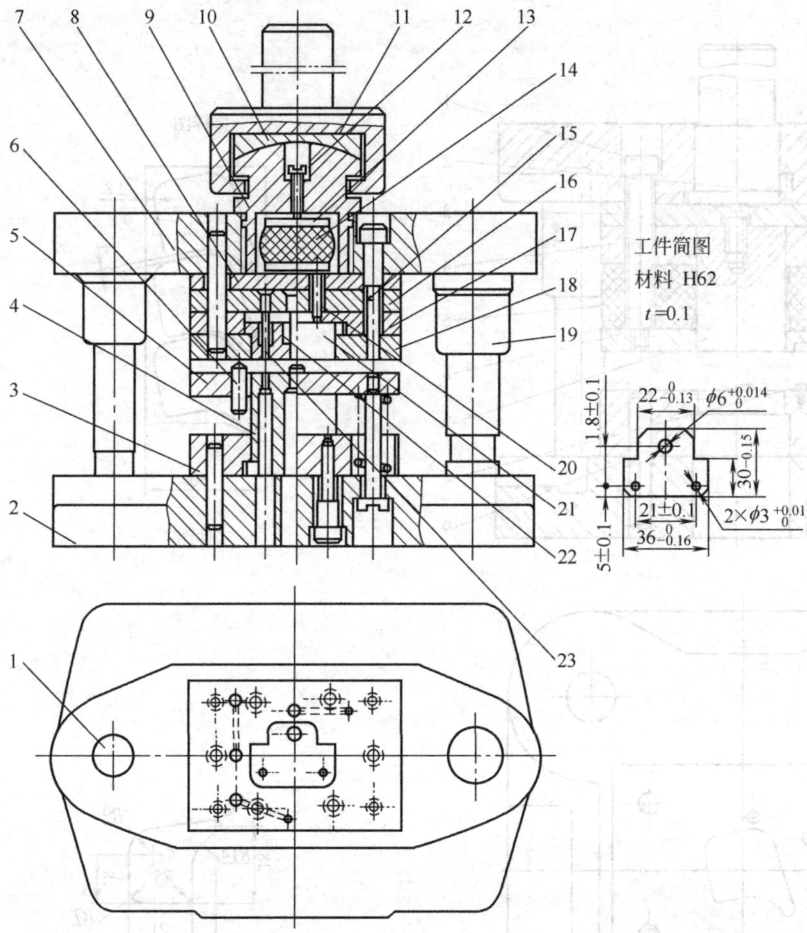

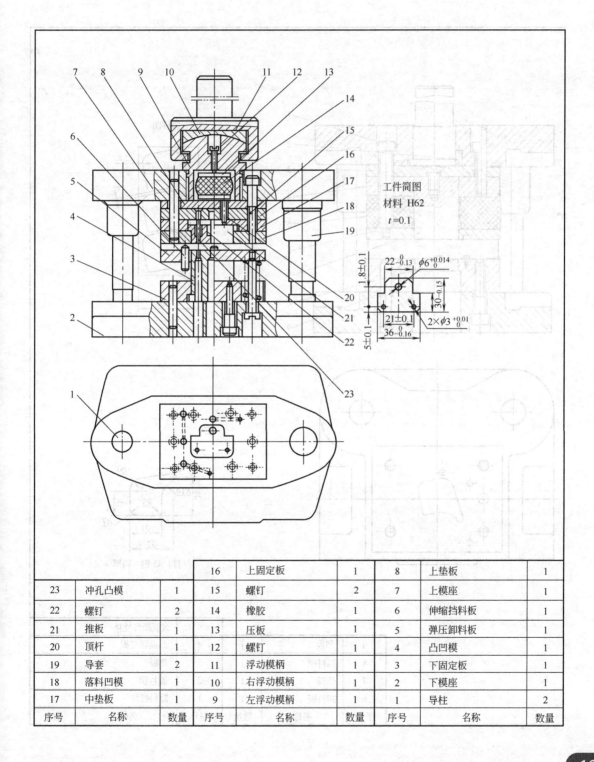

| 序号 | 名称 | 数量 | 序号 | 名称 | 数量 | 序号 | 名称 | 数量 |
|---|---|---|---|---|---|---|---|---|
| | | | 16 | 上固定板 | 1 | 8 | 上垫板 | 1 |
| 23 | 冲孔凸模 | 1 | 15 | 螺钉 | 2 | 7 | 上模座 | 1 |
| 22 | 螺钉 | 2 | 14 | 橡胶 | 1 | 6 | 伸缩挡料板 | 1 |
| 21 | 推板 | 1 | 13 | 压板 | 1 | 5 | 弹压卸料板 | 1 |
| 20 | 顶杆 | 1 | 12 | 螺钉 | 1 | 4 | 凸凹模 | 1 |
| 19 | 导套 | 2 | 11 | 浮动模柄 | 1 | 3 | 下固定板 | 1 |
| 18 | 落料凹模 | 1 | 10 | 右浮动模柄 | 1 | 2 | 下模座 | 1 |
| 17 | 中垫板 | 1 | 9 | 左浮动模柄 | 1 | 1 | 导柱 | 2 |

## 8.7 弹性卸料落料模

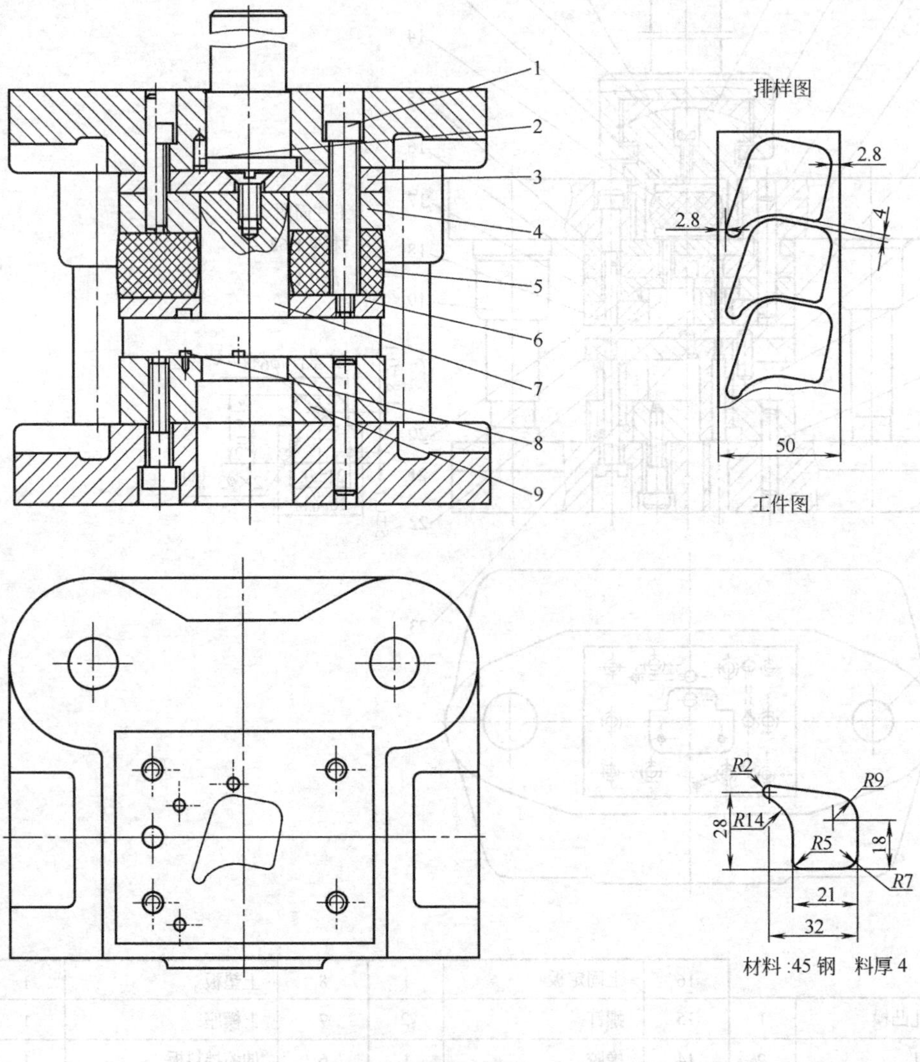


| 序号 | 名称 | 数量 | 序号 | 名称 | 数量 |
|---|---|---|---|---|---|
| | | | 5 | 聚氨酯弹性体 | 1 |
| 9 | 凹模 | 1 | 4 | 凸模固定板 | 1 |
| 8 | 挡料销 | 1 | 3 | 垫板 | 1 |
| 7 | 凸模 | 1 | 2 | 圆柱销 | 2 |
| 6 | 卸料板 | 1 | 1 | 卸料螺钉 | 4 |

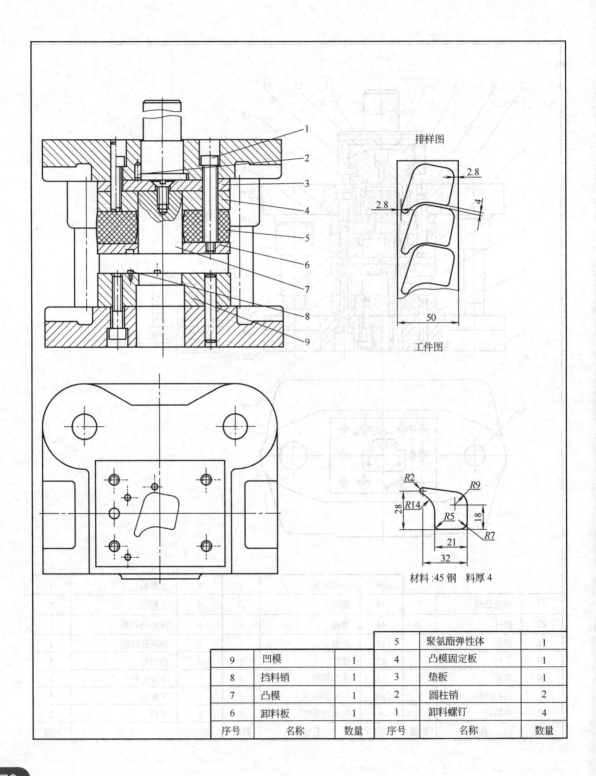

# 8.8 冲孔模

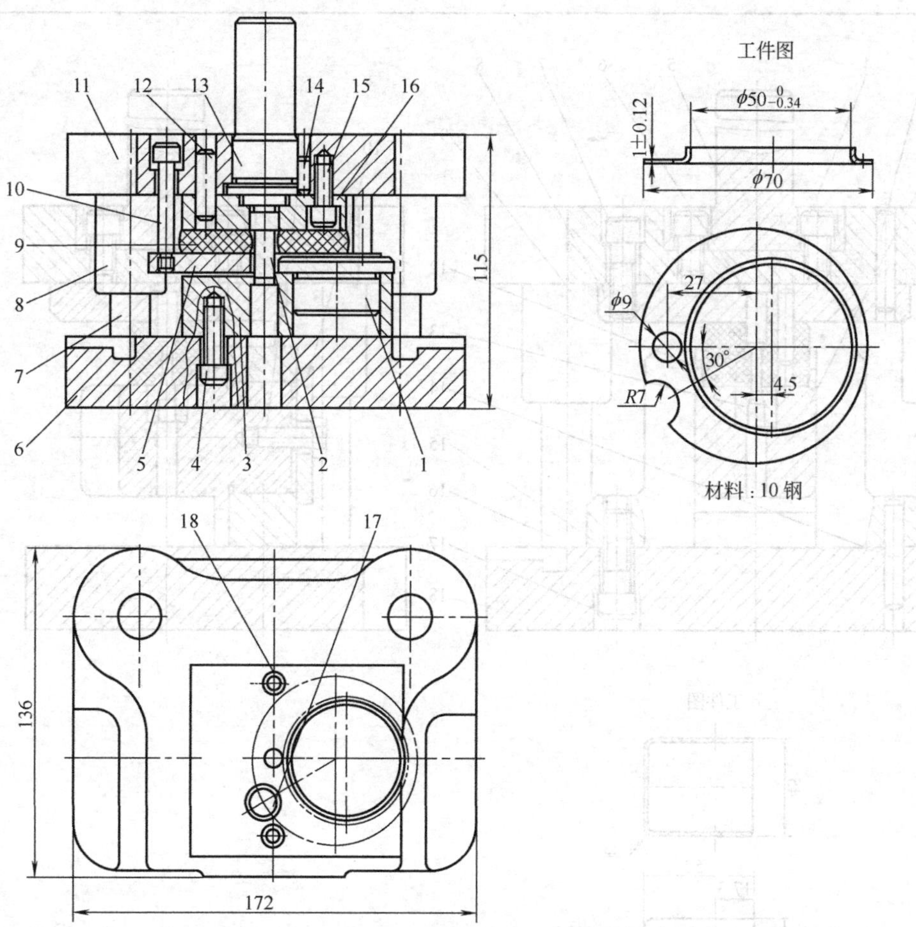

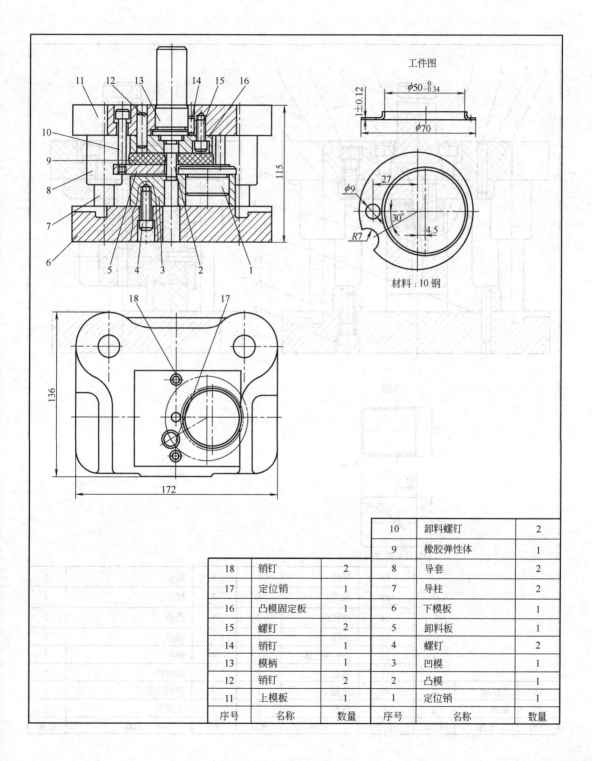

| 序号 | 名称 | 数量 | 序号 | 名称 | 数量 |
|---|---|---|---|---|---|
| | | | 10 | 卸料螺钉 | 2 |
| | | | 9 | 橡胶弹性体 | 1 |
| 18 | 销钉 | 2 | 8 | 导套 | 2 |
| 17 | 定位销 | 1 | 7 | 导柱 | 2 |
| 16 | 凸模固定板 | 1 | 6 | 下模板 | 1 |
| 15 | 螺钉 | 2 | 5 | 卸料板 | 1 |
| 14 | 销钉 | 1 | 4 | 螺钉 | 2 |
| 13 | 模柄 | 1 | 3 | 凹模 | 1 |
| 12 | 销钉 | 2 | 2 | 凸模 | 1 |
| 11 | 上模板 | 1 | 1 | 定位销 | 1 |

## 8.9 冲侧孔模

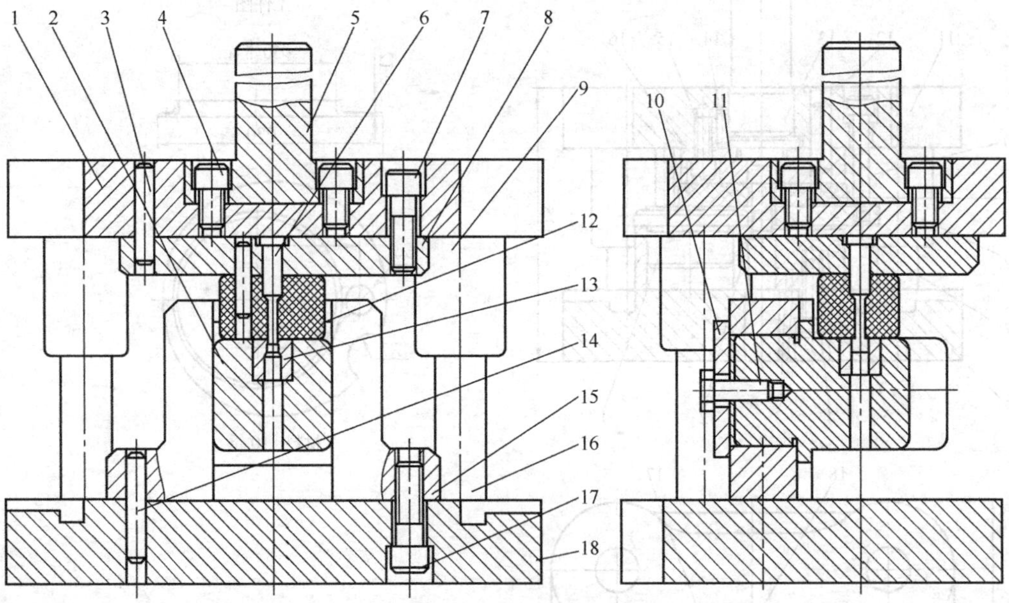


工件图

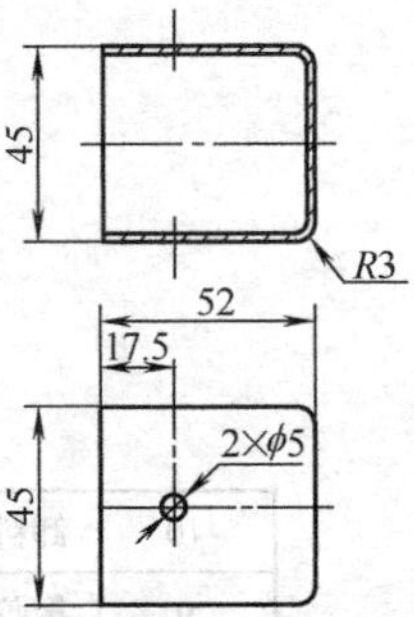


材料:08 钢 厚 0.5

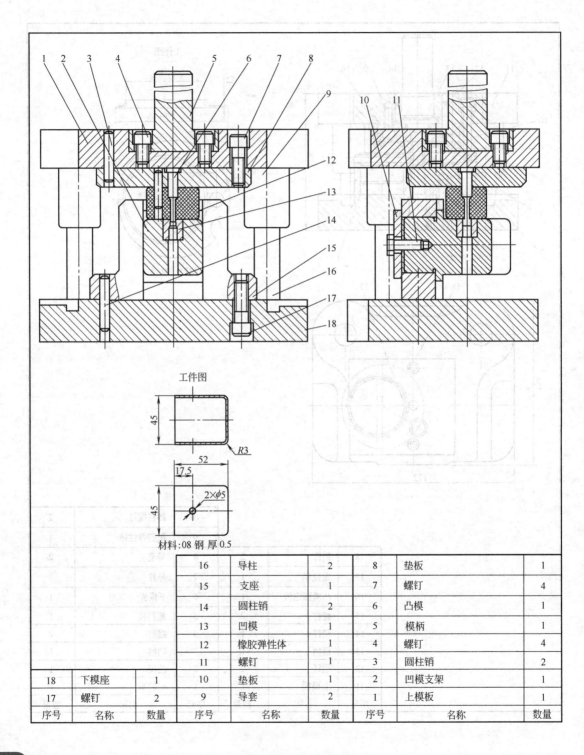

| | | | | | | | | |
|---|---|---|---|---|---|---|---|---|
| | | | 16 | 导柱 | 2 | 8 | 垫板 | 1 |
| | | | 15 | 支座 | 1 | 7 | 螺钉 | 4 |
| | | | 14 | 圆柱销 | 2 | 6 | 凸模 | 1 |
| | | | 13 | 凹模 | 1 | 5 | 模柄 | 1 |
| | | | 12 | 橡胶弹性体 | 1 | 4 | 螺钉 | 4 |
| | | | 11 | 螺钉 | 1 | 3 | 圆柱销 | 2 |
| 18 | 下模座 | 1 | 10 | 垫板 | 1 | 2 | 凹模支架 | 1 |
| 17 | 螺钉 | 2 | 9 | 导套 | 2 | 1 | 上模板 | 1 |
| 序号 | 名称 | 数量 | 序号 | 名称 | 数量 | 序号 | 名称 | 数量 |

# 8.10 多件套筒式冲模

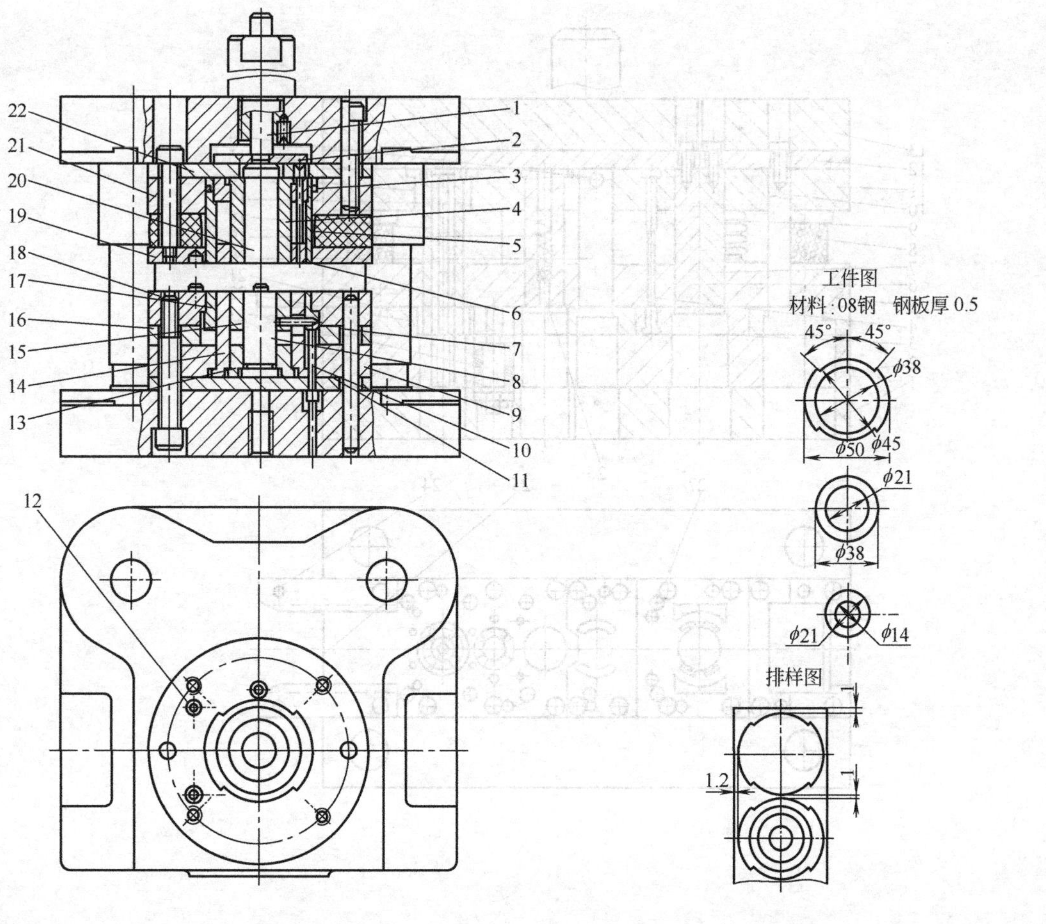

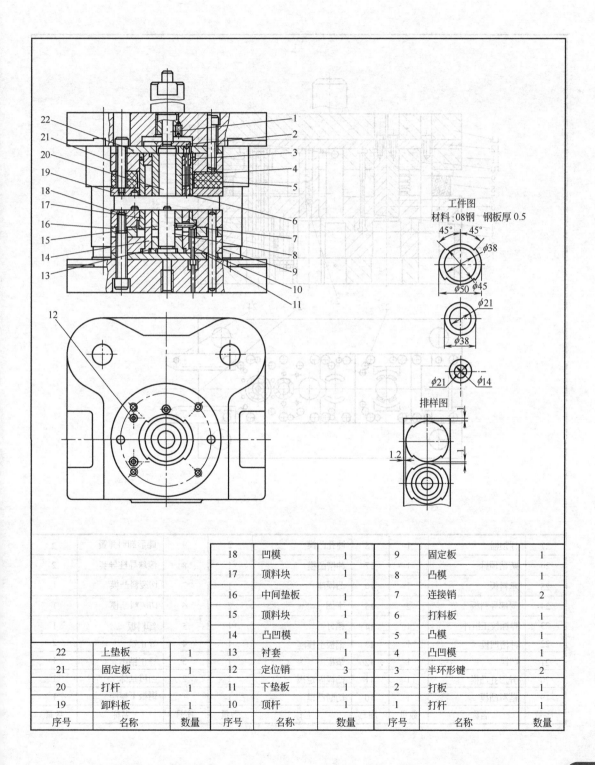

| 序号 | 名称 | 数量 | 序号 | 名称 | 数量 | 序号 | 名称 | 数量 |
|---|---|---|---|---|---|---|---|---|
| | | | 18 | 凹模 | 1 | 9 | 固定板 | 1 |
| | | | 17 | 顶料块 | 1 | 8 | 凸模 | 1 |
| | | | 16 | 中间垫板 | 1 | 7 | 连接销 | 2 |
| | | | 15 | 顶料块 | 1 | 6 | 打料板 | 1 |
| | | | 14 | 凸凹模 | 1 | 5 | 凸模 | 1 |
| 22 | 上垫板 | 1 | 13 | 衬套 | 1 | 4 | 凸凹模 | 1 |
| 21 | 固定板 | 1 | 12 | 定位销 | 3 | 3 | 半环形键 | 2 |
| 20 | 打杆 | 1 | 11 | 下垫板 | 1 | 2 | 打板 | 1 |
| 19 | 卸料板 | 1 | 10 | 顶杆 | 1 | 1 | 打杆 | 1 |

## 8.11 电机定子转子级进模

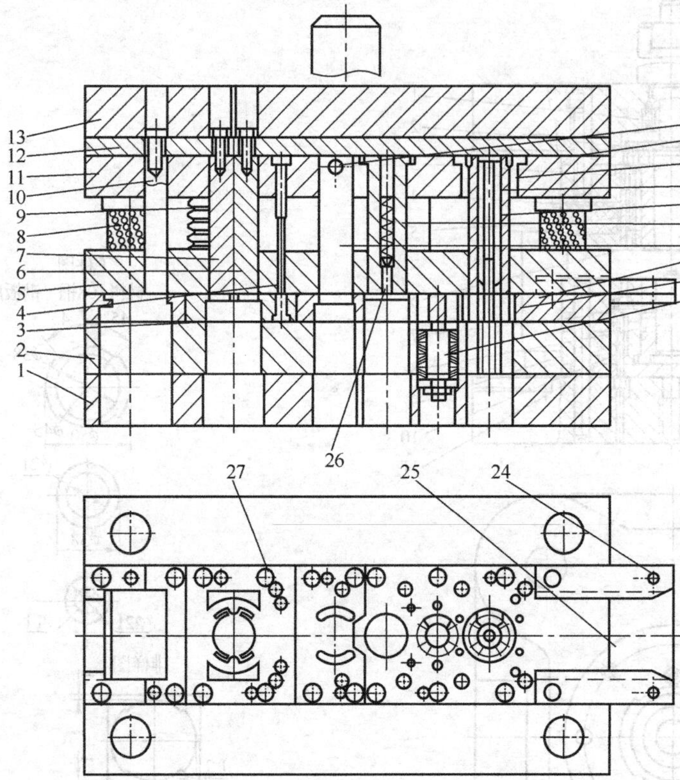

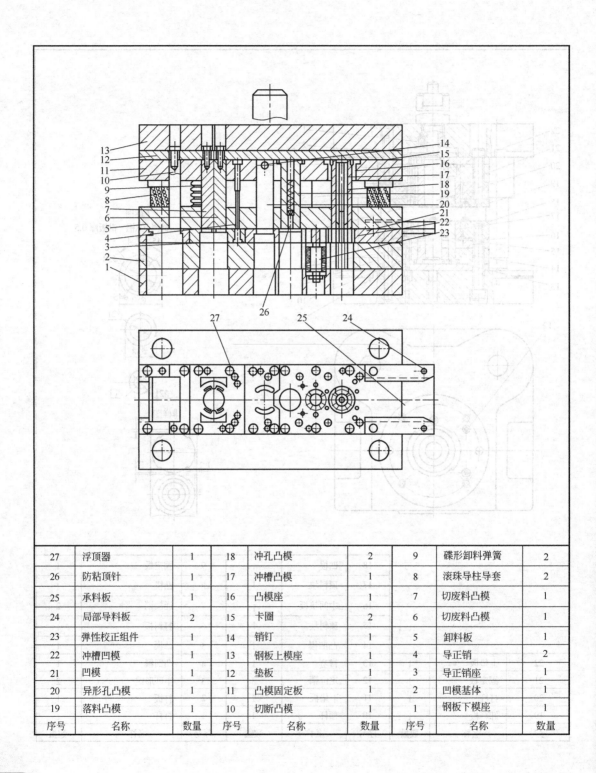

| | | | | | | | | |
|---|---|---|---|---|---|---|---|---|
| 27 | 浮顶器 | 1 | 18 | 冲孔凸模 | 2 | 9 | 碟形卸料弹簧 | 2 |
| 26 | 防粘顶针 | 1 | 17 | 冲槽凸模 | 1 | 8 | 滚珠导柱导套 | 2 |
| 25 | 承料板 | 1 | 16 | 凸模座 | 1 | 7 | 切废料凸模 | 1 |
| 24 | 局部导料板 | 2 | 15 | 卡圈 | 2 | 6 | 切废料凸模 | 1 |
| 23 | 弹性校正组件 | 1 | 14 | 销钉 | 1 | 5 | 卸料板 | 1 |
| 22 | 冲槽凹模 | 1 | 13 | 钢板上模座 | 1 | 4 | 导正销 | 2 |
| 21 | 凹模 | 1 | 12 | 垫板 | 1 | 3 | 导正销座 | 1 |
| 20 | 异形孔凸模 | 1 | 11 | 凸模固定板 | 1 | 2 | 凹模基体 | 1 |
| 19 | 落料凸模 | 1 | 10 | 切断凸模 | 1 | 1 | 钢板下模座 | 1 |
| 序号 | 名称 | 数量 | 序号 | 名称 | 数量 | 序号 | 名称 | 数量 |

## 8.12 斜楔式侧孔冲模

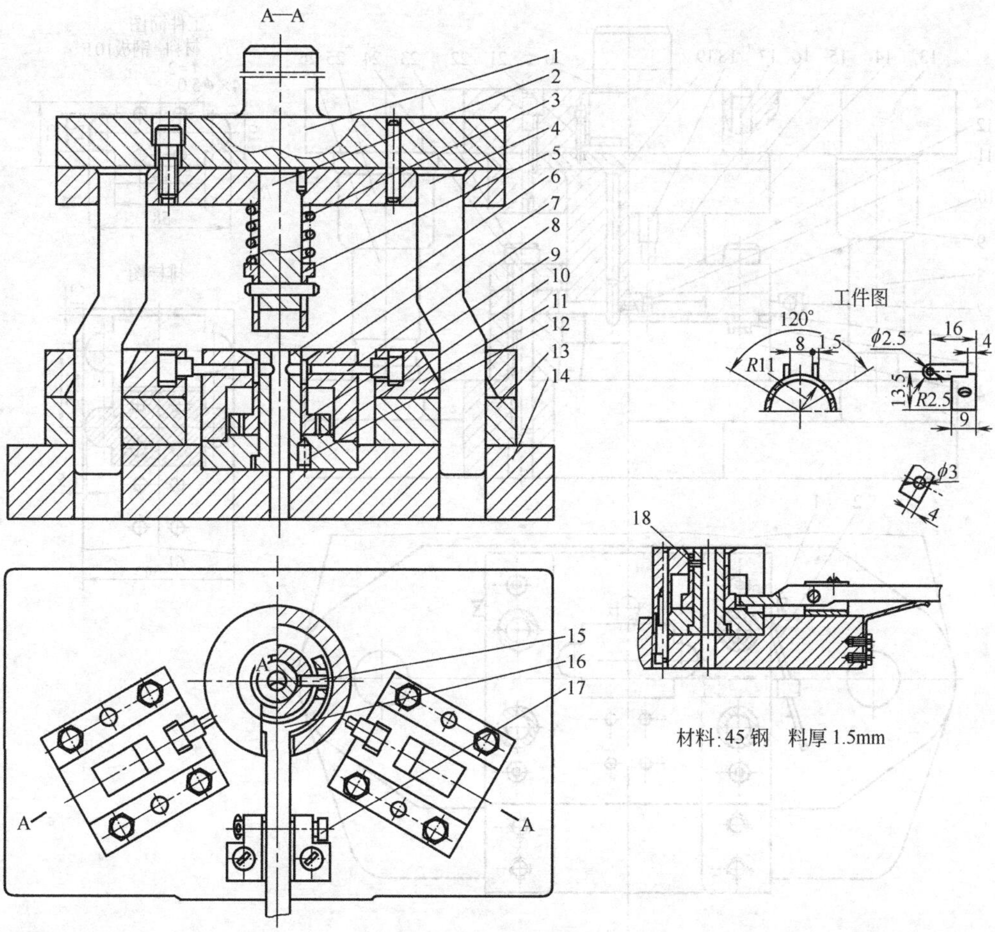

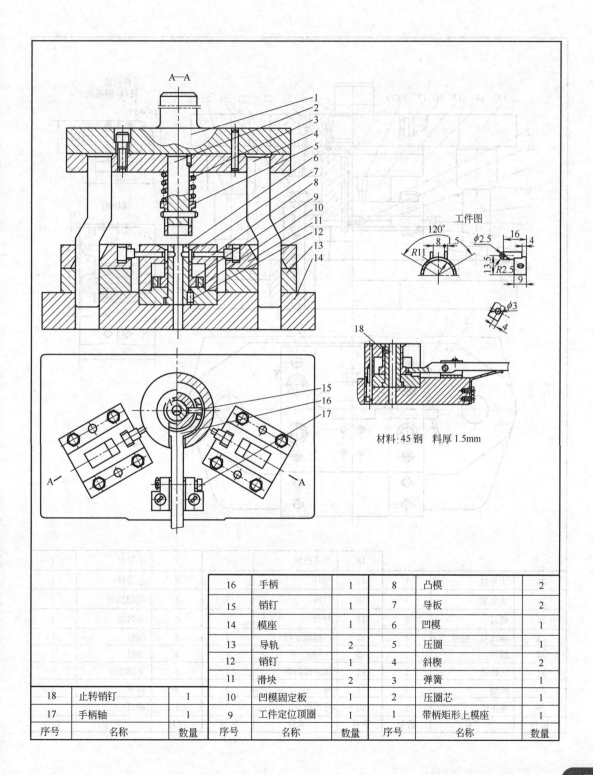

| 序号 | 名称 | 数量 | 序号 | 名称 | 数量 | 序号 | 名称 | 数量 |
|---|---|---|---|---|---|---|---|---|
| | | | 16 | 手柄 | 1 | 8 | 凸模 | 2 |
| | | | 15 | 销钉 | 1 | 7 | 导板 | 2 |
| | | | 14 | 模座 | 1 | 6 | 凹模 | 1 |
| | | | 13 | 导轨 | 2 | 5 | 压圈 | 1 |
| | | | 12 | 销钉 | 1 | 4 | 斜楔 | 2 |
| | | | 11 | 滑块 | 2 | 3 | 弹簧 | 1 |
| 18 | 止转销钉 | 1 | 10 | 凹模固定板 | 1 | 2 | 压圈芯 | 1 |
| 17 | 手柄轴 | 1 | 9 | 工件定位顶圈 | 1 | 1 | 带柄矩形上模座 | 1 |

# 8.13 固定卸料冲孔落料级进模

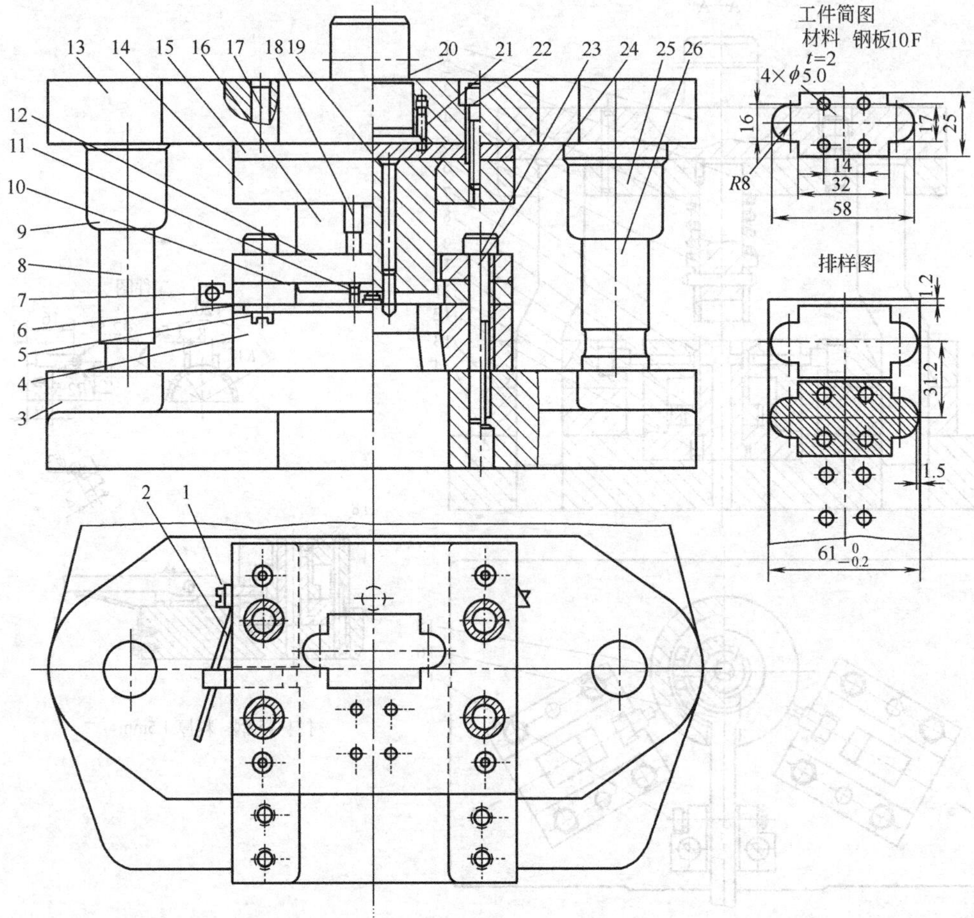

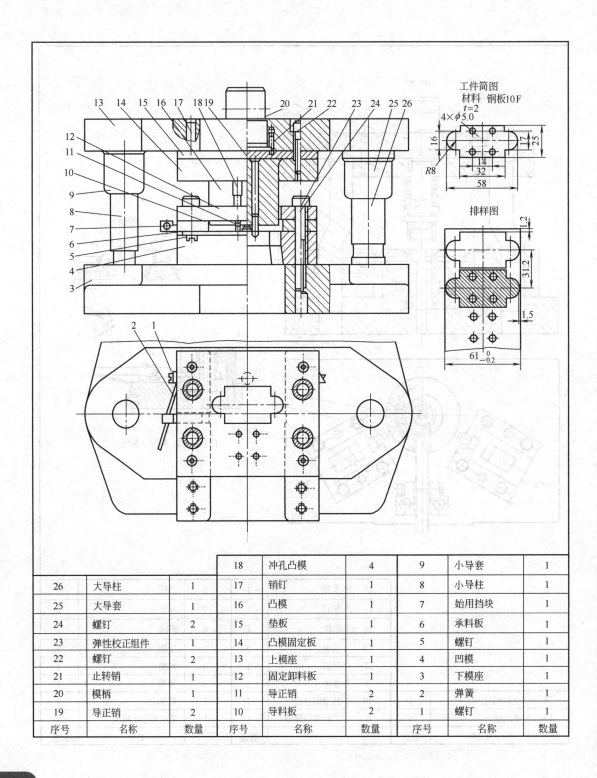

| 序号 | 名称 | 数量 | 序号 | 名称 | 数量 | 序号 | 名称 | 数量 |
|---|---|---|---|---|---|---|---|---|
| | | | 18 | 冲孔凸模 | 4 | 9 | 小导套 | 1 |
| 26 | 大导柱 | 1 | 17 | 销钉 | 1 | 8 | 小导柱 | 1 |
| 25 | 大导套 | 1 | 16 | 凸模 | 1 | 7 | 始用挡块 | 1 |
| 24 | 螺钉 | 2 | 15 | 垫板 | 1 | 6 | 承料板 | 1 |
| 23 | 弹性校正组件 | 1 | 14 | 凸模固定板 | 1 | 5 | 螺钉 | 1 |
| 22 | 螺钉 | 2 | 13 | 上模座 | 1 | 4 | 凹模 | 1 |
| 21 | 止转销 | 1 | 12 | 固定卸料板 | 1 | 3 | 下模座 | 1 |
| 20 | 模柄 | 1 | 11 | 导正销 | 2 | 2 | 弹簧 | 1 |
| 19 | 导正销 | 2 | 10 | 导料板 | 2 | 1 | 螺钉 | 1 |

## 8.14 转动轴弯曲模

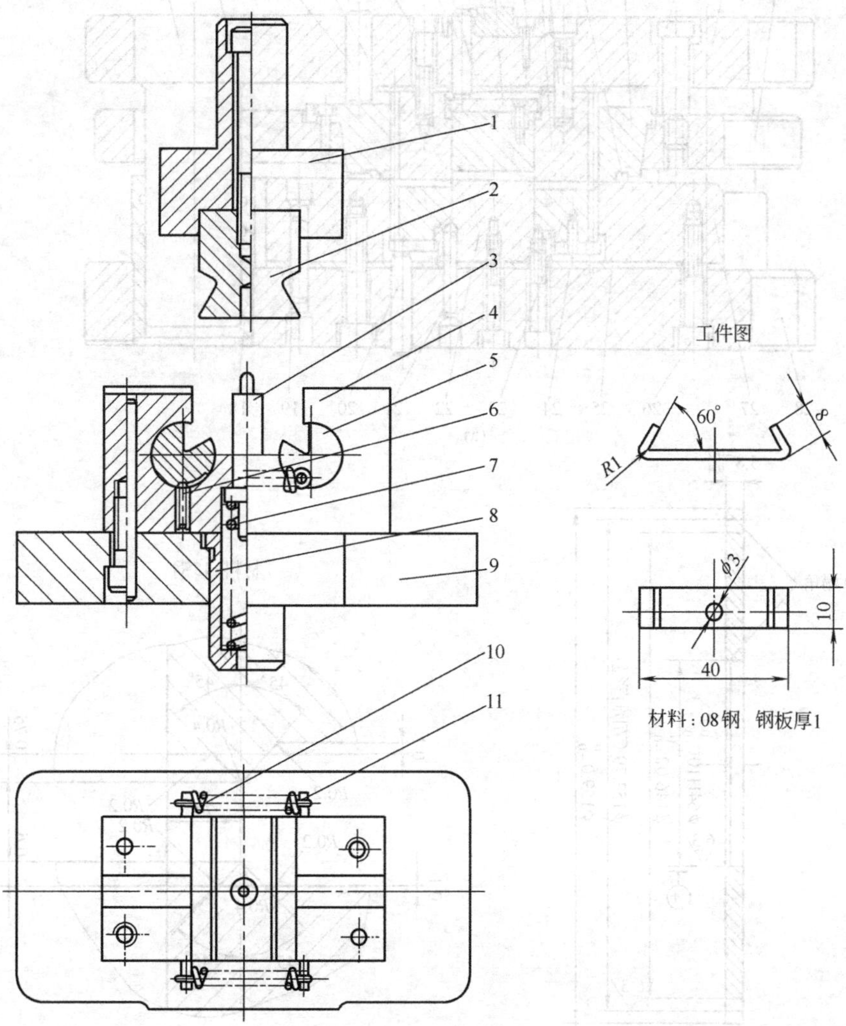

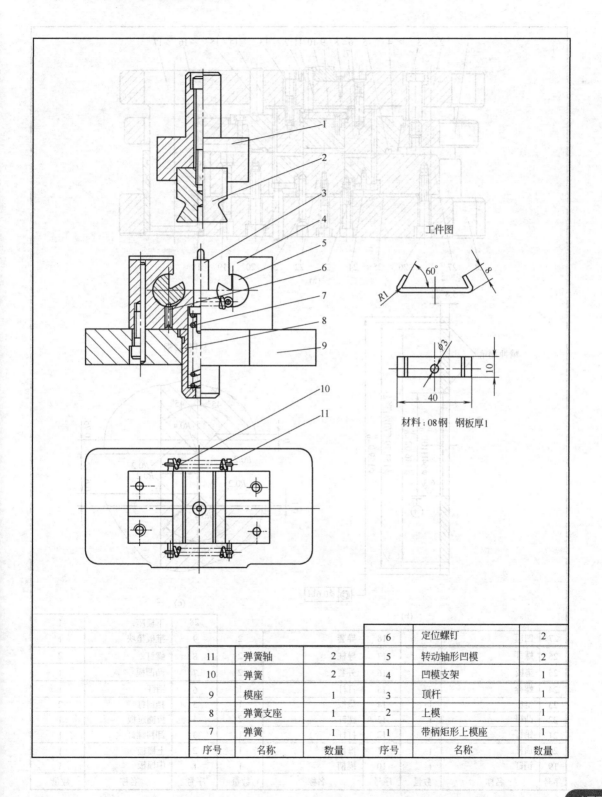

| 序号 | 名称 | 数量 | 序号 | 名称 | 数量 |
|---|---|---|---|---|---|
| | | | 6 | 定位螺钉 | 2 |
| 11 | 弹簧轴 | 2 | 5 | 转动轴形凹模 | 2 |
| 10 | 弹簧 | 2 | 4 | 凹模支架 | 1 |
| 9 | 模座 | 1 | 3 | 顶杆 | 1 |
| 8 | 弹簧支座 | 1 | 2 | 上模 | 1 |
| 7 | 弹簧 | 1 | 1 | 带柄矩形上模座 | 1 |

## 8.15　摩托车从动链轮精冲模

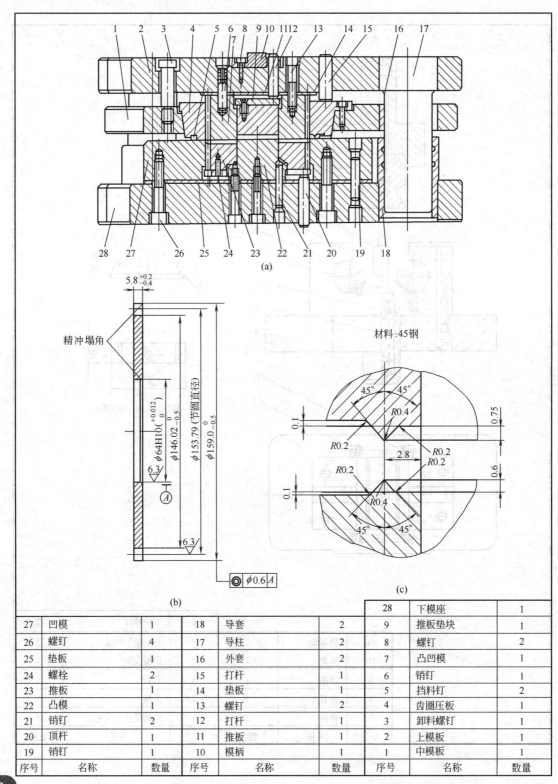

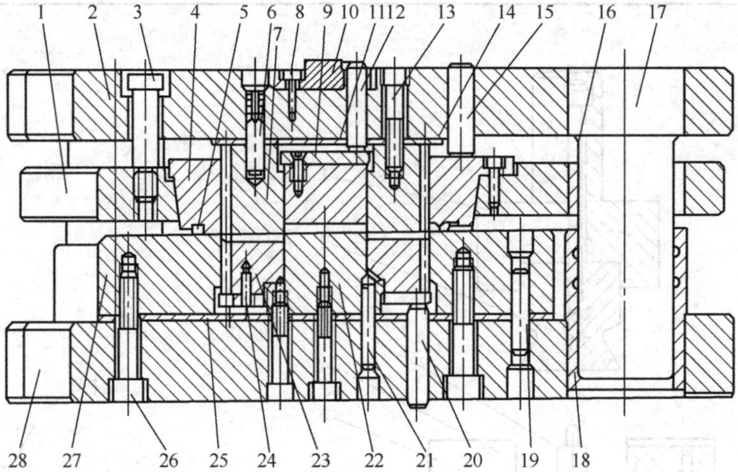

(a)

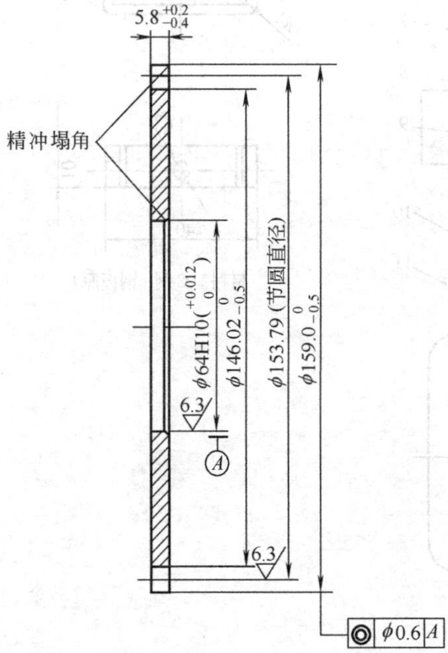

(b)

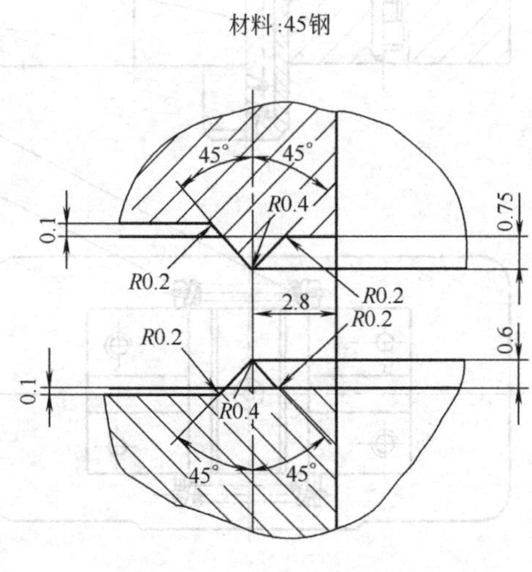

(c)

| 序号 | 名称 | 数量 | 序号 | 名称 | 数量 | 序号 | 名称 | 数量 |
|---|---|---|---|---|---|---|---|---|
| | | | | | | 28 | 下模座 | 1 |
| 27 | 凹模 | 1 | 18 | 导套 | 2 | 9 | 推板垫块 | 1 |
| 26 | 螺钉 | 4 | 17 | 导柱 | 2 | 8 | 螺钉 | 2 |
| 25 | 垫板 | 1 | 16 | 外套 | 2 | 7 | 凸凹模 | 1 |
| 24 | 螺栓 | 2 | 15 | 打杆 | 1 | 6 | 销钉 | 1 |
| 23 | 推板 | 1 | 14 | 垫板 | 1 | 5 | 挡料钉 | 2 |
| 22 | 凸模 | 1 | 13 | 螺钉 | 2 | 4 | 齿圈压板 | 1 |
| 21 | 销钉 | 2 | 12 | 打杆 | 1 | 3 | 卸料螺钉 | 1 |
| 20 | 顶杆 | 1 | 11 | 推板 | 1 | 2 | 上模板 | 1 |
| 19 | 销钉 | 1 | 10 | 模柄 | 1 | 1 | 中模板 | 1 |

## 8.16 落料、拉伸、冲孔复合模

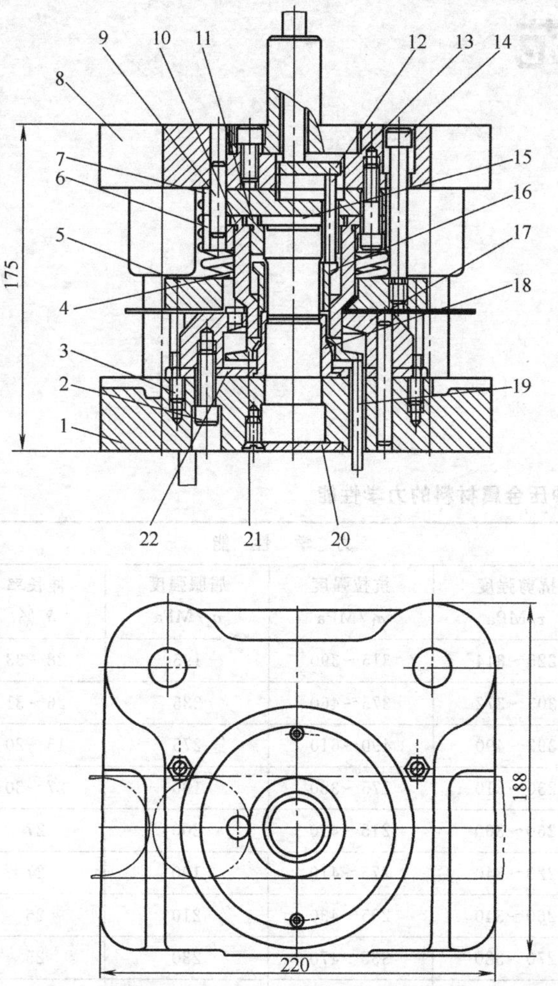


工件图

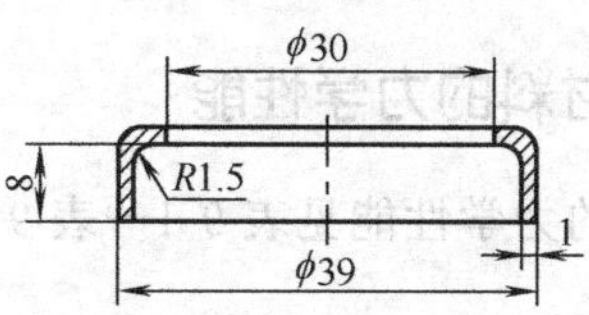


排样图

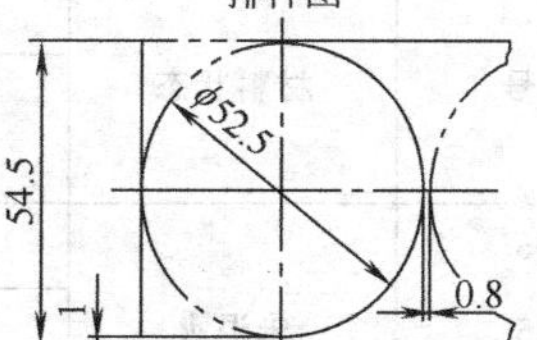


材料:08钢 $t$=1

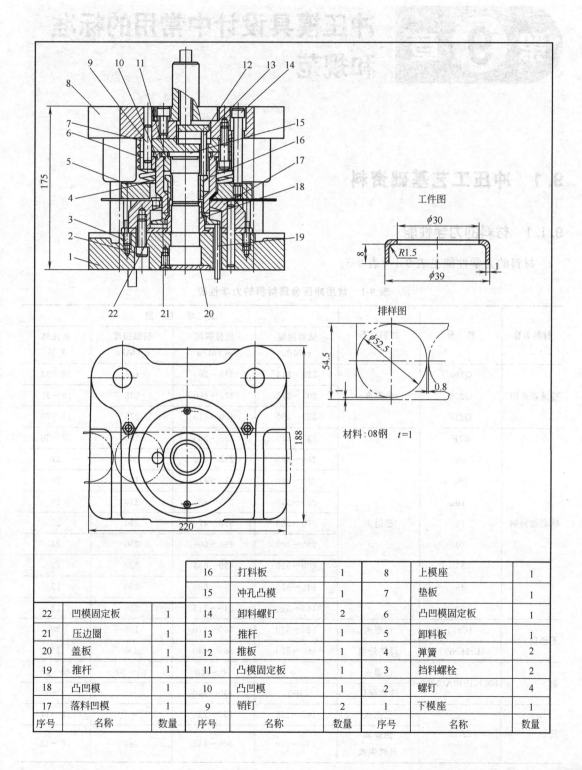

| | | | | | | | | |
|---|---|---|---|---|---|---|---|---|
| | | | 16 | 打料板 | 1 | 8 | 上模座 | 1 |
| | | | 15 | 冲孔凸模 | 1 | 7 | 垫板 | 1 |
| 22 | 凹模固定板 | 1 | 14 | 卸料螺钉 | 2 | 6 | 凸凹模固定板 | 1 |
| 21 | 压边圈 | 1 | 13 | 推杆 | 1 | 5 | 卸料板 | 1 |
| 20 | 盖板 | 1 | 12 | 推板 | 1 | 4 | 弹簧 | 2 |
| 19 | 推杆 | 1 | 11 | 凸模固定板 | 1 | 3 | 挡料螺栓 | 2 |
| 18 | 凸凹模 | 1 | 10 | 凸凹模 | 1 | 2 | 螺钉 | 4 |
| 17 | 落料凹模 | 1 | 9 | 销钉 | 2 | 1 | 下模座 | 1 |
| 序号 | 名称 | 数量 | 序号 | 名称 | 数量 | 序号 | 名称 | 数量 |

# 第9章 冲压模具设计中常用的标准和规范

## 9.1 冲压工艺基础资料

### 9.1.1 材料的力学性能

材料的力学性能见表 9-1～表 9-5。

**表 9-1 常用冲压金属材料的力学性能**

| 材料名称 | 牌号 | 材料状态 | 力学性能 | | | |
|---|---|---|---|---|---|---|
| | | | 抗剪强度 $\tau$/MPa | 抗拉强度 $\sigma_b$/MPa | 屈服强度 $\sigma_s$/MPa | 伸长率 $\delta$/% |
| 普通碳素钢 | Q195 | 未退火 | 225～314 | 315～390 | 195 | 28～33 |
| | Q235 | | 303～372 | 375～460 | 235 | 26～31 |
| | Q275 | | 392～490 | 490～610 | 275 | 15～20 |
| 碳素结构钢 | 08F | 已退火 | 230～310 | 275～380 | 180 | 27～30 |
| | 08 | | 260～360 | 215～410 | 200 | 27 |
| | 10F | | 220～340 | 275～410 | 190 | 27 |
| | 10 | | 260～340 | 295～430 | 210 | 26 |
| | 15 | | 270～380 | 335～470 | 230 | 25 |
| | 20 | | 280～400 | 355～500 | 250 | 24 |
| | 35 | | 400～520 | 490～635 | 320 | 19 |
| | 45 | | 440～560 | 530～685 | 360 | 15 |
| | 50 | | 440～580 | 540～715 | 380 | 13 |
| 不锈钢 | 1Cr13 | 已退火 | 320～380 | 440～470 | 120 | 20 |
| | 1Cr18Ni9Ti | 经热处理 | 460～520 | 560～640 | 200 | 40 |
| 铝 | 1060、1050A、1200 | 已退火 | 80 | 70～110 | 50～80 | 20～28 |
| | | 冷作硬化 | 100 | 130～140 | — | 3～4 |
| 硬铝 | 2A12 | 已退火 | 105～125 | 150～220 | — | 12～14 |
| | | 淬硬并自然失效 | 280～310 | 400～435 | 368 | 10～13 |

续表

| 材料名称 | 牌　号 | 材料状态 | 力学性能 | | | |
|---|---|---|---|---|---|---|
| | | | 抗剪强度<br>$\tau$/MPa | 抗拉强度<br>$\sigma_b$/MPa | 屈服强度<br>$\sigma_s$/MPa | 伸长率<br>$\delta$/% |
| 硬铝 | 2A12 | 淬硬后<br>冷作硬化 | 280～320 | 400～465 | 340 | 8～10 |
| 纯铜 | T1、T2、T3 | 软 | 160 | 210 | 70 | 29～48 |
| | | 硬 | 240 | 300 | — | 25～40 |
| 黄铜 | H62 | 软 | 260 | 294～300 | — | 3 |
| | | 半硬 | 300 | 343～460 | 200 | 20 |
| | | 硬 | 420 | ≥12 | — | 10 |
| | H68 | 软 | 240 | 294～300 | 100 | 40 |
| | | 半硬 | 280 | 340～441 | — | 25 |
| | | 硬 | 400 | 392～400 | 250 | 13 |

**表 9-2　一般工程用铸造碳钢**（GB 11352—1989）

| 牌　号 | 抗拉强度<br>$\sigma_b$/MPa | 屈服强度<br>$\sigma_s$或$\sigma_{0.2}$<br>/MPa | 伸长率<br>$\delta$/% | 根据合同选择 | | 硬度 | | 应　用　举　例 |
|---|---|---|---|---|---|---|---|---|
| | | | | 收缩率<br>$\psi$/% | 冲击功<br>$A_{kv}$/J | 正火<br>回火<br>(HBS) | 表面<br>淬火<br>(HBS) | |
| | 最　小　值 | | | | | | | |
| ZG200-400 | 400 | 200 | 25 | 40 | 30 | | | 各种形状的机件，如机座、变速箱壳等 |
| ZG230-450 | 450 | 230 | 22 | 32 | 25 | ≥131 | | 铸造平坦的零件，如机座、机盖、箱体、铁砧台，工作温度在450℃以下的管道附件等。焊接性良好 |
| ZG270-500 | 500 | 270 | 18 | 25 | 22 | ≥143 | 40～45 | 各种形状的机件，如飞轮、机架、蒸汽锤、桩锤、联轴器、水压机工作缸、横梁等。焊接性尚可 |
| ZG310-570 | 570 | 310 | 15 | 21 | 15 | ≥153 | 40～50 | 各种形状的机件，如联轴器、汽缸、齿轮、齿轮圈及重负荷机架等 |
| ZG340-640 | 640 | 340 | 10 | 18 | 10 | 169～229 | 45～55 | 起重运输机中的齿轮、联轴器及重要的零件等 |

**表 9-3　优质碳素结构钢**（GB 699—1988）

| 牌号 | 推荐热处理/℃ | | | 试样毛坯尺寸/mm | 力学性能 | | | | | 钢材交货状态硬度(HBS)<br>≤ | | 应　用　举　例 |
|---|---|---|---|---|---|---|---|---|---|---|---|---|
| | | | | | 抗拉强度<br>$\sigma_b$<br>/MPa | 屈服强度<br>$\sigma_s$<br>/MPa | 伸长率<br>$\delta_s$/% | 收缩率<br>$\psi$/% | 冲击功<br>$A_k$/J | | | |
| | 正火 | 淬火 | 回火 | | ≥ | | | | | 未热处理 | 退火钢 | |
| 08F | 930 | | | 25 | 295 | 175 | 35 | 60 | | 131 | | 用于需塑性好的零件，如管子、垫片、垫圈；心部强度要求不高的渗碳和碳氮共渗零件，如套筒、短轴、挡块、支架、靠模、离合器盘 |
| 10 | 930 | | | 25 | 335 | 205 | 31 | 55 | | 137 | | 用于制造拉杆、卡头、钢管垫片、垫圈、铆钉。这种钢无回火脆性，焊接性好，用来制造焊接零件 |

续表

| 牌号 | 推荐热处理/℃ | | | 试样毛坯尺寸/mm | 力学性能 | | | | | 钢材交货状态硬度(HBS) | | 应用举例 |
|---|---|---|---|---|---|---|---|---|---|---|---|---|
| | | | | | 抗拉强度 $\sigma_b$/MPa | 屈服强度 $\sigma_s$/MPa | 伸长率 $\delta_s$/% | 收缩率 $\psi$/% | 冲击功 $A_k$/J | ≤ | | |
| | 正火 | 淬火 | 回火 | | ≥ | | | | | 未热处理 | 退火钢 | |
| 15 | 920 | | | 25 | 375 | 225 | 27 | 55 | | 143 | | 用于受力不大、韧性要求较高的零件、渗碳零件、紧固件、冲模锻件及不需要热处理的低负荷零件，如螺栓、螺钉、拉条、法兰盘及化工储器、蒸汽锅炉 |
| 20 | 910 | | | 25 | 410 | 245 | 25 | 55 | | 156 | | 用于不经受很大应力而要求很大韧性的机械零件，如杠杆、轴套、螺钉、起重钩等。也用于制造压力小于6MPa、温度小于450℃、在非腐蚀介质中使用的零件，如管子、导管等。还可用于表面硬度高而心部强度要求不大的渗碳与渗氮共渗零件 |
| 25 | 900 | 870 | 600 | 25 | 450 | 275 | 23 | 50 | 71 | 170 | | 用于制造焊接设备以及经锻造、热冲压和机械加工的不承受高应力的零件，如轴、辊子、联轴器、垫圈、螺栓、螺钉及螺母 |
| 35 | 870 | 870 | 600 | 25 | 530 | 315 | 20 | 45 | 55 | 197 | | 用于制造曲轴、转轴、轴销、杠杆、连杆、横梁、链轮、圆盘、套筒钩环、垫圈、螺钉、螺母。这种钢多在正火和调质状态下使用，一般不作焊接用 |
| 40 | 860 | 840 | 600 | 25 | 570 | 335 | 19 | 45 | 47 | 217 | 187 | 用于制造辊子、轴、曲柄销、活塞杆、圆盘 |
| 45 | 850 | 840 | 600 | 25 | 600 | 355 | 16 | 40 | 39 | 229 | 197 | 用于制造齿轮、齿条、链轮、轴、键、销、蒸气透平机的叶轮、压缩机及泵的零件、轧辊等。可代替渗碳钢做齿轮、轴、活塞销等，但要经高频或火焰表面淬火 |
| 50 | 830 | 830 | 600 | 25 | 630 | 375 | 14 | 40 | 31 | 241 | 207 | 用于制造齿轮、拉杆、轧辊、轴、圆盘 |
| 55 | 820 | 820 | 600 | 25 | 645 | 380 | 13 | 35 | | 255 | 217 | 用于制造齿轮、连杆、轮缘、扁弹簧及轧辊等 |
| 60 | 810 | | | 25 | 675 | 400 | 12 | 35 | | 255 | 229 | 用于制造轧辊、轴、轮箍、弹簧、弹簧垫圈、离合器、凸轮、钢绳等 |
| 20Mn | 910 | | | 25 | 450 | 275 | 24 | 50 | | 197 | | 用于制造凸轮轴、齿轮、联轴器、铰链、连杆等 |
| 30Mn | 880 | 860 | 600 | 25 | 540 | 315 | 20 | 45 | 63 | 217 | 187 | 用于制造螺栓、螺母、螺钉、杠杆及刹车踏板等 |
| 40Mn | 860 | 840 | 600 | 25 | 590 | 355 | 17 | 45 | 47 | 229 | 207 | 用于制造承受疲劳负荷的零件，如轴、万向联轴器、曲轴、连杆及在高应力下工作的螺栓、螺母等 |
| 50Mn | 830 | 830 | 600 | 25 | 645 | 390 | 13 | 40 | 31 | 255 | 217 | 用于制造耐磨性要求很高、在高负荷作用下的热处理零件，如齿轮、齿轮轴、摩擦盘、凸轮和截面在$\phi$80mm以下的芯轴等 |
| 60Mn | 810 | | | 25 | 695 | 410 | 11 | 35 | | 269 | 229 | 适于制造弹簧、弹簧垫圈、弹簧环和片以及冷拔钢丝(≤7mm)和发条 |

**表 9-4 弹簧钢**（GB 1222—1984）

| 牌号 | 热处理制度：淬火温度/℃ | 热处理制度：淬火介质 | 热处理制度：回火温度/℃ | 力学性能 ≥：抗拉强度 $\sigma_b$/MPa | 力学性能 ≥：屈服强度 $\delta_s$/MPa | 力学性能 ≥：伸长率 $\delta_5$/% | 力学性能 ≥：伸长率 $\delta_{10}$/% | 力学性能 ≥：收缩率 $\psi$/% | 交货状态硬度(HBS) ≤：热轧 | 交货状态硬度(HBS) ≤：冷拉+热处理 | 应用举例 |
|---|---|---|---|---|---|---|---|---|---|---|---|
| 65 | 840 | 油 | 500 | 981 | 785 | | 9 | 35 | 285 | 321 | 调压、调速弹簧，柱塞弹簧，测力弹簧，一般机械的圆、方螺旋弹簧 |
| 70 | 830 | 油 | 480 | 1030 | 834 | | 8 | 30 | 285 | 321 | 调压、调速弹簧，柱塞弹簧，测力弹簧，一般机械的圆、方螺旋弹簧 |
| 65Mn | 830 | 油 | 540 | 981 | 785 | | 8 | 30 | 302 | 321 | 小尺寸的扁、圆弹簧，坐垫弹簧、发条，离合器簧片，弹簧环，刹车弹簧 |
| 55Si2Mn | 870 | 油 | 480 | 1275 | 1177 | | 6 | 30 | 302 | 321 | 汽车、拖拉机、机车的减振板簧和螺旋弹簧，汽缸安全阀簧，止回阀簧，250℃以下使用的耐热弹簧 |
| 55Si2MnB | 870 | 油 | 480 | 1275 | 1177 | | 6 | 30 | 321 | 321 | 汽车、拖拉机、机车的减振板簧和螺旋弹簧，汽缸安全阀簧，止回阀簧，250℃以下使用的耐热弹簧 |
| 60Si2Mn | 870 | 油 | 480 | 1275 | 1177 | | 5 | 25 | 321 | 321 | 汽车、拖拉机、机车的减振板簧和螺旋弹簧，汽缸安全阀簧，止回阀簧，250℃以下使用的耐热弹簧 |
| 60Si2MnA | 870 | 油 | 440 | 1569 | 1373 | | 5 | 20 | 321 | 321 | 汽车、拖拉机、机车的减振板簧和螺旋弹簧，汽缸安全阀簧，止回阀簧，250℃以下使用的耐热弹簧 |
| 55CrMnA | 830～860 | 油 | 460～510 | 1226 | 1079 | 9 | | 20 | 321 | 321 | 用于车辆、拖拉机上负荷较重、应力较大的板簧和直径较大的螺旋弹簧 |
| 60CrMnA | 830～860 | 油 | 460～520 | 1226 | 1079 | 9 | | 20 | 321 | 321 | 用于车辆、拖拉机上负荷较重、应力较大的板簧和直径较大的螺旋弹簧 |
| 60Si2CrA | 870 | 油 | 420 | 1765 | 1569 | 6 | | 20 | 321（热轧+热处理） | 321 | 用于高应力及温度在300～350℃以下使用的弹簧，如调速器、破碎机、汽轮机汽封用弹簧 |
| 60Si2CrVA | 850 | 油 | 410 | 1863 | 1667 | 6 | | 20 | 321（热轧+热处理） | 321 | 用于高应力及温度在300～350℃以下使用的弹簧，如调速器、破碎机、汽轮机汽封用弹簧 |

**表 9-5 合金结构钢**（GB 3077—1988）

| 牌号 | 热处理：淬火温度/℃ | 热处理：淬火冷却剂 | 热处理：回火温度/℃ | 热处理：回火冷却剂 | 试样毛坯尺寸/mm | 力学性能 ≥：抗拉强度 $\sigma_b$/MPa | 力学性能 ≥：屈服强度 $\sigma_s$/MPa | 力学性能 ≥：伸长率 $\delta_5$/% | 力学性能 ≥：收缩率 $\psi$/% | 力学性能 ≥：冲击功 $A_k$/J | 钢材退火或高温回火供应状态的布氏硬度(HBS) ≤ | 特性及应用举例 |
|---|---|---|---|---|---|---|---|---|---|---|---|---|
| 20Mn2 | 850<br>880 | 水、油<br>水、油 | 200<br>440 | 水、空气<br>水、空气 | 15 | 785 | 590 | 10 | 40 | 47 | 187 | 截面小时与20Cr相当，用于做渗碳小齿轮、小轴、钢套、链板等，渗碳淬火后硬度56～62HRC |
| 35Mn2 | 840 | 水 | 500 | 水 | 25 | 835 | 685 | 12 | 45 | 55 | 207 | 对于截面较小的零件可代替40Cr，可做直径不大于15mm的重要用途的冷镦螺栓及小轴等，表面淬火后硬度40～50HRC |
| 45Mn2 | 840 | 油 | 550 | 水、油 | 25 | 885 | 735 | 10 | 45 | 47 | 217 | 用于制造在较高应力与磨损条件下的零件。在直径不大于60mm时，与40Cr相当。可做万向联轴器、齿轮、齿轮轴、蜗杆、曲轴、连杆、花键轴和摩擦盘等，表面淬火后硬度45～55HRC |

续表

| 牌号 | 热处理 | | | | 试样毛坯尺寸/mm | 力学性能 | | | | | 钢材退火或高温回火供应状态的布氏硬度(HBS) | 特性及应用举例 |
|---|---|---|---|---|---|---|---|---|---|---|---|---|
| | 淬火 | | 回火 | | | 抗拉强度 $\sigma_b$/MPa | 屈服强度 $\sigma_s$/MPa | 伸长率 $\delta_5$/% | 收缩率 $\psi$/% | 冲击功 $A_k$/J | | |
| | 温度/℃ | 冷却剂 | 温度/℃ | 冷却剂 | | ≥ | | | | | ≤ | |
| 35SiMn | 900 | 水 | 570 | 水、油 | 25 | 885 | 735 | 15 | 45 | 47 | 229 | 除了要求低温(-20℃以下)及冲击韧性很高的情况外,可全面代替40Cr作调质钢,亦可部分代替40CrNi,可做中小型轴类、齿轮等零件以及在430℃以下工作的重要紧固件,表面淬火后硬度45～55HRC |
| 42SiMn | 880 | 水 | 590 | 水 | 25 | 885 | 735 | 15 | 40 | 47 | 229 | 与35SiMn钢同。可代替40Cr、34CrMo钢做大齿圈。适于做表面淬火件,表面淬火后硬度45～55HRC |
| 20MnV | 880 | 水、油 | 200 | 水、空气 | 15 | 785 | 590 | 10 | 40 | 55 | 187 | 相当于20CrNi的渗碳钢,渗碳淬火后硬度56～62HRC |
| 20SiMnVB | 900 | 油 | 200 | 水、空气 | 15 | 1175 | 980 | 10 | 45 | 55 | 207 | 可代替20CrMnTi做高级渗碳齿轮等零件,渗碳淬火后硬度56～62HRC |
| 40MnB | 850 | 油 | 500 | 水、油 | 25 | 980 | 785 | 10 | 45 | 47 | 207 | 可代替40Cr做重要调质件,如齿轮、轴、连杆、螺栓等 |
| 37SiMn2MoV | 870 | 水、油 | 650 | 水、空气 | 25 | 980 | 835 | 12 | 50 | 63 | 269 | 可代替34CrNiMo等做高强度、重负荷轴、曲轴、齿轮、蜗杆等零件,表面淬火后硬度50～55HRC |
| 20CrMnTi | 第一次880<br>第二次870 | 油 | 200 | 水、空气 | 15 | 1080 | 835 | 10 | 45 | 55 | 217 | 强度、韧性均高,是铬镍钢的代用品。用于承受高速、中等或重负荷以及冲击磨损等的重要零件,如渗碳齿轮、凸轮等,渗碳淬火后硬度56～62HRC |
| 20CrMnMo | 850 | 油 | 200 | 水、空气 | 15 | 1175 | 885 | 10 | 45 | 55 | 217 | 用于要求表面硬度高,耐磨,心部有较高强度、韧性的零件,如传动齿轮和曲轴等,渗碳淬火后硬度56～62HRC |
| 38CrMoAl | 940 | 水、油 | 640 | 水、油 | 30 | 980 | 835 | 14 | 50 | 71 | 229 | 用于要求高耐磨性、高疲劳强度和相当高的强度且热处理变形最小的零件,如镗杆、主轴、蜗杆、齿轮、套筒、套环等,渗氮后表面硬度1100HV |
| 20Cr | 第一次880<br>第二次780～820 | 水、油 | 220 | 水、空气 | 15 | 835 | 540 | 10 | 40 | 47 | 179 | 用于要求心部强度较高、承受磨损、尺寸较大的渗碳零件,如齿轮、齿轮轴、蜗杆、凸轮、活塞销等;也用于速度较大、受中等冲击的调质零件,渗碳淬火后硬度56～62HRC |

续表

| 牌号 | 热处理 | | | | 试样毛坯尺寸/mm | 力学性能 | | | | | 钢材退火或高温回火供应状态的布氏硬度(HBS) | 特性及应用举例 |
|---|---|---|---|---|---|---|---|---|---|---|---|---|
| | 淬火 | | 回火 | | | 抗拉强度 $\sigma_b$/MPa | 屈服强度 $\sigma_s$/MPa | 伸长率 $\delta_5$/% | 收缩率 $\psi$/% | 冲击功 $A_k$/J | | |
| | 温度/℃ | 冷却剂 | 温度/℃ | 冷却剂 | | ≥ | | | | | ≤ | |
| 40Cr | 850 | 油 | 520 | 水、油 | 25 | 980 | 785 | 9 | 45 | 47 | 207 | 用于承受交变负荷、中等速度、中等负荷、强烈磨损而无很大冲击的重要零件，如重要的齿轮、轴、曲轴、连杆、螺栓、螺母等零件，并用于直径大于400mm、要求低温冲击韧性的轴与齿轮等，表面淬火后硬度48～55HRC |
| 20CrNi | 850 | 水、油 | 460 | 水、油 | 25 | 785 | 590 | 10 | 50 | 63 | 197 | 用于制造承受较高载荷的渗碳零件，如齿轮、轴、花键轴、活塞销等 |
| 40CrNi | 820 | 油 | 500 | 水、油 | 25 | 980 | 785 | 10 | 45 | 55 | 241 | 用于制造要求强度高、韧性高的零件，如齿轮、轴、链条、连杆等 |
| 40CrNiMoA | 850 | 油 | 600 | 水、油 | 25 | 980 | 835 | 12 | 55 | 78 | 269 | 用于特大截面的重要调质件，如机床主轴、传动轴、转子轴等 |

## 9.1.2 常用材料的工艺参数

常用材料的工艺参数见表9-6～表9-8。

**表9-6 镀锌和酸洗钢板的规格和厚度公差** mm

| 材料厚度 | 公差(极限偏差) | 常用的钢板的宽度×长度 |
|---|---|---|
| 0.25,0.30,0.35<br>0.40,0.45 | ±0.05 | 510×710 850×1700<br>710×1420 900×1800<br>750×1500 900×2000 |
| 0.50,0.55 | ±0.05 | 710×1420 900×1800<br>750×1500 900×2000<br>750×1800 1000×2000<br>850×1700 |
| 0.60,0.65 | ±0.06 | |
| 0.70,0.75 | ±0.07 | |
| 0.80,0.90 | ±0.08 | |
| 1.00,1.10 | ±0.09 | 710×1420 750×1800<br>750×1500 850×1700<br>900×1800 1000×200 |
| 1.20,1.30 | ±0.11 | |
| 1.40,1.50 | ±0.12 | |
| 1.60,1.80 | ±0.14 | |
| 2.00 | ±0.16 | |

**表9-7 低碳钢冷轧钢带的宽度及允许偏差** mm

| 公称宽度范围 | 允许偏差 | | | | | |
|---|---|---|---|---|---|---|
| | 厚度0.05～0.50 | | 厚度0.55～1.00 | | 厚度>1.00 | |
| | 普通精度 | 较高精度 | 普通精度 | 较高精度 | 普通精度 | 较高精度 |
| 4～100 | −0.30 | −0.15 | −0.40 | −0.25 | −0.50 | −0.30 |
| 105～300 | −0.50 | −0.25 | −0.60 | −0.35 | −0.70 | −0.50 |

**表 9-8　电工用热轧硅钢板规格及允许偏差** mm

| 分类 | 钢号 | 厚度 | 厚度及偏差 | 宽度×长度 |
|---|---|---|---|---|
| 低硅钢板 | D11 | 1.0,0.5 | 1.0±0.10<br>0.5±0.05<br>0.35±0.04 | 600×1200<br>670×1340<br>750×1500<br>860×1720<br>900×1800<br>1000×2000 |
| | D12 | 0.5 | | |
| | D21 | 1.0,0.5,0.35 | | |
| | D22 | 0.5 | | |
| | D23 | 0.5 | | |
| | D24 | 0.5 | | |
| 高硅钢板 | D31 | 0.5,0.35 | | |
| | D32 | 0.5,0.35 | | |
| | D41 | 0.5,0.35 | | |
| | D42 | 0.5,0.35 | | |
| | D43 | 0.5,0.35 | | |
| | D44 | 0.5,0.35 | | |
| | DH41 | 0.35,0.2,0.1 | 0.2±0.02<br>0.1±0.02 | |
| | DR41 | 0.35,0.2,0.1 | | |
| | DG41 | 0.35,0.2,0.1 | | |

## 9.1.3 压力机主要技术参数与规格

压力机主要技术参数与规格见表 9-9～表 9-12。

**表 9-9　开式双柱可倾压力机技术规格**

| 型号 | | J23-3.15 | J23-6.3 | J23-10 | J23-16 | J23-16B | J23-25 | JC23-35 | JH23-40 | JG23-40 | JB23-63 | J23-80 | J23-100 |
|---|---|---|---|---|---|---|---|---|---|---|---|---|---|
| 公称压力/kN | | 31.5 | 63 | 100 | 160 | 160 | 250 | 350 | 400 | 400 | 630 | 800 | 1000 |
| 滑块行程/mm | | 25 | 35 | 45 | 55 | 70 | 65 | 80 | 80 | 100 | 100 | 130 | 130 |
| 滑块行程次数/次·$min^{-1}$ | | 200 | 170 | 145 | 120 | 120 | 55 | 50 | 55 | 80 | 40 | 45 | 38 |
| 最大封闭高度/mm | | 120 | 150 | 180 | 220 | 220 | 270 | 280 | 330 | 300 | 400 | 380 | 480 |
| 封闭高度调节量/mm | | 25 | 35 | 35 | 45 | 60 | 55 | 60 | 65 | 80 | 80 | 90 | 100 |
| 滑块中心线至床身距离/mm | | 90 | 110 | 130 | 160 | 160 | 200 | 205 | 250 | 220 | 310 | 290 | 380 |
| 立柱距离/mm | | 120 | 150 | 180 | 220 | 220 | 270 | 300 | 340 | 300 | 420 | 380 | 530 |
| 工作台尺寸/mm | 前后 | 160 | 200 | 240 | 300 | 300 | 370 | 380 | 460 | 420 | 570 | 540 | 710 |
| | 左右 | 250 | 310 | 370 | 450 | 450 | 560 | 610 | 700 | 630 | 860 | 800 | 1080 |
| 工作台孔尺寸/mm | 前后 | 90 | 110 | 130 | 160 | 110 | 200 | 200 | 250 | 150 | 310 | 230 | 380 |
| | 左右 | 120 | 160 | 200 | 240 | 210 | 290 | 290 | 360 | 300 | 450 | 360 | 560 |
| | 直径 | 110 | 140 | 170 | 210 | 160 | 260 | 260 | 320 | 200 | 400 | 280 | 500 |
| 垫板尺寸/mm | 厚度 | 30 | 30 | 35 | 40 | 60 | 50 | 60 | 65 | 80 | 80 | 100 | 100 |
| | 直径 | | | | | | | 150 | | | | 200 | |

续表

| 型号 | | J23-3.15 | J23-6.3 | J23-10 | J23-16 | J23-16B | J23-25 | JC23-35 | JH23-40 | JG23-40 | JB23-63 | J23-80 | J23-100 |
|---|---|---|---|---|---|---|---|---|---|---|---|---|---|
| 模柄尺寸/mm | 直径 | 25 | 30 | 30 | 40 | 40 | 40 | 50 | 50 | 50 | 50 | 60 | 60 |
| | 深度 | 40 | 55 | 55 | 60 | 60 | 60 | 70 | 70 | 70 | 70 | 80 | 75 |
| 滑块底面尺寸/mm | 前后 | 90 | | | | 180 | | 190 | 260 | 230 | 360 | 350 | 360 |
| | 左右 | 100 | | | | 200 | | 210 | 300 | 300 | 400 | 370 | 430 |
| 床身最大倾角 | | 45° | 45° | 35° | 35° | 35° | 30° | 20° | 30° | 30° | 25° | 30° | 30° |

**表 9-10 闭式单点压力机技术规格**

| 型号 | | JA31-160B | J31-250 | J31-315 |
|---|---|---|---|---|
| 公称压力/kN | | 1600 | 2500 | 3150 |
| 滑块行程/mm | | 160 | 315 | 315 |
| 公称压力行程/mm | | 8.16 | 10.4 | 10.5 |
| 滑块行程次数/次·$min^{-1}$ | | 32 | 20 | 20 |
| 最大封闭高度/mm | | 375 | 490 | 490 |
| 封闭高度调节量/mm | | 120 | 200 | 200 |
| 工作台孔尺寸/mm | | 790 | 950 | 1100 |
| | | 710 | 1000 | 1100 |
| 导轨距离/mm | | 590 | 900 | 930 |
| 滑块底面尺寸(前后)/mm | | 560 | 850 | 960 |
| 拉伸垫行程/mm | | | 150 | 160 |
| 拉伸垫压力/kN | 压紧 | | 500 | |
| | 顶出 | | 76 | |

**表 9-11 单柱固定台压力机技术规格**

| 型号 | | J11-3 | J11-5 | J11-16 | J11-50 | J11-100 |
|---|---|---|---|---|---|---|
| 公称压力/kN | | 30 | 50 | 160 | 500 | 1000 |
| 滑块行程/mm | | 0～40 | 0～40 | 6～70 | 10～90 | 20～100 |
| 滑块行程次数/次·$min^{-1}$ | | 110 | 150 | 120 | 65 | 65 |
| 最大封闭高度/mm | | | 170 | 226 | 270 | 320 |
| 封闭高度调节量/mm | | 30 | 30 | 45 | 75 | 85 |
| 滑块中心线至床身距离/mm | | 95 | 100 | 160 | 235 | 325 |
| 工作台孔尺寸/mm | 前后 | 165 | 180 | 320 | 440 | 600 |
| | 左右 | 300 | 320 | 450 | 650 | 800 |
| 垫板厚度/mm | | 20 | 30 | 50 | 70 | 100 |
| 模柄尺寸/mm | 直径 | 25 | 25 | 40 | 50 | 60 |
| | 深度 | 30 | 40 | 55 | 80 | 80 |

**表 9-12　开式双柱固定台压力机技术规格**

| 型　号 | | JA21-35 | JD21-100 | JA21-160 | J21-400A |
|---|---|---|---|---|---|
| 公称压力/kN | | 350 | 1000 | 1600 | 4000 |
| 滑块行程/mm | | 130 | 10～120 | 160 | 200 |
| 滑块行程次数/次·$min^{-1}$ | | 50 | 75 | 40 | 25 |
| 最大封闭高度/mm | | 280 | 400 | 450 | 550 |
| 封闭高度调节量/mm | | 60 | 85 | 130 | 150 |
| 滑块中心线至床身距离/mm | | 205 | 325 | 380 | 480 |
| 立柱距离/mm | | 428 | 480 | 530 | 896 |
| 工作台尺寸/mm | 前后 | 380 | 600 | 710 | 900 |
| | 左右 | 610 | 1000 | 1120 | 1400 |
| 工作台孔尺寸/mm | 前后 | 200 | 300 | | 480 |
| | 左右 | 290 | 420 | | 750 |
| | 直径 | 260 | | 460 | 600 |
| 垫板尺寸/mm | 厚度 | 60 | 100 | 130 | 170 |
| | 直径 | 22.5 | 200 | | 300 |
| 模柄尺寸/mm | 直径 | 50 | 60 | 70 | 100 |
| | 深度 | 70 | 80 | 80 | 120 |
| 滑块底面尺寸/mm | 前后 | 210 | 380 | 460 | |
| | 左右 | 270 | 500 | 650 | |

# 9.2　常用的公差配合、形位公差与表面粗糙度

## 9.2.1　常用公差与偏差

### (1) 各种公差等级的标准公差数值（表 9-13）

**表 9-13　基本尺寸至 3150mm 的标准公差数值**（GB/T 1800.3—1998 摘录）　　μm

| 基本尺寸/mm | 标准公差等级 | | | | | | | | | | | | | | | | | |
|---|---|---|---|---|---|---|---|---|---|---|---|---|---|---|---|---|---|---|
| | IT1 | IT2 | IT3 | IT4 | IT5 | IT6 | IT7 | IT8 | IT9 | IT10 | IT11 | IT12 | IT13 | IT14 | IT15 | IT16 | IT17 | IT18 |
| ≤3 | 0.8 | 1.2 | 2 | 3 | 4 | 6 | 10 | 14 | 25 | 40 | 60 | 100 | 140 | 250 | 400 | 600 | 1000 | 1400 |
| ＞3～6 | 1 | 1.5 | 2.5 | 4 | 5 | 8 | 12 | 18 | 30 | 48 | 75 | 120 | 180 | 300 | 480 | 750 | 1200 | 1800 |
| ＞6～10 | 1 | 1.5 | 2.5 | 4 | 6 | 9 | 15 | 22 | 36 | 58 | 90 | 150 | 220 | 360 | 580 | 900 | 1500 | 2200 |
| ＞10～18 | 1.2 | 2 | 3 | 5 | 8 | 11 | 18 | 27 | 43 | 70 | 110 | 180 | 270 | 430 | 700 | 1100 | 1800 | 2700 |
| ＞18～30 | 1.5 | 2.5 | 4 | 6 | 9 | 13 | 21 | 33 | 52 | 84 | 130 | 210 | 330 | 520 | 840 | 1300 | 2100 | 3300 |
| ＞30～50 | 1.5 | 2.5 | 4 | 7 | 11 | 16 | 25 | 39 | 62 | 100 | 160 | 250 | 390 | 620 | 1000 | 1600 | 2500 | 3900 |
| ＞50～80 | 2 | 3 | 5 | 8 | 13 | 19 | 30 | 46 | 74 | 120 | 190 | 300 | 460 | 740 | 1200 | 1900 | 3000 | 4600 |
| ＞80～120 | 2.5 | 4 | 6 | 10 | 15 | 22 | 35 | 54 | 87 | 140 | 220 | 350 | 540 | 870 | 1400 | 2200 | 3500 | 5400 |
| ＞120～180 | 3.5 | 5 | 8 | 12 | 18 | 25 | 40 | 63 | 100 | 160 | 250 | 400 | 630 | 1100 | 1600 | 2500 | 4000 | 6300 |

续表

| 基本尺寸 /mm | 标准公差等级 | | | | | | | | | | | | | | | | | |
|---|---|---|---|---|---|---|---|---|---|---|---|---|---|---|---|---|---|---|
| | IT1 | IT2 | IT3 | IT4 | IT5 | IT6 | IT7 | IT8 | IT9 | IT10 | IT11 | IT12 | IT13 | IT14 | IT15 | IT16 | IT17 | IT18 |
| >180～250 | 4.5 | 7 | 10 | 14 | 20 | 29 | 46 | 72 | 115 | 185 | 290 | 460 | 720 | 1150 | 1850 | 2900 | 4600 | 7200 |
| >250～315 | 6 | 8 | 12 | 16 | 23 | 32 | 52 | 81 | 130 | 210 | 320 | 520 | 810 | 1300 | 2100 | 3200 | 5200 | 8100 |
| >315～400 | 7 | 9 | 13 | 18 | 25 | 36 | 57 | 89 | 140 | 230 | 360 | 570 | 890 | 1400 | 2300 | 3600 | 5700 | 8900 |
| >400～500 | 8 | 10 | 15 | 20 | 27 | 40 | 63 | 97 | 155 | 250 | 400 | 630 | 970 | 1550 | 2500 | 4000 | 6300 | 9700 |
| >500～630 | 9 | 11 | 16 | 22 | 30 | 44 | 70 | 110 | 175 | 280 | 440 | 700 | 1100 | 1750 | 2800 | 4400 | 7000 | 11000 |
| >630～800 | 10 | 13 | 18 | 25 | 35 | 50 | 80 | 125 | 200 | 320 | 500 | 800 | 1250 | 2000 | 3200 | 5000 | 8000 | 12500 |

注：1. 基本尺寸大于 500mm 的 IT1～IT5 的数值为试行的。
2. 基本尺寸小于或等于 1mm 时，无 IT4～IT8。

## (2) 常用的公差配合及其偏差（表 9-14～表 9-16）

**表 9-14 优先配合特性及应用**

| 基孔制 | 基轴制 | 优先配合特性及应用举例 |
|---|---|---|
| H11/c11 | C11/h11 | 间隙非常大，用于很松的、转动很慢的间隙配合，或要求大公差与大间隙的外露组件，或要求装配方便松的配合 |
| H9/d9 | D9/h9 | 间隙很大的自由转动配合，用于精度非主要要求时，或有大的温度变动、高转速或大的轴颈压力时 |
| H8/f7 | F8/h7 | 间隙不大的转动配合，用于中等转速与中等轴颈压力的精确转动，也用于装配较易的中等定位配合 |
| H7/g6 | G7/h6 | 间隙很小的滑动配合，用于不希望自由转动，但可自由移动和滑动并精密定位时，也可用于要求明确的定位配合 |
| H7/h6 H8/h7 H9/h9 H11/h11 | H7/h6 H8/h7 H9/h9 H11/h11 | 均为间隙定位配合，零件可自由装拆，而工作时一般相对静止不动。在最大实体条件下的间隙为零，在最小实体条件下的间隙由公差等级决定 |
| H7/k6 | K7/h6 | 过渡配合，用于精密定位 |
| H7/n6 | N7/h6 | 过渡配合，允许有较大过盈的更精密定位 |
| H7①/p6 | p7/h6 | 过盈定位配合，即小过盈配合，用于定位精度特别重要时，能以最好的定位精度达到部件的刚性及对中性要求，而对内孔承受压力无特殊要求，不依靠配合的紧固性传递摩擦负荷 |
| H7/s6 | S7/h6 | 中等压入配合，适用于一般钢件，或用于薄壁件的冷缩配合，用于铸铁件可得到最紧的配合 |
| H7/u6 | U7/h6 | 压入配合，适用于可以承受大压入力的零件或不宜承受大压入力的冷缩配合 |

① 基本尺寸小于或等于 3mm 为过渡配合。

**表 9-15 优先配合中轴的极限偏差**

μm

| 基本尺寸 /mm | | 公差带 | | | | | | | | | | | | |
|---|---|---|---|---|---|---|---|---|---|---|---|---|---|---|
| | | c | d | f | g | h | | | | k | n | p | s | u |
| 大于 | 至 | 11 | 9 | 7 | 6 | 6 | 7 | 9 | 11 | 6 | 6 | 6 | 6 | 6 |
| — | 3 | −60 | −20 | −6 | −2 | 0 | 0 | 0 | 0 | +6 | +10 | +12 | +20 | +24 |
| | | −120 | −45 | −16 | −8 | −6 | −10 | −25 | −60 | 0 | +4 | +6 | +14 | +18 |
| 3 | 6 | −70 | −30 | −10 | −4 | 0 | 0 | 0 | 0 | +9 | +16 | +20 | +27 | +31 |
| | | −145 | −60 | −22 | −12 | −8 | −12 | −30 | −75 | +1 | +8 | +12 | +19 | +23 |

续表

| 基本尺寸/mm | | 公差带 | | | | | | | | | | | | |
|---|---|---|---|---|---|---|---|---|---|---|---|---|---|---|
| 大于 | 至 | c | d | f | g | h | | | | k | n | p | s | u |
| 6 | 10 | −80<br>−170 | −40<br>−76 | −13<br>−28 | −5<br>−14 | 0<br>−9 | 0<br>−15 | 0<br>−36 | 0<br>−90 | +10<br>+1 | +19<br>+10 | +24<br>+15 | +32<br>+23 | +37<br>+28 |
| 10 | 14 | −95<br>−205 | −50<br>−93 | −16<br>−34 | −6<br>−17 | 0<br>−11 | 0<br>−18 | 0<br>−43 | 0<br>−110 | +12<br>+1 | +23<br>+12 | +29<br>+18 | +39<br>+28 | +44<br>+33 |
| 14 | 18 | | | | | | | | | | | | | |
| 18 | 24 | −110<br>−240 | −65<br>−117 | −20<br>−41 | −7<br>−20 | 0<br>−13 | 0<br>−21 | 0<br>−52 | 0<br>−130 | +15<br>+2 | +28<br>+15 | +35<br>+22 | +48<br>+35 | +54<br>+41 |
| 24 | 30 | | | | | | | | | | | | | +61<br>+48 |
| 30 | 40 | −120<br>−280 | −80<br>−142 | −25<br>−50 | −9<br>−25 | 0<br>−16 | 0<br>−25 | 0<br>−62 | 0<br>−160 | +18<br>+2 | +33<br>+17 | +42<br>+26 | +59<br>+43 | +76<br>+60 |
| 40 | 50 | −130<br>−290 | | | | | | | | | | | | +86<br>+70 |
| 50 | 65 | −140<br>−330 | −100<br>−174 | −30<br>−60 | −10<br>−29 | 0<br>−19 | 0<br>−30 | 0<br>−74 | 0<br>−190 | +21<br>+2 | +39<br>+20 | +51<br>+32 | +72<br>+53 | +106<br>+70 |
| 65 | 80 | −150<br>−340 | | | | | | | | | | | +78<br>+59 | +121<br>+102 |
| 80 | 100 | −170<br>−390 | −120<br>−207 | −36<br>−71 | −12<br>−34 | 0<br>−22 | 0<br>−35 | 0<br>−87 | 0<br>−220 | +25<br>+3 | +45<br>+23 | +59<br>+37 | +93<br>+71 | +145<br>+124 |
| 100 | 120 | −180<br>−400 | | | | | | | | | | | +101<br>+79 | +166<br>+144 |
| 120 | 140 | −200<br>−450 | −145<br>−245 | −43<br>−83 | −14<br>−39 | 0<br>−25 | 0<br>−40 | 0<br>−100 | 0<br>−250 | +28<br>+3 | +52<br>+27 | +68<br>+43 | +117<br>+92 | +195<br>+170 |
| 140 | 160 | −210<br>−460 | | | | | | | | | | | +125<br>+100 | +215<br>+190 |
| 160 | 180 | −230<br>−480 | | | | | | | | | | | +133<br>+108 | +235<br>+210 |
| 180 | 200 | −240<br>−530 | −170<br>−285 | −50<br>−96 | −15<br>−44 | 0<br>−29 | 0<br>−46 | 0<br>−115 | 0<br>−290 | +33<br>+4 | +60<br>+31 | +79<br>+50 | +151<br>+122 | +265<br>+236 |
| 200 | 225 | −260<br>−550 | | | | | | | | | | | +159<br>+130 | +287<br>+258 |
| 225 | 250 | −280<br>−570 | | | | | | | | | | | +169<br>+140 | +313<br>+284 |
| 250 | 280 | −300<br>−620 | −190<br>−320 | −56<br>−108 | −17<br>−49 | 0<br>−32 | 0<br>−52 | 0<br>−113 | 0<br>−320 | +36<br>+4 | +66<br>+34 | +88<br>+56 | +190<br>+158 | +347<br>+315 |
| 280 | 315 | −330<br>−650 | | | | | | | | | | | +202<br>+170 | +382<br>+350 |
| 315 | 355 | −360<br>−720 | −210<br>−350 | −62<br>−119 | −18<br>−54 | 0<br>−36 | 0<br>−57 | 0<br>−140 | 0<br>−360 | +40<br>+4 | +73<br>+37 | +98<br>+62 | +226<br>+190 | +426<br>+390 |
| 355 | 400 | −400<br>−760 | | | | | | | | | | | +244<br>+208 | +471<br>+435 |
| 400 | 450 | −440<br>−840 | −230<br>−385 | −68<br>−131 | −20<br>−60 | 0<br>−40 | 0<br>−63 | 0<br>−155 | 0<br>−400 | +45<br>+5 | +80<br>+40 | +108<br>+68 | +272<br>+232 | +530<br>+490 |
| 450 | 500 | −480<br>−980 | | | | | | | | | | | +292<br>+252 | +580<br>+540 |

**表 9-16 优先配合中孔的极限偏差**

μm

| 基本尺寸/mm | | 公差带 | | | | | | | | | | | | |
|---|---|---|---|---|---|---|---|---|---|---|---|---|---|---|
| | | C | D | F | G | H | | | | K | N | P | S | U |
| 大于 | 至 | 11 | 9 | 8 | 7 | 7 | 8 | 9 | 11 | 7 | 7 | 7 | 7 | 7 |
| — | 3 | +120<br>+60 | +45<br>+20 | +60<br>+6 | +12<br>+2 | +10<br>0 | +14<br>0 | +25<br>0 | +60<br>0 | 0<br>−10 | −4<br>−14 | −6<br>−16 | −14<br>−24 | −18<br>−28 |
| 3 | 6 | +145<br>+70 | +60<br>+30 | +28<br>+10 | +16<br>+4 | +12<br>0 | +18<br>0 | +30<br>0 | +75<br>0 | +3<br>−9 | −4<br>−16 | −8<br>−20 | −15<br>−27 | −19<br>−31 |
| 6 | 10 | +170<br>+80 | +76<br>+40 | +35<br>+13 | +20<br>+5 | +15<br>0 | +22<br>0 | +36<br>0 | +90<br>0 | +5<br>−10 | −4<br>−19 | −9<br>−24 | −17<br>−32 | −22<br>−37 |
| 10 | 14 | +205<br>+95 | +93<br>+50 | +43<br>+16 | +24<br>+6 | +18<br>0 | +27<br>0 | +43<br>0 | +110<br>0 | +6<br>−12 | −5<br>−23 | −11<br>−29 | −21<br>−39 | −26<br>−44 |
| 14 | 18 | | | | | | | | | | | | | |
| 18 | 24 | +240<br>+110 | +117<br>+65 | +53<br>+20 | +28<br>+7 | +21<br>0 | +33<br>0 | +52<br>0 | +130<br>0 | +6<br>−15 | −7<br>−28 | −14<br>−35 | −27<br>−48 | −33<br>−54 |
| 24 | 30 | | | | | | | | | | | | | −40<br>−61 |
| 30 | 40 | +280<br>+120 | +142<br>+80 | +64<br>+25 | +34<br>+9 | +25<br>0 | +39<br>0 | +62<br>0 | +160<br>0 | +7<br>−18 | −8<br>−33 | −17<br>−42 | −34<br>−59 | −51<br>−76 |
| 40 | 50 | +290<br>+130 | | | | | | | | | | | | −61<br>−86 |
| 50 | 65 | +330<br>+140 | +174<br>+100 | +73<br>+30 | +40<br>+10 | +30<br>0 | +46<br>0 | +74<br>0 | +190<br>0 | +9<br>−21 | −9<br>−39 | −21<br>−51 | −42<br>−72 | −76<br>−106 |
| 65 | 80 | +340<br>+150 | | | | | | | | | | | −48<br>−78 | −91<br>−121 |
| 80 | 100 | +390<br>+170 | +207<br>+120 | +90<br>+36 | +47<br>+12 | +35<br>0 | +54<br>0 | +87<br>0 | +220<br>0 | +10<br>−25 | −10<br>−45 | −24<br>−59 | −58<br>−93 | −111<br>−146 |
| 100 | 120 | +400<br>+180 | | | | | | | | | | | −66<br>−101 | −131<br>−166 |
| 120 | 140 | +450<br>+200 | +245<br>+145 | +106<br>+43 | +54<br>+14 | +40<br>0 | +63<br>0 | +100<br>0 | +250<br>0 | +12<br>−28 | −12<br>−52 | −28<br>−68 | −77<br>−117 | −155<br>−195 |
| 140 | 160 | +460<br>+210 | | | | | | | | | | | −85<br>−125 | −175<br>−215 |
| 160 | 180 | +480<br>+230 | | | | | | | | | | | −93<br>−133 | −195<br>−235 |
| 180 | 200 | +530<br>+240 | +285<br>+170 | +122<br>+50 | +61<br>+15 | +46<br>0 | +72<br>0 | +115<br>0 | +290<br>0 | +13<br>−33 | −14<br>−60 | −33<br>−79 | −105<br>−151 | −219<br>−265 |
| 200 | 225 | +550<br>+260 | | | | | | | | | | | −113<br>−159 | −241<br>−287 |
| 225 | 250 | +570<br>+280 | | | | | | | | | | | −123<br>−169 | −267<br>−313 |
| 250 | 280 | +620<br>+300 | +320<br>+190 | +137<br>+56 | +69<br>+17 | +52<br>0 | +81<br>0 | +130<br>0 | +320<br>0 | +16<br>−36 | −14<br>−66 | −36<br>−88 | −138<br>−190 | −295<br>−347 |
| 280 | 315 | +650<br>+330 | | | | | | | | | | | −150<br>−202 | −330<br>−382 |
| 315 | 355 | +720<br>+360 | +350<br>+210 | +151<br>+62 | +75<br>+18 | +57<br>0 | +89<br>0 | +140<br>0 | +360<br>0 | +17<br>−40 | −16<br>−73 | −41<br>−98 | −169<br>−226 | −369<br>−426 |
| 355 | 400 | +760<br>+400 | | | | | | | | | | | −187<br>−244 | −414<br>−471 |
| 400 | 450 | +840<br>+440 | +385<br>+230 | +165<br>+68 | +83<br>+20 | +63<br>0 | +97<br>0 | +155<br>0 | +400<br>0 | +18<br>−45 | −17<br>−80 | −45<br>−108 | −209<br>−272 | −467<br>−530 |
| 450 | 500 | +880<br>+480 | | | | | | | | | | | −229<br>−292 | −517<br>−580 |

## 9.2.2 冲压件公差等级及偏差

**(1) 模具精度与冲压件精度的关系**

精密模具（ZM）加工的冲压件的精度等级范围为IT1～IT6，普通精度模具（PT）加工的冲压件的精度等级范围为IT7～IT12，低精度模具（DZ）加工的冲压件的精度等级范围为IT13～IT18。

**(2) 冲压件未注尺寸公差的极限偏差**

凡产品图样上未注公差的尺寸，在计算凸模和凹模尺寸时，均按公差IT14级（GB 1800—1979）处理。如表9-17为冲裁和拉伸件未注公差尺寸的偏差。

**表9-17 冲裁和拉伸件未注公差尺寸的偏差** mm

<table>
<tr><th rowspan="2">基本尺寸</th><th colspan="2">尺寸类型</th></tr>
<tr><th>包容表面(被包容表面)</th><th>暴露表面的中心距</th></tr>
<tr><td>≤3</td><td>±0.25</td><td rowspan="2">±0.15</td></tr>
<tr><td>>3～6</td><td>±0.30</td></tr>
<tr><td>>6～10</td><td>±0.36</td><td rowspan="2">±0.215</td></tr>
<tr><td>>10～18</td><td>±0.43</td></tr>
<tr><td>>18～30</td><td>±0.52</td><td rowspan="2">±0.31</td></tr>
<tr><td>>30～50</td><td>±0.62</td></tr>
<tr><td>>50～80</td><td>±0.74</td><td rowspan="2">±0.435</td></tr>
<tr><td>>80～120</td><td>±0.87</td></tr>
<tr><td>>120～180</td><td>±1.00</td><td rowspan="2">±0.575</td></tr>
<tr><td>>180～250</td><td>±1.15</td></tr>
<tr><td>>250～315</td><td>±1.30</td><td rowspan="2">±0.70</td></tr>
<tr><td>>315～400</td><td>±1.40</td></tr>
<tr><td>>400～500</td><td>±1.55</td><td rowspan="2">±0.875</td></tr>
<tr><td>>500～630</td><td>±1.75</td></tr>
<tr><td>>630～800</td><td>±2.00</td><td rowspan="2">±1.15</td></tr>
<tr><td>>800～1000</td><td>±2.30</td></tr>
<tr><td>>1000～1250</td><td>±2.60</td><td rowspan="2">±1.55</td></tr>
<tr><td>>1250～1600</td><td>±3.10</td></tr>
<tr><td>>1600～2000</td><td>±3.70</td><td rowspan="2">±2.20</td></tr>
<tr><td>>2000～2500</td><td>±4.40</td></tr>
</table>

## 9.2.3 冲压模具常用的形位公差

冲压模具常用的形位公差有直线度、平面度、圆度、圆柱度、平行度、垂直度、倾斜度、同轴度、对称度、圆跳动和全跳动，其公差值分别见表9-18～表9-21。

**表 9-18 直线度和平面度公差值**

| 主参数 L/mm | 公差等级 | | | | | | | | | | | |
|---|---|---|---|---|---|---|---|---|---|---|---|---|
| | 1 | 2 | 3 | 4 | 5 | 6 | 7 | 8 | 9 | 10 | 11 | 12 |
| | 公差值/μm | | | | | | | | | | | |
| ≤10 | 0.2 | 0.4 | 0.8 | 1.2 | 2 | 3 | 5 | 8 | 12 | 20 | 30 | 60 |
| >10~16 | 0.25 | 0.5 | 1 | 1.5 | 2.5 | 4 | 6 | 10 | 15 | 25 | 40 | 80 |
| >16~25 | 0.3 | 0.6 | 1.2 | 2 | 3 | 5 | 8 | 12 | 20 | 30 | 50 | 100 |
| >25~40 | 0.4 | 0.8 | 1.5 | 2.5 | 4 | 6 | 10 | 15 | 25 | 40 | 60 | 120 |
| >40~63 | 0.5 | 1 | 2 | 3 | 5 | 8 | 12 | 20 | 30 | 50 | 80 | 150 |
| >63~100 | 0.6 | 1.2 | 2.5 | 4 | 6 | 10 | 15 | 25 | 40 | 60 | 100 | 200 |
| >100~160 | 0.8 | 1.5 | 3 | 5 | 8 | 12 | 20 | 30 | 50 | 80 | 120 | 250 |
| >160~250 | 1 | 2 | 4 | 6 | 10 | 15 | 25 | 40 | 60 | 100 | 150 | 300 |
| >250~400 | 1.2 | 2.5 | 5 | 8 | 12 | 20 | 30 | 50 | 80 | 120 | 200 | 400 |
| >400~630 | 1.5 | 3 | 6 | 10 | 15 | 25 | 40 | 60 | 100 | 150 | 250 | 500 |
| >630~1000 | 2 | 4 | 8 | 12 | 20 | 30 | 50 | 80 | 120 | 200 | 300 | 600 |
| >1000~1600 | 2.5 | 5 | 10 | 15 | 25 | 40 | 60 | 100 | 150 | 250 | 400 | 800 |

**表 9-19 圆度和圆柱度公差值**

| 主参数 d(D)/mm | 公差等级 | | | | | | | | | | | |
|---|---|---|---|---|---|---|---|---|---|---|---|---|
| | 1 | 2 | 3 | 4 | 5 | 6 | 7 | 8 | 9 | 10 | 11 | 12 |
| | 公差值/μm | | | | | | | | | | | |
| ≤3 | 0.2 | 0.3 | 0.5 | 0.8 | 1.2 | 2 | 3 | 4 | 6 | 10 | 14 | 25 |
| >3~6 | 0.2 | 0.4 | 0.6 | 1 | 1.5 | 2.5 | 4 | 5 | 8 | 12 | 18 | 30 |
| >6~10 | 0.25 | 0.4 | 0.6 | 1 | 1.5 | 2.5 | 4 | 6 | 9 | 15 | 22 | 36 |
| >10~18 | 0.25 | 0.5 | 0.8 | 1.2 | 2 | 3 | 5 | 8 | 11 | 18 | 27 | 43 |
| >18~30 | 0.3 | 0.6 | 1 | 1.5 | 2.5 | 4 | 6 | 9 | 13 | 21 | 33 | 52 |
| >30~50 | 0.4 | 0.6 | 1 | 1.5 | 2.5 | 4 | 7 | 11 | 16 | 25 | 39 | 62 |
| >50~80 | 0.5 | 0.8 | 1.2 | 2 | 3 | 5 | 8 | 13 | 19 | 30 | 46 | 74 |
| >80~120 | 0.6 | 1 | 1.5 | 2.5 | 4 | 6 | 10 | 15 | 22 | 35 | 54 | 87 |
| >120~180 | 1 | 1.2 | 2 | 3.5 | 5 | 8 | 12 | 18 | 25 | 40 | 63 | 100 |
| >180~250 | 1.2 | 2 | 3 | 4.5 | 7 | 10 | 14 | 20 | 29 | 46 | 72 | 115 |

**表 9-20 平行度、垂直度、倾斜度公差值**

| 主参数 L,d(D)/mm | 公差等级 | | | | | | | | | | | |
|---|---|---|---|---|---|---|---|---|---|---|---|---|
| | 1 | 2 | 3 | 4 | 5 | 6 | 7 | 8 | 9 | 10 | 11 | 12 |
| | 公差值/μm | | | | | | | | | | | |
| ≤10 | 0.4 | 0.8 | 1.5 | 3 | 5 | 8 | 12 | 20 | 30 | 50 | 80 | 120 |
| >10~16 | 0.5 | 1 | 2 | 4 | 6 | 10 | 15 | 25 | 40 | 60 | 100 | 150 |
| >16~25 | 0.6 | 1.2 | 2.5 | 5 | 8 | 12 | 20 | 30 | 50 | 80 | 120 | 200 |
| >25~40 | 0.8 | 1.5 | 3 | 6 | 10 | 15 | 25 | 40 | 60 | 100 | 150 | 250 |
| >40~63 | 1 | 2 | 4 | 8 | 12 | 20 | 30 | 50 | 80 | 120 | 200 | 300 |
| >63~100 | 1.2 | 2.5 | 5 | 10 | 15 | 25 | 40 | 60 | 100 | 150 | 250 | 400 |
| >100~160 | 1.5 | 3 | 6 | 12 | 20 | 30 | 50 | 80 | 120 | 200 | 300 | 500 |
| >160~250 | 2 | 4 | 8 | 15 | 25 | 40 | 60 | 100 | 150 | 250 | 400 | 600 |
| >250~400 | 2.5 | 5 | 10 | 20 | 30 | 50 | 80 | 120 | 200 | 300 | 500 | 800 |
| >400~630 | 3 | 6 | 12 | 25 | 40 | 60 | 100 | 150 | 250 | 400 | 600 | 1000 |
| >630~1000 | 4 | 8 | 15 | 30 | 50 | 80 | 120 | 200 | 300 | 500 | 800 | 1200 |
| >1000~1600 | 5 | 10 | 20 | 40 | 60 | 100 | 150 | 250 | 400 | 600 | 1000 | 1500 |

**表 9-21 同轴度、对称度、圆跳动和全跳动公差**

| 主参数 $d(D),B,L$/mm | 公差等级 | | | | | | | | | | | |
|---|---|---|---|---|---|---|---|---|---|---|---|---|
| | 1 | 2 | 3 | 4 | 5 | 6 | 7 | 8 | 9 | 10 | 11 | 12 |
| | 公差值/μm | | | | | | | | | | | |
| ≤1 | 0.4 | 0.6 | 1 | 1.5 | 2.5 | 4 | 6 | 10 | 15 | 25 | 40 | 60 |
| >1～3 | 0.4 | 0.6 | 1 | 1.5 | 2.5 | 4 | 6 | 10 | 20 | 40 | 60 | 120 |
| >3～6 | 0.5 | 0.8 | 1.2 | 2 | 3 | 5 | 8 | 12 | 25 | 50 | 80 | 150 |
| >6～10 | 0.6 | 1 | 1.5 | 2.5 | 4 | 6 | 10 | 15 | 30 | 60 | 100 | 200 |
| >10～18 | 0.8 | 1.2 | 2 | 3 | 5 | 8 | 12 | 20 | 40 | 80 | 120 | 250 |
| >18～30 | 1 | 1.5 | 2.5 | 4 | 6 | 10 | 15 | 25 | 50 | 100 | 150 | 300 |
| >30～50 | 1.2 | 2 | 3 | 5 | 8 | 12 | 20 | 30 | 60 | 120 | 200 | 400 |
| >50～120 | 1.5 | 2.5 | 4 | 6 | 10 | 15 | 25 | 40 | 80 | 150 | 250 | 500 |
| >120～250 | 2 | 3 | 5 | 8 | 12 | 20 | 30 | 50 | 100 | 200 | 300 | 600 |
| >250～500 | 2.5 | 4 | 6 | 10 | 15 | 25 | 40 | 60 | 120 | 250 | 400 | 800 |
| >500～800 | 3 | 5 | 8 | 12 | 20 | 30 | 50 | 80 | 150 | 300 | 500 | 1000 |
| >800～1250 | 4 | 6 | 10 | 15 | 25 | 40 | 60 | 100 | 200 | 400 | 600 | 1200 |

### 9.2.4 模具零件表面粗糙度

冲压模具零件常用的表面粗糙度见表 9-22。

**表 9-22 冲压模具零件表面粗糙度对照表**（GB 1031—1983）

| 粗糙度数值/μm | 使用范围 |
|---|---|
| 0.1 | 抛光的转动体 |
| 0.2 | 抛光的成形面及平面 |
| 0.4 | ① 压弯、拉深、成形的凸模和凹模工作面<br>② 圆柱表面和平面刃口<br>③ 滑动和精确导向的表面 |
| 0.8 | ① 成形的凸模和凹模刃口 |
| 1.6 | ② 过盈配合和过渡配合的表面——用于热处理零件<br>③ 支承定位和紧固表面——用于热处理零件<br>④ 磨加工的基准面；要求精准的工艺基准面 |
| 3.2 | ① 内孔表面<br>② 模座平面 |
| 6.3 | ① 不磨加工的支承、定位和紧固表面——用于非热处理零件<br>② 模座平面 |
| 12.5 | 不与冲压制件及冲模接触的表面 |
| 25 | 不需机械加工的表面 |

## 9.3 常用标准件

### 9.3.1 螺栓、螺柱

螺栓、螺柱规格见表 9-23、表 9-24。

**表 9-23 六角螺栓（一）** mm

| 六角头螺栓 C 级(GB/T 5780—2000) | 六角头螺栓全螺纹 C 级(GB/T 5781—2000) |
|---|---|
| 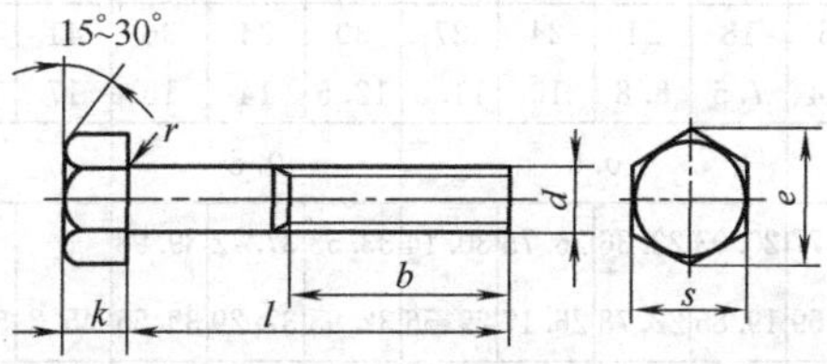 | 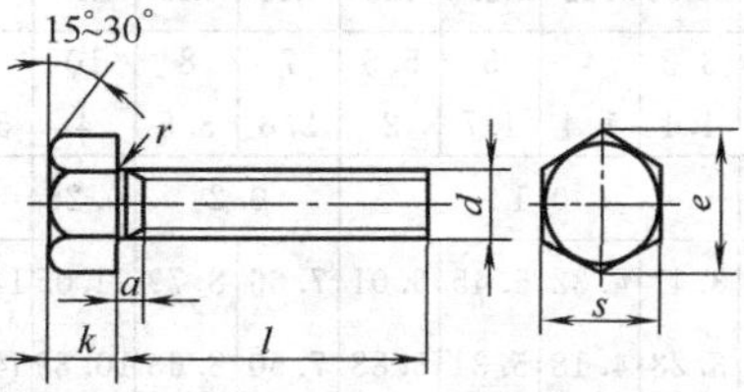 |

标记示例：
螺纹规格 $d$=M12、公称长度 $l$=80mm、性能等级为 4.8 级、不经表面处理、C 级的六角头螺栓：螺栓 GB/T 5780 M12×80

| 螺纹规格 $d$ | M5 | M6 | M8 | M10 | M12 | (M14) | M16 | (M18) | M20 | (M22) | M24 | (M27) | M30 | M36 |
|---|---|---|---|---|---|---|---|---|---|---|---|---|---|---|
| $s$(公称) | 8 | 10 | 13 | 16 | 18 | 21 | 24 | 27 | 30 | 34 | 36 | 41 | 46 | 55 |
| $k$(公称) | 3.5 | 4 | 5.3 | 6.4 | 7.5 | 8.8 | 10 | 11.5 | 12.5 | 14 | 15 | 17 | 18.7 | 22.5 |
| $r_{min}$ | 0.2 | 0.25 | 0.4 | | 0.6 | | | | 0.8 | | | 1 | | |
| $e_{min}$ | 8.6 | 10.9 | 14.2 | 17.6 | 19.9 | 22.8 | 26.2 | 29.6 | 33 | 37.3 | 39.6 | 45.2 | 50.9 | 60.8 |
| $a_{max}$ | 2.4 | 3 | 4 | 4.5 | 5.3 | 6 | | 7.5 | | | | 9 | 10.5 | 12 |
| $b$(参考) $l$≤125 | 16 | 18 | 22 | 26 | 30 | 34 | 38 | 42 | 46 | 50 | 54 | 60 | 66 | 78 |
| $b$(参考) 125＜$l$≤200 | — | — | 28 | 32 | 36 | 40 | 44 | 48 | 52 | 56 | 60 | 66 | 72 | 84 |
| $b$(参考) $l$＞200 | — | — | — | — | — | 53 | 57 | 61 | 65 | 69 | 73 | 79 | 85 | 97 |
| $l$(公称) GB/T 5780—2000 | 25～50 | 30～60 | 40～80 | 45～100 | 55～120 | 60～140 | 65～160 | 80～180 | 80～200 | 90～220 | 100～240 | 110～260 | 120～300 | 140～360 |
| 全螺纹长度 $l$ GB/T 5780—2000 | 10～50 | 12～60 | 16～80 | 20～100 | 25～120 | 30～140 | 35～160 | 35～180 | 40～200 | 45～220 | 50～240 | 55～280 | 60～300 | 70～360 |
| 100mm 长的质量/kg | 0.013 | 0.020 | 0.037 | 0.063 | 0.090 | 0.127 | 0.172 | 0.223 | 0.282 | 0.359 | 0.424 | 0.566 | 0.721 | 1.100 |
| $l$ 系列(公称) | 10,12,16,20,25,30,35,40,45,50,55,60,65,70,80,90,100,110,120,130,140,150,160,180,200,220,240,260,280,300,320,340,360,380,400,420,440,460,480,500 | | | | | | | | | | | | | |

| 技术条件 | | | | | |
|---|---|---|---|---|---|
| 技术条件 | GB/T 5780 螺纹公差:8g | 材料:钢 | 性能等级:$d$≤39、3.6、4.6、4.8;$d$＞39,按协议 | 表面处理:不经处理,电镀,非电解锌粉覆盖 | 产品等级:C |
| | GB/T 5781 螺纹公差:8g | | | | |

注：1. M5～M36 为商品规格，为销售储备的产品最通用的规格。
2. M42～M64 为通用规格，较商品规格低一档，有时买不到要现制造。
3. 带括号的为非优选的螺纹规格（其他各表均相同），非优选螺纹规格除表列外还有 M33、M39、M45、M52 和 M60。
4. 末端按 GB/T 5780—2000 规格。
5. 标记示例“螺栓 GB/T 5780 M12×80”为简化标记，它代表了标记示例的各项内容，此标准件为常用及大量供应的，与标记示例内容不同的不能用简化标记，应按 GB/T 1237—2000 规定标记。
6. 表面处理：电镀技术要求按 GB/T 5267；非电解锌粉覆盖技术要求按 ISO 10683；如需其他表面镀层或表面处理，应由双方协议。
7. GB/T 5780 增加了短规格，推荐采用 GB/T 5781 全螺纹螺栓。

**表 9-24 六角螺栓（二）** mm

| 六角头螺栓(GB/T 5782—2000) | 六角头螺栓全螺纹(GB/T 5783—2000) |
|---|---|
| 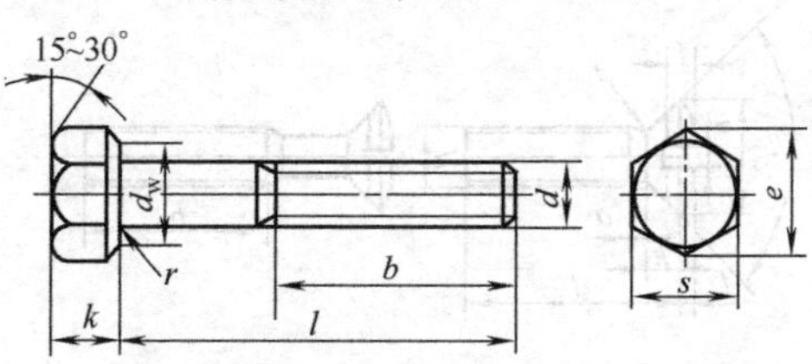 | 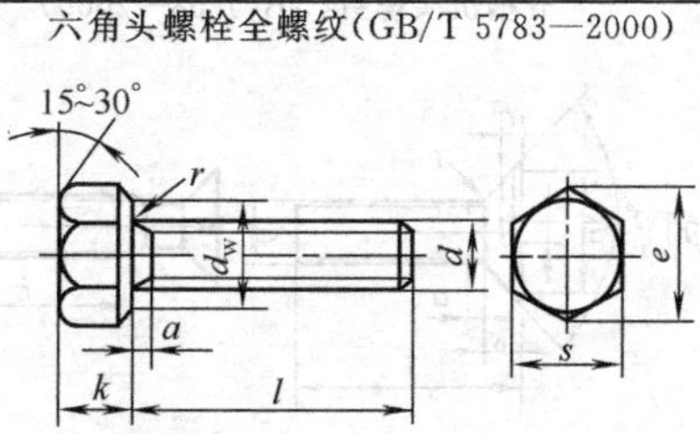 |
| 六角头头部带孔螺栓 A 和 B 级(GB/T 32.1—1988) | 六角头头部带槽螺栓 A 和 B 级(GB/T 29.1—1988) |
| 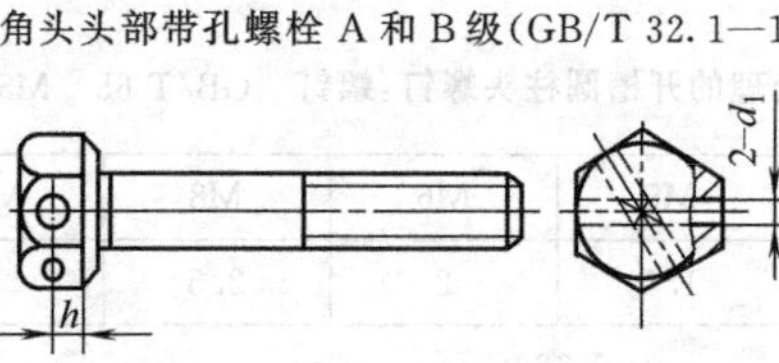 | 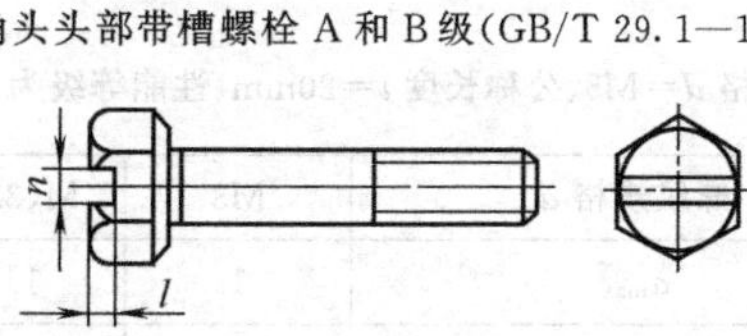 |
| 其余的形式与尺寸按 GB/T 5782 规定 | 其余的形式与尺寸按 GB/T 5783 规定 |

标记示例：螺纹规格 $d$=M12、公称长度 $l$=80mm、性能等级为 8.8 级、表面氧化、A 级的六角头螺栓：螺栓 GB/T 5782 M12×80

续表

| 螺纹规格 $d$ | | M1.6 | M2 | M2.5 | M3 | M4 | M5 | M6 | M8 | M10 | M12 | (M14) | M16 | (M18) | M20 | (M22) | M24 | (M27) | M30 | M36 |
|---|---|---|---|---|---|---|---|---|---|---|---|---|---|---|---|---|---|---|---|---|
| $s$(公称) | | 3.2 | 4 | 5 | 5.5 | 7 | 8 | 10 | 13 | 16 | 18 | 21 | 24 | 27 | 30 | 34 | 36 | 41 | 46 | 55 |
| $k$(公称) | | 1.1 | 1.4 | 1.7 | 2 | 2.8 | 3.5 | 4 | 5.3 | 6.4 | 7.5 | 8.8 | 10 | 11.5 | 12.5 | 14 | 15 | 17 | 18.7 | 22.5 |
| $r_{min}$ | | 0.1 | | | | 0.2 | | 0.25 | 0.4 | | 0.6 | | | | 0.8 | | | 1 | | |
| $e_{min}$ | A | 3.41 | 4.32 | 5.45 | 6.01 | 7.66 | 8.79 | 11.05 | 14.38 | 17.77 | 20.03 | 23.36 | 26.75 | 30.14 | 33.53 | 37.72 | 39.98 | — | — | — |
| | B | 3.28 | 4.18 | 5.31 | 5.88 | 7.50 | 8.63 | 10.89 | 14.20 | 17.59 | 19.85 | 22.78 | 26.17 | 29.56 | 32.95 | 37.29 | 39.55 | 45.2 | 50.85 | 60.79 |
| $d_{wmin}$ | A | 2.27 | 3.07 | 4.07 | 4.57 | 5.88 | 6.88 | 8.88 | 11.63 | 14.63 | 16.63 | 19.64 | 22.49 | 25.34 | 28.19 | 31.71 | 33.61 | — | — | — |
| | B | 2.3 | 2.95 | 3.95 | 4.45 | 5.74 | 6.74 | 8.74 | 11.47 | 14.47 | 16.47 | 19.15 | 22 | 24.85 | 27.7 | 31.35 | 33.25 | 38 | 42.75 | 51.11 |
| $b$(参考) | $l$≤125 | 9 | 10 | 11 | 12 | 14 | 16 | 18 | 22 | 26 | 30 | 34 | 38 | 42 | 46 | 50 | 54 | 60 | 66 | — |
| | 125<$l$≤200 | 15 | 16 | 17 | 18 | 20 | 22 | 24 | 28 | 32 | 36 | 40 | 44 | 48 | 52 | 56 | 60 | 66 | 72 | 84 |
| | $l$>200 | 28 | 29 | 30 | 31 | 33 | 35 | 37 | 41 | 45 | 49 | 53 | 57 | 61 | 65 | 69 | 73 | 79 | 85 | 97 |
| $a$ | | — | — | — | 1.5 | 2.1 | 2.4 | 3 | 3.75 | 4.5 | 5.25 | 6 | | 7.5 | | | 9 | | 10.5 | 12 |
| $h$ | | — | — | — | 0.8 | 1.2 | | 1.6 | 2 | 2.5 | 3 | — | — | — | — | — | — | — | — | — |

## 9.3.2 螺钉

螺钉的规格见表 9-25～表 9-27。

**表 9-25 开槽螺钉** mm

开槽圆柱头螺钉(GB/T 65—2000)

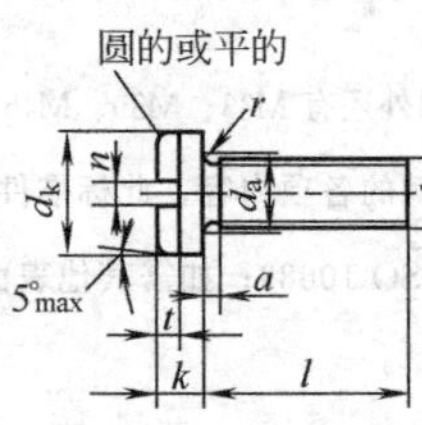


开槽盘头螺钉(GB/T 67—2000)

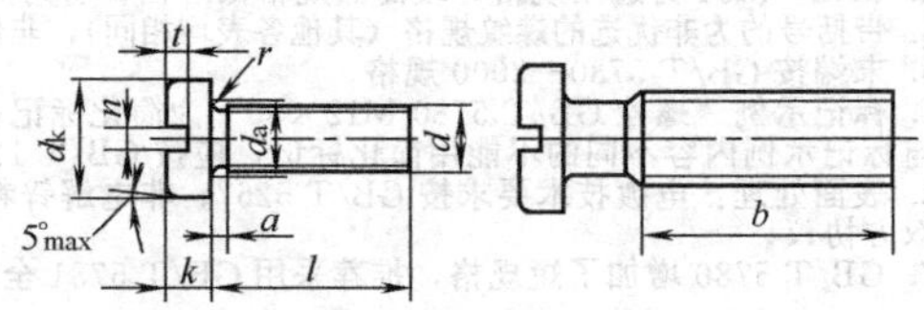


开槽沉头螺钉(GB/T 68—2000)

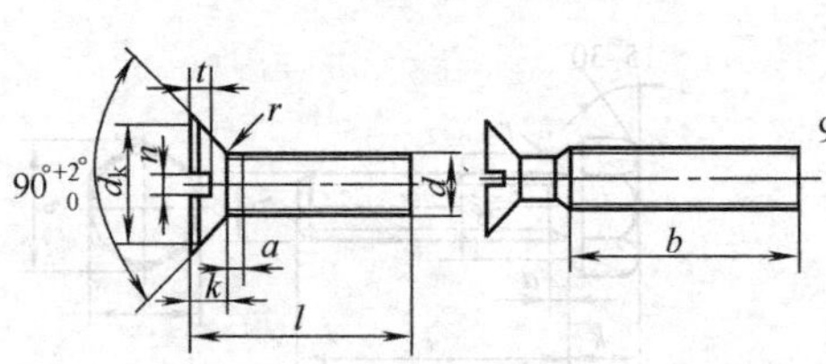


开槽半沉头螺钉(GB/T 69—2000)

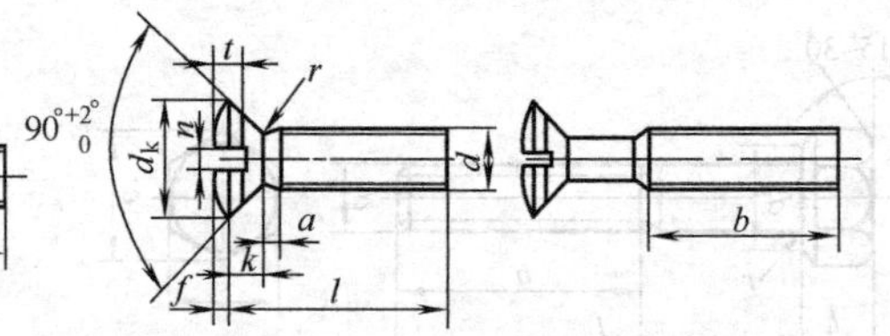


标记示例：

螺纹规格 $d$=M5、公称长度 $l$=20mm、性能等级为 4.8 级、不经表面处理的开槽圆柱头螺钉：螺钉 GB/T 65 M5×20

| 螺纹规格 $d$ | M3 | M(3.5) | M4 | M5 | M6 | M8 | M10 |
|---|---|---|---|---|---|---|---|
| $a_{max}$ | 1 | 1.2 | 1.4 | 1.6 | 2 | 2.5 | 3 |
| $b_{min}$ | 25 | 38 | | | | | |
| $n$(公称) | 0.8 | 1 | 1.2 | | 1.6 | 2 | 2.5 |

续表

| 螺纹规格 $d$ | | M3 | M(3.5) | M4 | M5 | M6 | M8 | M10 |
|---|---|---|---|---|---|---|---|---|
| GB/T 65 | $d_{kmax}$ | 5.5 | 6 | 7 | 8.5 | 10 | 13 | 16 |
| | $k_{max}$ | 2 | 2.4 | 2.6 | 3.3 | 3.9 | 5 | 6 |
| | $t_{min}$ | 0.85 | 1 | 1.1 | 1.3 | 1.6 | 2 | 2.4 |
| | $d_{amax}$ | 3.6 | 4.1 | 4.7 | 5.7 | 6.8 | 9.2 | 11.2 |
| | $r_{min}$ | 0.1 | | 0.2 | | 0.25 | 0.4 | |
| | 商品规格长度 $l$ | 4~30 | 5~35 | 5~40 | 6~50 | 8~60 | 10~80 | 12~80 |
| 全螺纹长度 $l$ | | 4~30 | 5~40 | 5~40 | 6~40 | 8~40 | 10~40 | 12~40 |
| GB/T 67 | $d_{kmax}$ | 5.6 | 7 | 8 | 9.5 | 12 | 16 | 20 |
| | $k_{max}$ | 1.8 | 2.1 | 2.4 | 3 | 3.6 | 4.8 | 6 |
| | $t_{min}$ | 0.7 | 0.8 | 1 | 1.2 | 1.4 | 1.9 | 2.4 |
| | $d_{amax}$ | 3.6 | 4.1 | 4.7 | 5.7 | 6.8 | 9.2 | 11.2 |
| | $r_{min}$ | 0.1 | | 0.2 | | 0.25 | 0.4 | |
| | 商品规格长度 $l$ | 4~30 | 5~35 | 5~40 | 6~50 | 8~60 | 10~80 | 12~80 |
| | 全螺纹长度 $l$ | 4~30 | 5~40 | 5~40 | 6~40 | 8~40 | 10~40 | 12~40 |
| GB/T 68<br>GB/T 69 | $d_{kmax}$ | 5.5 | 7.3 | 8.4 | 9.3 | 11.3 | 15.8 | 18.3 |
| | $k_{max}$ | 1.65 | 2.35 | 2.7 | | 3.3 | 4.65 | 5 |
| | $r_{max}$ | 0.8 | 0.9 | 1 | 1.3 | 1.5 | 2 | 2.5 |
| | $t_{min}$ GB/T 68 | 0.6 | 0.9 | 1 | 1.1 | 1.2 | 1.8 | 2 |
| | $t_{min}$ GB/T 69 | 1.2 | 1.45 | 1.6 | 2 | 2.4 | 3.2 | 3.8 |
| | $f$ | 0.7 | 0.8 | 1 | 1.2 | 1.4 | 2 | 2.3 |
| | 商品规格长度 $l$ | 5~30 | 6~35 | 6~40 | 8~50 | 8~60 | 10~80 | 12~80 |
| | 全螺纹长度 $l$ | 5~30 | 6~45 | 6~45 | 8~45 | 8~45 | 10~45 | 12~45 |

**表 9-26　内六角圆柱头螺钉的基本规格**（GB/T 7001—2000）　　mm

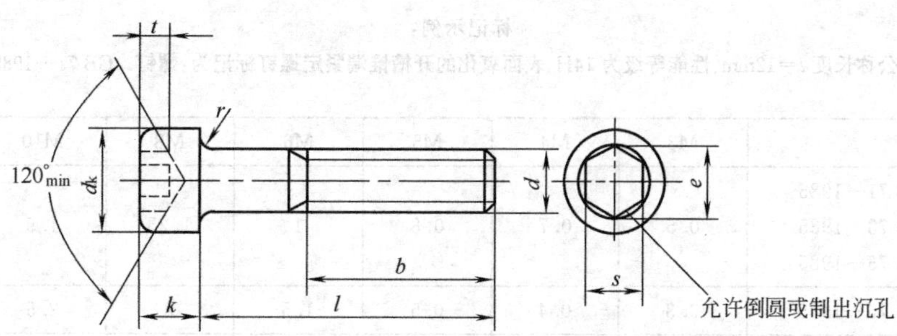


标记示例：

螺纹规格 $d$＝M5、公称长度 $l$＝200mm、性能等级为 8.8 级、表面氧化的内六角圆柱头螺钉：螺钉　GB/T 7001—2000　M5×20

续表

| 螺纹规格 $d$ | M3 | M4 | M5 | M6 | M8 | M10 | M12 | (M14) | M16 | M20 | M24 | M30 | M36 |
|---|---|---|---|---|---|---|---|---|---|---|---|---|---|
| $d_k$ | 5.5 | 7 | 8.5 | 10 | 13 | 16 | 18 | 21 | 24 | 30 | 36 | 45 | 54 |
| $R_{max}$ | 3 | 4 | 5 | 6 | 8 | 10 | 12 | 14 | 16 | 20 | 24 | 30 | 36 |
| $t$ | 1.3 | 2 | 2.5 | 3 | 4 | 5 | 6 | 7 | 8 | 10 | 12 | 15.5 | 19 |
| $r$ | 0.1 | 0.2 | 0.2 | 0.25 | 0.4 | 0.4 | 0.6 | 0.6 | 0.6 | 0.8 | 0.8 | 1 | 1 |
| $s$ | 2.5 | 3 | 4 | 5 | 6 | 8 | 10 | 12 | 14 | 17 | 19 | 22 | 27 |
| $e_{min}$ | 2.9 | 3.4 | 4.6 | 5.7 | 6.9 | 9.2 | 11.4 | 13.7 | 16 | 19 | 21.7 | 25.2 | 30.9 |
| $b$(参考) | 18 | 20 | 22 | 24 | 28 | 32 | 36 | 40 | 44 | 52 | 60 | 72 | 84 |
| $l$ | 5~30 | 6~40 | 8~50 | 10~60 | 12~80 | 16~100 | 20~120 | 25~140 | 25~160 | 30~200 | 40~200 | 45~260 | 55~200 |
| 全螺纹时最大长度 | 20 | 25 | 25 | 30 | 35 | 40 | 45 | 55 (65) | 55 | 65 | 80 | 90 | 110 |
| $l$ 系列 | 2.5,3,4,5,6,8,10,12,(14),(16),20,25,30,35,40,45,50,(55),60,(65),70,80,90,100,110,120,130,140,150,160,180,200 | | | | | | | | | | | | |

注：1. 尽可能不采用括号内的规格。
2. $e_{min}=1.14s_{min}$。

**表 9-27 开槽锥端、平端、长圆柱端紧定螺钉的基本规格** (GB 71、73、75—1985)

开槽锥端紧定螺钉(GB 71—1985)

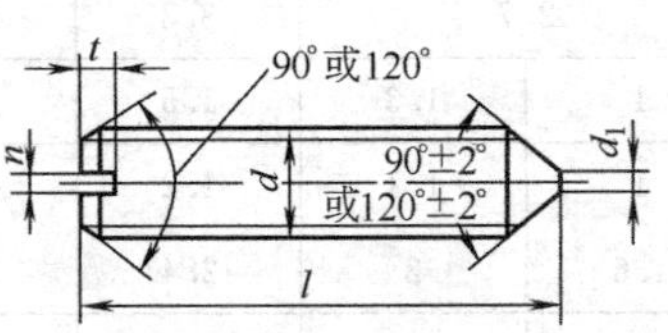


开槽平端螺钉(GB 73—1985)

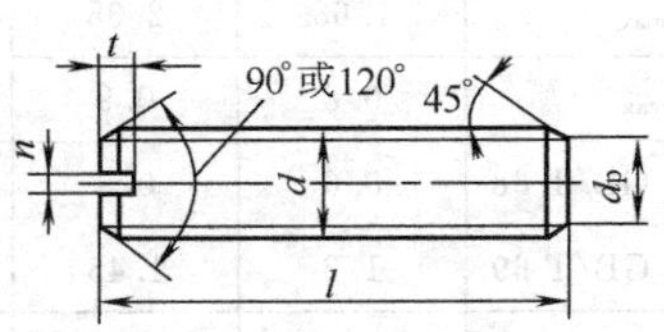


开槽长圆柱端紧定螺钉(GB 75—1985)

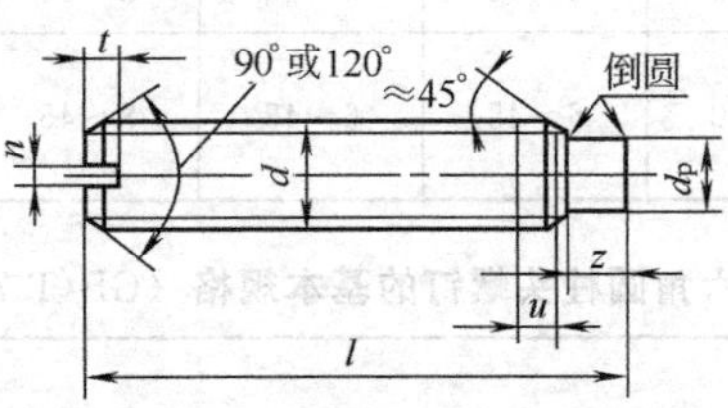


标记示例：

螺纹规格 $d$=M5、公称长度 $l$=12mm、性能等级为 14H、表面氧化的开槽锥端紧定螺钉标记为：螺钉 GB 71—1985 M5×12-14H

| $d$ | | M3 | M4 | M5 | M6 | M8 | M10 | M12 |
|---|---|---|---|---|---|---|---|---|
| $P$ | GB 71—1985<br>GB 73—1985<br>GB 75—1985 | 0.5 | 0.7 | 0.8 | 1 | 1.25 | 1.5 | 1.75 |
| $d_1$ | GB 75—1985 | 0.3 | 0.4 | 0.5 | 1.5 | 2 | 2.5 | 3 |
| $d_{pmax}$ | GB 73—1985<br>GB 75—1985 | 2 | 2.5 | 3.5 | 4 | 5.5 | 7 | 8.5 |
| $n$(公称) | GB 71—1985<br>GB 73—1985<br>GB 75—1985 | 0.4 | 0.6 | 0.8 | 1 | 1.2 | 1.6 | 2 |

续表

| $d$ | | | M3 | M4 | M5 | M6 | M8 | M10 | M12 |
|---|---|---|---|---|---|---|---|---|---|
| $t_{min}$ | GB 71—85<br>GB 73—85<br>GB 75—85 | | 0.8 | 1.12 | 1.28 | 1.6 | 2 | 2.4 | 2.8 |
| $z_{min}$ | GB 75—85 | | 1.5 | 2 | 2.5 | 3 | 4 | 5 | 6 |
| 倒角和锥顶角 | GB 71—85 | 120° | $l \leqslant 3$ | $l \leqslant 4$ | $l \leqslant 5$ | $l \leqslant 6$ | $l \leqslant 8$ | $l \leqslant 10$ | $l \leqslant 12$ |
| | | 90° | $l \geqslant 4$ | $l \geqslant 5$ | $l \geqslant 6$ | $l \geqslant 8$ | $l \geqslant 10$ | $l \geqslant 12$ | $l \geqslant 14$ |
| | GB 73—85 | 120° | $l \leqslant 3$ | $l \leqslant 4$ | $l \leqslant 5$ | $l \leqslant 6$ | | $l \leqslant 8$ | $l \leqslant 10$ |
| | | 90° | $l \geqslant 4$ | $l \geqslant 5$ | $l \geqslant 6$ | $l \geqslant 8$ | | $l \geqslant 10$ | $l \geqslant 12$ |
| | GB 75—85 | 120° | $l \leqslant 5$ | $l \leqslant 6$ | $l \leqslant 8$ | $l \leqslant 10$ | $l \leqslant 14$ | $l \leqslant 16$ | $l \leqslant 20$ |
| | | 90° | $l \geqslant 6$ | $l \geqslant 8$ | $l \geqslant 10$ | $l \geqslant 12$ | $l \geqslant 16$ | $l \geqslant 20$ | $l \geqslant 25$ |
| $l$ 公称 | 商品规格范围 | GB 71—85 | 4～16 | 6～20 | 8～25 | 8～30 | 10～40 | 12～50 | 14～60 |
| | | GB 73—85 | 3～16 | 4～20 | 5～25 | 6～30 | 8～40 | 10～50 | 12～60 |
| | | GB 75—85 | 5～16 | 6～20 | 8～25 | 8～30 | 10～40 | 12～50 | 14～60 |
| | 系列值 | 2,2.5,3,4,5,6,8,10,12,(14),16,20,25,30,35,40,45,50,(55),60 | | | | | | | |

注：1. $l$ 系列值中，尽可能不采用括号内的规格。
2. 规格不大于 M5 的 GB 71—85 的螺钉，不要求锥端有平面部分（$d_t$）。
3. $P$ 为螺距。

## 9.3.3 螺母

螺母规格见表 9-28。

**表 9-28 六角螺母** mm

六角螺母 C 级(GB/T 41—2000)

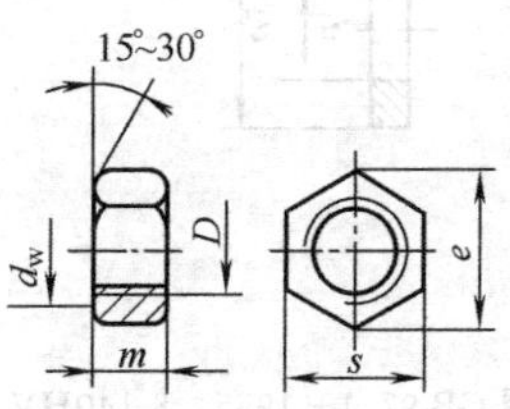


标记示例：

螺纹规格 $D$＝M12、性能等级为 5 级、不经表面处理、产品等级为 C 级的六角螺母：

螺母 GB/T 41 M12

六角薄螺母无倒角 (GB/T 6174—2000)

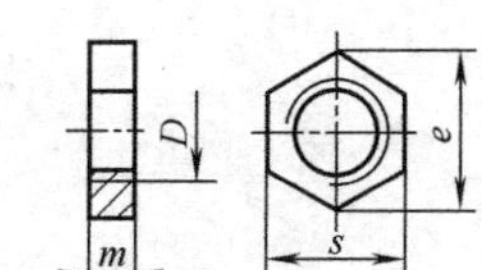


标记示例：

螺纹规格 $D$＝M6、力学性能为 110HV、不经表面处理、B 级的六角薄螺母：

螺母 GB/T 6174 M6

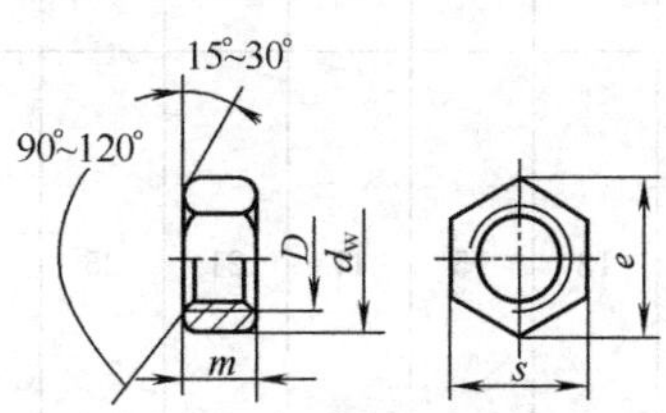


1 型六角螺母(GB/T 6170—2000)

六角薄螺母(GB/T 6172.1—2000)

标记示例：

螺纹规格 $D$＝M12、性能等级为 10 级、不经表面处理、A 级的 1 型六角螺母：

螺母 GB/T 6170 M12

螺纹规格 $D$＝M12、性能等级为 04 级、不经表面处理、A 级的六角薄螺母：

螺母 GB/T 6172.1 M12

续表

| 螺纹规格 $D$ | | M3 | (M3.5) | M4 | M5 | M6 | M8 | M10 | M12 | (M14) | M16 | (M18) | M20 | (M22) | M24 | (M27) | M30 | M36 |
|---|---|---|---|---|---|---|---|---|---|---|---|---|---|---|---|---|---|---|
| $e_{min}$ | 1① | 5.9 | 6.4 | 7.5 | 8.6 | 10.9 | 14.2 | 17.6 | 19.9 | 22.8 | 26.2 | 29.6 | 33 | 37.3 | 39.6 | 45.2 | 50.9 | 60.8 |
| | 2② | 6 | 6.6 | 7.7 | 8.8 | 11 | 14.4 | 17.8 | 20 | 23.4 | 26.8 | 29.6 | 33 | 37.3 | 39.6 | 45.2 | 50.9 | 60.8 |
| $s$(公称) | | 5.5 | 6 | 7 | 8 | 10 | 13 | 16 | 18 | 21 | 24 | 27 | 30 | 34 | 36 | 41 | 46 | 55 |
| $d_{wmin}$ | 1① | — | — | — | 6.7 | 8.7 | 11.5 | 14.5 | 16.5 | 19.2 | 22 | 24.9 | 27.7 | 31.4 | 33.3 | 38 | 42.8 | 51.1 |
| | 2② | 4.6 | 5.1 | 5.9 | 6.9 | 8.9 | 11.6 | 14.6 | 16.6 | 19.6 | 22.5 | 24.9 | 27.7 | 31.4 | 33.3 | 38 | 42.8 | 51.1 |
| $m_{max}$ | GB/T 6170 | 2.4 | 2.8 | 3.2 | 4.7 | 5.2 | 6.8 | 8.4 | 10.8 | 12.8 | 14.8 | 15.8 | 18 | 19.4 | 21.5 | 23.8 | 25.6 | 31 |
| | GB/T 612.1 | | | | | | | | | | | | | | | | | |
| | GB/T 6174 | 1.8 | 2 | 2.2 | 2.7 | 3.2 | 4 | 5 | 6 | 7 | 8 | 9 | 10 | 11 | 12 | 13.5 | 15 | 18 |
| | GB/T 41 | — | — | — | 5.6 | 6.4 | 7.9 | 9.5 | 12.2 | 13.9 | 15.9 | 16.9 | 19 | 20.2 | 22.3 | 24.7 | 26.4 | 31.9 |

① 为 GB/T 41 及 GB/T 6174 的尺寸。
② GB/T 6170 及 GB/T 6172.1 的尺寸。
注：1. A 级用于 $D \geqslant 16$mm，B 级用于 $D > 16$mm 的螺母。
2. 尽量不采用括号中的尺寸，除表中所列外，还有 M33、M39、M45、M52 和 M60。
3. GB/T 41 的螺纹规格为 M5～M60；GB/T 6174 的螺纹规格为 M1.6～M10。

## 9.3.4 垫圈

垫圈规格见表 9-29 和表 9-30。

**表 9-29 平垫圈的基本规格**（GB 848—1985，GB 97.1、97.2—1985，GB 95—1985） mm

小垫圈(GB 848—1985)　　平垫圈-倒角型(GB 97.2—1985)　　平垫圈-C 级(GB 95—1985)
平垫圈(GB 97.1—1985)

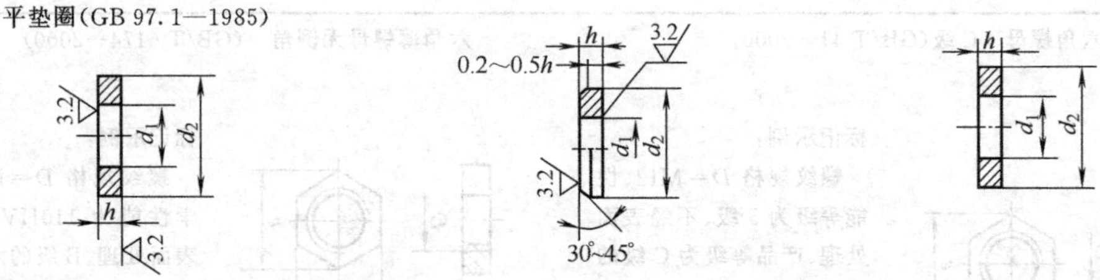


标准系列，公称尺寸 $d$=8mm、性能等级为 140HV 级，不经表面处理的平垫圈标记为：垫圈 GB 97.1—1985 8-140HV

| 公称尺寸(螺纹规格)$d$ | | 4 | 5 | 6 | 8 | 10 | 12 | 14 | 16 | 20 | 24 | 30 | 36 |
|---|---|---|---|---|---|---|---|---|---|---|---|---|---|
| $d_{1min}$(公称) | GB 848—1985 | 4.3 | 5.3 | 6.4 | 8.4 | 10.5 | 13 | 15 | 17 | 21 | 25 | 31 | 37 |
| | GB 97.1—1985 | | | | | | | | | | | | |
| | GB 97.2—1985 | — | | | | | | | | | | | |
| | GB/T 95—1995 | | | | | | | | | | | | |

续表

| 公称尺寸（螺纹规格）$d$ | | 4 | 5 | 6 | 8 | 10 | 12 | 14 | 16 | 20 | 24 | 30 | 36 |
|---|---|---|---|---|---|---|---|---|---|---|---|---|---|
| $d_{2\min}$（公称） | GB 848—1985 | 8 | 9 | 11 | 15 | 18 | 20 | 24 | 28 | 34 | 39 | 50 | 60 |
| | GB 97.1—1985 | 9 | 10 | 12 | 16 | 20 | 24 | 28 | 30 | 37 | 44 | 56 | 66 |
| | GB 97.2—1985 | — | | | | | | | | | | | |
| | GB/T 95—1995 | | | | | | | | | | | | |
| $h$（公称） | GB 848—1985 | 0.5 | 1 | 1.6 | | | 2 | 2.5 | | 3 | 4 | | 5 |
| | GB 97.1—1985 | 0.8 | | 1.6 | | 2 | 2.5 | | 3 | | | | |
| | GB 97.2—1985 | — | | | | | | | | | | | |
| | GB/T 95—1995 | | | | | | | | | | | | |

**表 9-30 弹簧垫圈的基本规格（GB 93—1987、GB 859—1987）** mm

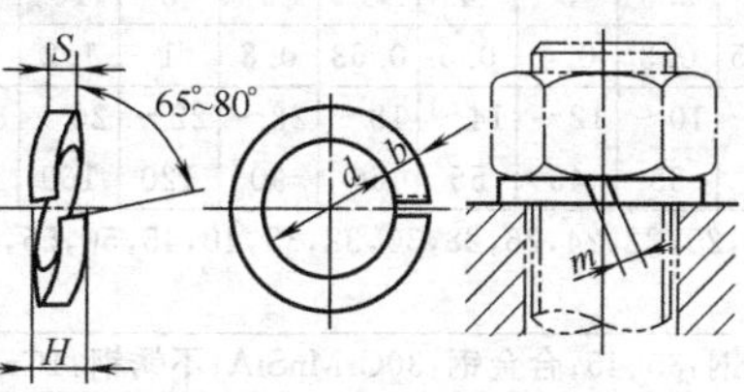


标记示例

规格 16mm，材料为 65Mn、表面氧化的标准型弹簧垫圈：垫圈 16 GB 93—1987

| 规格（螺纹大径） | $d$ | GB 93—1987 | | GB 859—1987 | | |
|---|---|---|---|---|---|---|
| | | $S=b$ | $0<m\leqslant$ | $S$ | $b$ | $0<m\leqslant$ |
| 3 | 3.1 | 0.8 | 0.4 | 0.8 | 1 | 0.3 |
| 4 | 4.1 | 1.1 | 0.50 | 0.8 | 1.2 | 0.4 |
| 5 | 5.1 | 1.3 | 0.65 | 1 | 1.2 | 0.55 |
| 6 | 6.2 | 1.6 | 0.8 | 1.2 | 1.6 | 0.65 |
| 8 | 8.2 | 2.1 | 1.05 | 1.6 | 2 | 0.8 |
| 10 | 10.2 | 2.6 | 1.3 | 2 | 2.5 | 1 |
| 12 | 12.3 | 3.1 | 1.55 | 2.5 | 3.5 | 1.25 |
| (14) | 14.3 | 3.6 | 1.8 | 3 | 4 | 1.5 |
| 16 | 16.3 | 4.1 | 2.05 | 3.2 | 4.5 | 1.6 |
| (18) | 18.3 | 4.5 | 2.25 | 3.5 | 5 | 1.8 |
| 20 | 20.5 | 5 | 2.5 | 4 | 5.5 | 2 |
| (22) | 22.5 | 5.5 | 2.75 | 4.5 | 6 | 2.25 |
| 24 | 24.5 | 6 | 3 | 4.8 | 6.5 | 2.5 |
| (27) | 27.5 | 6.8 | 3.4 | 5.5 | 7 | 2.75 |
| 30 | 30.5 | 7.5 | 3.75 | 6 | 8 | 3 |
| 36 | 36.6 | 9 | 4.5 | | | |

### 9.3.5 销钉

销钉规格见表 9-31。

**表 9-31　圆锥销（GB/T 117—2000）**

A 型(磨削)：锥面表面粗糙度 $R_a=0.8\mu m$

B 型(切削或冷镦)：锥面表面粗糙度 $R_a=3.2\mu m$

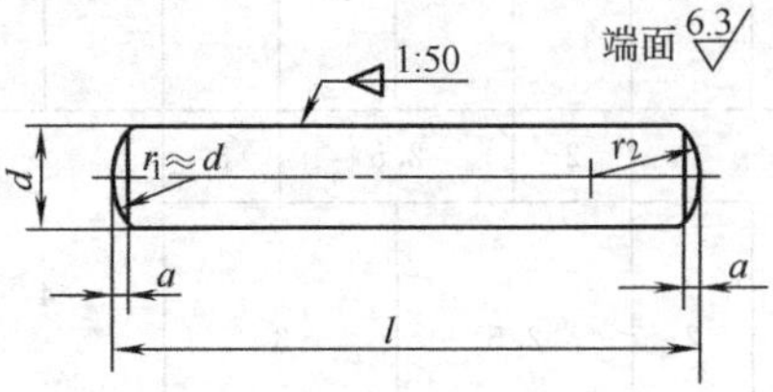


$$r_2=\frac{a}{2}+d+\frac{(0.02l)^2}{8a}$$

标记示例

公称直径 $d=30$mm、公称长度 $l=30$mm、材料为 35 钢、热处理硬度 28～38HRC、表面氧化处理 A 型圆锥销的标记：销 GB/T 117 6×30

| $d$(h10) | | 0.6 | 0.8 | 1 | 1.2 | 1.5 | 2 | 2.5 | 3 | 4 | 5 | 6 | 8 | 10 | 12 | 16 | 20 | 25 | 30 | 40 | 50 |
|---|---|---|---|---|---|---|---|---|---|---|---|---|---|---|---|---|---|---|---|---|---|
| $a$ | | 0.08 | 0.1 | 0.12 | 0.16 | 0.2 | 0.25 | 0.3 | 0.4 | 0.5 | 0.63 | 0.8 | 1 | 1.2 | 1.6 | 2 | 2.5 | 3 | 4 | 5 | 6.3 |
| 商品规格 | | 4～8 | 5～12 | 6～16 | 6～20 | 8～24 | 10～35 | 10～35 | 12～45 | 14～55 | 18～60 | 22～90 | 22～120 | 26～160 | 32～180 | 40～200 | 45～200 | 50～200 | 55～200 | 60～200 | 65～200 |
| $l$ 系列 | 2,3,4,5,6,8,10,12,14,16,18,20,22,24,26,28,30,32,35,40,45,50,55,60,65,70,75,80,85,90,95,100,120,140,160,180,200 | | | | | | | | | | | | | | | | | | | | |
| 技术条件 | 材料 | 易切钢：Y12、Y15；碳素钢：35、45；合金钢：30CrMnSiA；不锈钢：1Cr13、2Cr13、Cr17Ni2 | | | | | | | | | | | | | | | | | | | |
| | 表面处理 | ①钢：不经处理；氧化；磷化；镀锌钝化。②不锈钢：简单处理。③其他表面镀层或表面处理，由供需双方协议。④所有公差仅适用于涂、镀前的公差 | | | | | | | | | | | | | | | | | | | |

## 9.4 弹簧、橡胶垫的选用

### 9.4.1 圆柱螺旋压缩弹簧

圆柱螺旋压缩弹簧规格见表 9-32 和表 9-33。

**表 9-32　圆柱螺旋压缩弹簧**　　mm

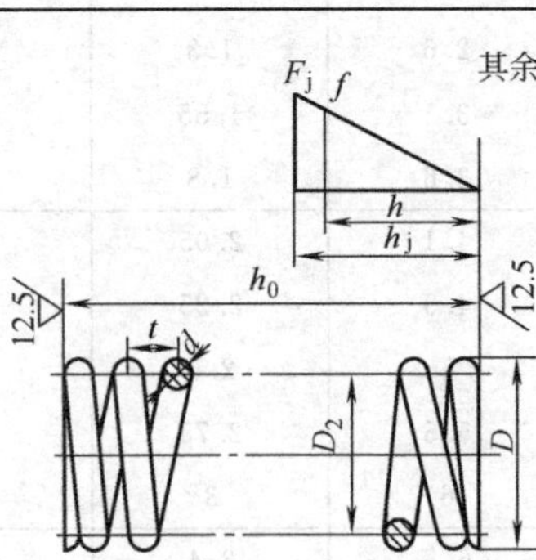


标记示例：$d=1.6$，$D_2=22$，$h_0=72$ 的圆柱螺旋压缩弹簧：弹簧 1.6×22×72　GB 2089—1980

$D_2$—弹簧中径　$d$—材料直径　$t$—节距　$F_j$—工作极限负荷

$h_0$—自由高度　$L$—展开长度　$n$—有效圈数　$h_j$—工作极限负荷下变形量

续表

| D | d | $h_0$ | t | $h_j$ | f | $F_j$ | n |
|---|---|---|---|---|---|---|---|
| 10 | 1 | 20 | 3.5 | 8.6 | 1.59 | 22 | 5.4 |
| | | 30 | | 13.2 | | | 8.3 |
| 15 | 3 | 45 | 4.1 | 9.4 | 0.94 | 440 | 10 |
| | | 50 | | 10.3 | | | 11 |
| | | 55 | | 11.8 | | | 12.7 |
| | | 65 | | 14.1 | | | 15 |
| | | 75 | | 16.4 | | | 17.5 |
| 18 | 2 | 55 | 5.7 | 23.2 | 2.5 | 98 | 9.3 |
| | | 65 | | 27.5 | | | 11 |
| | | 75 | | 32 | | | 12.8 |
| 20 | 4 | 45 | 5.3 | 9.4 | 1.23 | 780 | 7.7 |
| | | 55 | | 11.8 | | | 9.6 |
| | | 65 | | 14.1 | | | 11.5 |
| | | 70 | | 15.2 | | | 12.4 |
| 22 | 4 | 45 | 5.7 | 11.4 | 1.59 | 700 | 7.2 |
| | | 55 | | 14.1 | | | 8.9 |
| | | 65 | | 17 | | | 10.7 |
| | | 75 | | 18.2 | | | 11.5 |
| 25 | 4 | 45 | 6.4 | 13.8 | 2.16 | 590 | 6.4 |
| | | 55 | | 17 | | | 7.9 |
| | | 65 | | 20.5 | | | 9.5 |
| | | 75 | | 23.7 | | | 11 |

| D | d | $h_0$ | t | $h_j$ | f | $F_j$ | n |
|---|---|---|---|---|---|---|---|
| 25 | 5 | 55 | 6.6 | 11.7 | 1.57 | 1200 | 7.5 |
| | | 65 | | 14.1 | | | 9 |
| | | 75 | | 16.6 | | | 10.6 |
| | | 80 | | 17.7 | | | 11.3 |
| 30 | 4 | 85 | 8.0 | 33.9 | 3.32 | 480 | 10.1 |
| | | 100 | | 39.8 | | | 12 |
| | | 120 | | 48.1 | | | 14.5 |
| | | 140 | | 56.4 | | | 17 |
| 30 | 5 | 50 | 7.6 | 14.4 | 2.45 | 950 | 5.9 |
| | | 60 | | 17.6 | | | 7.2 |
| | | 70 | | 20.8 | | | 8.5 |
| 30 | 6 | 60 | 7.8 | 13.1 | 1.88 | 1700 | 7 |
| | | 70 | | 15.4 | | | 8.2 |
| | | 80 | | 17.9 | | | 9.5 |
| 35 | 5 | 60 | 8.9 | 18.2 | 2.94 | 800 | 6.2 |
| | | 70 | | 21.4 | | | 7.3 |
| | | 80 | | 24.7 | | | 8.4 |
| | | 100 | | 31.2 | | | 10.6 |
| 40 | 6 | 60 | 9.9 | 20.4 | 3.79 | 1200 | 5.4 |
| | | 70 | | 24.2 | | | 6.4 |
| | | 80 | | 28 | | | 7.4 |
| | | 110 | | 39.8 | | | 10.5 |
| | | 170 | | 62.5 | | | 16.5 |

**表 9-33 常用压缩弹簧基本性能（摘自 GB/T 2089—1994）**

| 材料直径 d/mm | 弹簧中径 $D_2$/mm | 工作极限负荷 $F_{lim}$/N | 单圆弹簧工作极限负荷下变形量 $f'$ | 节距 p/mm | 最大导杆直径 $D_{max}$/mm | 最小导杆直径 $D_{min}$/mm |
|---|---|---|---|---|---|---|
| 0.5 | 3 | 14.1 | 0.62 | 1.19 | 1.9 | 4.1 |
| | 3.5 | 12.4 | 0.872 | 1.48 | 2.4 | 4.6 |
| | 4 | 11.2 | 1.167 | 1.81 | 2.9 | 5.1 |
| | 4.5 | 10.1 | 1.505 | 2.18 | 3.4 | 5.6 |
| | 5 | 9.24 | 1.89 | 2.61 | 3.9 | 6.1 |
| | 6 | 7.88 | 2.78 | 3.61 | 4.5 | 7.5 |
| | 7 | 6.86 | 3.85 | 4.80 | 5.5 | 8.5 |
| 0.7 | 3.5 | 31 | 0.563 | 1.33 | 2.2 | 4.8 |
| | 4 | 28 | 0.762 | 1.55 | 2.7 | 5.3 |
| | 4.5 | 25.6 | 0.99 | 1.81 | 3.2 | 5.8 |
| | 5 | 23.6 | 1.248 | 2.10 | 3.7 | 6.3 |
| | 6 | 20.2 | 1.855 | 2.78 | 4.3 | 7.7 |
| | 7 | 17.7 | 2.58 | 3.59 | 5.3 | 8.7 |
| | 8 | 15.8 | 3.425 | 4.54 | 6.3 | 9.7 |
| | 9 | 14.2 | 4.4 | 5.62 | 7.3 | 10.7 |
| 0.8 | 4 | 40.4 | 0.645 | 1.52 | 2.6 | 5.4 |
| | 4.5 | 37 | 0.84 | 1.74 | 3.1 | 5.9 |
| | 5 | 34.1 | 1.063 | 1.99 | 3.6 | 6.4 |

| 材料直径 d/mm | 弹簧中径 $D_2$/mm | 工作极限负荷 $F_{lim}$/N | 单圆弹簧工作极限负荷下变形量 $f'$ | 节距 p/mm | 最大导杆直径 $D_{max}$/mm | 最小导杆直径 $D_{min}$/mm |
|---|---|---|---|---|---|---|
| 0.8 | 6 | 29.5 | 1.588 | 2.58 | 4.2 | 7.8 |
| | 7 | 26 | 2.215 | 3.28 | 5.2 | 8.8 |
| | 8 | 23.1 | 2.95 | 4.10 | 6.2 | 9.8 |
| | 9 | 20.9 | 3.80 | 5.04 | 7.2 | 10.8 |
| | 10 | 19.0 | 4.725 | 6.10 | 8.2 | 11.8 |
| 0.9 | 4 | 54.3 | 0.54 | 1.51 | 2.5 | 5.5 |
| | 4.5 | 50.0 | 0.708 | 1.60 | 3.0 | 6.0 |
| | 5 | 46.3 | 0.398 | 1.91 | 3.5 | 6.5 |
| | 6 | 40.0 | 1.246 | 2.41 | 4.1 | 7.9 |
| | 7 | 35.4 | 1.887 | 3.01 | 5.1 | 8.9 |
| | 8 | 31.7 | 2.525 | 3.72 | 6.1 | 9.9 |
| | 9 | 28.6 | 3.25 | 4.53 | 7.1 | 10.9 |
| | 10 | 26.1 | 4.05 | 5.44 | 8.1 | 11.9 |
| 1.0 | 4.5 | 65 | 0.603 | 1.68 | 2.9 | 6.1 |
| | 5 | 60.2 | 0.768 | 1.86 | 3.4 | 6.6 |
| | 6 | 52.5 | 1.158 | 2.30 | 4 | 8 |
| | 7 | 46.4 | 1.625 | 2.82 | 5 | 9 |
| | 8 | 41.6 | 2.175 | 3.44 | 6 | 10 |

续表

| 材料直径 $d$/mm | 弹簧中径 $D_2$/mm | 工作极限负荷 $F_{lim}$/N | 单圆弹簧工作极限负荷下变形量 $f'$ | 节距 $p$/mm | 最大导杆直径 $D_{max}$/mm | 最小导杆直径 $D_{min}$/mm |
|---|---|---|---|---|---|---|
| 1.0 | 9 | 37.8 | 2.80 | 4.14 | 7 | 11 |
| | 10 | 34.5 | 3.525 | 4.94 | 8 | 12 |
| | 12 | 29.4 | 5.182 | 6.80 | 9 | 15 |
| | 14 | 25.6 | 7.15 | 9.02 | 11 | 17 |
| 1.2 | 6 | 80.0 | 0.878 | 2.18 | 3.8 | 8.2 |
| | 7 | 73.5 | 1.24 | 2.59 | 4.8 | 9.2 |
| | 8 | 66.2 | 1.668 | 3.07 | 5.8 | 10.2 |
| | 9 | 60.2 | 2.154 | 3.62 | 6.8 | 11.2 |
| | 10 | 55.3 | 2.725 | 4.24 | 7.8 | 12.2 |
| | 12 | 47.3 | 4.022 | 5.69 | 8.8 | 15.2 |
| | 14 | 41.3 | 5.575 | 7.44 | 10.8 | 17.2 |
| | 16 | 36.7 | 7.378 | 9.46 | 12.8 | 19.2 |
| 1.4 | 7 | 110 | 0.998 | 2.52 | 4.6 | 9.4 |
| | 8 | 99 | 1.348 | 2.91 | 5.6 | 10.4 |
| | 9 | 90.5 | 1.75 | 3.36 | 6.6 | 11.4 |
| | 10 | 83.0 | 2.205 | 3.87 | 7.6 | 12.4 |
| | 12 | 71.5 | 3.276 | 5.07 | 8.6 | 15.4 |
| | 14 | 62.6 | 4.564 | 6.51 | 10.6 | 17.4 |
| | 16 | 55.7 | 6.05 | 8.18 | 12.6 | 19.4 |
| | 18 | 50.2 | 7.775 | 10.1 | 14.6 | 21.4 |
| | 20 | 45.7 | 9.70 | 12.6 | 15.6 | 24.4 |
| 1.5 | 3 | 22.75 | 0.483 | 1.14 | 1.8 | 4.2 |
| | 3.5 | 20.69 | 0.683 | 1.36 | 2.3 | 4.7 |
| | 4 | 18.25 | 0.92 | 1.63 | 2.8 | 5.2 |
| | 4.5 | 16.6 | 1.19 | 1.93 | 3.3 | 5.7 |
| | 5 | 15.2 | 1.595 | 2.27 | 3.8 | 6.2 |
| | 6 | 13.04 | 2.213 | 3.08 | 4.4 | 7.6 |
| | 7 | 11.38 | 3.075 | 4.4 | 5.4 | 8.6 |
| | 8 | 10.1 | 4.072 | 5.15 | 6.4 | 9.6 |
| 1.6 | 8 | 139 | 1.108 | 2.84 | 5.4 | 10.6 |
| | 9 | 127.5 | 1.446 | 3.22 | 6.4 | 11.6 |
| | 10 | 118 | 1.83 | 3.65 | 7.4 | 12.6 |
| | 12 | 102 | 2.725 | 4.66 | 8.4 | 15.6 |
| | 14 | 89.4 | 3.825 | 5.87 | 10.4 | 17.6 |
| | 16 | 79.6 | 5.075 | 7.29 | 12.4 | 19.6 |
| | 18 | 71.9 | 6.525 | 8.91 | 14.4 | 21.6 |
| | 20 | 65.5 | 8.15 | 10.7 | 15.4 | 23.6 |
| | 22 | 60.2 | 9.971 | 12.8 | 17.4 | 26.6 |

| 材料直径 $d$/mm | 弹簧中径 $D_2$/mm | 工作极限负荷 $F_{lim}$/N | 单圆弹簧工作极限负荷下变形量 $f'$ | 节距 $p$/mm | 最大导杆直径 $D_{max}$/mm | 最小导杆直径 $D_{min}$/mm |
|---|---|---|---|---|---|---|
| 1.8 | 9 | 171.5 | 1.213 | 3.16 | 6.2 | 11.8 |
| | 10 | 159 | 1.54 | 3.52 | 7.2 | 12.8 |
| | 12 | 137.3 | 2.31 | 4.39 | 8.2 | 15.8 |
| | 14 | 121.8 | 3.225 | 5.42 | 10.2 | 17.8 |
| | 16 | 109 | 4.325 | 6.64 | 12.2 | 19.8 |
| | 18 | 98.1 | 5.55 | 8.02 | 14.2 | 21.8 |
| | 20 | 89.5 | 6.95 | 9.59 | 15.2 | 24.8 |
| | 22 | 82.3 | 8.5 | 11.3 | 17.2 | 26.8 |
| | 25 | 73.2 | 11.12 | 14.3 | 20.2 | 29.8 |
| 2.0 | 10 | 212 | 1.384 | 3.51 | 7 | 13 |
| | 12 | 184.3 | 2.033 | 4.28 | 8 | 16 |
| | 14 | 163 | 2.85 | 5.20 | 10 | 18 |
| | 16 | 146 | 3.825 | 6.28 | 12 | 20 |
| | 18 | 132.2 | 4.923 | 7.52 | 14 | 22 |
| | 20 | 120.7 | 6.175 | 8.92 | 15 | 25 |
| | 22 | 112 | 7.575 | 10.5 | 17 | 27 |
| | 25 | 99 | 9.9 | 13.1 | 20 | 30 |
| | 28 | 90 | 12.58 | 16.1 | 23 | 33 |
| 2.5 | 12 | 312 | 1.408 | 4.08 | 7.5 | 16.5 |
| | 14 | 278 | 1.995 | 4.73 | 9.5 | 18.5 |
| | 16 | 251 | 2.675 | 5.51 | 11.5 | 20.5 |
| | 18 | 228.5 | 3.475 | 6.40 | 13.5 | 22.5 |
| | 20 | 210 | 4.375 | 8.52 | 16.5 | 27.5 |
| | 22 | 193 | 5.375 | 8.52 | 16.5 | 27.5 |
| | 25 | 174 | 7.075 | 10.4 | 19.5 | 30.5 |
| | 28 | 157 | 9.0 | 12.6 | 22.5 | 33.5 |
| | 30 | 148 | 10.425 | 14.2 | 24.5 | 35.5 |
| | 32 | 139 | 11.950 | 15.9 | 25.5 | 38.5 |
| 3.0 | 14 | 459 | 1.585 | 4.77 | 9 | 19 |
| | 16 | 415 | 2.145 | 5.40 | 11 | 21 |
| | 18 | 380 | 2.80 | 6.13 | 13 | 23 |
| | 20 | 350 | 3.525 | 6.95 | 14 | 26 |
| | 22 | 324 | 4.35 | 7.87 | 16 | 28 |
| | 25 | 292 | 5.75 | 9.43 | 19 | 31 |
| | 28 | 265 | 7.325 | 11.2 | 22 | 34 |
| | 30 | 250 | 8.50 | 12.5 | 24 | 36 |
| | 32 | 236 | 9.75 | 13.9 | 25 | 39 |
| | 35 | 219 | 11.8 | 16.2 | 28 | 42 |
| | 38 | 203 | 14.0 | 18.7 | 31 | 45 |
| 3.5 | 16 | 595 | 1.656 | 5.35 | 10.5 | 21.5 |
| | 18 | 546 | 2.165 | 5.93 | 12.5 | 23.5 |
| | 20 | 505 | 2.75 | 6.58 | 13.5 | 26.5 |

注：有下划线的数据系列一般不推荐使用。

## 9.4.2 碟形弹簧

碟形弹簧规格见表9-34。

**表9-34 碟形弹簧** mm

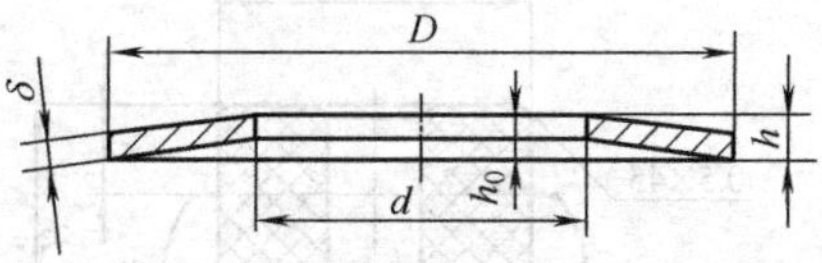


标记示例：

$D=40$，$d=20.4$，$\delta=2.2$，$h=3.1$ 的碟簧：碟簧 40×20.4×2.2×3.1GB 1972—1980

| D(h13) | | D(H14) | | δ | $h_0$ | h | 允许行程下的负荷/N |
|---|---|---|---|---|---|---|---|
| 基本尺寸 | 偏差 | 基本尺寸 | 偏差 | | | | $F_f=0.75h_0$ |
| 18 | 0.33 | 9.2 | 0.36 | 1.0 | 0.4 | 1.4 | 1280 |
| | | | | 0.7 | 0.5 | 1.2 | 580 |
| 25 | | 12.2 | 0.43 | 1.5 | 0.55 | 2.05 | 2980 |
| | | | | 0.9 | 0.7 | 1.6 | 880 |
| 31.5 | 0.39 | 16.3 | | 1.75 | 0.7 | 2.45 | 3940 |
| | | | | 1.25 | 0.9 | 2.15 | 1940 |
| | | | | 0.8 | 1.05 | 1.85 | 700 |
| 35.5 | | 18.3 | 0.52 | 2.0 | 0.8 | 2.8 | 5280 |
| | | | | 1.25 | 1.0 | 2.25 | 1730 |
| | | | | 0.9 | 1.15 | 2.05 | 850 |
| 40 | | 20.4 | | 2.2 | 0.9 | 3.1 | 6210 |
| | | | | 1.5 | 1.15 | 2.65 | 2670 |
| | | | | 1.0 | 1.3 | 2.3 | 1040 |
| 45 | | 22.4 | | 2.5 | 1.0 | 3.5 | 7890 |
| | | | | 1.75 | 1.3 | 3.05 | 3730 |
| | | | | 1.25 | 1.6 | 2.85 | 1930 |
| 50 | | 25.5 | | 3.0 | 1.1 | 4.1 | 1220 |
| | | | | 2.0 | 1.4 | 3.4 | 4860 |
| | | | | 1.25 | 1.6 | 2.85 | 1580 |

## 9.4.3 橡胶垫

橡胶垫压缩量和单位压力见表9-35。

**表9-35 橡胶垫压缩量和单位压力**

| 橡胶垫压缩量/% | 单位压力 p/MPa | 橡胶垫压缩量/% | 单位压力 p/MPa |
|---|---|---|---|
| 10 | 0.26 | 25 | 1.06 |
| 15 | 0.50 | 30 | 1.52 |
| 20 | 0.70 | 35 | 2.10 |

## 9.4.4 聚氨酯橡胶

聚氨酯橡胶尺寸规格、性能等见表 9-36～表 9-40。

**表 9-36 聚氨酯橡胶尺寸** mm

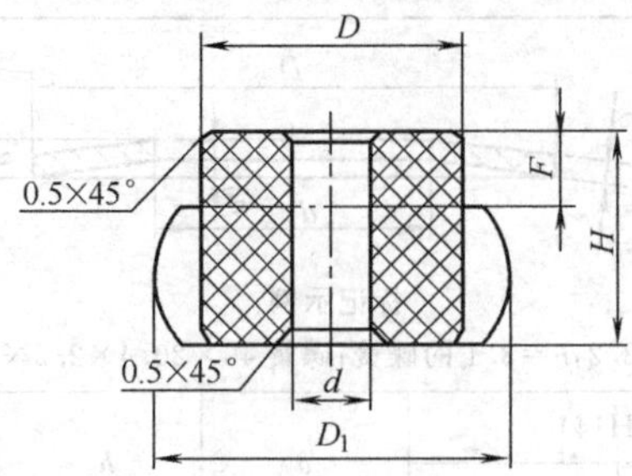


| $D$ | $d_2$ | $H$ | $D_1$ | $D$ | $d_2$ | $H$ | $D_1$ |
|---|---|---|---|---|---|---|---|
| 16 | 8.5 | 12 | 21 | 45 | 12.5 | 25 | 58 |
| 20 | | | 26 | | | 32 | |
| 25 | | | 33 | | | 40 | |
| | | 16 | | 60 | 16.5 | 20 | 78 |
| | | 20 | | | | 25 | |
| 32 | 10.5 | 16 | 42 | | | 32 | |
| | | 20 | | | | 40 | |
| | | 25 | | | | 50 | |
| 45 | 12.5 | 20 | 58 | | | | |

**表 9-37 国产聚氨酯橡胶的力学性能**

| 性　能 | 牌　号 | | | | |
|---|---|---|---|---|---|
| | 8295 | 8290 | 8280 | 8270 | 8260 |
| 硬度(邵氏 A) | 95±3 | 90±3 | 83±5 | 73±5 | 63±5 |
| 伸长率/% | 400 | 450 | 450 | 500 | 550 |
| 断裂强度/$N\cdot cm^{-2}$ | 4500 | 4500 | 4500 | 4000 | 3000 |
| 断裂永久变形/% | 18 | 15 | 12 | 8 | 8 |
| 冲击回弹性/% | 15～30 | 15～30 | 15～30 | 15～30 | 15～30 |
| 抗撕力/$N\cdot cm^{-2}$ | 1000 | 900 | 800 | 700 | 500 |
| 脆性温度/℃ | −40 | −40 | −50 | −50 | −50 |
| 老化系数(100℃×72h) | ≥0.9 | ≥0.9 | ≥0.9 | ≥0.9 | ≥0.9 |
| 耐煤油、室温、72h 的增重率/% | ≤3 | ≤3 | ≤4 | ≤4 | ≤4 |

**表 9-38 聚氨酯橡胶压缩量与工作负荷参照表**

| 工作负荷/kN | 160 | 200 | 250 | | | 320 | | | 450 | | | | 600 | | | | |
|---|---|---|---|---|---|---|---|---|---|---|---|---|---|---|---|---|---|
| 压缩量 | 直径 $D$/mm | | | | | | | | | | | | | | | | |
| 0.1$H$ | 17 | 30 | 51 | 45 | 47 | 84 | 74 | 70 | 182 | 172 | 163 | 168 | 363 | 298 | 288 | 372 | 270 |
| 0.2$H$ | 40 | 62 | 112 | 102 | 106 | 182 | 130 | 172 | 388 | 372 | 358 | 358 | 773 | 726 | 652 | 652 | 605 |
| 0.3$H$ | 69 | 108 | 197 | 184 | 179 | 322 | 304 | 294 | 695 | 652 | 620 | 600 | 1438 | 1271 | 1173 | 1117 | 1080 |
| 0.4$H$ | 88 | 139 | 253 | 236 | 229 | 412 | 390 | 380 | 390 | 836 | 793 | 768 | 1843 | 1629 | 1504 | 1434 | 1383 |

注：$H$ 为聚氨酯橡胶的自由高度。

表 9-39 聚氨酯橡胶工作负荷修正系数

| 硬度(邵氏 A) | 修正系数 | 硬度(邵氏 A) | 修正系数 |
|---|---|---|---|
| 75 | 0.843 | 81 | 1.035 |
| 76 | 0.873 | 82 | 1.074 |
| 77 | 0.903 | 83 | 1.116 |
| 78 | 0.934 | 84 | 1.212 |
| 79 | 0.966 | 85 | 1.270 |
| 80 | 1.000 | | |

表 9-40 聚氨酯橡胶体内孔尺寸及配用卸料螺钉尺寸对照表　　mm

| 聚氨酯橡胶体内孔 $d$ | 配用卸料螺钉 $d$ | | 备　注 |
|---|---|---|---|
| | GB 2867.5—1981 | GB 2867.6—1981 | |
| 6.5 | 6 | — | 配用卸料螺钉长度尺寸 $L$ 需视模具结构要求而定 |
| 8.5 | 8 | 8 | |
| 10.5 | 10 | 10 | |
| 12.5 | 12 | 12 | |
| 16.5 | 16 | 16 | |

# 9.5 模柄、模架的选用

## 9.5.1 模柄

模柄的规格见表 9-41～表 9-44。

表 9-41 压入式模柄（GB 2862.1—1981）　　mm

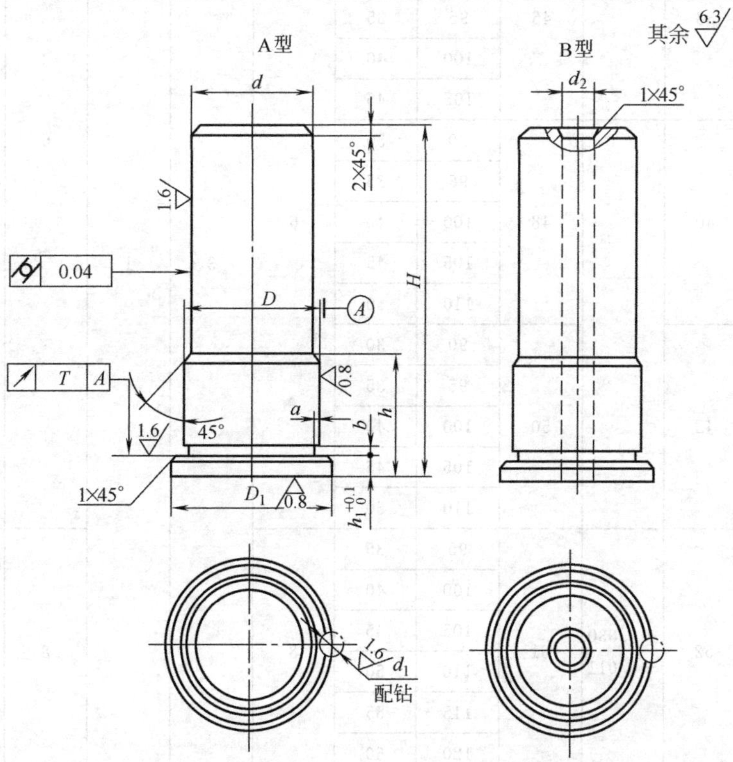

续表

| $d$(d11) | | $D$(m6) | | $D_1$ | $H$ | $h$ | $h_1$ | $b$ | $a$ | $d_1$(H7) | | $d_2$ |
|---|---|---|---|---|---|---|---|---|---|---|---|---|
| 基本尺寸 | 极限偏差 | 基本尺寸 | 极限偏差 | | | | | | | 基本尺寸 | 极限偏差 | |
| 20 | −0.065<br>−0.195 | 22 | +0.021<br>+0.008 | 29 | 68 | 20 | 4 | 2 | 0.5 | 6 | +0.012<br>0 | 7 |
| | | | | | 73 | 25 | | | | | | |
| | | | | | 78 | 30 | | | | | | |
| 25 | | | | 33 | 68 | 20 | | | | | | |
| | | | | | 73 | 25 | | | | | | |
| | | | | | 78 | 30 | | | | | | |
| | | | | | 83 | 35 | | | | | | |
| 30 | | 32 | +0.025<br>−0.009 | 39 | 73 | 25 | 5 | | | | | 11 |
| | | | | | 78 | 30 | | | | | | |
| | | | | | 83 | 35 | | | | | | |
| | | | | | 88 | 40 | | | | | | |
| 32 | −0.080<br>−0.240 | 34 | +0.025<br>+0.009 | 42 | 73 | 25 | 5 | 3 | 1 | | | 11 |
| | | | | | 78 | 30 | | | | | | |
| | | | | | 83 | 35 | | | | | | |
| | | | | | 88 | 40 | | | | | | |
| 35 | | 38 | | 46 | 85 | 25 | 6 | | | 6 | +0.012<br>0 | 13 |
| | | | | | 90 | 30 | | | | | | |
| | | | | | 95 | 35 | | | | | | |
| | | | | | 100 | 40 | | | | | | |
| | | | | | 105 | 45 | | | | | | |
| 38 | −0.080<br>−0.240 | 40 | | 48 | 90 | 30 | | | | | | |
| | | | | | 95 | 35 | | | | | | |
| | | | | | 100 | 40 | | | | | | |
| | | | | | 105 | 45 | | | | | | |
| | | | | | 110 | 50 | | | | | | |
| 40 | | 42 | | 50 | 90 | 30 | | | | | | |
| | | | | | 95 | 35 | | | | | | |
| | | | | | 100 | 40 | | | | | | |
| | | | | | 105 | 45 | | | | | | |
| | | | | | 110 | 50 | | | | | | |
| 50 | | 52 | +0.030<br>−0.011 | 61 | 95 | 35 | 8 | | | 8 | +0.015<br>0 | 17 |
| | | | | | 100 | 40 | | | | | | |
| | | | | | 105 | 45 | | | | | | |
| | | | | | 110 | 50 | | | | | | |
| | | | | | 115 | 55 | | | | | | |
| | | | | | 120 | 60 | | | | | | |

**表 9-42 旋入式模柄**（GB 2862. 2—1981） mm

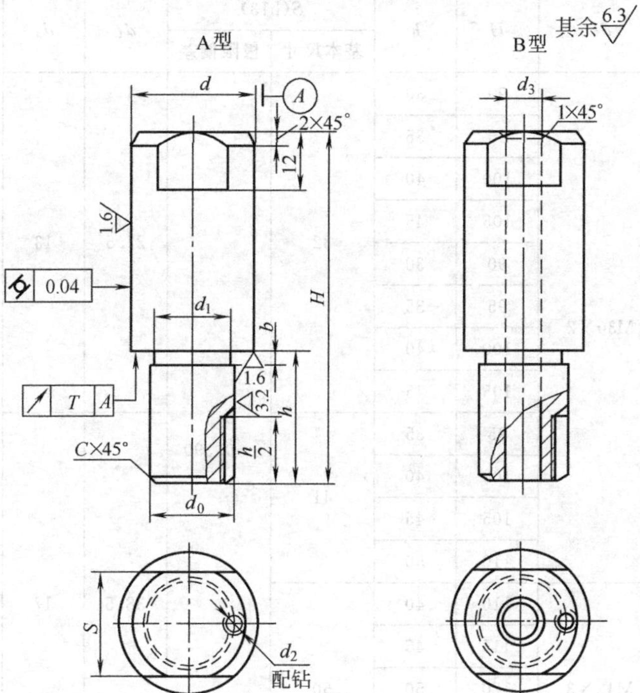


标记示例

直径 $d$=30mm、高度 $H$=78mm、材料为 Q235 的 A 型旋入式模柄：

模柄 A30×78 GB 2862. 2—1981 · Q235

| $d$(d11) 基本尺寸 | $d$(d11) 极限偏差 | $d_0$ | $H$ | $h$ | $S$(h13) 基本尺寸 | $S$(h13) 极限偏差 | $d_1$ | $d_3$ | $d_2$ | $b$ | $C$ |
|---|---|---|---|---|---|---|---|---|---|---|---|
| 20 | −0.065<br>−0.195 | M18×1.5 | 64 | 16 | 17 | 0<br>−0.270 | 16.5 | 7 | M6 | 2.5 | 1 |
| | | | 68 | 20 | | | | | | | |
| | | | 73 | 25 | | | | | | | |
| 25 | | M20×1.5 | 68 | 20 | 19 | 0<br>−0.330 | 18.5 | | | | |
| | | | 73 | 25 | | | | | | | |
| | | | 78 | 30 | | | | | | | |
| 30 | | | 73 | 25 | 24 | | | 11 | | | |
| | | | 78 | 30 | | | | | | | |
| | | | 83 | 35 | | | | | | | |
| 32 | −0.080<br>−0.240 | M24×2 | 73 | 25 | 27 | | 21.5 | | | 3.5 | 1.5 |
| | | | 78 | 30 | | | | | | | |
| | | | 83 | 35 | | | | | | | |
| 35 | | | 85 | 25 | 30 | | 21.5 | 13 | | | |
| | | | 90 | 30 | | | | | | | |
| | | | 95 | 35 | | | | | | | |
| | | | 100 | 40 | | | | | | | |

续表

| d(d11) 基本尺寸 | d(d11) 极限偏差 | $d_0$ | H | h | S(h13) 基本尺寸 | S(h13) 极限偏差 | $d_1$ | $d_3$ | $d_2$ | b | C |
|---|---|---|---|---|---|---|---|---|---|---|---|
| 38 | −0.080<br>−0.240 | M30×2 | 90 | 30 | 32 | 0<br>−0.390 | 27.5 | 13 | M6 | 3.5 | 1.5 |
| | | | 95 | 35 | | | | | | | |
| | | | 100 | 40 | | | | | | | |
| | | | 105 | 45 | | | | | | | |
| 40 | | | 90 | 30 | | | | | | | |
| | | | 95 | 35 | | | | | | | |
| | | | 100 | 40 | | | | | | | |
| | | | 105 | 45 | | | | | | | |
| 50 | | | 95 | 35 | 41 | | 38.5 | 17 | | 4.5 | 2 |
| | | | 100 | 40 | | | | | | | |
| | | | 105 | 45 | | | | | | | |
| | | | 110 | 50 | | | | | | | |
| 60 | −0.100<br>−0.290 | M42×3 | 110 | 40 | 50 | | | | M8 | | |
| | | | 115 | 45 | | | | | | | |
| | | | 120 | 50 | | | | | | | |
| | | | 125 | 55 | | | | | | | |
| | | | 130 | 60 | | | | | | | |

**表 9-43　凸缘模柄（GB 2862.3—1981）** mm

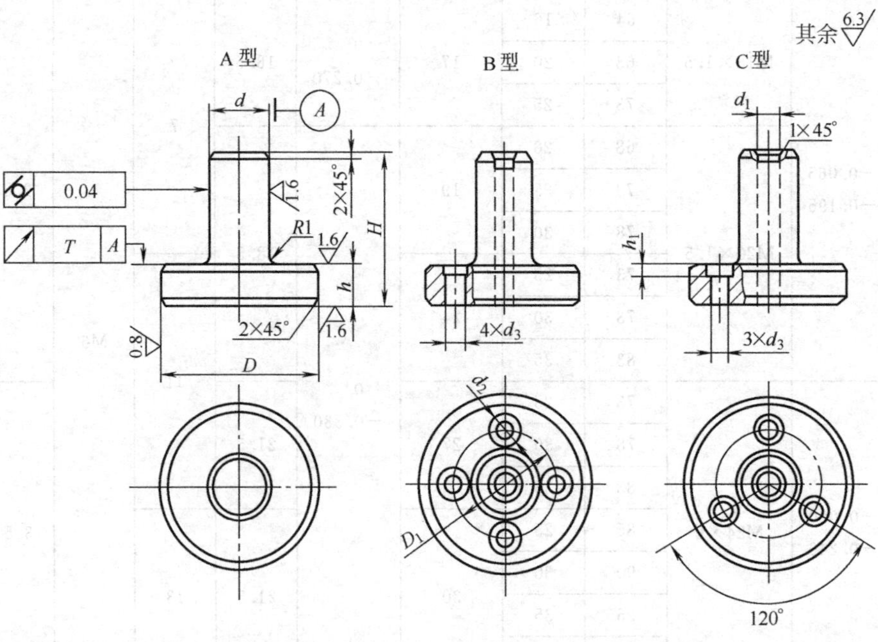

续表

| d(d11) | | D(h6) | | H | h | $d_1$ | $D_1$ | $d_3$ | $d_2$ | $h_1$ |
|---|---|---|---|---|---|---|---|---|---|---|
| 基本尺寸 | 极限偏差 | 基本尺寸 | 极限偏差 | | | | | | | |
| 30 | −0.065<br>−0.195 | 75 | 0<br>−0.019 | 64 | 16 | 11 | 52 | 9 | 15 | 9 |
| 40 | −0.080<br>−0.240 | 85 | 0<br>−0.022 | 78 | 18 | 13 | 62 | 11 | 18 | 11 |
| 50 | | 100 | | | | 17 | 72 | | | |
| 60 | −0.0100<br>−0.290 | 115 | | 90 | 20 | | 87 | 13.5 | 22 | 13 |
| 76 | | 136 | 0<br>−0.025 | 98 | 22 | 21 | 102 | | | |

表 9-44 浮动模柄（GB 2862.6—1981） mm

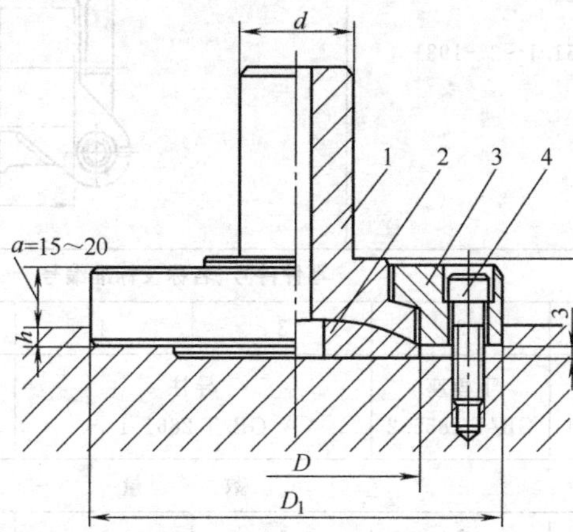


| 基本尺寸 | | | | 零件件号、名称及标准编号 | | | |
|---|---|---|---|---|---|---|---|
| | | | | 1 | 2 | 3 | 4 |
| | | | | 凹球面模柄<br>GB 2862.6—1981 | 凸球面垫块<br>GB 2862.6—1981 | 锥面压圈<br>GB 2862.6—1981 | 螺钉 GB 70—1976 |
| d | D | $D_1$ | H | 数量 | | | |
| | | | | 1 | 1 | 1 | 4或6 |
| | | | | 规格 | | | |
| 25 | 46 | 70 | 21.5 | 25×44 | 46×9 | 70×16 | M6×20 |
| | 50 | 80 | | 25×48 | 50×9.5 | 80×16 | |
| 30 | 55 | 90 | 25 | 30×53 | 55×10 | 90×20 | M8×25 |
| | 65 | 100 | | 30×63 | 65×10.5 | 100×20 | |
| | 75 | 110 | 25.5 | 30×73 | 75×11 | 110×20 | |
| | 85 | 120 | 27 | 30×83 | 85×12 | 120×22 | |
| 40 | 65 | 100 | 25 | 40×63 | 65×10.5 | 100×20 | |
| | 75 | 110 | 25.5 | 40×73 | 75×11 | 110×20 | |
| | 85 | 120 | 27 | 40×83 | 85×12 | 120×22 | M10×30 |
| | | 130 | | | | 130×22 | |
| | 95 | 140 | | 40×93 | 95×12.5 | 140×22 | |
| | 105 | 150 | 29 | 40×103 | 105×13.5 | 150×24 | |
| 50 | 85 | 130 | 27 | 50×83 | 85×12 | 130×22 | |
| | 95 | 140 | | 50×93 | 95×12.5 | 140×22 | |
| | 105 | 150 | 29 | 50×103 | 105×13.5 | 150×24 | |
| | 115 | 160 | | 50×113 | 115×14 | 160×24 | |
| | 120 | 170 | 31.5 | 50×118 | 120×15 | 170×26 | M12×30 |
| | 130 | 180 | | 50×128 | 130×15.5 | 180×26 | |

注：1. 件号 4 的螺钉数量：当 $D_1 \leqslant 100$mm 时为 4 件，$D_1 > 100$mm 时为 6 件。

2. 凹球面模柄与锥面压圈装配后应有不大于 0.2mm 的间隙。

3. 上述零件装配后的组合不得错位。

## 9.5.2 模架

模架规格见表 9-45～表 9-54。

**表 9-45 对角导柱模架** mm

标记示例：

凹模周界 $L=20$mm、$B=125$mm，闭合高度 $H=170\sim205$mm、Ⅰ级精度的对角导柱模架。模架 200×125×170～205I GB/T 2851.1

技术条件：

按 GB/T 2854 的规定代替 GB 2851.1～2—1981

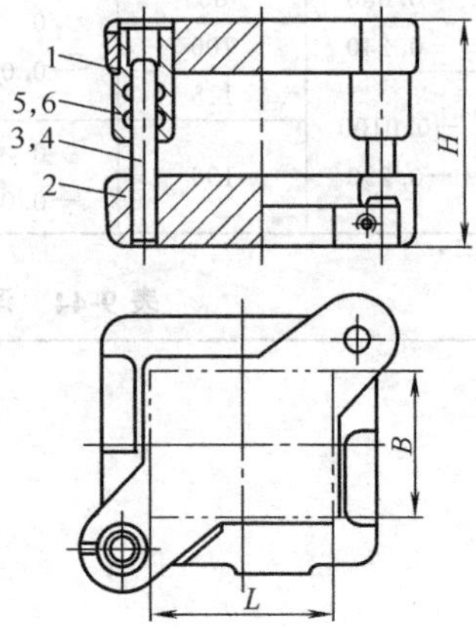


| 凹模周界 | | 闭合高度（参考）H | | 零件件号、名称及标准编号 | | | | | | | | | |
|---|---|---|---|---|---|---|---|---|---|---|---|---|---|
| | | | | 1 | 2 | 3 | | 4 | | 5 | | 6 | |
| | | | | 上模座 GB/T 2855.1 | 下模座 GB/T 2855.2 | 导柱 GB/T 2861.1 | | | | 导套 GB/T 2861.6 | | | |
| | | | | 数量 | | | | | | | | | |
| | | | | 1 | 1 | 1 | | 1 | | 1 | | 1 | |
| L | B | 最小 | 最大 | 规格 | | | | | | | | | |
| 63 | 50 | 100 | 115 | 63×50×20 | 63×50×25 | 16× | 90 | 18× | 90 | 16× | 60×18 | 18× | 60×18 |
| | | 110 | 125 | | | | 100 | | 100 | | | | |
| | | 110 | 130 | 63×50×25 | 63×50×30 | | 100 | | 100 | | 65×23 | | 65×23 |
| | | 120 | 140 | | | | 110 | | 110 | | | | |
| 63 | 63 | 100 | 115 | 63×63×20 | 63×63×25 | 16× | 90 | 18× | 90 | 16× | 60×18 | 18× | 65×23 |
| | | 110 | 125 | | | | 100 | | 100 | | | | |
| | | 110 | 130 | 63×63×25 | 63×63×30 | | 100 | | 100 | | 65×23 | | 70×28 |
| | | 120 | 140 | | | | 110 | | 110 | | | | |
| 80 | | 110 | 130 | 80×63×25 | 80×63×30 | 18× | 100 | 20× | 100 | 18× | 65×23 | 18× | 65×23 |
| | | 130 | 150 | | | | 120 | | 120 | | | | |
| | | 120 | 145 | 80×63×30 | 80×63×40 | | 110 | | 110 | | 70×28 | | 70×28 |
| | | 140 | 165 | | | | 130 | | 130 | | | | |
| 100 | | 110 | 130 | 100×63×25 | 100×63×30 | 18× | 100 | 20× | 100 | 18× | 65×23 | 18× | 65×23 |
| | | 130 | 150 | | | | 120 | | 120 | | | | |
| | | 120 | 145 | 100×63×30 | 100×63×40 | | 110 | | 110 | | 70×28 | | 70×28 |
| | | 140 | 165 | | | | 130 | | 130 | | | | |

续表

| 凹模周界 | | 闭合高度（参考）*H* | | 零件件号、名称及标准编号 | | | | | | | | | |
|---|---|---|---|---|---|---|---|---|---|---|---|---|---|
| | | | | 1 | 2 | 3 | | 4 | | 5 | | 6 | |
| | | | | 上模座 GB/T 2855.1 | 下模座 GB/T 2855.2 | 导柱 GB/T 2861.1 | | | | 导套 GB/T 2861.6 | | | |
| | | | | 数量 | | | | | | | | | |
| | | | | 1 | 1 | 1 | | 1 | | 1 | | 1 | |
| *L* | *B* | 最小 | 最大 | 规格 | | | | | | | | | |
| 80 | 80 | 110 | 130 | 80×80×25 | 80×80×30 | 20× | 100 | 22× | 100 | 20× | 65×23 | 22× | 65×23 |
| | | 130 | 150 | | | | 120 | | 120 | | | | |
| | | 120 | 145 | 80×80×30 | 80×80×40 | | 110 | | 110 | | 70×28 | | 70×28 |
| | | 140 | 165 | | | | 130 | | 130 | | | | |
| 100 | | 110 | 130 | 100×80×25 | 100×80×30 | | 100 | | 100 | | 65×23 | | 65×23 |
| | | 130 | 150 | | | | 120 | | 120 | | | | |
| | | 120 | 145 | 100×80×30 | 100×80×40 | | 110 | | 110 | | 70×28 | | 70×28 |
| | | 140 | 165 | | | | 130 | | 130 | | | | |
| 125 | | 110 | 130 | 125×80×25 | 125×80×30 | | 100 | | 100 | | 65×23 | | 65×23 |
| | | 130 | 150 | | | | 120 | | 120 | | | | |
| | | 120 | 145 | 125×80×30 | 125×80×40 | | 110 | | 110 | | 70×28 | | 70×28 |
| | | 140 | 165 | | | | 130 | | 130 | | | | |
| 100 | 100 | 110 | 130 | 100×100×25 | 100×100×30 | | 100 | | 100 | | 65×23 | | 65×23 |
| | | 130 | 150 | | | | 120 | | 120 | | | | |
| | | 120 | 145 | 100×100×30 | 100×100×40 | | 110 | | 110 | | 70×28 | | 70×28 |
| | | 140 | 165 | | | | 130 | | 130 | | | | |
| 125 | | 120 | 150 | 125×100×30 | 125×100×35 | 22× | 110 | 25× | 110 | 22× | 70×28 | 25× | 70×28 |
| | | 140 | 165 | | | | 130 | | 130 | | | | |
| 125 | | 140 | 170 | 125×100×35 | 125×100×45 | 22× | 130 | 25× | 130 | 22× | 80×33 | 25× | 80×33 |
| | | 160 | 190 | | | | 150 | | 150 | | | | |
| 160 | 100 | 140 | 170 | 160×100×35 | 160×100×40 | 25× | 130 | 28× | 130 | 25× | 85×33 | 28× | 85×33 |
| | | 160 | 190 | | | | 150 | | 150 | | | | |
| | | 160 | 195 | 160×100×40 | 160×100×50 | | 150 | | 150 | | 90×38 | | 90×38 |
| | | 190 | 225 | | | | 180 | | 180 | | | | |
| 200 | | 140 | 170 | 200×100×35 | 200×100×40 | | 130 | | 130 | | 85×38 | | 85×38 |
| | | 160 | 190 | | | | 150 | | 150 | | | | |
| | | 160 | 195 | 200×100×40 | 200×100×50 | | 150 | | 150 | | 90×38 | | 90×38 |
| | | 190 | 225 | | | | 180 | | 180 | | | | |
| 125 | 125 | 120 | 150 | 125×125×30 | 125×125×35 | 22× | 110 | 25× | 110 | 22× | 80×28 | 25× | 80×28 |
| | | 140 | 165 | | | | 130 | | 130 | | | | |
| | | 140 | 170 | 125×125×35 | 125×125×45 | | 130 | | 130 | | 85×33 | | 85×33 |
| | | 160 | 190 | | | | 150 | | 150 | | | | |

续表

| 凹模周界 | | 闭合高度(参考)H | | 零件件号、名称及标准编号 | | | | | | | | | |
|---|---|---|---|---|---|---|---|---|---|---|---|---|---|
| | | | | 1 | 2 | 3 | | 4 | | 5 | | 6 | |
| | | | | 上模座 GB/T 2855.1 | 下模座 GB/T 2855.2 | 导柱 GB/T 2861.1 | | | | 导套 GB/T 2861.6 | | | |
| | | | | 数量 | | | | | | | | | |
| L | B | 最小 | 最大 | 1 | 1 | 1 | | 1 | | 1 | | 1 | |
| | | | | 规格 | | | | | | | | | |
| 160 | 125 | 140 | 170 | 160×125×35 | 160×125×40 | 25× | 130 | 28× | 130 | 25× | 85×33 | 28× | 85×33 |
| | | 160 | 190 | | | | 150 | | 150 | | | | |
| | | 170 | 205 | 160×125×40 | 160×125×50 | | 160 | | 160 | | 95×38 | | 95×38 |
| | | 190 | 225 | | | | 180 | | 180 | | | | |
| 200 | | 140 | 170 | 200×125×35 | 200×125×40 | | 130 | | 130 | | 85×33 | | 85×33 |
| | | 160 | 190 | | | | 150 | | 150 | | | | |
| | | 170 | 205 | 200×125×40 | 200×125×50 | | 160 | | 160 | | 95×38 | | 95×38 |
| | | 190 | 225 | | | | 180 | | 180 | | | | |
| 250 | | 160 | 200 | 250×125×40 | 250×125×45 | 28× | 150 | 32× | 150 | 28× | 100×38 | 32× | 100×38 |
| | | 180 | 220 | | | | 170 | | 170 | | | | |
| | | 190 | 235 | 250×125×45 | 250×125×55 | | 180 | | 180 | | 110×43 | | 110×43 |
| | | 210 | 255 | | | | 200 | | 200 | | | | |
| 160 | 160 | 160 | 200 | 160×160×40 | 160×160×45 | | 150 | | 150 | | 100×38 | | 100×38 |
| | | 180 | 220 | | | | 170 | | 170 | | | | |
| | | 190 | 235 | 160×160×45 | 160×160×55 | | 180 | | 180 | | 110×43 | | 110×43 |
| | | 210 | 255 | | | | 200 | | 200 | | | | |
| 200 | | 160 | 200 | 200×160×40 | 200×160×45 | | 150 | 35× | 150 | 28× | 100×38 | 32× | 100×38 |
| | | 180 | 220 | | | | 170 | | 170 | | | | |
| | | 190 | 235 | 200×160×45 | 200×160×55 | | 180 | | 180 | | 110×43 | | 110×43 |
| | | 210 | 255 | | | | 200 | | 200 | | | | |
| 250 | | 170 | 210 | 250×160×45 | 250×160×50 | 32× | 160 | 35× | 160 | 32× | 105×43 | 35× | 105×43 |
| | | 200 | 240 | | | | 190 | | 190 | | | | |
| | | 200 | 245 | 250×160×50 | 250×160×60 | | 190 | | 190 | | 115×48 | | 115×48 |
| | | 220 | 265 | | | | 210 | | 210 | | | | |
| 200 | 200 | 170 | 210 | 200×200×45 | 200×200×50 | 32× | 160 | 35× | 160 | 32× | 105×43 | 40× | 105×43 |
| | | 200 | 240 | | | | 190 | | 190 | | | | |
| | | 200 | 245 | 200×200×50 | 200×200×60 | | 190 | | 190 | | 115×48 | | 115×48 |
| | | 220 | 265 | | | | 210 | | 210 | | | | |
| 250 | | 170 | 210 | 250×200×45 | 250×200×50 | 35× | 160 | 40× | 160 | 35× | 105×43 | | 105×43 |
| | | 200 | 240 | | | | 190 | | 190 | | | | |
| | | 200 | 245 | 250×200×50 | 250×200×60 | | 190 | | 190 | | 115×48 | | 115×48 |
| | | 220 | 265 | | | | 210 | | 210 | | | | |
| 315 | | 190 | 230 | 315×200×45 | 315×200×55 | | 180 | | 180 | | 115×43 | | 115×43 |
| | | 220 | 260 | | | | 210 | | 210 | | | | |
| | | 210 | 255 | 315×200×50 | 315×200×65 | | 200 | | 200 | | 125×48 | | 125×48 |
| | | 240 | 285 | | | | 230 | | 230 | | | | |

续表

| 凹模周界 | | 闭合高度（参考）*H* | | 零件件号、名称及标准编号 | | | | | | | | | |
|---|---|---|---|---|---|---|---|---|---|---|---|---|---|
| | | | | 1 | 2 | 3 | | 4 | | 5 | | 6 | |
| | | | | 上模座 GB/T 2855.1 | 下模座 GB/T 2855.2 | 导柱 GB/T 2861.1 | | | | 导套 GB/T 2861.6 | | | |
| | | | | 数量 | | | | | | | | | |
| *L* | *B* | 最小 | 最大 | 1 | 1 | 1 | | 1 | | 1 | | 1 | |
| | | | | 规格 | | | | | | | | | |
| 250 | 250 | 190 | 230 | 250×250×45 | 250×250×55 | 40× | 180 | 45× | 180 | 40× | 115×43 | 45× | 115×43 |
| | | 220 | 260 | | | | 210 | | 210 | | | | |
| | | 270 | 255 | 250×250×50 | 250×250×65 | | 200 | | 200 | | 125×48 | | 125×48 |
| | | 240 | 285 | | | | 230 | | 230 | | | | |
| 315 | | 215 | 250 | 315×250×50 | 315×250×60 | | 200 | | 200 | | 125×48 | | 125×48 |
| | | 245 | 280 | | | | 230 | | 230 | | | | |
| | | 245 | 290 | 315×250×55 | 315×250×70 | | 230 | | 230 | | 140×53 | | 140×53 |
| | | 275 | 320 | | | | 260 | | 260 | | | | |
| 400 | | 215 | 250 | 400×250×50 | 400×250×60 | | 200 | | 200 | | 125×48 | | 125×48 |
| | | 245 | 280 | | | | 230 | | 230 | | | | |
| 400 | 250 | 245 | 290 | 400×250×55 | 400×250×70 | 40× | 230 | 25× | 230 | 22× | 40×140×53 | 25× | 45×140×50 |
| | | 275 | 320 | | | | 260 | | 260 | | | | |
| 315 | 315 | 215 | 250 | 315×315×50 | 315×315×60 | 45× | 200 | 50× | 200 | 45× | 125×48 | 50× | 125×48 |
| | | 245 | 280 | | | | 230 | | 230 | | | | |
| | | 245 | 290 | 315×315×55 | 315×315×70 | | 230 | | 230 | | 140×53 | | 140×53 |
| | | 275 | 320 | | | | 260 | | 260 | | | | |
| 400 | | 245 | 290 | 400×315×55 | 400×315×65 | | 230 | | 230 | | 140×58 | | 140×58 |
| | | 275 | 315 | | | | 260 | | 260 | | | | |
| | | 275 | 320 | 400×315×60 | 400×315×75 | | 260 | | 260 | | 150×58 | | 150×58 |
| | | 305 | 350 | | | | 290 | | 290 | | | | |
| 500 | | 245 | 290 | 500×315×55 | 500×315×65 | | 230 | | 230 | | 140×53 | | 140×53 |
| | | 275 | 315 | | | | 260 | | 260 | | | | |
| | | 275 | 320 | 500×315×60 | 500×315×75 | | 260 | | 260 | | 150×58 | | 150×58 |
| | | 305 | 350 | | | | 290 | | 290 | | | | |
| 400 | 400 | 245 | 290 | 400×400×55 | 400×400×65 | 45× | 230 | 50× | 230 | 45× | 140×53 | 50× | 140×53 |
| | | 275 | 315 | | | | 260 | | 260 | | | | |
| | | 275 | 320 | 400×400×60 | 400×400×75 | | 260 | | 260 | | 150×58 | | 150×58 |
| | | 305 | 350 | | | | 290 | | 290 | | | | |
| 630 | | 240 | 280 | 630×400×55 | 630×400×65 | 50× | 220 | 55× | 220 | 50× | 150×53 | 55× | 150×53 |
| | | 270 | 305 | | | | 250 | | 250 | | | | |
| | | 270 | 310 | 630×400×65 | 630×400×80 | | 250 | | 250 | | 160×63 | | 160×63 |
| | | 300 | 340 | | | | 280 | | 280 | | | | |
| 500 | 500 | 260 | 300 | 500×500×55 | 500×500×65 | | 240 | | 240 | | 150×53 | | 150×53 |
| | | 290 | 325 | | | | 270 | | 270 | | | | |
| | | 290 | 330 | 500×500×65 | 500×500×80 | | 270 | | 270 | | 160×63 | | 160×63 |
| | | 320 | 360 | | | | 300 | | 300 | | | | |

**表 9-46　后侧导柱模架**　　　mm

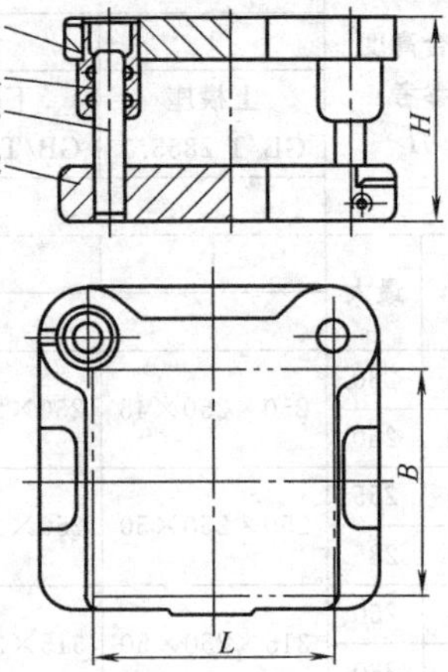


标记示例：

凹模周界 L＝200mm、B＝125mm，闭合高度 H＝170～205mm、Ⅰ级精度的后侧导柱模架。模架 200×125×170～205IGB/T 2851.3

技术条件：

按 GB/T 2854 的规定代替 GB 2851.3—1981

<table>
<tr><th colspan="2" rowspan="2">凹模周界</th><th colspan="2" rowspan="3">闭合高度<br>（参考）<br>H</th><th colspan="6">零件件号、名称及标准编号</th></tr>
<tr><th>1</th><th>2</th><th colspan="2">3</th><th colspan="2">4</th></tr>
<tr><th rowspan="3">L</th><th rowspan="3">B</th><th>上模座<br>GB/T 2855.5</th><th>下模座<br>GB/T 2855.6</th><th colspan="2">导　柱<br>GB/T 2861.1</th><th colspan="2">导套<br>GB/T 2861.6</th></tr>
<tr><th rowspan="2">最小</th><th rowspan="2">最大</th><th colspan="6">数　量</th></tr>
<tr><th>1</th><th>1</th><th colspan="2">2</th><th colspan="2">2</th></tr>
<tr><td colspan="4"></td><td colspan="6">规　格</td></tr>
<tr><td rowspan="4">63</td><td rowspan="4">50</td><td>100</td><td>115</td><td rowspan="2">63×50×20</td><td rowspan="2">63×50×25</td><td rowspan="8">16×</td><td>90</td><td rowspan="8">16×</td><td rowspan="2">60×18</td></tr>
<tr><td>110</td><td>125</td><td>100</td></tr>
<tr><td>110</td><td>130</td><td rowspan="2">63×50×25</td><td rowspan="2">63×50×30</td><td>100</td><td rowspan="2">65×23</td></tr>
<tr><td>120</td><td>140</td><td>110</td></tr>
<tr><td rowspan="4">63</td><td rowspan="12">63</td><td>100</td><td>115</td><td rowspan="2">63×63×20</td><td rowspan="2">63×63×25</td><td>90</td><td rowspan="2">60×18</td></tr>
<tr><td>110</td><td>125</td><td>100</td></tr>
<tr><td>110</td><td>130</td><td rowspan="2">63×63×25</td><td rowspan="2">63×63×30</td><td>100</td><td rowspan="2">65×23</td></tr>
<tr><td>120</td><td>140</td><td>110</td></tr>
<tr><td rowspan="4">80</td><td>110</td><td>130</td><td rowspan="2">80×63×25</td><td rowspan="2">80×63×30</td><td rowspan="8">18×</td><td>100</td><td rowspan="8">18×</td><td rowspan="2">65×23</td></tr>
<tr><td>130</td><td>150</td><td>120</td></tr>
<tr><td>120</td><td>145</td><td rowspan="2">80×63×30</td><td rowspan="2">80×63×40</td><td>110</td><td rowspan="2">70×28</td></tr>
<tr><td>140</td><td>165</td><td>130</td></tr>
<tr><td rowspan="4">100</td><td>110</td><td>130</td><td rowspan="2">100×63×25</td><td rowspan="2">100×63×30</td><td>100</td><td rowspan="2">65×23</td></tr>
<tr><td>130</td><td>150</td><td>120</td></tr>
<tr><td>120</td><td>145</td><td rowspan="2">100×63×30</td><td rowspan="2">100×63×40</td><td>110</td><td rowspan="2">70×28</td></tr>
<tr><td>140</td><td>165</td><td>130</td></tr>
<tr><td rowspan="4">80</td><td rowspan="4">80</td><td>110</td><td>130</td><td rowspan="2">80×80×25</td><td rowspan="2">80×80×30</td><td rowspan="4">20×</td><td>100</td><td rowspan="4">20×</td><td rowspan="2">65×23</td></tr>
<tr><td>130</td><td>150</td><td>120</td></tr>
<tr><td>120</td><td>145</td><td rowspan="2">80×80×30</td><td rowspan="2">80×80×40</td><td>110</td><td rowspan="2">70×28</td></tr>
<tr><td>140</td><td>165</td><td>130</td></tr>
</table>

续表

| 凹模周界 | | 闭合高度（参考）$H$ | | 零件件号、名称及标准编号 | | | | | |
|---|---|---|---|---|---|---|---|---|---|
| | | | | 1 | 2 | 3 | | 4 | |
| | | | | 上模座 GB/T 2855.5 | 下模座 GB/T 2855.6 | 导　柱 GB/T 2861.1 | | 导套 GB/T 2861.6 | |
| | | | | 数　量 | | | | | |
| | | | | 1 | 1 | 2 | | 2 | |
| $L$ | $B$ | 最小 | 最大 | 规　格 | | | | | |
| 100 | 80 | 110 | 130 | 100×80×25 | 100×80×30 | 20× | 100 | 20× | 65×23 |
| | | 130 | 150 | | | | 120 | | |
| | | 120 | 145 | 100×80×30 | 100×80×40 | | 110 | | 70×28 |
| | | 140 | 165 | | | | 130 | | |
| 125 | | 110 | 130 | 125×80×25 | 125×80×30 | | 100 | | 65×23 |
| | | 130 | 150 | | | | 120 | | |
| | | 120 | 145 | 125×80×30 | 125×80×40 | | 110 | | 70×28 |
| | | 140 | 165 | | | | 130 | | |
| 100 | 100 | 110 | 130 | 100×100×25 | 100×100×30 | | 100 | | 65×23 |
| | | 130 | 150 | | | | 120 | | |
| | | 120 | 145 | 100×100×30 | 100×100×40 | | 110 | | 70×28 |
| | | 140 | 165 | | | | 130 | | |
| 125 | | 120 | 150 | 125×100×30 | 125×100×35 | 22× | 110 | 22× | 70×28 |
| | | 140 | 165 | | | | 130 | | |
| | | 140 | 170 | 125×100×35 | 125×100×45 | | 130 | | 80×33 |
| | | 160 | 190 | | | | 150 | | |
| 160 | | 140 | 170 | 160×100×35 | 160×100×40 | 25× | 130 | 25× | 85×33 |
| | | 160 | 190 | | | | 150 | | |
| | | 160 | 195 | 160×100×40 | 160×100×50 | | 150 | | 90×38 |
| | | 190 | 225 | | | | 180 | | |
| 200 | | 140 | 170 | 200×100×35 | 200×100×40 | | 130 | | 85×38 |
| | | 160 | 190 | | | | 150 | | |
| | | 160 | 195 | 200×100×40 | 200×100×50 | | 150 | | 90×38 |
| | | 190 | 225 | | | | 180 | | |
| 125 | 125 | 120 | 150 | 125×125×30 | 125×125×35 | 22× | 110 | 22× | 80×28 |
| | | 140 | 165 | | | | 130 | | |
| | | 140 | 170 | 125×125×35 | 125×125×45 | | 130 | | 85×33 |
| | | 160 | 190 | | | | 150 | | |
| 160 | | 140 | 170 | 160×125×35 | 160×125×40 | 25× | 130 | 25× | 85×33 |
| | | 160 | 190 | | | | 150 | | |
| | | 170 | 205 | 160×125×40 | 160×125×50 | | 160 | | 95×38 |
| | | 190 | 225 | | | | 180 | | |

续表

| 凹模周界 | | 闭合高度（参考）*H* | | 零件件号、名称及标准编号 | | | | | |
|---|---|---|---|---|---|---|---|---|---|
| | | | | 1 | 2 | 3 | | 4 | |
| | | | | 上模座 GB/T 2855.5 | 下模座 GB/T 2855.6 | 导柱 GB/T 2861.1 | | 导套 GB/T 2861.6 | |
| | | | | 数量 | | | | | |
| *L* | *B* | 最小 | 最大 | 1 | 1 | 2 | | 2 | |
| | | | | 规格 | | | | | |
| 200 | 125 | 140 | 170 | 200×125×35 | 200×125×40 | 25× | 130 | 25× | 85×33 |
| | | 160 | 190 | | | | 150 | | |
| | | 170 | 205 | 200×125×40 | 200×125×50 | | 160 | | 95×38 |
| | | 190 | 225 | | | | 180 | | |
| 250 | | 160 | 200 | 250×125×40 | 250×125×45 | 28× | 150 | 28× | 100×38 |
| | | 180 | 220 | | | | 170 | | |
| | | 190 | 235 | 250×125×45 | 250×125×55 | | 180 | | 110×43 |
| | | 210 | 255 | | | | 200 | | |
| 160 | 160 | 160 | 200 | 160×160×40 | 160×160×45 | | 150 | | 100×38 |
| | | 180 | 220 | | | | 170 | | |
| | | 190 | 235 | 160×160×45 | 160×160×55 | | 180 | | 110×43 |
| | | 210 | 255 | | | | 200 | | |
| 200 | | 160 | 200 | 200×160×40 | 200×160×45 | 28× | 150 | | 100×38 |
| | | 180 | 220 | | | | 170 | | |
| | | 190 | 235 | 200×160×45 | 200×160×55 | | 180 | | 110×43 |
| | | 210 | 255 | | | | 200 | | |
| 250 | | 170 | 210 | 250×160×45 | 250×160×50 | 32× | 160 | 32× | 105×43 |
| | | 200 | 240 | | | | 190 | | |
| | | 200 | 245 | 250×160×50 | 250×160×60 | | 190 | | 115×48 |
| | | 220 | 265 | | | | 210 | | |
| 200 | 200 | 170 | 210 | 200×200×45 | 200×200×50 | 32× | 160 | | 105×43 |
| | | 200 | 240 | | | | 190 | | |
| | | 200 | 245 | 200×200×50 | 200×200×60 | | 190 | | 115×48 |
| | | 220 | 265 | | | | 210 | | |
| 250 | | 170 | 210 | 250×200×45 | 250×200×50 | 35× | 160 | 35× | 105×43 |
| | | 200 | 240 | | | | 190 | | |
| | | 200 | 245 | 250×200×50 | 250×200×60 | | 190 | | 115×48 |
| | | 220 | 265 | | | | 210 | | |
| 315 | | 190 | 230 | 315×200×45 | 315×200×55 | | 180 | | 115×43 |
| | | 220 | 260 | | | | 210 | | |
| | | 210 | 255 | 315×200×50 | 315×200×65 | | 200 | | 125×48 |
| | | 240 | 285 | | | | 230 | | |

续表

| 凹模周界 | | 闭合高度（参考）H | | 零件件号、名称及标准编号 | | | | | |
|---|---|---|---|---|---|---|---|---|---|
| | | | | 1 | 2 | 3 | | 4 | |
| | | | | 上模座 GB/T 2855.5 | 下模座 GB/T 2855.6 | 导　柱 GB/T 2861.1 | | 导套 GB/T 2861.6 | |
| | | | | 数　量 | | | | | |
| L | B | 最小 | 最大 | 1 | 1 | 2 | | 2 | |
| | | | | 规　格 | | | | | |
| 250 | 250 | 190 | 230 | 250×250×45 | 250×250×55 | 35× | 180 | 35× | 115×43 |
| | | 220 | 260 | | | | 210 | | |
| | | 270 | 255 | 250×250×50 | 250×250×65 | | 200 | | 125×48 |
| | | 240 | 285 | | | | 230 | | |
| 315 | | 215 | 250 | 315×250×50 | 315×250×60 | 40× | 200 | 40× | 125×48 |
| | | 245 | 280 | | | | 230 | | |
| | | 245 | 290 | 315×250×55 | 315×250×70 | | 230 | | 140×53 |
| | | 275 | 320 | | | | 260 | | |
| 400 | | 215 | 250 | 400×250×50 | 400×250×60 | | 200 | | 125×48 |
| | | 245 | 280 | | | | 230 | | |
| | | 245 | 290 | 400×250×55 | 400×250×70 | | 230 | | 45×140×50 |
| | | 275 | 320 | | | | 260 | | |

**表 9-47　后侧导柱窄形模架**　　mm

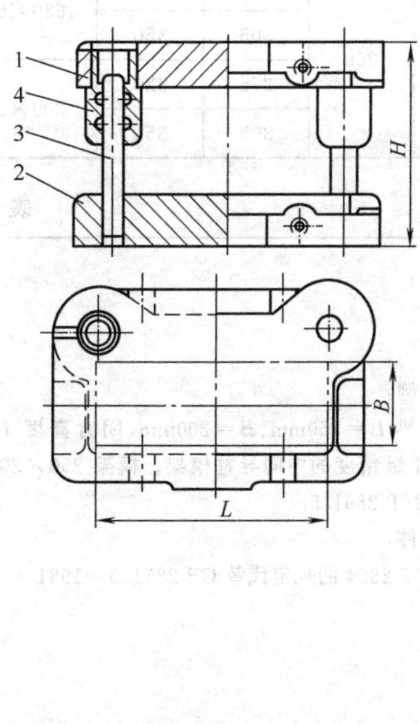


标记示例：

凹模周界 $L=355$mm、$B=125$mm，闭合高度 $H=200\sim245$mm、Ⅰ级精度的后侧导柱窄形模架。模架 355×125×200～245 Ⅰ GB/T 2851.4

技术条件：

按 GB/T 2854 的规定代替 GB 2851.4—1981

续表

| 凹模周界 | | 闭合高度（参考）$H$ | | 零件件号、名称及标准编号 | | | | | |
|---|---|---|---|---|---|---|---|---|---|
| | | | | 1 | 2 | 3 | | 4 | |
| | | | | 上模座 GB/T 2855.5 | 下模座 GB/T 2855.6 | 导　柱 GB/T 2861.1 | | 导套 GB/T 2861.6 | |
| | | | | 数　　量 | | | | | |
| $L$ | $B$ | 最小 | 最大 | 1 | 1 | 2 | | 2 | |
| | | | | 规　　格 | | | | | |
| 250 | 80 | 170 | 210 | 250×80×45 | 250×80×50 | 32× | 160 | 32×105×43 | |
| | | 200 | 240 | | | | 190 | | |
| 315 | | 170 | 210 | 315×80×45 | 315×80×50 | 35× | 160 | 35× | 105×43 |
| | | 200 | 240 | | | | 190 | | |
| 315 | 100 | 200 | 245 | 315×100×45 | 315×100×55 | | 190 | | 115×43 |
| | | 220 | 265 | | | | 210 | | |
| 400 | | 200 | 245 | 400×100×50 | 400×100×60 | 40× | 190 | 40×115×48 | |
| | | 220 | 265 | | | | 210 | | |
| 355 | 125 | 200 | 245 | 355×125×50 | 355×125×60 | | 190 | | |
| | | 220 | 265 | | | | 210 | | |
| 500 | | 210 | 255 | 500×125×50 | 500×125×65 | 45× | 200 | 45×125×48 | |
| | | 240 | 285 | | | | 230 | | |
| 500 | 160 | 245 | 290 | 500×160×55 | 500×160×70 | 50× | 230 | 50×140×53 | |
| | | 275 | 320 | | | | 260 | | |
| 710 | | 245 | 290 | 710×160×55 | 710×160×70 | | 230 | | |
| | | 275 | 320 | | | | 260 | | |
| 630 | 200 | 275 | 320 | 630×500×60 | 630×500×75 | 55× | 250 | 55×160×58 | |
| | | 305 | 350 | | | | 280 | | |
| 800 | | 275 | 320 | 800×200×60 | 800×200×75 | | 250 | | |
| | | 305 | 350 | | | | 280 | | |

**表 9-48　中间导柱模架**

mm

标记示例：

凹模周界 $L=250$mm、$B=200$mm，闭合高度 $H=200\sim245$mm、Ⅰ级精度的中间导柱模架。模架 250×200×200～245 Ⅰ　GB/T 2851.5

技术条件：

按 GB/T 2854 的规定代替 GB 2851.5—1981

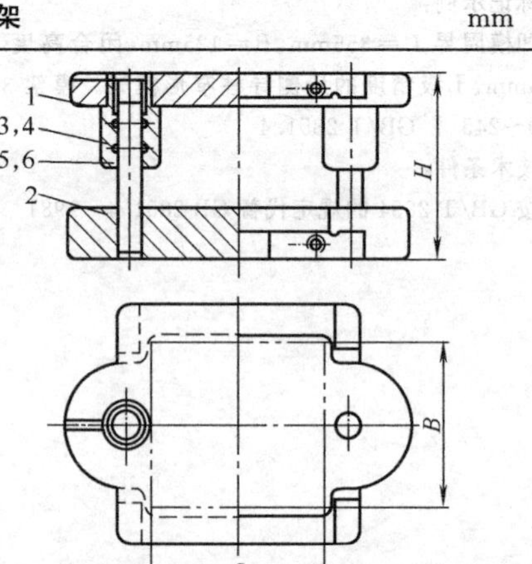

续表

| 凹模周界 | | 闭合高度（参考）*H* | | 1 上模座 GB/T 2855.1 | 2 下模座 GB/T 2855.2 | 3 导柱 GB/T 2861.1 | | 4 导柱 GB/T 2861.1 | | 5 导套 GB/T 2861.6 | | 6 导套 GB/T 2861.6 | |
|---|---|---|---|---|---|---|---|---|---|---|---|---|---|
| | | | | 数量 1 | 1 | 1 | | 1 | | 1 | | 1 | |
| *L* | *B* | 最小 | 最大 | 规格 | | | | | | | | | |
| 63 | 50 | 100 | 115 | 63×50×20 | 63×50×25 | 16× | 90 | 18× | 90 | 16× | 60×18 | 18× | 60×18 |
| | | 110 | 125 | | | | 100 | | 100 | | | | |
| | | 110 | 130 | 63×50×25 | 63×50×30 | | 100 | | 100 | | 65×23 | | 65×23 |
| | | 120 | 140 | | | | 110 | | 110 | | | | |
| 63 | 63 | 100 | 115 | 63×63×20 | 63×63×25 | | 90 | | 90 | | 60×18 | | 65×23 |
| | | 110 | 125 | | | | 100 | | 100 | | | | |
| | | 110 | 130 | 63×63×25 | 63×63×30 | | 100 | | 100 | | 65×23 | | 70×28 |
| | | 120 | 140 | | | | 110 | | 110 | | | | |
| 80 | | 110 | 130 | 80×63×25 | 80×63×30 | 18× | 100 | 20× | 100 | 18× | 65×23 | 18× | 65×23 |
| | | 130 | 150 | | | | 120 | | 120 | | | | |
| | | 120 | 145 | 80×63×30 | 80×63×40 | | 110 | | 110 | | 70×28 | | 70×28 |
| | | 140 | 165 | | | | 130 | | 130 | | | | |
| 100 | | 110 | 130 | 100×63×25 | 100×63×30 | | 100 | | 100 | | 65×23 | | 65×23 |
| | | 130 | 150 | | | | 120 | | 120 | | | | |
| | | 120 | 145 | 100×63×30 | 100×63×40 | | 110 | | 110 | | 70×28 | | 70×28 |
| | | 140 | 165 | | | | 130 | | 130 | | | | |
| 80 | 80 | 110 | 130 | 80×80×25 | 80×80×30 | 20× | 100 | 22× | 100 | 20× | 65×23 | 22× | 65×23 |
| | | 130 | 150 | | | | 120 | | 120 | | | | |
| | | 120 | 145 | 80×80×30 | 80×80×40 | | 110 | | 110 | | 70×28 | | 70×28 |
| | | 140 | 165 | | | | 130 | | 130 | | | | |
| 100 | | 110 | 130 | 100×80×25 | 100×80×30 | | 100 | | 100 | | 65×23 | | 65×23 |
| | | 130 | 150 | | | | 120 | | 120 | | | | |
| | | 120 | 145 | 100×80×30 | 100×80×40 | | 110 | | 110 | | 70×28 | | 70×28 |
| | | 140 | 165 | | | | 130 | | 130 | | | | |
| 125 | | 110 | 130 | 125×80×25 | 125×80×30 | | 100 | | 100 | | 65×23 | | 65×23 |
| | | 130 | 150 | | | | 120 | | 120 | | | | |
| | | 120 | 145 | 125×80×30 | 125×80×40 | | 110 | | 110 | | 70×28 | | 70×28 |
| | | 140 | 165 | | | | 130 | | 130 | | | | |
| 100 | 100 | 110 | 130 | 100×100×25 | 100×100×30 | | 100 | | 100 | | 65×23 | | 65×23 |
| | | 130 | 150 | | | | 120 | | 120 | | | | |

续表

| 凹模周界 L | 凹模周界 B | 闭合高度（参考）H 最小 | 闭合高度（参考）H 最大 | 1 上模座 GB/T 2855.1 | 2 下模座 GB/T 2855.2 | 3 导柱 GB/T 2861.1 | | 4 导柱 GB/T 2861.1 | | 5 导套 GB/T 2861.6 | | 6 导套 GB/T 2861.6 | |
|---|---|---|---|---|---|---|---|---|---|---|---|---|---|
| 数量 | | | | 1 | 1 | 1 | | 1 | | 1 | | 1 | |
| 规格 | | | | | | | | | | | | | |
| 100 | 100 | 120 | 145 | 100×100×30 | 100×100×40 | 20× | 110 | 22× | 110 | 20× | 70×28 | 22× | 70×28 |
| | | 140 | 165 | | | | 130 | | 130 | | | | |
| 125 | | 120 | 150 | 125×100×30 | 125×100×35 | 22× | 110 | 25× | 110 | 22× | 70×28 | 25× | 70×28 |
| | | 140 | 165 | | | | 130 | | 130 | | | | |
| | | 140 | 170 | 125×100×35 | 125×100×45 | | 130 | | 130 | | 80×33 | | 80×33 |
| | | 160 | 190 | | | | 150 | | 150 | | | | |
| 160 | | 140 | 170 | 160×100×35 | 160×100×40 | 25× | 130 | 28× | 130 | 25× | 85×33 | 28× | 85×33 |
| | | 160 | 190 | | | | 150 | | 150 | | | | |
| | | 160 | 195 | 160×100×40 | 160×100×50 | | 150 | | 150 | | 90×38 | | 90×38 |
| | | 190 | 225 | | | | 180 | | 180 | | | | |
| 200 | | 140 | 170 | 200×100×35 | 200×100×40 | | 130 | | 130 | | 85×38 | | 85×38 |
| | | 160 | 190 | | | | 150 | | 150 | | | | |
| | | 160 | 195 | 200×100×40 | 200×100×50 | | 150 | | 150 | | 90×38 | | 90×38 |
| | | 190 | 225 | | | | 180 | | 180 | | | | |
| 125 | 125 | 120 | 150 | 125×125×30 | 125×125×35 | 22× | 110 | 25× | 110 | 22×80×28 | | 25×80×28 | |
| | | 140 | 165 | | | | 130 | | 130 | | | | |
| 125 | | 140 | 170 | 125×125×35 | 125×125×45 | 22× | 130 | 25× | 130 | 22× | 85×33 | 25× | 85×33 |
| | | 160 | 190 | | | | 150 | | 150 | | | | |
| 160 | | 140 | 170 | 160×125×35 | 160×125×40 | 25× | 130 | 28× | 130 | 25× | 85×33 | 28× | 85×33 |
| | | 160 | 190 | | | | 150 | | 150 | | | | |
| | | 170 | 205 | 160×125×40 | 160×125×50 | | 160 | | 160 | | 95×38 | | 95×38 |
| | | 190 | 225 | | | | 180 | | 180 | | | | |
| 200 | | 140 | 170 | 200×125×35 | 200×125×40 | | 130 | | 130 | | 85×33 | | 85×33 |
| | | 160 | 190 | | | | 150 | | 150 | | | | |
| | | 170 | 205 | 200×125×40 | 200×125×50 | | 160 | | 160 | | 95×38 | | 95×38 |
| | | 190 | 225 | | | | 180 | | 180 | | | | |
| 250 | | 160 | 200 | 250×125×40 | 250×125×45 | 28× | 150 | 32× | 150 | 28× | 100×38 | 32× | 100×38 |
| | | 180 | 220 | | | | 170 | | 170 | | | | |
| | | 190 | 235 | 250×125×45 | 250×125×55 | | 180 | | 180 | | 110×43 | | 110×43 |
| | | 210 | 255 | | | | 200 | | 200 | | | | |

续表

| 凹模周界 L | 凹模周界 B | 闭合高度（参考）H 最小 | 闭合高度（参考）H 最大 | 1 上模座 GB/T 2855.1 | 2 下模座 GB/T 2855.2 | 3 导柱 GB/T 2861.1 | | 4 导柱 GB/T 2861.1 | | 5 导套 GB/T 2861.6 | | 6 导套 GB/T 2861.6 | |
|---|---|---|---|---|---|---|---|---|---|---|---|---|---|
| | | | 数量 | 1 | 1 | 1 | | 1 | | 1 | | 1 | |
| | | | 规格 | | | | | | | | | | |
| 160 | 160 | 160 | 200 | 160×160×40 | 160×160×45 | 28× | 150 | 32× | 150 | 28× | 100×38 | 32× | 100×38 |
| | | 180 | 220 | | | | 170 | | 170 | | | | |
| | | 190 | 235 | 160×160×45 | 160×160×55 | | 180 | | 180 | | 110×43 | | 110×43 |
| | | 210 | 255 | | | | 200 | | 200 | | | | |
| 200 | 160 | 160 | 200 | 200×160×40 | 200×160×45 | 28× | 150 | 32× | 150 | 28× | 100×38 | 32× | 100×38 |
| | | 180 | 220 | | | | 170 | | 170 | | | | |
| | | 190 | 235 | 200×160×45 | 200×160×55 | | 180 | | 180 | | 110×43 | | 110×43 |
| | | 210 | 255 | | | | 200 | | 200 | | | | |
| 250 | | 170 | 210 | 250×160×45 | 250×160×50 | 32× | 160 | 35× | 160 | 32× | 105×43 | 35× | 105×43 |
| | | 200 | 240 | | | | 190 | | 190 | | | | |
| | | 200 | 245 | 250×160×50 | 250×160×60 | | 190 | | 190 | | 115×48 | | 115×48 |
| | | 220 | 265 | | | | 210 | | 210 | | | | |
| 200 | 200 | 170 | 210 | 200×200×45 | 200×200×50 | | 160 | | 160 | | 105×43 | | 105×43 |
| | | 200 | 240 | | | | 190 | | 190 | | | | |
| | | 200 | 245 | 200×200×50 | 200×200×60 | | 190 | | 190 | | 115×48 | | 115×48 |
| | | 220 | 265 | | | | 210 | | 210 | | | | |
| 250 | 200 | 170 | 210 | 250×200×45 | 250×200×50 | 32× | 160 | 35× | 160 | 32× | 105×43 | 35× | 105×43 |
| | | 200 | 240 | | | | 190 | | 190 | | | | |
| | | 200 | 245 | 250×200×50 | 250×200×60 | | 190 | | 190 | | 115×48 | | 115×48 |
| | | 220 | 265 | | | | 210 | | 210 | | | | |
| 315 | | 190 | 230 | 315×200×45 | 315×200×55 | 35× | 180 | 40× | 180 | 35× | 115×43 | 40× | 115×43 |
| | | 220 | 260 | | | | 210 | | 210 | | | | |
| | | 210 | 255 | 315×200×50 | 315×200×65 | | 200 | | 200 | | 125×48 | | 125×48 |
| | | 240 | 285 | | | | 230 | | 230 | | | | |
| 250 | 250 | 190 | 230 | 250×250×45 | 250×250×55 | | 180 | | 180 | | 115×43 | | 115×43 |
| | | 220 | 260 | | | | 210 | | 210 | | | | |
| | | 270 | 255 | 250×250×50 | 250×250×65 | | 200 | | 200 | | 125×48 | | 125×48 |
| | | 240 | 285 | | | | 230 | | 230 | | | | |
| 315 | | 215 | 250 | 315×250×50 | 315×250×60 | | 200 | 45× | 200 | 40× | 125×48 | 45× | 125×48 |
| | | 245 | 280 | | | | 230 | | 230 | | | | |

续表

| 凹模周界 | | 闭合高度（参考）*H* | | 零件件号、名称及标准编号 | | | | | | | | | |
|---|---|---|---|---|---|---|---|---|---|---|---|---|---|
| | | | | 1 | 2 | 3 | | 4 | | 5 | | 6 | |
| | | | | 上模座 GB/T 2855.1 | 下模座 GB/T 2855.2 | 导柱 GB/T 2861.1 | | | | 导套 GB/T 2861.6 | | | |
| | | | | 数量 | | | | | | | | | |
| *L* | *B* | 最小 | 最大 | 1 | 1 | 1 | | 1 | | 1 | | 1 | |
| | | | | 规格 | | | | | | | | | |
| 315 | 250 | 245 | 290 | 315×250×55 | 315×250×70 | 40× | 230 | 45× | 230 | 40× | 140×53 | 45× | 140×53 |
| | | 275 | 320 | | | | 260 | | 260 | | | | |
| 400 | | 215 | 250 | 400×250×50 | 400×250×60 | | 200 | | 200 | | 125×48 | | 125×48 |
| | | 245 | 280 | | | | 230 | | 230 | | | | |
| | | 245 | 290 | 400×250×55 | 400×250×70 | | 230 | | 230 | | 40×140×53 | | 45×140×50 |
| | | 275 | 320 | | | | 260 | | 260 | | | | |
| 315 | 315 | 215 | 250 | 315×315×50 | 315×315×60 | 45× | 200 | 50× | 200 | 45× | 125×48 | 50× | 125×48 |
| | | 245 | 280 | | | | 230 | | 230 | | | | |
| | | 245 | 290 | 315×315×55 | 315×315×70 | | 230 | | 230 | | 140×53 | | 140×53 |
| | | 275 | 320 | | | | 260 | | 260 | | | | |
| 400 | | 245 | 290 | 400×315×55 | 400×315×65 | | 230 | | 230 | | 140×58 | | 140×58 |
| | | 275 | 315 | | | | 260 | | 260 | | | | |
| | | 275 | 320 | 400×315×60 | 400×315×75 | | 260 | | 260 | | 150×58 | | 150×58 |
| | | 305 | 350 | | | | 290 | | 290 | | | | |
| 500 | | 245 | 290 | 500×315×55 | 500×315×65 | | 230 | | 230 | | 140×53 | | 140×53 |
| | | 275 | 315 | | | | 260 | | 260 | | | | |
| 500 | 315 | 275 | 320 | 500×315×60 | 500×315×75 | | 260 | | 260 | | 150×58 | | 150×58 |
| | | 305 | 350 | | | | 290 | | 290 | | | | |
| 400 | 400 | 245 | 290 | 400×400×55 | 400×400×65 | 45× | 230 | 50× | 230 | 45× | 140×53 | 50× | 140×53 |
| | | 275 | 315 | | | | 260 | | 260 | | | | |
| | | 275 | 320 | 400×400×60 | 400×400×75 | | 260 | | 260 | | 150×58 | | 150×58 |
| | | 305 | 350 | | | | 290 | | 290 | | | | |
| 630 | | 240 | 280 | 630×400×55 | 630×400×65 | 50× | 220 | 55× | 220 | 50× | 150×53 | 55× | 150×53 |
| | | 270 | 305 | | | | 250 | | 250 | | | | |
| | | 270 | 310 | 630×400×65 | 630×400×80 | | 250 | | 250 | | 160×63 | | 160×63 |
| | | 300 | 340 | | | | 280 | | 280 | | | | |
| 500 | 500 | 260 | 300 | 500×500×55 | 500×500×65 | | 240 | | 240 | | 150×53 | | 150×53 |
| | | 290 | 325 | | | | 270 | | 270 | | | | |
| | | 290 | 330 | 500×500×65 | 500×500×80 | | 270 | | 270 | | 160×63 | | 160×63 |
| | | 320 | 360 | | | | 300 | | 300 | | | | |

**表 9-49 中间导柱圆形模架** mm

标记示例：

凹模周界 $D_0=200$mm、闭合高度 $H=200\sim245$mm、Ⅰ级精度的中间导柱圆形模架。模架 200×200～245 Ⅰ GB/T 2851.6

技术条件：

按 GB/T 2854 的规定代替 GB 2851.6

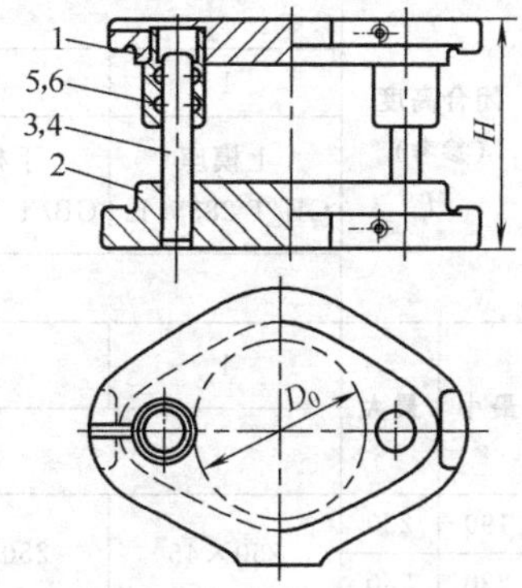


| 凹模周界 | 闭合高度（参考）H | | 零件件号、名称及标准编号 | | | | | | | |
|---|---|---|---|---|---|---|---|---|---|---|
| | | | 1 | 2 | 3 | | 4 | | 5 | | 6 | |
| | | | 上模座 GB/T 2855.11 | 下模座 GB/T 2855.12 | 导柱 GB/T 2861.1 | | | | 导套 GB/T 2861.6 | | | |
| | | | 数量 | | | | | | | | | |
| $D_0$ | 最小 | 最大 | 1 | 1 | 1 | | 1 | | 1 | | 1 | |
| | | | 规格 | | | | | | | | | |
| 63 | 100 | 115 | 63×20 | 63×25 | 16× | 90 | 18× | 90 | 16× | 60×18 | 18× | 60×18 |
| | 110 | 125 | | | | 100 | | 100 | | | | |
| | 110 | 130 | 63×25 | 63×30 | | 100 | | 100 | | 65×23 | | 65×23 |
| | 120 | 140 | | | | 110 | | 110 | | | | |
| 80 | 110 | 130 | 80×25 | 80×30 | 20× | 100 | 22× | 100 | 20× | 65×23 | 22× | 65×23 |
| | 130 | 150 | | | | 120 | | 120 | | | | |
| | 120 | 145 | 80×30 | 80×40 | | 110 | | 110 | | 70×28 | | 70×28 |
| | 140 | 165 | | | | 130 | | 130 | | | | |
| 100 | 110 | 130 | 100×25 | 100×30 | | 100 | | 100 | | 65×23 | | 65×23 |
| | 130 | 150 | | | | 120 | | 120 | | | | |
| | 120 | 145 | 100×30 | 100×40 | | 110 | | 110 | | 70×28 | | 70×28 |
| | 140 | 165 | | | | 130 | | 130 | | | | |
| 125 | 120 | 150 | 125×30 | 125×35 | 22× | 110 | 25× | 110 | 22× | 80×28 | 25× | 80×28 |
| | 140 | 165 | | | | 130 | | 130 | | | | |
| | 140 | 170 | 125×35 | 125×45 | | 130 | | 130 | | 85×33 | | 85×33 |
| | 160 | 190 | | | | 150 | | 150 | | | | |
| 160 | 160 | 200 | 160×40 | 160×45 | 28× | 150 | 32× | 150 | 28× | 100×38 | 32× | 100×38 |
| | 180 | 220 | | | | 170 | | 170 | | | | |
| | 190 | 235 | 160×45 | 160×55 | | 180 | | 180 | | 110×43 | | 110×43 |
| | 210 | 255 | | | | 200 | | 200 | | | | |
| 200 | 170 | 210 | 200×45 | 200×50 | 32× | 160 | 35× | 160 | 32× | 105×43 | 35× | 105×43 |
| | 200 | 240 | | | | 190 | | 190 | | | | |
| | 200 | 245 | 200×50 | 200×60 | | 190 | | 190 | | 115×48 | | 115×48 |
| | 220 | 265 | | | | 210 | | 210 | | | | |

续表

| 凹模周界 | 闭合高度（参考）H | | 1 | 2 | 3 | | 4 | | 5 | | 6 | |
|---|---|---|---|---|---|---|---|---|---|---|---|---|
| | | | 零件件号、名称及标准编号 | | | | | | | | | |
| | | | 上模座 GB/T 2855.11 | 下模座 GB/T 2855.12 | 导柱 GB/T 2861.1 | | | | 导套 GB/T 2861.6 | | | |
| | | | 数量 | | | | | | | | | |
| | | | 1 | 1 | 1 | | 1 | | 1 | | 1 | |
| $D_0$ | 最小 | 最大 | 规格 | | | | | | | | | |
| 250 | 190 | 230 | 250×45 | 250×55 | 35× | 180 | 40× | 180 | 35× | 115×43 | 40× | 115×43 |
| | 220 | 260 | | | | 210 | | 210 | | | | |
| | 210 | 255 | 250×50 | 250×65 | | 200 | | 200 | | 125×48 | | 125×48 |
| | 240 | 280 | | | | 230 | | 230 | | | | |
| 315 | 215 | 250 | 315×50 | 315×60 | 45× | 200 | 50× | 200 | 45× | 125×48 | 50× | 125×48 |
| | 245 | 280 | | | | 230 | | 230 | | | | |
| | 245 | 290 | 315×55 | 315×70 | | 230 | | 230 | | 140×53 | | 140×53 |
| | 275 | 320 | | | | 260 | | 260 | | | | |
| 400 | 245 | 290 | 400×55 | 400×65 | | 230 | | 230 | | 140×53 | | 140×53 |
| | 275 | 315 | | | | 260 | | 260 | | | | |
| | 275 | 320 | 400×60 | 400×75 | | 260 | | 260 | | 150×58 | | 150×58 |
| | 305 | 350 | | | | 290 | | 290 | | | | |
| 500 | 260 | 300 | 500×55 | 500×65 | 50× | 240 | 55× | 240 | 50× | 150×53 | 55× | 150×53 |
| | 290 | 325 | | | | 270 | | 270 | | | | |
| | 290 | 330 | 500×65 | 500×80 | | 270 | | 270 | | 160×63 | | 160×63 |
| | 320 | 360 | | | | 300 | | 300 | | | | |
| 630 | 270 | 310 | 630×60 | 630×70 | 55× | 250 | 60× | 250 | 65× | 160×58 | 60× | 160×58 |
| | 300 | 340 | | | | 280 | | 280 | | | | |
| | 310 | 350 | 630×75 | 630×90 | | 290 | | 290 | | 170×73 | | 170×73 |
| | 340 | 380 | | | | 320 | | 320 | | | | |

**表 9-50　四导柱圆形模架**　　mm

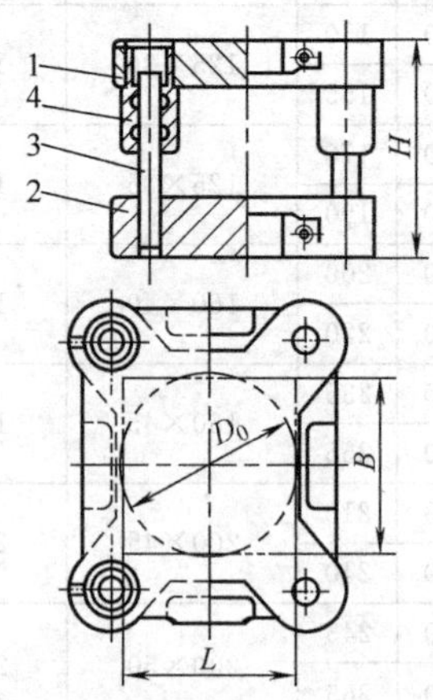


标记示例：

凹模周界 $D_0$＝250mm、$B$＝200mm、闭合高度 $H$＝200～245mm、Ⅰ级精度的四导柱圆形模架。模架 250×200×200～245 Ⅰ GB/T 2851.7

技术条件：

按 GB/T 2854 的规定代替 GB 2851.7—1981

续表

| 凹模周界 | | | 闭合高度（参考）$H$ | | 零件件号、名称及标准编号 | | | | | |
|---|---|---|---|---|---|---|---|---|---|---|
| | | | | | 1 | 2 | 3 | | 4 | |
| | | | | | 上模座 GB/T 2855.13 | 下模座 GB/T 2855.14 | 导　柱 GB/T 2861.1 | | 导套 GB/T 2861.6 | |
| | | | | | 数　量 | | | | | |
| $L$ | $B$ | $D_0$ | 最小 | 最大 | 1 | 1 | 4 | | 4 | |
| | | | | | 规　格 | | | | | |
| 160 | 125 | 160 | 140 | 170 | 160×125×35 | 160×125×40 | 25× | 130 | 25× | 85×33 |
| | | | 160 | 190 | | | | 150 | | |
| | | | 170 | 205 | 160×125×40 | 160×125×50 | | 160 | | 95×38 |
| | | | 190 | 225 | | | | 180 | | |
| 200 | 160 | 200 | 160 | 200 | 200×160×40 | 200×160×45 | 28× | 150 | 28× | 100×38 |
| | | | 180 | 220 | | | | 170 | | |
| | | | 190 | 235 | 200×160×45 | 200×160×55 | | 180 | | 110×43 |
| | | | 210 | 255 | | | | 200 | | |
| 250 | | | 170 | 210 | 250×160×45 | 250×160×50 | 32× | 160 | 32× | 105×43 |
| | | | 200 | 240 | | | | 190 | | |
| | | | 200 | 245 | 250×160×50 | 250×160×60 | | 190 | | 115×48 |
| | | | 220 | 265 | | | | 210 | | |
| 250 | 200 | 250 | 170 | 210 | 250×200×45 | 250×200×50 | | 160 | | 105×43 |
| | | | 200 | 240 | | | | 190 | | |
| | | | 200 | 245 | 250×200×50 | 250×200×60 | | 190 | | 115×48 |
| | | | 220 | 265 | | | | 210 | | |
| 315 | | — | 190 | 230 | 315×200×45 | 315×200×55 | 35× | 180 | 35× | 115×43 |
| | | | 220 | 260 | | | | 210 | | |
| | | | 210 | 255 | 315×200×50 | 315×200×65 | | 200 | | 125×48 |
| | | | 240 | 285 | | | | 230 | | |
| 315 | 250 | | 215 | 250 | 315×250×50 | 315×250×60 | 40× | 200 | 40× | 125×48 |
| | | | 245 | 280 | | | | 230 | | |
| | | | 245 | 290 | 315×250×55 | 315×250×70 | | 230 | | 140×53 |
| | | | 275 | 320 | | | | 260 | | |
| 400 | | | 215 | 250 | 400×250×50 | 400×250×60 | | 200 | | 125×48 |
| | | | 245 | 280 | | | | 230 | | |
| | | | 245 | 290 | 400×250×55 | 400×250×70 | | 230 | | 140×53 |
| | | | 275 | 320 | | | | 260 | | |
| 400 | 315 | — | 245 | 290 | 400×315×55 | 400×315×65 | 45× | 230 | 45× | 140×53 |
| | | | 275 | 315 | | | | 260 | | |
| | | | 275 | 320 | 400×315×60 | 400×315×75 | | 260 | | 150×58 |
| | | | 305 | 350 | | | | 290 | | |
| 500 | | | 245 | 290 | 500×315×55 | 500×315×65 | | 230 | | 140×53 |
| | | | 275 | 315 | | | | 260 | | |
| | | | 275 | 320 | 500×315×60 | 500×315×75 | | 260 | | 150×58 |
| | | | 305 | 350 | | | | 290 | | |
| 630 | 315 | — | 260 | 300 | 630×315×55 | 630×315×65 | 50× | 240 | 50× | 150×53 |
| | | | 290 | 325 | | | | 270 | | |
| | | | 290 | 330 | 630×315×65 | 630×315×80 | | 270 | | 163×63 |
| | | | 320 | 360 | | | | 300 | | |
| 500 | 400 | | 260 | 300 | 500×400×55 | 500×400×65 | | 240 | | 150×53 |
| | | | 290 | 325 | | | | 270 | | |
| | | | 290 | 330 | 500×400×65 | 500×400×80 | | 270 | | 160×63 |
| | | | 320 | 360 | | | | 300 | | |
| 630 | | | 260 | 300 | 630×400×55 | 630×400×65 | | 240 | | 150×53 |
| | | | 290 | 325 | | | | 270 | | |
| | | | 290 | 330 | 630×400×65 | 630×400×80 | | 270 | | 160×63 |
| | | | 320 | 360 | | | | 300 | | |

**表 9-51　对角导柱模架**　　mm

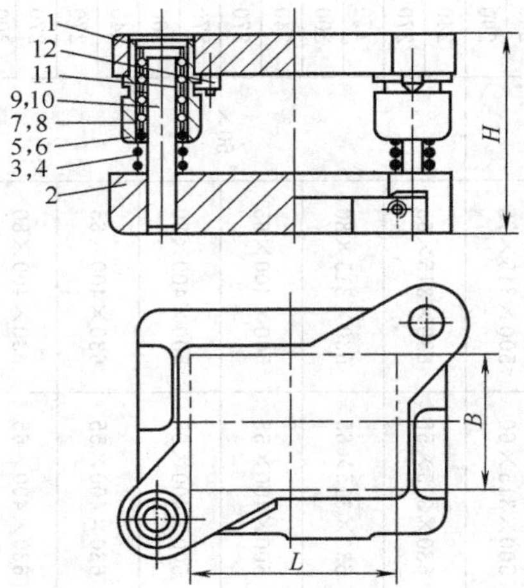


标记示例：

凹模周界 $L=200$mm、$B=160$mm、闭合高度 $H=220$mm、Ⅰ级精度的对角导柱模架。

模架 200×160×200 0Ⅰ GB/T 2852.1

技术条件：

按 GB/T 2854 的规定代替 GB 2852.1—1981

| 凹模周界 L | 凹模周界 B | 最大行程 S | 设计最小闭合高度 H | 1 上模座 GB/T 2856.1 | 2 下模座 GB/T 2856.2 | 9 导柱 GB/T 2861.3 | | 10 导柱 GB/T 2861.3 | | 5 导套 GB/T 2861.8 | | 6 导套 GB/T 2861.8 | |
|---|---|---|---|---|---|---|---|---|---|---|---|---|---|
| 数量 | | | | 1 | 1 | 1 | | 1 | | 1 | | 1 | |
| 规格 | | | | | | | | | | | | | |
| 80 | 63 | 80 | 165 | 80×63×35 | 80×63×40 | 18×160 | | 20×160 | | 18×100×33 | | 20×100×33 | |
| 100 | 80 | | | 100×80×35 | 100×80×40 | 20×160 | | 22×160 | | 20×100×33 | | 22×100×33 | |
| 125 | 100 | | | 125×100×35 | 125×100×45 | 22×160× | | 25×160 | | 22×100×33 | | 25×100×33 | |
| 160 | 125 | 100 | 200 | 160×125×40 | 160×125×45 | 25×195× | | 28×195 | | 250×120×38 | | 28×120×38 | |
| 200 | 160 | | | 200×160×45 | 200×160×55 | 28× | 195 | 32× | 195 | 28× | 125×43 | 32× | 125×43 |
| | | 120 | 220 | | | | 215 | | 215 | | 145×43 | | 145×43 |
| 250 | 200 | 100 | 200 | 250×200×50 | 250×200×60 | 32× | 195 | 35× | 195 | 32× | 120×48 | 35× | 120×48 |
| | | 120 | 230 | | | | 215 | | 215 | | 150×48 | | 150×48 |

| 凹模周界 L | 凹模周界 B | 最大行程 S | 设计最小闭合高度 H | 1 保持圈 GB/T 2861.10 | | 2 保持圈 GB/T 2861.10 | | 9 弹簧 GB/T 2861.11 | | 10 弹簧 GB/T 2861.11 | | 5 压板 GB/T 2861.16 | 6 螺钉 GB 70 |
|---|---|---|---|---|---|---|---|---|---|---|---|---|---|
| 数量 | | | | 1 | | 1 | | 1 | | 1 | | 4 或 6 | 4 或 6 |
| 规格 | | | | | | | | | | | | | |
| 80 | 63 | 80 | 165 | 18×23.5×64 | | 18×25.5×64 | | 1.6× | 22×72 | 1.6× | 24×72 | 14×15 | M5×14 |
| 100 | 80 | | | 20×25.5×64 | | 20×27.5×64 | | | 24×72 | | 26×72 | | |
| 125 | 100 | | | 22×27.5×64 | | 22×30.5×64 | | | 26×62 | | 30×62 | 16×20 | M6×16 |
| 160 | 125 | 100 | 200 | 25×32.5×76 | | 25×35.5×76 | | | 30×87 | 2× | 32×87 | | |
| 200 | 160 | | | 28× | 35.5×76 | 32× | 39.5×76 | | 32×77 | | 37×79 | | |
| | | 120 | 220 | | 35.5×84 | | 39.5×84 | | | | | | |
| 250 | 200 | 100 | 200 | 32× | 39.5×76 | 35× | 42.5×76 | 2× | 37×79 | | 40×78 | | |
| | | 120 | 230 | | 39.5×84 | | 42.5×84 | | 37×87 | | 40×88 | | |

注：1. 最大行程指该模架许可的最大冲压行程。

2. 件号 11、件号 12 的数量：$L\leqslant125$mm 为 4 件，$L>125$mm 为 6 件。

**表 9-52 中间导柱模架** mm

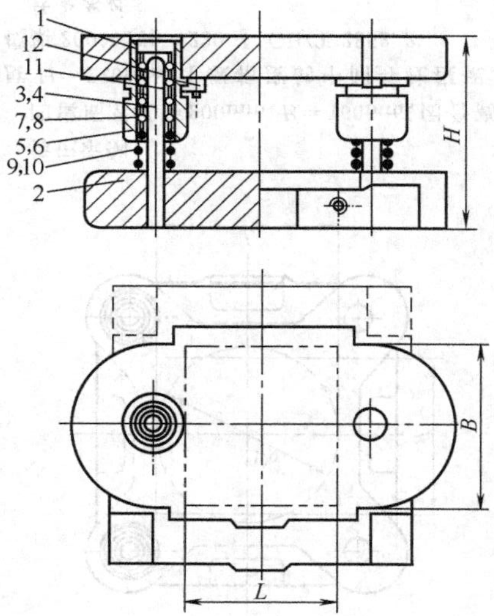


标记示例：

凹模周界 $L$＝200mm、$B$＝160mm、闭合高度 $H$＝220mm、Ⅰ级精度的中间导柱模架。

模架 200×160×220 Ⅰ GB/T 2852.2

技术条件：

按 GB/T 2854 的规定代替 GB 2852.2—1981

| 凹模周界 | | 最大行程 | 设计最小闭合高度 | 零件件号、名称及标准编号 | | | | | |
|---|---|---|---|---|---|---|---|---|---|
| | | | | 1 | 2 | 9 | 10 | 5 | 6 |
| | | | | 上模座 GB/T 2856.1 | 下模座 GB/T 2856.2 | 导柱 GB/T 2861.3 | | 导套 GB/T 2861.8 | |
| | | | | 数量 | | | | | |
| $L$ | $B$ | $S$ | $H$ | 1 | 1 | 1 | 1 | 1 | 1 |
| | | | | 规格 | | | | | |
| 80 | 63 | 80 | 165 | 80×63×35 | 80×63×40 | 18×160 | 20×160 | 18×100×33 | 20×100×33 |
| 100 | 80 | | | 100×80×35 | 100×80×40 | 20×160 | 22×160 | 20×100×33 | 22×100×33 |
| 125 | 100 | | | 125×100×35 | 125×100×45 | 22×160× | 25×160 | 22×100×33 | 25×100×33 |
| 160 | 125 | 100 | 200 | 160×125×40 | 160×125×45 | 25×195× | 28×195 | 250×120×38 | 28×120×38 |
| 200 | 160 | | | 200×160×45 | 200×160×55 | 28× 195 | 32× 195 | 28× 125×43 | 32× 125×43 |
| | | 120 | 220 | | | 215 | 215 | 145×43 | 145×43 |
| 250 | 200 | 100 | 200 | 250×200×50 | 250×200×60 | 32× 195 | 35× 195 | 32× 120×48 | 35× 120×48 |
| | | 120 | 230 | | | 215 | 215 | 150×48 | 150×48 |

| 凹模周界 | | 最大行程 | 设计最小闭合高度 | 零件件号、名称及标准编号 | | | | | |
|---|---|---|---|---|---|---|---|---|---|
| | | | | 7 | 8 | 3 | 4 | 12 | 11 |
| | | | | 保持圈 GB/T 2861.10 | | 弹簧 GB/T 2861.11 | | 压板 GB/T 2861.16 | 螺钉 GB 70 |
| | | | | 数量 | | | | | |
| $L$ | $B$ | $S$ | $H$ | 1 | 1 | 1 | 1 | 4或6 | 4或6 |
| | | | | 规格 | | | | | |
| 80 | 63 | 80 | 165 | 18×23.5×64 | 18×25.5×64 | 1.6× 22×72 | 1.6× 24×72 | 14×15 | M5×14 |
| 100 | 80 | | | 20×25.5×64 | 20×27.5×64 | 24×72 | 26×72 | | |
| 125 | 100 | | | 22×27.5×64 | 22×30.5×64 | 26×62 | 30×62 | | |
| 160 | 125 | 100 | 200 | 25×32.5×76 | 25×35.5×76 | 30×87 | 32×87 | 16×20 | M6×16 |
| 200 | 160 | | | 28× 35.5×76 | 32× 39.5×76 | 32×77 | 2× 37×79 | | |
| | | 120 | 220 | 35.5×84 | 39.5×84 | | | | |
| 250 | 200 | 100 | 200 | 32× 39.5×76 | 35× 42.5×76 | 2× 37×79 | 40×78 | | |
| | | 120 | 230 | 39.5×84 | 42.5×84 | 37×87 | 40×88 | | |

注：1. 最大行程指该模架许可的最大冲压行程。

2. 件号 11、件号 12 的数量：$L\leqslant$125mm 为 4 件，$L>$125mm 为 6 件。

**表 9-53　四导柱模架**

mm

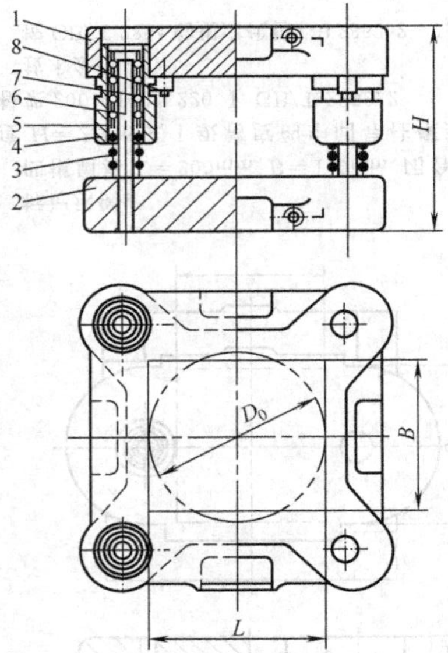


标记示例：

凹模周界 $L=200$mm、$B=160$mm、闭合高度 $H=220$mm、Ⅰ级精度的中间导柱模架。

模架 200×160×220 Ⅰ GB/T 2852.2

技术条件：

按 GB/T 2854 的规定代替 GB 2852.2—1981

| 凹模周界 L | 凹模周界 B | $D_0$ | 最大行程 S | 设计最小闭合高度 H | 1 上模座 GB/T 2856.1 | 2 下模座 GB/T 2856.2 | 6 导柱 GB/T 2861.3 | | 4 导套 GB/T 2861.8 | |
|---|---|---|---|---|---|---|---|---|---|---|
| | | | | 数量 | 1 | 1 | 4 | | 4 | |
| | | | | 规格 | | | | | | |
| 160 | 120 | 160 | 80 | 165 | 160×125×40 | 160×125×45 | 25× | 160 | 25× | 100×38 |
| | | | 100 | 200 | | 160×125×50 | | 190 | | 125×38 |
| 200 | 160 | 200 | 100 | 200 | 200×160×45 | 200×160×55 | 28× | 195 | 28× | 100×38 |
| | | | 120 | 220 | | | | 215 | | 125×38 |
| 250 | | — | 100 | 200 | 250×160×50 | 250×160×60 | 32× | 195 | 32× | 120×48 |
| | | | 120 | 230 | | | | 215 | | 150×48 |
| 250 | 200 | 250 | 100 | 200 | 250×200×50 | 250×200×60 | | 195 | | 120×48 |
| | | | 120 | 230 | | | | 215 | | 150×48 |
| 315 | | — | 100 | 200 | 315×200×50 | 315×200×65 | | 195 | | 120×48 |
| | | | 120 | 230 | | | | 215 | | 150×48 |
| 400 | 250 | — | 100 | 220 | 400×250×60 | 400×250×70 | 35× | 215 | 35× | 120×58 |
| | | | 120 | 240 | | | | 225 | | 150×58 |

| 凹模周界 L | 凹模周界 B | $D_0$ | 最大行程 S | 设计最小闭合高度 H | 1 上模座 GB/T 2856.1 | | 2 下模座 GB/T 2856.2 | | 6 导柱 GB/T 2861.3 | 4 导套 GB/T 2861.8 |
|---|---|---|---|---|---|---|---|---|---|---|
| | | | | 数量 | 4 | | 4 | | 12 | 12 |
| | | | | 规格 | | | | | | |
| 160 | 120 | 160 | 80 | 165 | 25× | 32.5×64 | 1.6× | 30×65 | 16×20 | M6×16 |
| | | | 100 | 200 | | 32.5×76 | | 30×79 | | |
| 200 | 160 | 200 | 100 | 200 | 28× | 32.5×64 | | 30×65 | | |
| | | | 120 | 220 | | 32.5×76 | | 30×79 | | |
| 250 | | — | 100 | 200 | 32× | 39.5×76 | 2× | 37×79 | | |
| | | | 120 | 230 | | 39.5×84 | | 37×87 | | |
| 250 | 200 | 250 | 100 | 200 | | 39.5×76 | | 37×79 | | |
| | | | 120 | 230 | | 39.5×84 | | 37×87 | | |
| 315 | | — | 100 | 200 | | 39.5×76 | | 37×79 | | |
| | | | 120 | 230 | | 39.5×84 | | 37×87 | | |
| 400 | 250 | — | 100 | 220 | 35× | 42.5×76 | | 40×79 | 20×20 | M8×20 |
| | | | 120 | 240 | | 42.5×84 | | 40×87 | | |

**表 9-54 后侧导柱模架**

mm

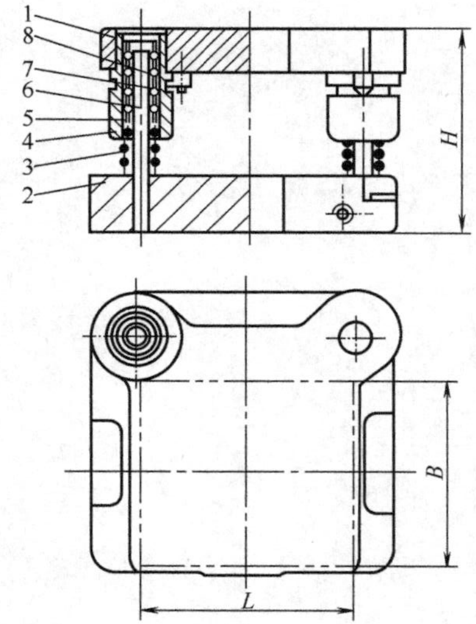


标记示例：

凹模周界 $L=200$mm、$B=160$mm、闭合高度 $H=220$mm、Ⅰ级精度的中间导柱模架。模架 200×160×220 Ⅰ GB/T 2852.2

技术条件：

按 GB/T 2854 的规定代替 GB 2852.2—1981

| 凹模周界 | | 最大行程 | 设计最小闭合高度 | 零件件号、名称及标准编号 | | | |
|---|---|---|---|---|---|---|---|
| | | | | 1 | 2 | 6 | 4 |
| | | | | 上模座 GB/T 2856.1 | 下模座 GB/T 2856.2 | 导　柱 GB/T 2861.3 | 导　套 GB/T 2861.8 |
| | | | | 数　量 | | | |
| L | B | S | H | 1 | 1 | 2 | 2 |
| | | | | 规　格 | | | |
| 80 | 63 | 80 | 165 | 80×63×35 | 80×63×40 | 18×160 | 18×100×33 |
| 100 | 80 | | | 100×80×35 | 100×80×40 | 20×160 | 20×100×33 |
| 125 | 100 | | | 125×100×35 | 125×100×45 | 22×160 | 22×100×33 |
| 160 | 125 | 100 | 200 | 160×125×40 | 160×125×40 | 25×196 | 25×120×38 |
| 200 | 160 | 120 | 220 | 200×160×45 | 200×160×55 | 28×215 | 28×145×43 |

| 凹模周界 | | 最大行程 | 设计最小闭合高度 | 零件件号、名称及标准编号 | | | | |
|---|---|---|---|---|---|---|---|---|
| | | | | 5 | 3 | | 7 | 8 |
| | | | | 保持圈 GB/T 2861.10 | 弹　簧 GB/T 2861.11 | | 压板 GB/T 2861.16 | 螺钉 GB 70 |
| | | | | 数　量 | | | | |
| L | B | S | H | 2 | 2 | | 4 或 6 | 4 或 6 |
| | | | | 规　格 | | | | |
| 80 | 63 | 80 | 165 | 18×23.5×64 | 1.6× | 22×27 | 14×15 | M5×14 |
| 100 | 80 | | | 20×25.5×64 | | 24×72 | | |
| 125 | 100 | | | 22×27.5×64 | | 26×62 | | |
| 160 | 125 | 100 | 200 | 25×32.5×76 | | 30×87 | 16×20 | M6×16 |
| 200 | 160 | 120 | 220 | 28×35.5×84 | | 32×77 | | |

注：1. 最大行程指该模架许可的最大冲压行程。

2. 件号 11、件号 12 的数量：$L\leqslant125$mm 为 4 件，$L>125$mm 为 6 件。

## 参考文献

[1] 中国机械工业教育协会组编. 冷冲模设计及制造. 北京：机械工业出版社，2003.
[2] 冲模设计手册编写组编著. 冲模设计手册. 北京：机械工业出版社，2000.
[3] 模具实用技术丛书编委会. 冲模设计应用实例. 北京：机械工业出版社，2000.
[4] 刘建超，张宝忠主编. 冲压模具设计与制造. 北京：高等教育出版社，2004.
[5] 林承全，余小燕，郭建农主编. 机械设计基础学习与实训指导. 武汉：华中科技大学出版社，2007.
[6] 韩森和，林承全，余小燕主编，冲压工艺与模具设计及制造. 武汉：湖北长江出版集团，2007.
[7] 第四机械工业部标准化研究所编. 冷压冲模结构图册. 北京：机械工业出版社，1981.
[8] 许发樾主编. 模具标准应用手册. 北京：机械工业出版社，1994.
[9] 刘美玲，雷震德主编. 机械设计基础. 北京：科学出版社，2005.
[10] 王俊彪主编. 多工位级进模设计. 哈尔滨：哈尔滨工业大学出版社，1999.
[11] 王孝培主编. 冲压手册. 北京：机械工业出版社，1998.
[12] 王芳主编. 冷冲压模具设计指导. 北京：机械工业出版社，2005.
[13] 邓德清，胡绍平主编. 机械设计基础课程指导书. 北京：科学出版社，2005.
[14] 陆全龙，刘明皓主编. 液压与气动. 北京：科学出版社，2007.
[15] 余小燕，郑毅主编. 机械制造基础. 北京：科学出版社，2005.
[16] 林承全. 论铸铁件皱皮缺陷及其预防措施. 湖北造纸，2007，93(3)：40.
[17] 林承全. 论冲压模具设计制造与模具寿命的关系. 科技信息. 2007. 24：158.
[18] 杨虹，林承全. 翻带式砂带磨木机的研发. 湖北造纸，2007，93(3)：47.

# 欢迎订购化学工业出版社模具类图书

| 书　　名 | 书　　号 | 定价 |
|---|---|---|
| 模具机械加工工艺分析与操作案例 | 978-7-122-01013-1 | 18 |
| 模具数控铣削加工工艺分析与操作案例 | 978-7-122-01048-3 | 22 |
| 模具数控电火花成型加工工艺分析与操作案例 | 978-7-122-01449-8 | 18 |
| 塑料模具设计与制造过程仿真(本书配有光盘) | 978-7-5025-9961-4 | 48 |
| 现代模具制造 | 978-7-122-00126-9 | 28 |
| 金属体积成形工艺及模具 | 978-7-122-00026-2 | 28 |
| 模具制造基础 | 978-7-5025-9909-6 | 20 |
| 模具加工与装配 | 978-7-5025-9956-0 | 30 |
| 塑料成型工艺与注塑模具 | 978-7-5025-9937-9 | 30 |
| 液态模锻与挤压铸造技术 | 978-7-5025-9853-2 | 62 |
| 模具识图与制图 | 978-7-5025-9954-6 | 22 |
| 冲压工艺及模具 | 978-7-5025-9947-8 | 30 |
| 冲模设计实例详解 | 978-7-5025-9922-5 | 23 |
| 特种成型与制模技术 | 978-7-5025-9480-0 | 35 |
| 楔块模图册 | 978-7-5025-9329-2 | 32 |
| UG 注塑模具设计实例教程 | 978-7-122-00297-6 | 28 |
| Pro/E 注塑模具设计实例教程 | 978-7-122-00337-9 | 28 |
| Pro/E 模具数控加工实例教程 | 978-7-122-00738-4 | 32 |
| UG NX4.0 注塑模设计实例——入门到精通 | 978-7-5025-9352-0 | 38 |
| UG NX4.0 级进模设计实例——入门到精通(附送光盘一张) | 978-7-5025-9738-2 | 38 |
| 模具表面处理与表面加工 | 978-7-5025-9014-7 | 68 |
| 冲压成形工艺及模具 | 978-7-5025-9152-6 | 26 |
| 高速冲压及模具技术 | 978-7-5025-9708-5 | 35 |
| UG NX3.0 注塑与冲压级进模具设计案例精解 | 7-5025-9227-X | 65 |
| 模具设计及 CAD | 7-5025-8673-3 | 48 |
| 金属材料成型与模具 | 7-5025-8765-9 | 32 |
| 现代冷冲模设计基础实例 | 7-5025-8716-0 | 27 |
| 压铸工艺及模具设计 | 7-5025-8381-5 | 22 |
| 塑料模具设计与制造 | 7-5025-8189-8 | 88 |
| Pro/ENGINEER Wildfire2.0 钣金零件及其成形模具设计 | 7-5025-8351-3 | 39 |
| 模具识图与制图 | 7-5025-8276-2 | 35 |
| 数控模具加工 | 7-5025-8188-X | 24 |
| 陶瓷制品造型设计与成型模具 | 7-5025-8259-2 | 49 |
| 锻造模具简明设计手册 | 7-5025-8104-9 | 55 |
| 挤压模具简明设计手册 | 7-5025-8237-1 | 33 |
| 金属板料成形及其模具设计实例(原著第 1 版) | 7-5025-8101-4 | 28 |
| 塑料成型模具 | 7-5025-7969-9 | 23 |
| UG 注塑模具设计与制造(附光盘) | 7-5025-7697-5 | 48 |
| 模具技术基础 | 7-5025-7952-4 | 29 |

| 书　　名 | 书　　号 | 定价 |
| --- | --- | --- |
| 冲压模具设计与制造 | 7-5025-7976-1 | 24 |
| 现代模具制造技术 | 7-5025-7428-X | 38 |
| Pro/ENGINEER 塑料模具数控加工入门与实践(附光盘) | 7-5025-7281-3 | 58 |
| 注塑模具典型结构图例——复杂·精密·高效·长寿命 | 7-5025-7161-2 | 50 |
| 冲压模具设计结构图册 | 7-5025-6871-9 | 58 |
| 现代模具设计 | 7-5025-7052-7 | 32 |
| 模具制造技术 | 7-5025-7045-4 | 25 |
| 塑料模具钢应用手册 | 7-5025-6842-5 | 28 |
| 冷冲压成形工艺与模具设计制造 | 7-5025-6683-X | 42 |
| 模具寿命与失效 | 7-5025-6543-4 | 25 |
| 注塑模设计与生产应用 | 7-5025-6636-8 | 39 |
| 注射模具 130 例(原著第三版) | 7-5025-6277-X | 58 |
| 塑料机械维修技术问答 | 7-5025-6307-5 | 29 |
| 塑料加工和模具专业英语 | 7-5025-6003-3 | 39 |
| 模具设计与制造实训教程 | 7-5025-5870-5 | 29 |
| 模具工程(第二版) | 7-5025-6208-7 | 78 |
| 冲压模具简明设计手册 | 7-5025-6233-8 | 66 |
| 反应挤出——原理与实践 | 7-5025-2140-2 | 25 |
| 注射模具的热流道 | 7-5025-6305-9 | 38 |
| 注射和挤出成型中的统计过程控制——SPC | 7-5025-6348-2 | 32 |
| 大型注塑模具设计技术原理与应用 | 7-5025-6018-1 | 40 |
| 电火花加工技术在模具制造中的应用 | 7-5025-5811-X | 35 |
| 挤压工艺及模具 | 7-5025-5727-X | 28 |
| 冲压模具与制造 | 7-5025-5400-9 | 55 |
| 注塑成型与设备维修技术问答 | 7-5025-5379-7 | 28 |
| 模具数控加工技术及应用 | 7-5025-5286-3 | 40 |
| Pro/ENGINEER 塑料模具设计入门与实践 | 7-5025-4975-7 | 45 |
| 塑料注射模具设计技巧与实例 | 7-5025-4972-2 | 56 |
| 模具 CAD/CAM | 7-5025-4287-6 | 20 |
| 型腔模具设计与制造 | 7-5025-4074-1 | 45 |
| 冲压模具设计与制造 | 7-5025-4289-2 | 38 |
| 经济冲压模具及其应用 | 7-5025-4639-1 | 24 |
| 注塑制品与注塑模具设计 | 7-5025-4460-7 | 30 |
| 注射模具制造工程 | 7-5025-4194-2 | 50 |
| 注塑成型及模具设计实用技术 | 7-5025-3741-4 | 35 |
| 数字化模具制造技术 | 7-5025-3204-8 | 26 |

以上图书由**化学工业出版社 机械·电气分社**出版。如要以上图书的内容简介和详细目录，或者更多的专业图书信息，请登录 www.cip.com.cn。如要出版新著，请与编辑联系。

地址：北京市东城区青年湖南街 13 号（100011）

购书咨询：010-64518888（传真：010-64519686）

编辑电话：010-64519274

投稿邮箱：qdlea2004@163.com